JN222745

これからの微分積分

新井仁之
Hitoshi Arai

[著]

日本評論社

はじめに

　本書は大学初年度に学ぶ微分積分の教科書あるいは参考書，自習書となるように書いたものである．

　本書では，定理の証明を与えるが，ある程度，高等学校で学んできた数学 II，数学 III の知識を活かすようにしてある．方針としては，基礎づけに重点をおくよりも，さらに発展的なことを学び，微積分を応用することを目指している．しかし，もちろん厳密な議論も行う．ただしそれはある程度微積分に慣れてきたところで解説してある．最初から論理的に隙がないように話を組み立てていくことは，数学書の王道であるが，本書では数学独自の厳密な議論は徐々に組み入れ，次第に慣れ親しめるようにした．

　微積分の応用と一口に言っても，それは数学のみならず科学技術の諸分野全般に渡っている．本書では応用としては，主に多変数の極値問題，陰関数定理，ラグランジュの未定乗数法，1 階常微分方程式を丁寧に解説した．また偏微分の応用として，機械学習の理論から逆誤差伝播法などについて基礎的なことを概説した．近年のディープラーニング（深層学習）の発展を鑑みて，大学初年度の特に数理系・教育系の学生に，微積分が機械学習にも使われていることを知ってもらいたいと考えたからである．

　全体の流れとしては，ε-δ 論法に基いた 1 変数の微分の定義と，微分の幾何的・物理的意味を学び，次にテイラーの定理，極値までを学ぶ．ここでINTERMISSION（幕あい）として実数列の極限やボルツァノ–ワイエルシュトラスの定理などを学ぶ．これはいきなり実数に関する厳密な議論に迷い込ませるよりも，まずは微分積分の機動性を読者に知ってもらいたいという考えによるものである．そして微分の逆接線の問題の解として，リーマン積分を自然な形で導入し，1 変数の積分の基礎を学ぶ．積分の一般論については，一般の積分可能な関数に関する込み入った議論を避けるために，特に実用上有用な連続関数と区分的に連続な関数の場合に議論を絞った部分もある．ここまでが第 I 部である．

続いて第 II 部では多変数関数の偏微分について学ぶ．特に重要性が高い極値問題，陰関数定理，拘束付き極値問題，機械学習に重点をおいて解説した．大学では初年次に微積分と線形代数を並行して学ぶことが多い．そのため，本書では 11.7 節あたりから行列について説明を加えながら使っていく．

第 III 部は 1 変数関数の積分の詳論と多変数関数の積分である．特に微分と積分の応用として 1 階常微分方程式の応用を中心に解説した．そして関数列の一様収束，項別積分，項別微分に関する定理を学ぶ．ここまでで，微積分を習得した後に学ぶルベーグ積分の一歩手前までになる．

第 IV 部は発展的話題として，陰関数定理，逆関数定理の証明を記した．陰関数定理はいくつか証明が知られているが，ここでは不動点定理に基づく証明を紹介した．読者は非線形関数解析の一歩手前まで来ている．最後は多重積分の変数変換の公式と d 次元空間の極座標変換を解説した．多重積分の変数変換の公式は，初学者は証明に労力を割くよりも使えるようにしてほしいという意図と，授業時間数のことも考慮し証明を省略した．ルベーグ積分論で本格的な積分を学ぶ際に，より一般的な形で厳密な証明を学ぶことを期待している．

なお本書は，筆者による早稲田大学教育学部数学科での 1 年生向け微分積分の授業（通年で週に 2 回）のための講義ノートを元にしたものである．

●本書の読み方

本書の章構成を図式化したものが図 0.1 である．

一つの推奨される読み方は本書を順に読むことである．しかし，別の読み方も可能である．これらについて概略を記しておく．

【本書推奨コース】

1 章〜7 章　［1 変数微分］

⇓

INTERMISSION　［実数・連続性等の理論的整備］

⇓

9 章　［1 変数積分の導入］

⇓

10 章　［多次元ユークリッド空間の位相］

⇓

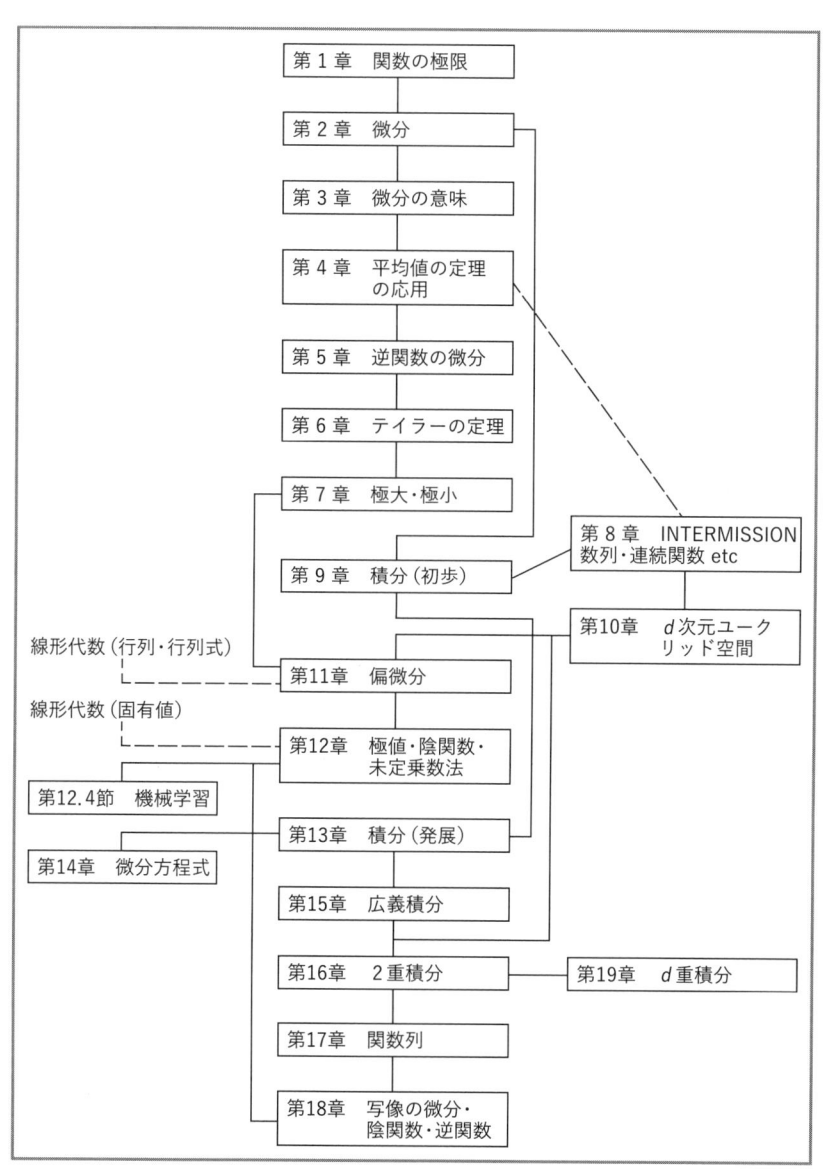

図 **0.1**　本書の各章関係図．実線は，上部の項目が下部の項目を読むのに
必要であることを示す．破線は上部の項目を読むことが推奨されるもの．
章番号の後の標題は章タイトルではないが，章の内容を表すものである．

11 章　［偏微分］

⇓

12 章（極値問題，機械学習への応用）

⇓

13 章，15 章＋14 章（微分方程式への応用）［1 変数積分続論］

⇓

16 章　［多変数積分（2 重積分）］

⇓

17 章，18 章，19 章　［関数列，写像の微分，d 重積分］

【微分から積分コース】

　大学のシラバスによっては，まず微分を一変数と多変数について学び，次に積分を学ぶという順序がある．この場合は次のようなルートで進むとよいだろう．＋とあるのは必要に応じて加えることを意味している．

1 章〜7 章　［1 変数微分］

⇓

10 章〜12 章　［偏微分とその応用］

INTERMISSION

⇓

9 章，13 章，15 章，16 章，19 章　［1・多変数積分］

＋14 章　［常微分方程式］

⇓

17 章　［関数列］，18 章　［陰関数定理］

【1 変数から多変数コース】

　1 変数の微積分を学んでから，多変数の微積分を学ぶ方式．この場合は次のようなルートが考えられる．

1 章〜9 章＋ INTERMISSION　［1 変数微分］

⇓

13 章，15 章＋14 章（常微分方程式）［1 変数積分］

⇓

10 章，11 章，12 章　［多変数偏微分と応用］

⇓

16 章〜19 章　［多変数積分とその他］

【厳密性優先型コース】

本書は微積分の考え方に慣れつつ，厳密性を見直していくという立場をとっているが，厳密な議論を最初に行い，しかる後に微積分を展開する場合は次の順序で読むとよいだろう．

INTERMISSION（§8.1–§8.4）

⇓

1 章〜3 章（§3.1–§3.3）　［1 変数微分］

⇓

INTERMISSION（§8.5–§8.8）

⇓

3 章（§3.4–§3.6），4 章〜7 章［1 変数微分］

⇓

9 章　［1 変数積分の導入］

⇓

10 章　［多次元ユークリッド空間の位相］

⇓

11 章，12 章　［偏微分と応用］

⇓

13 章＋14 章（微分方程式への応用）　［1 変数積分続論］

⇓

16 章，19 章　［多変数積分］

本書に関する補足及び訂正の情報を適宜

http://www.araiweb.matrix.jp/biseki

に載せるので参照してほしい．

本書の刊行について，日本評論社の佐藤大器氏にはいろいろお世話になった．心より感謝したい．

2019 年夏　新井仁之

目 次 Contents

第I部

微分と積分（1変数）

第1章

関数の極限

本章では微分について学ぶ．そのため極限や関数の連続性などいくつかの概念を解説する．じつは高校の数学で学んだ極限の定義は厳密なものではない．実際，関数 $f(x)$ の $x = c$ での極限 $\lim_{x \to c} f(x) = A$ を高校ではたとえば「x を限りなく c に近づけたとき，$f(x)$ は限りなく A に近づくこと」と定義しているが，しかしよく考えてみると「限りなく近づく」は数式で表されていない．この辺の話から始めよう．

1.1 写像と関数（微積分への序節）

まずは一般的な写像の話から始める．写像は高校で学ぶ「関数」を一般化した概念で，大学で学ぶ数学では基本的な役割を果たすものである．

集合 X の部分集合 A と集合 B（B は X の部分集合とは限らない）を考える．A の各要素 x に対して B の要素 y を対応させる規則 f があるとき，この規則を A から B への**写像**といい，

$$f : A \to B$$

という記号で表す．写像 f により，A の要素 x に B の要素 y が対応するとき，$y = f(x)$ と表す．このことを明記して，写像を

$$f : A \ni x \longmapsto f(x) \in B$$

と表すこともある．x を変化させるとそれに応じて $f(x)$ も変化する．x を写像 $f(x)$ の**変数**という．写像 f の定義されている集合 A をこの写像の**定義域**（英語では domain）といい $\mathrm{Dom}(f)$ で表す．写像の取り得る要素の集合

$\{f(x) : x \in A\}$ を f の**値域** (英語では range) といい, $\mathrm{Ran}(f)$ により表す. 一般には $\mathrm{Ran}(f) \subset B$ である.

いくつかの例を見ておこう.

実数全体からなる集合を $\mathbb{R}$ により表す. 特に A が X の部分集合であり, B が $\mathbb{R}$ の部分集合であるとき, A から B への写像を A 上の**関数** (あるいは**実数値関数**) という. 本書の主役である.

たとえば

$$f : \mathbb{R} \ni x \longmapsto x^2 \in \mathbb{R} \tag{1.1}$$

は $\mathbb{R}$ 上の実数値関数である. f の定義域は $\mathbb{R}$ であり, 値域は $\{x \in \mathbb{R} : x \geqq 0\}$ である.

$A = \{x : x \in \mathbb{R} \text{ かつ } x \neq 0\}$ とする. このとき関数

$$f : A \ni x \longmapsto \frac{1}{x} \in \mathbb{R} \tag{1.2}$$

は A を定義域とする写像であり, その値域は A である.

大学の微積分では次のような写像も扱う. 平面の点を座標を用いて (x_1, x_2) で表す.

$$\mathbb{R}^2 = \{(x_1, x_2) : x_1, x_2 \in \mathbb{R}\}$$

とおく. $\mathbb{R}^2$ は平面を表している. (x_1, x_2) に対して $f(x_1, x_2) = \sqrt{x_1^2 + x_2^2}$ とする. このとき

$$f : \mathbb{R}^2 \ni (x_1, x_2) \longmapsto \sqrt{x_1^2 + x_2^2} \in \mathbb{R}$$

は関数であり, 定義域が $\mathbb{R}^2$, そして値域は $\{x \in \mathbb{R} : x \geqq 0\}$ である. このように変数が 2 つある関数を **2 変数関数**という.

空間の点を座標を用いて (x_1, x_2, x_3) により表す.

$$\mathbb{R}^3 = \{(x_1, x_2, x_3) : x_1, x_2, x_3 \in \mathbb{R}\}$$

とおく. $\mathbb{R}^3$ は空間を表している. このとき,

$$f : \mathbb{R}^2 \ni (x_1, x_2, x_3) \longmapsto \sqrt{x_1^2 + x_2^2 + x_3^2} \in \mathbb{R}$$

は関数であり, 定義域が $\mathbb{R}^3$, そして値域は $\{x \in \mathbb{R} : x \geqq 0\}$ である. このように変数が 3 つの関数を **3 変数関数**という.

なお (1.1), (1.2) のように変数が 1 つの関数を **1 変数関数**という.

これから $\geqq$ のことを $\geq$ と表し，$\leqq$ のことを $\leq$ で表す．大学レベルの本や研究論文では不等号の記号として $\leq$，$\geq$ を使うことが多い．本稿でも $\leq$，$\geq$ の記法を用いる．$\geq$，$\leq$ は「くちばし」ではないので注意．

また，集合の記号 $\{x : x \in \mathbb{R}, \cdots\}$ を $\{x \in \mathbb{R} : \cdots\}$ のように表すこともあり，この記法は併用する．

本書でははじめに 1 変数関数を主に扱い，そのあとで 2 変数関数，3 変数関数など多変数の関数も扱う．1 変数関数の定義域としてしばしば現れるのが，区間あるいは有限個の区間の和集合である．区間とその和集合の説明をしておく．

区間には次に記す有界区間と非有界区間がある．

有界区間　$a, b \in \mathbb{R}$，$a < b$ に対して

$$(a, b) = \{x \in \mathbb{R} : a < x < b\} \ (\text{開区間}),$$
$$(a, b] = \{x \in \mathbb{R} : a < x \leq b\} \ (\text{左半開区間}),$$
$$[a, b) = \{x \in \mathbb{R} : a \leq x < b\} \ (\text{右半開区間}),$$
$$[a, b] = \{x \in \mathbb{R} : a \leq x \leq b\} \ (\text{閉区間}).$$

これらの区間を総称して**有界区間**あるいは**有限区間**ともいう（図 1.1 参照）．

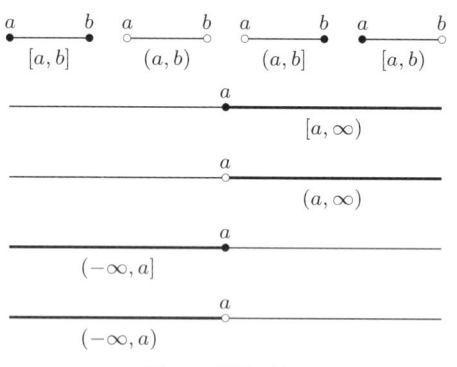

図 **1.1**　区間の例．

非有界区間　$a \in \mathbb{R}$ に対して

$$[a, \infty) = \{x \in \mathbb{R} : a \leq x\}, \quad (a, \infty) = \{x \in \mathbb{R} : a < x\},$$
$$(-\infty, a] = \{x \in \mathbb{R} : x \leq a\}, \quad (-\infty, a) = \{x \in \mathbb{R} : x < a\}$$
$$(-\infty, \infty) = \mathbb{R}$$

とする．これらの区間を総称して**非有界区間**あるいは**無限区間**ともいう（図 1.1 参照）．

区間 (a,b), (a,∞), $(-\infty,a)$, $(-\infty,\infty)$ を**開区間**といい, 区間 $[a,b]$, $[a,\infty)$, $(-\infty,a]$, $(-\infty,\infty)$ を**閉区間**という*1. 特に $[a,b]$ は**有界閉区間**と呼ばれる.

集合の共通部分, 和, 差集合　本稿では集合の共通部分, 和, 差をよく使うので, 定義を記しておく. 集合 A,B に対して A と B の**共通部分**（あるいは**交わり**）, **和**（あるいは**合併**）をそれぞれ

$$A \cap B = \{x : x \in A \text{ かつ } x \in B\}$$
$$A \cup B = \{x : x \in A \text{ または } x \in B\}$$

により定める（図 1.2 参照）. 特に A と B の共通部分が空集合 $\varnothing$, すなわちいかなる要素も含まない場合, A と B は**互いに素**, あるいは**共通部分を持たない**という. また

$$A \setminus B = \{x : x \in A \text{ かつ } x \notin B\}$$

を A と B の**差集合**, あるいは単に**差**という（図 1.2 参照）.

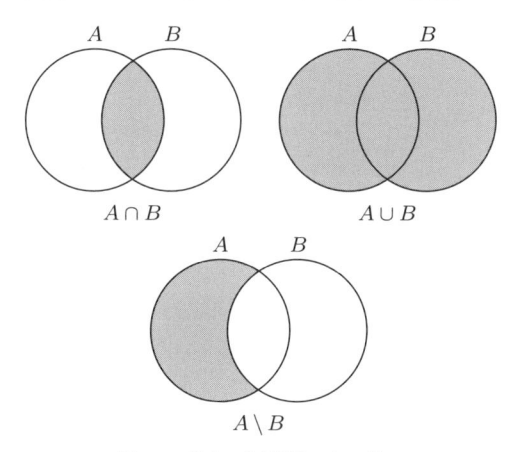

図 **1.2**　集合の共通部分, 和, 差.

一般に集合 $A_1, \cdots, A_n$ に対しては

$$A_1 \cap \cdots \cap A_n = \{x : x \in A_1 \text{ かつ } x \in A_2 \cdots \text{ かつ } x \in A_n\}$$
$$A_1 \cup \cdots \cup A_n = \{x : x \in A_1 \text{ または } x \in A_2 \cdots \text{ または } x \in A_n\}$$

---

*1 $(-\infty,\infty)$ は開区間でもあり閉区間でもある. 開, 閉の言葉の由来は位相数学からきている. 詳しくは後述する.

と定義する.

[**例 1.1**]　$A = (-\infty, 0) \cup (0, 1) \cup (1, \infty)$ とおく. $x \in A$ に対して関数 $f(x) = \dfrac{1}{(1-x)x}$ が定義できる（図 1.3）. すなわち $f : A \to \mathbb{R}$ である. 0 と 1 では分母が 0 になってしまうので定義できない. $A = (-\infty, \infty) \setminus \{0, 1\}$ とも表せる.

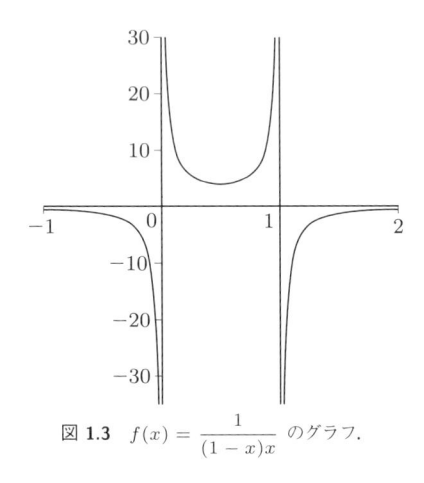

図 1.3　$f(x) = \dfrac{1}{(1-x)x}$ のグラフ.

（　**問題 1.1**　）　$I = (0, 2)$, $J = (1, 3)$ とする. $I \cup J$, $I \cap J$, $I \setminus J$ を求めよ.

1.2　関数の極限と連続性の定義

　数学 II において極限の概念を学んだ. しかしすでに述べたようにそこにはあいまいさが残されていた. ここでは極限の厳密な定義を述べる. これは ε-δ 論法と呼ばれる方法による定義である.

> ε-δ 論法は難しいという評判もあるが, それほど難しくはない. むしろ自然な発想に基づく論法である. 評判に惑わされず学んでほしい.

◆**定義 1.1**◆　(極限)　$I = (a, c) \cup (c, b)$ とする. $F(x)$ を I 上で定義された関数とする. x を限りなく c に近づけたとき, $F(x)$ は限りなく A に近づくとは, どのような正の数 ε に対しても, ある正の数 δ を

$$x \in I \text{ かつ } |x - c| < \delta \text{ ならば } |F(x) - A| < \varepsilon$$

が成り立つようにとれることである．このことを

$$\lim_{x \to c} F(x) = A$$

あるいは $x \to c$ のとき $F(x) \to A$，また

$$F(x) \to A \ (x \to c)$$

とも表す．

　x を限りなく c に近づけたとき，$F(x)$ が限りなく A に近づくことを，$F(x)$ は c で極限 A をもつともいう．このとき A を F の c における極限（あるいは極限値）という．

　この定義がどのようなことを言っているのかを解説しておこう．正の数 ε を考える．そして A を中心に幅 2ε の横帯を考える（図1.4 の左図参照）．定義1.1 は，δ を十分小さくとれば，$0 < |x - c| < \delta$ なる x に対して，すなわち $x \in (c - \delta, c + \delta) \setminus \{c\}$ ならばいつでも $F(x)$ が A を中心とする幅 2ε の横帯のなかにあることを意味している．そしてこの状況は $\varepsilon > 0$ をどのように小さくとっても，それに応じて δ を小さくとれば成り立つ（図1.4 の右図参照）．「x を限りなく c に近づけたとき，$F(x)$ は A に限りなく近づく」とはこのようなことである．

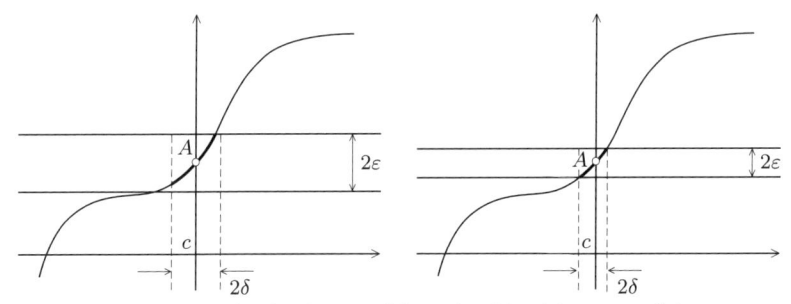

図 1.4　どのように小さな $\varepsilon > 0$ をとっても，それに応じて $\delta > 0$ を小さく取れば，$x \in (c - \delta, c + \delta) \setminus \{c\}$ における値 $f(x)$ は A を中心とする幅 2ε の横帯の中に入る．

　「どのような正の数」の「どのような」を数学ではよく「任意の」という．また正の数は正数という．今後は「どのような正の数」をしばしば「任意の正数」のようにいう．「任意」とは，もともとは「自由に」，「好き勝手に」，「無作為に」のような意味である．

　もう一つ，数学分野の独特の言回しを記しておく．たとえば，「任意の正数 ε に対して，ある正数 δ を，*** が成り立つようにとれる」を「任意の $\varepsilon > 0$ に対して，ある $\delta > 0$

が存在し，*** が成り立つ」と簡便に記すことがある．後者の言い方にも慣れておくとよいだろう．後者の言い方は，英語での相当する表現「For any positive number ε, there exists a positive number δ such that ***」の直訳ともいえる．

ε-δ 論法（つまり定義 1.1）の簡単な練習をしておこう．

練習 1.1　$F(x) = \dfrac{x^2 + x - 2}{x - 1}$ $(x \in (0,1) \cup (1,2))$ とする．このとき

$$\lim_{x \to 1} F(x) = 3$$

であることを証明せよ．

解答例　$I = (0,1) \cup (1,2)$ とおく．任意に $\varepsilon > 0$ を与える．このとき特に $\delta = \varepsilon$ ととると，$x \in I$ かつ $|x - 1| < \delta$ ならば

$$|F(x) - 3| = \left| \frac{x^2 + x - 2}{x - 1} - 3 \right| = \left| \frac{x^2 - 2x + 1}{x - 1} \right|$$
$$= \left| \frac{(x - 1)^2}{x - 1} \right| = |x - 1| < \delta = \varepsilon$$

である．よって $\lim_{x \to 1} F(x) = 3$ である．

さてここで次の不等式を紹介しておこう．これにより ε-δ 論法がより複雑な状況でも使えるようになる．

定理 1.1　（三角不等式，重要）　$x, y \in \mathbb{R}$ とする．このとき，

$$|x + y| \leq |x| + |y| \tag{1.3}$$
$$||x| - |y|| \leq |x - y| \tag{1.4}$$

◆**証明**◆　(1.3) を示す．$x \leq |x|$，$-x \leq |x|$，$y \leq |y|$，$-y \leq |y|$ であることに注意しておく．$x + y \geq 0$ ならば，$|x + y| = x + y \leq |x| + |y|$ である．$x + y < 0$ ならば $|x + y| = -(x + y) = -x - y \leq |x| + |y|$ である．

(1.4) を示す．これには (1.3) を用いる．

$$|x| = |(x - y) + y| \leq |x - y| + |y|.$$

ゆえに $|x| - |y| \leq |x - y|$ である．ここで x と y を入れ替えて同じ議論をすれば，$|y| - |x| \leq |y - x| = |x - y|$ であるから，$-(|x| - |y|) \leq |x - y|$ を得る．よって (1.4) が証明された．∎

以下では，この 2 つの三角不等式は特に断ることなく用いる．

> **質問** 練習 1.1 の解答例からすると，$\lim_{x \to 1} F(x) = 4$ も正しくはないで
> しょうか？ たとえば $\varepsilon = 2$ とします．ε は任意の正数であればよいので，
> 当然 $\varepsilon = 2$ でもよいわけです．$\delta = 1$ ととると，$0 < |x - 1| < 1$ ならば，
> 解答例の式変形を利用すれば，$|F(x) - 3| = |x - 1|$ なので，三角不等式を
> 使って
> $$|F(x) - 4| = |F(x) - 3 - 1| \leq |F(x) - 3| + 1$$
> $$= |x - 1| + 1 < 2 = \varepsilon$$
> が成り立ちます．

● **Answer** ● 任意の正数で成り立つというのは，2 だけでなく，2 以外のすべて
の正数に対しても成り立つということです．ですから，$\varepsilon = \dfrac{1}{2}$ に対しても成り立た
なければなりません．もし $\varepsilon = \dfrac{1}{2}$ に対して成り立つならば，ある $\delta > 0$ が存在し，
$|x - 1| < \delta$ かつ $x \in I$ ならば $|F(x) - 4| < \dfrac{1}{2}$ となるはずです．いま x_0 を $x_0 \in I$
かつ $|x_0 - 1| < \min\left\{\delta, \dfrac{1}{2}\right\}$[*2]をみたすようにとります．このとき $|x_0 - 1| < \delta$ でも
あるから，$|F(x_0) - 4| < \dfrac{1}{2}$ が成り立っています．一方，$|x_0 - 1| < \dfrac{1}{2}$ なので，(1.4)
と $|F(x_0) - 3| = |x - x_0|$ より
$$|F(x_0) - 4| = |F(x_0) - 3 - 1| \geq -|F(x_0) - 3| + 1$$
$$= -|x_0 - 1| + 1 > -\frac{1}{2} + 1 = \frac{1}{2}$$
となり矛盾が生じます．したがって 4 は極限値ではありません．

この質問に関連して，次の問題を考えてみよ．

問題 1.2 $I = (a, c) \cup (c, b)$ とする．$F(x)$ を I 上で定義された関数とす
る．いま $\lim_{x \to c} F(x) = A$ がなりたっているとする．$B \neq A$ とする．このとき，
$\lim_{x \to c} F(x) = B$ が成り立たないことを証明せよ（この性質は極限の一意性と呼ば
れている）．

---

*2 実数 a, b に対して，$\min\{a, b\}$ は $a \neq b$ の場合は a と b のうち小さいほうの数，$a = b$
の場合は a を表すものとする．なお $\max\{a, b\}$ は $a \neq b$ の場合は a と b のうち大きい方の数，
$a = b$ の場合は a を表すものとする．

極限の概念を使って関数の連続性が定義される.

◆定義 1.2◆ （連続性と連続関数） 関数 $f : (a,b) \to \mathbb{R}$ を考える. $c \in (a,b)$ に対して，もしも $f(x)$ が c で極限をもち，その極限値が $f(c)$ であるとき，$f(x)$ は c で**連続**であるという. すなわち，$f(x)$ が c で連続とは

$$\lim_{x \to c} f(x) = f(c)$$

となることである.

このことを $\varepsilon\text{-}\delta$ 論法で記すならば次のようになる. $f(x)$ が c で連続であるとは，任意の $\varepsilon > 0$ に対して，ある $\delta > 0$ を

$$x \in (a,c) \cup (c,b) \text{ かつ } |x - c| < \delta \text{ ならば } |f(x) - f(c)| < \varepsilon$$

となるようにとれることである.

$f(x)$ が (a,b) のすべての点で連続であるとき $f(x)$ は (a,b) 上で連続である，あるいは (a,b) 上の**連続関数**であるという.

なお $f(x)$ が c で連続でないことを c で**不連続**であるという.

■注意 1.1 $x = c$ の場合，$|f(x) - f(c)| = |f(c) - f(c)| = 0$ である. このことから，f が c で連続であるための必要十分条件は，任意の $\varepsilon > 0$ に対して，ある $\delta > 0$ を

$$x \in (a,b) \text{ かつ } |x - c| < \delta \text{ ならば } |f(x) - f(c)| < \varepsilon$$

が成り立つことである.

次の練習 1.2 は自明のように思えるであろうが，練習のために証明を考えてみよう.

練習 1.2 $f(x) = x^2$ は $(-\infty, \infty)$ 上で連続であることを証明せよ.

解答例 $c \in (-\infty, \infty)$ とする. 任意に $\varepsilon > 0$ をとる. $0 < \delta < \min\left\{ \dfrac{\varepsilon}{1 + 2|c|}, 1 \right\}$ をみたす δ をとる（次の質問を参照）. このとき，$|x - c| < \delta$ であれば

$$|x| = |x - c + c| \leq |x - c| + |c| < \delta + |c| < 1 + |c|$$

であるから

$$\left|x^2 - c^2\right| = \left|(x+c)(x-c)\right| \le (|x| + |c|)\,|x-c|$$
$$\le (1 + 2\,|c|)\,|x-c| < (1 + 2\,|c|)\delta < \varepsilon$$

すなわち，$\underline{|f(x) - f(c)| < \varepsilon}$ である．よって $f(x) = x^2$ は c で連続である．

> **質問**　どうして突然 $\min\left\{\dfrac{\varepsilon}{1 + 2\,|c|}, 1\right\}$ が出てきたのですか？

● **Answer** ●　要するに最後の結論を 「$|f(x) - f(c)| < \varepsilon$」の形にするために考えたものです．詳しく言えば次のようなことです．まずは任意に $\varepsilon > 0$ をとります．次にとにかく何か $\delta > 0$ をとって，$|x - c| < \delta$ とします．すると上の計算から

$$\left|x^2 - c^2\right| = |x + c|\,|x - c| \le |x + c|\,\delta$$

です．$|x + c|$ だと x が残ってしまうので

$$|x + c| = |x - c + 2c| \le |x - c| + 2\,|c| < \delta + 2\,|c|$$

としておきます．もしも $\delta < 1$ にとっておけば，

$$|x + c| < 1 + 2\,|c|$$

が成り立ちます．したがって

$$|f(x) - f(c)| = \left|x^2 - c^2\right| \le (1 + 2\,|c|)\,|x - c|$$
$$< (1 + 2\,|c|)\delta$$

です．$|f(x) - f(c)| < \varepsilon$ が成り立つためには $\delta < \dfrac{\varepsilon}{1 + 2\,|c|}$ であればよいわけです．そこで，$0 < \delta < \min\left\{\dfrac{\varepsilon}{1 + 2\,|c|}, 1\right\}$ としておけば，めでたく次のことが成り立ちます．

任意の $\varepsilon > 0$ **に対して，** δ **を** $0 < \delta < \min\left\{\dfrac{\varepsilon}{1 + 2\,|c|}, 1\right\}$ **となるようにとれば，** $|x - c| < \delta$ **ならば** $|f(x) - f(c)| < \varepsilon$.

さて，以上のような経過を消し去って最初から $0 < \delta < \min\left\{\dfrac{\varepsilon}{1 + 2\,|c|}, 1\right\}$ としておけば，短いスペースに証明を記述することができます．

1.3　ε-δ 論法再論

ところで，練習 1.2 の解答では最終的な結果を $** < \varepsilon$ の形にしようとしたために δ の取り方を工夫しなければならなかった．しかし，じつは

> (#) 任意の $\varepsilon > 0$ に対して，ある $\delta > 0$ が存在し $0 < |x - c| < \delta$ ならば $|f(x) - f(c)| < C\varepsilon$ （ただし C は δ, ε, x に依存しない正定数）

を証明できれば，何も最後の結論を $** < \varepsilon$ の形に整える必要ない．このことを示そう．任意に $\varepsilon > 0$ をとる．$\varepsilon_0 = C^{-1}\varepsilon$ とおくと，(#) よりある $\delta_0 > 0$

が存在し，$0 < |x - c| < \delta_0$ ならば $|f(x) - f(c)| < C\varepsilon_0$ が得られる．ここで $C\varepsilon_0 = \varepsilon$ であるから結局，$0 < |x - c| < \delta_0$ ならば $|f(x) - f(c)| < \varepsilon$ が成り立ち，$f(x)$ が c で連続であることがわかる．

以上の考察から，区間 I 上の関数 $f(x)$ が c で連続であることを示すには

> 任意の $\varepsilon > 0$ に対して，ある $\delta > 0$ が存在し，$x \in I$ かつ $|x - c| < \delta$ ならば $|f(x) - f(c)| < C\varepsilon$ が成り立つ（ただし C は ε, δ, x に依存しない定数）

を証明しておけば十分であることがわかる．

さらに $\varepsilon > 0$ についても，すべての $\varepsilon > 0$ でなくとも，十分小さな任意の正数 ε であればよい．また δ も必要に応じていくらでも小さくとることは可能である．このことを（関数の極限に対して）証明しておく．

> **命題 1.2**　I を区間または有限個の区間の和集合とする．$c \in I$ とする．$f : I \setminus \{c\} \to \mathbb{R}$ とする．$\varepsilon_0 > 0,\ \delta_0 > 0$ とする．$A \in \mathbb{R}$ とする．次の (i), (ii) は同値である[*3]．
>
> (i) f は c で極限 A をもつ．
>
> (ii) $0 < \varepsilon \leq \varepsilon_0$ をみたす任意の ε に対して，ある $0 < \delta \leq \delta_0$ が存在し，$x \in I \setminus \{c\}$ かつ $|x - c| < \delta$ ならば $|f(x) - A| < C\varepsilon$ をみたす（ただし C は ε, δ, x に依存しない定数）

◆証明◆　((i) ⇒ (ii) の証明) [*4] 任意に $0 < \varepsilon < \varepsilon_0$ をとる．仮定より，ある $\delta' > 0$ が存在し，$x \in I \setminus \{c\}$ かつ $|x - c| < \delta'$ ならば $|f(x) - A| < \varepsilon$ が成り立つ．$\delta = \min\{\delta', \delta_0\}$ とおく．$0 < \delta \leq \delta_0$ である．$x \in I \setminus \{c\}$ かつ $|x - c| < \delta$ ならば $|x - c| < \delta'$ であるから $|f(x) - A| < \varepsilon$ が成り立つ．したがって $C = 1$ として (ii) が成立している．

((ii) ⇒ (i) の証明)　任意に $\varepsilon > 0$ をとる．$\varepsilon' = \min\{C^{-1}\varepsilon, \varepsilon_0\}$ とする．$0 < \varepsilon' \leq$

[*3] これは数学ではよく使う用語である．(i) が成り立てば (ii) が成り立ち，(ii) が成り立てば (i) が成り立つことである．言い換えれば (i) が成り立つ必要十分条件は (ii) が成り立つことである．同値という言い方は本書でも今後よく使うことになる．

[*4] (i) が成り立てば (ii) が成り立つことを (i) ⇒ (ii) と表す．一般に主張 P が成り立てば主張 Q が成り立つことを，$P \Rightarrow Q$ と表す．$P \Rightarrow Q$ は「P が成立するならば Q が成立する」，略して「P ならば Q」と読むことが多い．

ε_0 であるから (ii) より，ある $0 < \delta \leq \delta_0$ が存在し，$x \in I \setminus \{c\}$ かつ $|x - c| < \delta$ ならば $|f(x) - A| < C\varepsilon' \leq \varepsilon$ が成り立つ．よって (i) が成り立つ． ∎

さらに次のようなことも成り立つ．

> ◆ **命題 1.3** ◆　命題 1.2 の記号を用いる．特に I が開区間であるとする．このとき次の (i), (ii) は同値である．
>
> (i) f は c で極限 A をもつ．
>
> (ii) $0 < \varepsilon \leq \varepsilon_0$ をみたす任意の ε に対して，ある $\delta > 0$ が存在し，$0 < |x - c| < \delta$ ならば $x \in I \setminus \{c\}$ かつ $|f(x) - A| < C\varepsilon$ をみたす（ただし C は ε, δ, x に依存しない定数）

◆**証明**◆　$I = (a, b)$ とおく．$\delta_0 = \min\{c - a, b - c\}$ とおいて命題 1.2 を適用すればよい．なぜならば $0 < |x - c| < \delta_0$ ならば $x \in I \setminus \{c\}$ である． ∎

命題 1.2 から練習 1.2 の解答は次のようなものでもよい．

◆**証明**◆　[練習 **1.2** のもう一つの解答例] $c \in (-\infty, \infty)$ とする．任意に $0 < \varepsilon < 1$ をとる．$\delta = \varepsilon$ とする．$0 < |x - c| < \delta$ ならば $|x - c| < \varepsilon$ であるから，

$$|f(x) - f(c)| = |x^2 - c^2| = |x + c| \, |x - c| \leq |x + c| \varepsilon$$

である．ここで

$$|x + c| = |x - c + 2c| \leq |x - c| + 2 \, |c| < \delta + 2 \, |c| < 1 + 2 \, |c| .$$

ゆえに

$$|f(x) - f(c)| < (1 + 2 \, |c|) \, \varepsilon .$$

ここで $1 + 2 \, |c|$ は ε, δ, x に依存しない．よって $f(x)$ は極限 $f(c)$ をもつ．すなわち f は c で連続である． ∎

ε-δ 論法の有効性を示す一例として，次の定理を証明しておく．この定理は今後よく使われる．

> ◆ **定理 1.4** ◆　$f(x)$ を (a, b) 上の関数とし，$c \in (a, b)$ で連続かつ $f(c) > 0$ とする．このときある $\delta > 0$ を $(c - \delta, c + \delta) \subset (a, b)$ であり，
>
> $$f(x) > \frac{f(c)}{2} > 0 \quad (x \in (c - \delta, c + \delta))$$
>
> となるようにとることができる．

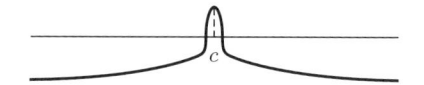

図 1.5 $f(c) > 0$ だと，その周辺を必ず巻き込んで正の値にしてしまう．

◆証明◆ $\varepsilon = \dfrac{f(c)}{2}$ とおく．c で連続であるから，ある $\delta > 0$ を $a < c - \delta < c + \delta < b$ であり，

$$|f(x) - f(c)| < \varepsilon \ (x \in (c - \delta, c + \delta))$$

となるようにとれる．このとき $f(x) - f(c) > -\varepsilon = -\dfrac{f(c)}{2}$ であるから

$$f(x) > f(c) - \frac{f(c)}{2} = \frac{f(c)}{2}$$

である． ∎

読者の中には，なぜ ε-δ 論法のようなまどろっこしい定義をするのだろう，一体この定義によって何が良くなったのだろう，と疑問に思われる人もいるかもしれない．しかし，定理 1.4 のようなことを証明できるところに ε-δ 論法のすごさの一端がある．定理 1.4 は，連続関数 f が c で正なら，c を含む十分小さな開区間上でも正という形で，今後よく使われる．

問題 1.3 $I = (a, c) \cup (c, d)$ とおく．$f : I \to \mathbb{R}$ とし，$m \le f(x) \le M$ $(x \in I)$ をみたしているとする．$A = \displaystyle\lim_{x \to c} f(x)$ が存在するとき $m \le A \le M$ であることを示せ．

極限 $\displaystyle\lim_{x \to c} f(x) = A$ の定義において，$x - c = h$ とおくと，$x \to c$ とは $h \to 0$ のことであり，

$$\lim_{h \to 0} f(c + h) = \lim_{x \to c} f(x)$$

である．すなわち連続性の定義（定義 1.2）は次のように言い換えることができる．この言い換えもよく使う．

【連続性の定義の言い換え】 $f(x)$ が c で連続であるとは

$$f(c) = \lim_{h \to 0} f(c + h)$$

が成り立つことである．

1.4　閉区間, 半開区間上の連続関数について

区間の端点での連続性を議論することがある. そのため右側極限と左側極限の定義をする.

$c \in [a,b)$ とする. $c = a$ の場合を考えることがここでの目的だが, $a < c < b$ でもよい. $f(x)$ が $[a,b) \setminus \{c\}$ で定義された関数であるとする. $f(x)$ が c で**右側極限** A をもつとは, 任意の $\varepsilon > 0$ に対して, ある $\delta > 0$ が存在し

$$x \in [a,b) \setminus \{c\} \text{ かつ } c < x < c+\delta \text{ ならば } |f(x) - A| < \varepsilon$$

が成り立つことである. このとき

$$A = \lim_{x \to c+} f(x) \text{ あるいは } A = \lim_{h > 0, h \to 0} f(c+h)$$

と表す (後半の式では $h = x - c$ と考えている).

$c \in (a,b]$ とする. $c = b$ の場合を考えることがここでの目的だが, $a < c < b$ でもよい. とき, $(a,b] \setminus \{c\}$ 上で定義された関数 $f(x)$ が $c \in (a,b]$ で**左側極限** B をもつとは, 任意の $\varepsilon > 0$ に対して,

$$x \in (a,b] \setminus \{c\} \text{ かつ } c - \delta < x < c \text{ ならば } |f(x) - B| < \varepsilon$$

が成り立つことである. このとき

$$B = \lim_{x \to c-} f(x) \text{ あるいは } B = \lim_{h < 0, h \to 0} f(c+h) = \lim_{h > 0, h \to 0} f(c-h)$$

と表す.

f を $[a,b]$ 上で定義された関数とする. $c \in [a,b)$ とする. f が c で**右側連続**とは, f が c で右側極限 A をもち, $A = f(c)$ となることである. $c \in (a,b]$ とする. f が c で**左側連続**とは f が c で左側極限 A をもち, $A = f(c)$ となることである.

◆定義 1.3◆ (閉区間上の連続性)　$f(x)$ が $[a,b]$ 上で定義された関数であるとする. f が $[a,b]$ 上で**連続**, あるいは $[a,b]$ 上の**連続関数**であるとは, (a,b) 上で連続であり, a で右側連続かつ b で左側連続になっていることとする. 同様にして $[a,b), [a,\infty), (a,b], (-\infty,b]$ 上の連続関数も定義される.

c が $[a,b]$ の端点ではない場合, 次のことが成り立つ.

定理 1.5　　f を (a,b) 上で定義された関数とする. $c \in (a,b)$ とする. f が c で連続であるために必要十分条件は f が c で右側極限と左側極限をもち,

$$\lim_{x \to c+} f(x) = \lim_{x \to c-} f(x) = f(c)$$

が成り立つことである.

◆証明◆　必要性は明らかなので, 十分性を示す. f が c で右側極限 $f(c)$ と左側極限 $f(c)$ をもっているとする. 定義より, 任意の $\varepsilon > 0$ に対して, ある $\delta_1 > 0$ を $x \in (a,b)$ かつ $c < x < c + \delta_1$ ならば $|f(x) - f(c)| < \varepsilon$ が成り立つようにとれる. またある $\delta_2 > 0$ を $x \in (a,b)$ かつ $c - \delta_2 < x < c$ ならば $|f(x) - f(c)| < \varepsilon$ が成り立つようにできる. $\delta = \min\{\delta_1, \delta_2\}$ とする. $0 < |x - c| < \delta$ ならば $c < x < c + \delta_1$ または $c - \delta_2 < x < c$ が成り立っているので, いずれの場合も $|f(x) - f(c)| < \varepsilon$ である. よって f は c で連続である. ∎

練習 1.3　　$(-1, 1)$ 上の関数

$$f(x) = \begin{cases} 1, & x \in (-1, 0) \\ 0 & x \in [0, 1) \end{cases}$$

は $(-1, 0) \cup (0, 1)$ で連続であるが, 0 では不連続であることを証明せよ.

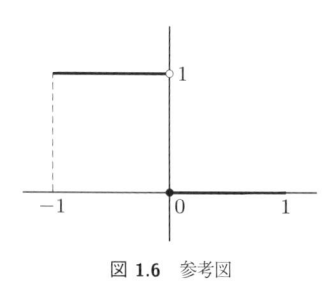

図 1.6　参考図

解答例　明らかに f の 0 での左側極限が存在し, $\displaystyle\lim_{x \to 0-} f(x) = 1$ である. また f の 0 での右側極限が存在し, $\displaystyle\lim_{x \to 0+} f(x) = 0$ である. したがって定理 1.5 より f は 0 で連続ではない.

問題 1.4　　$a \in \mathbb{R}$ とする

$$f(x) = \begin{cases} 1, & x \in (-1, 0) \\ a, & x = 0 \\ 0, & x \in (0, 1) \end{cases}$$

とする．このとき $f(x)$ が 0 で不連続であることを証明せよ．

1.5 極限の基本的な性質

後の議論で頻繁に用いる極限の性質を示しておく．そのため，関数の和，スカラー積，積，商，絶対値を定義しておく．$E \subset \mathbb{R}$ とし，$f : E \to \mathbb{R}$, $g : E \to \mathbb{R}$ とする．このとき

$$f + g : E \ni x \longmapsto f(x) + g(x) \in \mathbb{R}$$

により定義される関数 $f + g$ を f と g の**和**という．$\alpha \in \mathbb{R}$ とする．

$$\alpha f : E \ni x \longmapsto \alpha f(x) \in \mathbb{R}$$

により定義される関数 αf を f と α の**スカラー積**という．

$$fg : E \ni x \longmapsto f(x)g(x) \in \mathbb{R}$$

により定義される関数 fg を f と g の**積**という．$g(x) \neq 0 \ (x \in E)$ をみたすとき，

$$\frac{f}{g} : E \ni x \longmapsto \frac{f(x)}{g(x)} \in \mathbb{R}$$

により定義される関数 $\dfrac{f}{g}$ を f と g の**商**という．$\dfrac{f}{g}$ は f/g とも表す．

$$|f| : E \ni x \longmapsto |f(x)| \in \mathbb{R}$$

により定義される関数 $|f|$ を f の**絶対値**という．

和，スカラー積，積，商，絶対値を有限個組み合わせて，$\alpha, \beta \in \mathbb{R}$ に対して $\alpha f + \beta g$，自然数 n に対して $f^2 = ff, \cdots, f^n = f^{n-1}f$ などが（すべてのパターンは列挙しないが）定義される．

◆ **定理 1.6** ◆ I を区間とし，$c \in I$ とする．$f : I \setminus \{c\} \to \mathbb{R}$, $g : I \setminus \{c\} \to \mathbb{R}$ とし，f と g はそれぞれ c で極限 A, B をもつとする．このとき次のことが成り立つ．

(1) $\alpha, \beta \in \mathbb{R}$ とするとき, $\alpha f + \beta g$ は c で極限 $\alpha A + \beta B$ をもつ. すなわち

$$\lim_{x \to c} (\alpha f(x) + \beta g(x)) = \alpha \lim_{x \to c} f(x) + \beta \lim_{x \to c} g(x).$$

(2) fg は c で極限 AB をもつ. すなわち

$$\lim_{x \to c} f(x)g(x) = \lim_{x \to c} f(x) \lim_{x \to c} g(x).$$

(3) $g(x) \neq 0$ $(x \in I \setminus \{c\})$ かつ $B \neq 0$ とする. このとき f/g は c で極限 $\dfrac{A}{B}$ をもつ. すなわち

$$\lim_{x \to c} \frac{f(x)}{g(x)} = \frac{\displaystyle\lim_{x \to c} f(x)}{\displaystyle\lim_{x \to c} g(x)}.$$

(4) $|f|$ は c で極限 $|A|$ をもつ.

◆**証明**◆　まず次のことに注意しておく. 仮定より, ある $\delta_0 > 0$ が存在し, $x \in I \setminus \{c\}$ かつ $|x - c| < \delta_0$ ならば $|f(x) - A| < 1$ をみたす. したがって,

$$|f(x)| = |f(x) - A + A| \leq |f(x) - A| + |A| < 1 + |A|$$

が成り立っている. 任意に $\varepsilon > 0$ をとる.

　(1) を示す. 仮定よりある $\delta_1 > 0$ が存在し, $x \in I \setminus \{c\}$ かつ $|x - c| < \delta_1$ ならば $|f(x) - A| < \varepsilon$ が成り立つ. またある $\delta_2 > 0$ が存在し, $x \in I \setminus \{c\}$ かつ $|x - c| < \delta_2$ ならば $|g(x) - B| < \varepsilon$ が成り立つ. したがって $\delta_3 = \min\{\delta_1, \delta_2\}$ とすれば, $x \in I \setminus \{c\}$ かつ $|x - c| < \delta_3$ ならば $|f(x) - A| < \varepsilon$ かつ $|g(x) - B| < \varepsilon$ が成り立つ. したがって

$$\begin{aligned}
|\alpha f(x) + \beta g(x) - (\alpha A + \beta B)| &= |\alpha (f(x) - A) + \beta (g(x) - B)| \\
&\leq |\alpha| |f(x) - A| + |\beta| |g(x) - B| \\
&< (|\alpha| + |\beta|) \varepsilon
\end{aligned}$$

が得られる. ここで $|\alpha| + |\beta|$ は ε, δ_3, x に依存しないので, 命題 1.2 より (1) が証明された.

　(2) を示す. $\delta_4 = \min\{\delta_3, \delta_0\}$ とする. $x \in I \setminus \{c\}$ かつ $|x - c| < \delta_4$ ならば

$$\begin{aligned}
|f(x)g(x) - AB| &= |f(x)g(x) - f(x)B + f(x)B - AB| \\
&\leq |f(x)| |g(x) - B| + |f(x) - A| |B| \\
&< (1 + |A|) \varepsilon + \varepsilon |B| = (1 + |A| + |B|) \varepsilon
\end{aligned}$$

が成り立つ. ここで $1 + |A| + |B|$ は ε, δ_4, x に依存しないので, 命題 1.2 より (2) が

証明された.

（4）を示す．三角不等式より $||f(x)| - |A|| \leq |f(x) - A|$ である．このことから $|f|$ が c で極限 $|A|$ をもつことは容易に示される.

（3）を示す．（4）より $|g|$ は c で極限 $|B|$ をもつ．したがって，ある $\delta_5 > 0$ が存在し，$x \in I \setminus \{c\}$ かつ $|x - c| < \delta_5$ ならば $||g(x)| - |B|| < \dfrac{|B|}{2}$ が成り立つ．したがって，$|B| - |g(x)| < \dfrac{|B|}{2}$, すなわち $|g(x)| > \dfrac{|B|}{2}$ が得られる．$\delta_6 = \min\{\delta_5, \delta_2\}$ とおくと，$x \in I \setminus \{c\}$ かつ $|x - c| < \delta_6$ ならば

$$\left|\frac{1}{g(x)} - \frac{1}{B}\right| = \frac{|g(x) - B|}{|g(x)||B|} < \frac{2}{|B|^2}\varepsilon$$

が成り立つ．ゆえに $\dfrac{1}{g(x)}$ は c で極限値 $\dfrac{1}{B}$ をもつ．ゆえに（2）より $\dfrac{f(x)}{g(x)}$ は c で極限値 $\dfrac{A}{B}$ をもつ． ∎

■**注意 1.2** 定理 1.6 は極限を右側極限あるいは左側極限に置き換えても成り立つ．証明は極限の場合と同様である.

この定理 1.6 から次のことが容易に導かれる（証明は省略する）.

◆**系 1.7**◆ I を開区間とし，$c \in I$ とする．$f : I \to \mathbb{R}$, $g : I \to \mathbb{R}$ とし，f と g は c で連続とする．$\alpha, \beta \in \mathbb{R}$ とする．このとき

$$\alpha f + \beta g, \ fg, \ |f|$$

は c で連続である．また $f(x) \neq 0$ $(x \in I)$ であれば $\dfrac{1}{f}$ は c で連続である．以上のことは $I = [a, b]$ とし，$c = a$ の場合に右側連続，$c = b$ の場合に左側連続としても成り立つ.

系は corollary の訳語で，定理から付加的に証明できるもののことである.

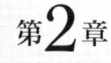

第2章
微分

　次に微分の定義をしよう．微分が何を意味するのかは第3章で述べるとして（また高校でも微分の意味についてはある程度学んでいるはずなので），ここではとにかく微分の定義と微分に関するいくつかの定理，計算公式などを記す．

2.1　微分の定義

　まずは極限が ε-δ 論法により定義されていることを了解しているものとして，次のように微分の定義をする．

◆定義 2.1◆　$f(x)$ を (a,b) 上で定義された関数とする．$c \in (a,b)$ とする．$I = (a,c) \cup (c,b)$ とおく．$x \in I$ に対して

$$F(x) = \frac{f(x) - f(c)}{x - c}$$

と定義する．もしも x を限りなく c に近づけたとき，$F(x)$ が極限 A をもつ場合，$f(x)$ は c で**微分可能**であるという．また，その極限値 A を $f(x)$ の c での**微分係数**といい，$f'(c)$ と表す．すなわち

$$\lim_{x \to c} \frac{f(x) - f(c)}{x - c} = f'(c)$$

である．$f'(c)$ は

$$\frac{df}{dx}(c), \ \frac{d}{dx}f(c), \ \text{あるいは} \ \left. \frac{d}{dx}f(x) \right|_{x=c}$$

とも表す．

特に f が (a, b) のすべての点で微分可能であるとき，f は (a, b) 上で**微分可能**であるという．

微分可能でないことを**微分不可能**という．

念のため微分可能の定義を ε-δ 論法に基づいて記述しておく．

> $f(x)$ が c で微分可能であるとは，ある実数 A が存在し，任意の $\varepsilon > 0$ に対して，ある $\delta > 0$ を
>
> $$x \in (a, b) \text{ かつ } 0 < |x - c| < \delta \text{ ならば } \left| \frac{f(x) - f(c)}{x - c} - A \right| < \varepsilon$$
>
> が成り立つようにとれることである．このとき $A = f'(c)$ とおく．

微分可能の定義は次のように言い換えることができる．$f(x)$ が c で微分可能であるとは，$x - c = h$ と考え，極限

$$\lim_{h \to 0} \frac{f(c + h) - f(c)}{h} = A \ (= f'(c))$$

が存在することである．すなわち，f が c で微分可能であるとは，ある実数 A が存在し，任意の $\varepsilon > 0$ に対して，ある $\delta > 0$ を $(c - \delta, c + \delta) \subset (a, b)$ かつ

$$0 < |h| < \delta \text{ ならば } \left| \frac{f(c + h) - f(c)}{h} - A \right| < \varepsilon$$

が成り立つようにとれることである．

今後はこちらの表記もしばしば使う．

[**例 2.1**] $f(x) = x^2$ は $(-\infty, \infty)$ 上で微分可能で，$c \in (-\infty, \infty)$ に対して $f'(c) = 2c$ である．

◆**証明**◆ $c \in (-\infty, \infty)$ とする．このとき

$$\frac{f(c + h) - f(c)}{h} = \frac{(c + h)^2 - c^2}{h} = \frac{2ch + h^2}{h} = 2c + h \tag{2.1}$$

である．したがって，任意の $\varepsilon > 0$ に対して，δ を $0 < \delta < \varepsilon$ となるようにとれば，$0 < |h| < \delta$ であるとき

$$\left| \frac{f(c + h) - f(c)}{h} - 2c \right| = |h| < \delta < \varepsilon$$

が成り立つ．よって $f(x)$ は c で微分可能であり，$f'(c) = 2c$ が成り立つ． ∎

ここでは ε-δ 論法を使って記したが，今後はたとえば (2.1) を示した後は，$2c + h \to 2c$ ($h \to 0$) より f は c で微分可能で $f'(c) = 2c$ と結論を記しても良い．

導関数の定義をしておく．

◆定義 2.2◆　$f(x)$ を (a, b) 上で微分可能な関数とする．このとき，$x \in (a, b)$ に微分係数 $f'(x)$ を対応させる関数を $f(x)$ の**導関数**といい，f' または $\dfrac{df}{dx}$ で表す．すなわち，関数

$$f' : (a, b) \ni x \longmapsto f'(x) \in \mathbb{R}$$

あるいは

$$\frac{df}{dx} : (a, b) \ni x \longmapsto \frac{df}{dx}(x) \in \mathbb{R}$$

が f の導関数である．

たとえば $f(x) = x^2$ に対して，x を変数とする関数 $f'(x) = 2x$ が導関数である．

与えられた関数の微分可能性を調べる際に，右側微分，左側微分の概念を導入しておくと便利である．関数 f が c で**右側微分可能**であるとは，極限

$$f'_+(c) = \lim_{h > 0, h \to 0} \frac{f(c + h) - f(c)}{h}$$

が存在することであり，このとき $f'_+(c)$ を f の c での**右側微係数**という．また f が c で**左側微分可能**であるとは，極限

$$f'_-(c) = \lim_{h < 0, h \to 0} \frac{f(c + h) - f(c)}{h}$$

が存在することであり，このとき $f'_-(c)$ を f の c での**左側微係数**という．

◆定理 2.1◆　$f(x)$ を $I = (a, b)$ 上の関数とし，$c \in I$ とする．f が c で微分可能であるための必要十分条件は，f が c で右側微分可能かつ左側微分可能で，$f'_+(c) = f'_-(c)$ となることである．さらにこのとき，$f'(c) = f'_+(c) = f'_-(c)$ である．

◆**証明**◆　十分性を示す．$A = f'_+(c) \ (= f'_-(c))$ とおく．右側微分可能の定義より，任意の $\varepsilon > 0$ に対して，ある $\delta_1 > 0$ が存在し，$0 < h < \delta_1$ かつ $c + h \in I$ ならば

$$\left| \frac{f(c+h) - f(c)}{h} - A \right| < \varepsilon \tag{2.2}$$

である．また左側微分可能の定義から，ある $\delta_2 > 0$ が存在し，$-\delta_1 < h < 0$ かつ $c + h \in I$ ならば (2.2) が成り立つ．$\delta = \min\{\delta_1, \delta_2\}$ とすると，$0 < |h| < \delta$ に対して (2.2) が成り立つ．ゆえに f は c で微分可能である．必要性は明らかである． ∎

　この定理を使って次のことを証明する．

［**例 2.2**］　$f(x) = |x|$ とする．$f(x)$ は 0 で微分不可能である．

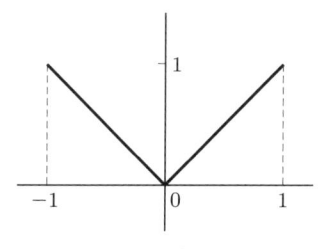

図 **2.1**　参考図

解説　$f(x) = -x \ (x < 0)$ であるから，

$$f'_-(0) = \lim_{h<0, h\to 0} \frac{f(h) - f(0)}{h} = \lim_{h<0, h\to 0} \frac{-h}{h} = -1$$

である．また $f(x) = x \ (x > 0)$ であるから

$$f'_+(0) = \lim_{h>0, h\to 0} \frac{f(h) - f(0)}{h} = \lim_{h<0, h\to 0} \frac{h}{h} = 1$$

である．定理 2.1 より f は $x = 0$ で微分可能ではない． ∎

　この例は連続であって微分可能でない例である．連続関数は微分可能な場合と，微分可能でない場合がある．しかし不連続ならば微分はできない．このことを証明する．

◆**定理 2.2**◆　$f(x)$ を (a, b) 上の関数とする．f が c で微分可能ならば，c で連続である．したがって $f(x)$ が (a, b) 上で微分可能ならば (a, b) 上で連続である．

◆**証明**◆　命題 1.2 より

$$\lim_{h \to 0} (f(c+h) - f(c)) = \lim_{h \to 0} \frac{f(c+h) - f(c)}{h} h = \lim_{h \to 0} \frac{f(c+h) - f(c)}{h} \lim_{h \to 0} h$$
$$= f'(c)0 = 0$$

が成り立つ. ∎

問題 2.1　　n を 2 以上の整数とする. $f(x) = |x|^n$ は $x = 0$ で微分可能であることを示せ.

2.2　微分の公式

具体的な関数の微分がどのようなものか基本的な例を見ておこう. 本節は数学 III で学んださまざまな微分の公式の復習でもある[*1].

定理 2.3

$$\frac{d}{dx} \sin x = \cos x$$

これは次の補題を用いて証明される.

補題 2.4

$$\lim_{x \to 0} \frac{\sin x}{x} = 1$$

◇**コメント**　　補題とはある定理を証明するための補助的な定理のようなもの. ただし有用な補題には, たとえば『***の補題』などのように発見者名***を冠しているものもある.

◆**証明**◆　$0 < x < \dfrac{\pi}{2}$ とする. 半径 1 の円を考え, 図 2.2 のように点 O, A, B, R, S を定める. 三角形 OAS の面積は $\dfrac{1}{2} \cdot 1 \cdot \sin x$ である. また扇形 OAS の面積は $\dfrac{x}{2}$ であり, 三角形 ORS の面積は $\dfrac{1}{2} \cdot 1 \cdot \tan x$ である. ゆえにこれらの面積を比較すれば

$$\frac{1}{2} \cdot 1 \cdot \sin x < \frac{x}{2} < \frac{1}{2} \cdot 1 \cdot \tan x$$

[*1] 本節の内容は数学 III でも学んだことでもあるので, 復習の必要がない人は次節に進んでかまわない.

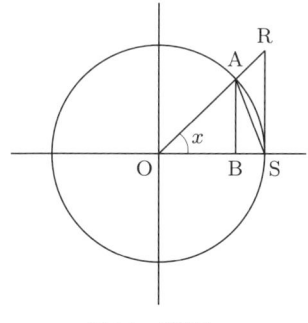

図 2.2　参考図.

を得る．したがって前半の不等式より $\dfrac{\sin x}{x} < 1$ であり，後半の不等式より $\cos x <$

$\dfrac{\sin x}{x}$ が成り立っている．ゆえに $0 < x < \dfrac{\pi}{2}$ ならば

$$\cos x < \frac{\sin x}{x} < 1 \tag{2.3}$$

が得られる．次にこの不等式が $-\dfrac{\pi}{2} < x < 0$ の場合にも成り立つことを示す．$-\dfrac{\pi}{2} <$

$x < 0$ ならば $0 < -x < \dfrac{\pi}{2}$ であるから

$$\cos(-x) < \frac{\sin(-x)}{-x} < 1$$

である．ここで $\sin(-x) = -\sin x,\ \cos(-x) = \cos x$ を用いれば （2.3）が導かれ

る．（2.3）が $-\dfrac{\pi}{2} < x < \dfrac{\pi}{2}$，$x \neq 0$ に対して成り立つことと $\lim\limits_{x \to 0} \cos x = 1$ より，

$\lim\limits_{x \to 0} \dfrac{\sin x}{x} = 1$ が証明される．∎

◆**定理 2.3 の証明**◆　三角関数の和積定理より $\sin a - \sin b = 2\cos\dfrac{a+b}{2}\sin\dfrac{a-b}{2}$

であることに注意する．これより

$$\frac{\sin(x+h) - \sin x}{h} = \frac{2\cos\left(x + \dfrac{h}{2}\right)\sin\dfrac{h}{2}}{h} = \cos\left(x + \frac{h}{2}\right)\frac{\sin\dfrac{h}{2}}{\dfrac{h}{2}}$$

$$\to \cos x \cdot 1 = \cos x \ (h \to 0)$$

が得られる．よって $\dfrac{d}{dx}\sin x = \cos x$ である．∎

問題 2.2　$\dfrac{d}{dx}\cos x = -\sin x$ を証明せよ.

定理 2.5　n を自然数とする. このとき

$$\frac{d}{dx}x^n = nx^{n-1}.$$

◆**証明**◆　k を非負の整数で $k \leq n$ なるものとする. $\dbinom{n}{k}$ を 2 項係数とする. すなわち

$$\binom{n}{k} = {}_nC_k = \frac{n!}{k!(n-k)!}$$

とする（ただし $0! = 1$ とする）*2. このとき 2 項展開

$$(x+h)^n = \sum_{k=0}^{n}\binom{n}{k}x^{n-k}h^k$$

が成り立つことを数学 II で学んだ. これを使う. $f(x) = x^n$ とする.

$$(x+h)^n = x^n + nx^{n-1}h + \sum_{k=2}^{n}\binom{n}{k}x^{n-k}h^k$$

であるから

$$\begin{aligned}
\frac{f(x+h)-f(x)}{h} &= \frac{1}{h}\left(x^n + nx^{n-1}h + \sum_{k=2}^{n}\binom{n}{k}x^{n-k}h^k - x^n\right)\\
&= nx^{n-1} + \sum_{k=2}^{n}\binom{n}{k}x^{n-k}h^{k-1}\\
&= nx^{n-1} + h\sum_{k=2}^{n}\binom{n}{k}x^{n-k}h^{k-2}\\
&\to nx^{n-1}\ (h \to 0)
\end{aligned}$$

となっている. よって定理が証明された. ∎

練習 2.1　次を示せ. $x \neq 0$ のとき

$$\frac{d}{dx}\frac{1}{x} = -\frac{1}{x^2}.$$

解答例　$f(x) = \dfrac{1}{x}$ とすると, $h \to 0$ のとき

---

*2 大学, あるいは研究レベルの本や論文では, 2 項係数をこのように表すことが多い.

$$\frac{f(x+h)-f(x)}{h} = \frac{1}{h}\left(\frac{1}{x+h} - \frac{1}{x}\right) = -\frac{1}{x\,(x+h)} \to -\frac{1}{x^2}$$

である.

次に合成関数の微分について考える.

◆定義 2.3◆ A, B, C を集合とする. 写像 $f : A \to B$ と $g : B \to C$ に対して,

$$g \circ f : A \ni x \longmapsto g(f(x)) \in C$$

を f と g の**合成写像**という. 特に A, B, C が $\mathbb{R}$ の部分集合であるときは**合成関数**という.

まず合成関数の連続性について述べておく.

> **◆定理 2.6◆** 関数 $f : (a,b) \to (c,d)$, $g : (c,d) \to \mathbb{R}$ とする. $x_0 \in (a,b)$ とし $y_0 = f(x_0)$ とおく. f が x_0 で連続で, g が y_0 で連続ならば $g \circ f$ は x_0 で連続である.

◆証明◆ 任意に $\varepsilon > 0$ をとる. g の連続性から, ある $\delta_0 > 0$ が存在し, $y \in (c,d)$ かつ $|y - y_0| < \delta_0$ ならば $|g(y) - g(y_0)| < \varepsilon$ が成り立つ. f の連続性から, ある $\delta > 0$ が存在し, $x \in (a,b)$ かつ $|x - x_0| < \delta$ ならば $|f(x) - f(x_0)| < \delta_0$ が成り立つ. したがって $|g(f(x)) - g(f(x_0))| < \varepsilon$ である. このことは $g \circ f$ が x_0 で連続であることを示している. ∎

次に合成関数の微分に関する定理を記す.

> **◆定理 2.7◆** （合成関数の微分） 関数 $f : (a,b) \to (c,d)$, $g : (c,d) \to \mathbb{R}$ がそれぞれ (a,b), (c,d) で微分可能であるとする. このとき合成関数
> $$g \circ f : (a,b) \ni x \longmapsto g(f(x)) \in \mathbb{R}$$
> は (a,b) で微分可能であり,
> $$(g \circ f)'(x) = g'(f(x))f'(x)$$
> が成り立っている.

◆証明◆　$x_0 \in (a, b)$ とする. $y_0 = f(x_0)$ とおき,

$$F(y) = \begin{cases} \dfrac{g(y) - g(y_0)}{y - y_0}, & y \neq y_0 \\ g'(y_0), & y = y_0 \end{cases}$$

と定義する. g が y_0 で微分可能であるから, $\displaystyle\lim_{y \to y_0} F(y) = g'(y_0) = F(y_0)$ が成り立ち, F は y_0 で連続である. f は x_0 で連続でもあるから, $F \circ f$ は x_0 で連続である. ところで

$$F(y)(y - y_0) = g(y) - g(y_0)$$

が $y \in (c, d)$ で成り立っている. これより $x \to x_0$ のとき

$$\frac{g\left(f(x)\right) - g\left(f(x_0)\right)}{x - x_0} = \frac{F(f(x))(f(x) - f(x_0))}{x - x_0} \to F(f(x_0))f'(x_0)$$
$$= F(y_0)f'(x_0) = g'(f(x_0))f'(x_0)$$

となり, 定理の主張が証明された. ∎

　最後に関数の和, 積, 商に関する微分について述べておく.

> **定理 2.8**　（線形和, 積, 商の微分）　f, g を (a, b) 上で微分可能な関数とする. α, β を実数とする. このとき
>
> $$(\alpha f + \beta g)' = \alpha f' + \beta g' \tag{2.4}$$
> $$(fg)' = f'g + fg' \tag{2.5}$$
>
> である. $g(x) \neq 0 \ (x \in (a, b))$ ならば,
>
> $$\left(\frac{f}{g}\right)' = \frac{f'g - fg'}{g^2} \tag{2.6}$$

◆証明◆　まず (2.4) を示す. $F(x) = \alpha f(x) + \beta g(x)$ とすると $h \to 0$ のとき

$$\frac{F(x+h) - F(x)}{h} = \frac{\alpha f(x+h) + \beta g(x+h) - \alpha f(x) - \beta g(x)}{h}$$
$$= \alpha \frac{f(x+h) - f(x)}{h} + \beta \frac{g(x+h) - g(x)}{h}$$
$$\to \alpha f'(x) + \beta g'(x) \ (h \to 0)$$

である.

　次に (2.5) を $f = g$ の場合に示す. $h(y) = y^2$ とすると, $h \circ f(x) = f(x)^2$ であり, $h'(y) = 2y$ であるから, 合成関数の微分の公式より

$$(f^2)'(x) = (h \circ f)'(x) = h'(f(x))f'(x) = 2f(x)f'(x)$$

である. 次に一般の場合を示す.

$$(f+g)^2 - (f-g)^2 = 4fg$$

であることに注意すれば，上の公式と (2.4) より

$$(fg)' = \frac{1}{4}\left((f+g)^2 - (f-g)^2\right)'$$
$$= \frac{1}{2}(f+g)(f+g)' - \frac{1}{2}(f-g)(f-g)'$$
$$= \frac{1}{2}\left((f+g)(f'+g') - (f-g)(f'-g')\right)$$
$$= fg' + gf'$$

が得られる．

$\dfrac{1}{g}$ を $f(y) = \dfrac{1}{y}$ と $g(x)$ の合成関数とみなすと，練習 2.1 と合成関数の微分の公式より

$$\left(\frac{1}{g}\right)' = -\frac{1}{g^2}g'$$

が得られる．ゆえに

$$\left(\frac{f}{g}\right)' = \left(f\frac{1}{g}\right)' = f'\frac{1}{g} - f\frac{1}{g^2}g' = \frac{f'g - fg'}{g^2}$$

が導かれる．∎

練習 2.2 $\quad \dfrac{d}{dx}\tan x = \dfrac{1}{\cos^2 x} = \tan^2 x + 1$

解答例

$$\frac{d}{dx}\tan x = \frac{d}{dx}\frac{\sin x}{\cos x} = \frac{(\sin x)'(\cos x) - (\sin x)(\cos x)'}{\cos^2 x}$$
$$= \frac{\cos^2 x + \sin^2 x}{\cos^2 x} = \frac{1}{\cos^2 x} = \tan^2 x + 1$$

2.3 高階の微分

$f(x)$ が (a,b) 上で微分可能であり，導関数 $f'(x)$ が (a,b) でさらに微分可能であるとき，$f(x)$ は (a,b) 上で 2 回微分可能であるといい，$f'(x)$ の導関数を

$$f''(x),\ f^{(2)}(x),\ \frac{d^2 f}{dx^2}(x),\ \frac{d^2}{dx^2}f(x)$$

のように表し，2 階導関数あるいは 2 次導関数という．以下同様にして，3 回微分可能，3 階導関数 $f^{(3)}$，4 回微分可能，4 階導関数 $f^{(4)}$，$\cdots$ が定義される．一般に，$f(x)$ が (a,b) 上で $n-1$ 回微分可能であり，さらに $f^{(n-1)}(x)$ が (a,b) 上で微分可能であるとき $f(x)$ は n **回微分可能**であるとい，$f^{(n-1)}(x)$ の導関数を

$$f^{(n)}(x),\ \frac{d^n f}{dx^n}(x),\ \frac{d^n}{dx^n}f(x)$$

と表し，f の n 階導関数という．便宜上，$f'(x) = f^{(1)}(x)$，また

$$f(x) = f^{(0)}(x) = \frac{d^0 f}{dx^0}(x) = \frac{d^0}{dx^0}f(x)$$

と定める（0 回微分するとは微分をしないことを意味するものとする）．

　関数 $f(x)$ が (a,b) 上で任意の自然数 n に対して n 回微分可能であることを (a,b) 上で**無限回微分可能**であるという．

[**例 2.3**]　$\sin x,\ \cos x$ は無限回微分可能であり，$n = 0, 1, 2, \cdots$ に対して

$$\frac{d^n}{dx^n}\sin x = \sin\left(x + \frac{n\pi}{2}\right)$$
$$\frac{d^n}{dx^n}\cos x = \cos\left(x + \frac{n\pi}{2}\right)$$

が成り立つ．

解説　$n = 0$ の場合は明らか．すでに示したように $\dfrac{d}{dx}\sin x = \cos x$ である．これより $\sin x$ はさらにもう 1 回微分可能であることがわかる．一方 $\sin\left(x + \dfrac{\pi}{2}\right) = \cos x$ であるから，$\dfrac{d}{dx}\sin x = \sin\left(x + \dfrac{\pi}{2}\right)$ が得られる．$\sin\left(x + \dfrac{\pi}{2}\right)$ を $x + \dfrac{\pi}{2}$ と $\sin x$ の合成関数とみなし，合成関数の微分の公式を用いれば

$$\frac{d^2}{dx^2}\sin x = \frac{d}{dx}\sin\left(x + \frac{\pi}{2}\right) = \cos\left(x + \frac{\pi}{2}\right) = \sin\left(x + \frac{2\pi}{2}\right)$$

が得られる．以下同様の議論で例が証明される．$\cos x$ についても同様である．∎

（**問題 2.3**）　$f(x) = |x|^3$ とする．f は $\mathbb{R}$ 上で 2 回微分可能であり，0 では 3 回微分可能ではないことを示せ．

　n を自然数とする．関数 $f(x)$ が (a,b) 上で n 回微分可能であり，$f^{(n)}(x)$ が (a,b) 上で連続になっているとき，$f(x)$ は (a,b) 上で C^n **級**であるという．f が (a,b) 上で無限回微分可能ならば，任意の自然数 n に対して $f^{(n)}$ は (a,b)

上で微分可能であるから $f^{(n)}$ は連続である．したがって (a, b) 上で C^n 級である．(a, b) 上で無限回微分可能な関数を (a, b) 上で C^∞ 級であるともいう．

　閉区間 $[a, b]$ 上の関数 f が $[a, b]$ 上で C^n 級であるとは，$[a, b] \subset (a', b')$ をみたすある開区間 (a', b') と (a', b') 上のある C^n 級関数 $\widetilde{f}$ で，

$$f(x) = \widetilde{f}(x) \ (x \in [a, b])$$

をみたすものが存在することと定義する．

　今後，関数の詳細な解析を行うため高い回数の微分（高階微分）を扱う（たとえば後述のテイラーの定理や極値問題など）．そのため，n 回微分可能，あるいは n 階導関数が連続なもの，さらには無限回微分可能な関数を解析することが多くなる．このようなことから C^n 級，C^∞ 級という用語は今後大学の数学で頻繁に使われることになる．

第3章

微分の幾何的意味，物理的解釈

本章では微分のもつ意味について述べる．一つは曲線の接線という幾何的な意味と，もう一つは変化率，あるいは速度といった物理現象的な意味である[*1]．

3.1 微分と接線

ある曲線が与えられたとき，その曲線に接する直線を求める問題を考えてみよう．たとえば，円 $x^2 + y^2 = 1$ の接線は図のような円と「接する」直線であり，その作図法も古くから知られている．

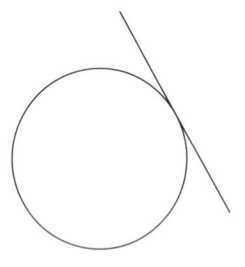

図 3.1 円の接線.

ここで考えたいのは，円だけではなくより一般の曲線に対する接線である．特に，関数

$$y = f(x)$$

のグラフとして与えられる曲線の接線を定義し，その方程式も求めたい．

[*1] 本章は拙書[2]を基にしている．

たとえば図 3.2 のような曲線上の点 $P = P(c, f(c))$ において，この曲線に接する直線（接線）を引くことを考える．しかし，その前にそもそも，

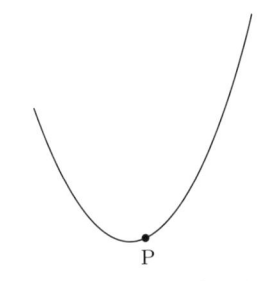

図 **3.2** 曲線上の点 P に接線を引きたい．

接線とは何だろうか？　　「接する」の定義は何なのだろうか？

ということについて反省してほしい．

紀元前のギリシャでは

『接線 L とは曲線 C と接線 L のあいだにほかの直線をひくことができないような直線』[*2]

と考えられていたようである．たとえば図 3.3 のような状況である．

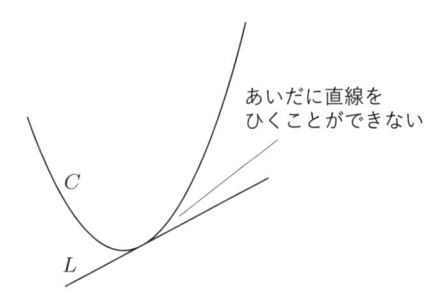

あいだに直線を
ひくことができない

図 **3.3** 紀元前のギリシャで考えられていた接線の定義の参考図．

この考え方をより数学的に考察してみよう．まず曲線 $y = f(x)$ 上の点 P を通

---

*2 ボイヤー，数学の歴史，第 2 巻（加賀美鐵雄，浦野由有訳），朝倉書店，p.46 参照．

る直線を適当にとり，その直線が点 P のほかに P の近くの点 P′ も通るようにして
おく（たとえば図 3.4 (1) 参照）．

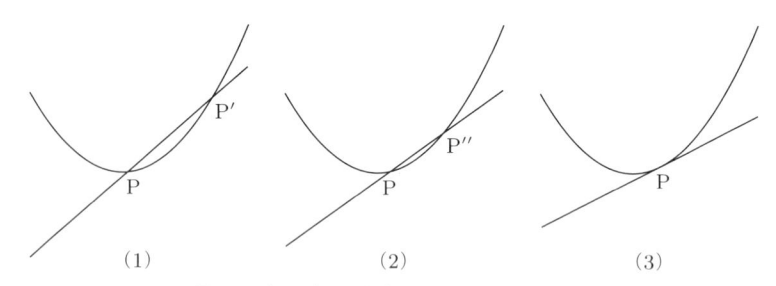

図 **3.4**　点 P を通る直線を "接線" に近づける．

　ここで点 P を通り，点 P′ よりも点 P に近い曲線上の点 P″ を通る直線 PP″
を考える（図 3.4 (2) 参照）．この直線 PP″ は曲線 $y = f(x)$ と直線 PP′ の間
の直線とみなすことができる．そこでこのようなものがとれないように，P′ を限
りなく P に近づけていけば，もはや直線 PP′ と曲線 $y = f(x)$ の間には直線が
ひけなくなると考えることができる（図 3.4 (3) 参照）．

　この操作を数式化する．2 点 $P(c, f(c))$ と $P'(c+h, f(c+h))$ を結ぶ直線の
方程式は

$$y - f(c) = \frac{f(c+h) - f(c)}{c+h-c}(x - c)$$

である[*3]．すなわち

$$y - f(c) = \frac{f(c+h) - f(c)}{h}(x - c)$$

であるが，ここで点 $P'(c+h, f(c+h))$ を点 $P(c, f(c))$ に限りなく近づける操作
は $h \to 0$ とすればよい．このとき f が c で微分可能ならば，直線 PP′ は直線

$$y - f(c) = f'(c)(x - c)$$

に近づいていくと考えられる．この考察を元に次の定義をする．

◆**定義 3.1**◆　f を $[a,b]$ 上の連続関数とする．$c \in (a,b)$ とする．f が c で

[*3] 2 点 $(x_1, y_1), (x_2, y_2)$ $(x_1 \neq x_2)$ を通る直線の方程式は $y - y_1 = \dfrac{y_2 - y_1}{x_2 - x_1}(x - x_1)$ で
あった．

微分可能であるとき，直線

$$y - f(c) = f'(c)(x - c)$$

を曲線 $y = f(x)$ の $(c, f(c))$ での**接線**という.

3.2 変化率としての微分

　微分が良く使われる理由の一つとして，変化の様子を微分でとらえられるということがある.

　たとえばある湖に川から水が流入しているとする．またこの湖には人工的な排水路も設置されていて，排水路の水量を調節できるものとする．いま，ある時期における湖の水深の変化を調べたところ，図 3.5 のようになっていたとする．このグラフを表す関数を $y = f(t)$ とする．縦軸が水深，横軸が時間を表している．時刻 t と時刻 $t + \Delta t$ での水深の変化は $f(t + \Delta t) - f(t)$ である．変化率は時間

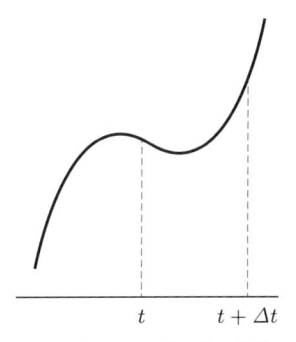

図 3.5 t と $t + \Delta t$ との違いを見る.

Δt の間の変化の平均，すなわち

$$\frac{f(t + \Delta t) - f(t)}{\Delta t}$$

により定義される．もしこの変化率が正であれば時刻 Δt の間に水量が増えていることがわかるが，しかし Δt を大きくとれば，図 3.5 のように時刻 t での減少の様子がとらえきれていないことがわかる．そこで Δt をもっと小さくとれば，今度は図 3.6 のように変化率は負になり，時刻 t での変化の様子をより正確にとらえることが可能になる．より精度を上げるにはさらに時間幅 Δt を小さくとれ

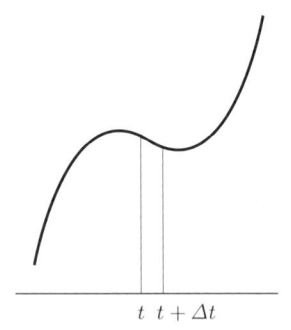

図 3.6　時間幅の狭い範囲での変化率はより時刻 t での変化の様子をとら
えることができる．

ばよく，より理想的には限りなく Δt を 0 に近づければ，時刻 t での瞬間の変化
率をとらえることができる．つまり

$$f'(t) = \lim_{\Delta t \to 0} \frac{f(t + \Delta t) - f(t)}{\Delta t}$$

が，時刻 t での水深の**瞬間の変化率**を表していると考えられる．

　物理学では，直線上を運動している物体 $x(t)$ を考えたとき，$x(t)$ を原点から
の位置として，時刻 t での瞬間の変化率

$$x'(t) = \lim_{\Delta t \to 0} \frac{x(t + \Delta t) - x(t)}{\Delta t}$$

をこの物体の時刻 t における**速度**あるいは**速度ベクトル**といい，その絶対値
$|x'(t)|$ を時刻 t における**速さ**という．$v(t) = x'(t)$ と表す．速度は物体の運動の
向きも考慮に入れていて，$v(t) > 0$ ならば右方向に進んでおり，$v(t) < 0$ ならば
左方向に進んでいる．これに対して $|v(t)|$ はどちらの向きに運動しているかは問
題としておらず，どのくらいの速さで移動しているかを示している．

　この速度の変化をさらに見るときは，時刻 t での速度の瞬間の変化率

$$v'(t) = \lim_{\Delta t \to 0} \frac{v(t + \Delta t) - v(t)}{\Delta t}$$

を考えればよい．これを物体の時刻 t における**加速度**あるいは**加速度ベクトル**と
いう．$v'(t) = x''(t)$ より加速度は $x(t)$ の 2 回微分係数として求められる．

　ここで時刻 t での瞬間の変化率が，時刻 t の十分近くでの変化の様子を表して
いることを示す定理を証明しておこう．

◆ **定理 3.1** ◆　f を (a,b) 上で定義された関数で，$c \in (a,b)$ で微分可能であるとする.

(1) $f'(c) > 0$ であるならば，ある $\delta > 0$ を，$a < c - \delta < c + \delta < b$ をみたし，かつ

$$c - \delta < x_1 < c < x_2 < c + \delta \text{ ならば } f(x_1) < f(c) < f(x_2)$$

をみたすようにとることができる.

(2) $f'(c) < 0$ であるならば，ある $\delta > 0$ を，$a < c - \delta < c + \delta < b$ をみたし，かつ

$$c - \delta < x_1 < c < x_2 < c + \delta \text{ ならば } f(x_1) > f(c) > f(x_2)$$

をみたすようにとることができる.

この定理の (1) の結論が成り立つことを f は c で**増加の状態**にあるといい，(2) の結論が成り立つことを f は c で**減少の状態**にあるという.

◆**証明**◆　(1) を証明する. $\varepsilon = \dfrac{f'(c)}{2}$ とおくと，仮定より $\varepsilon > 0$ である. 微分の定義より，ある $\delta > 0$ を $a < c - \delta < c + \delta < b$ かつ

$$0 < |h| < \delta \text{ ならば } \left| \frac{f(c+h) - f(c)}{h} - f'(c) \right| < \varepsilon$$

となるようにとることができる. したがって

$$\frac{f(c+h) - f(c)}{h} - f'(c) > -\varepsilon = -\frac{f'(c)}{2}$$

であるから

$$0 < |h| < \delta \text{ ならば } \frac{f(c+h) - f(c)}{h} > \frac{1}{2} f'(c) \tag{3.1}$$

となっている. いま $c < x_2 < c + \delta$ のとき，$h = x_2 - c$ とおくと，$x_2 = c + h$ であり，$0 < h < \delta$ であるから (3.1) より

$$f(x_2) - f(c) > \frac{1}{2} f'(c) h > 0$$

が得られる. 一方，$c - \delta < x_1 < c$ のとき，$h = x_1 - c$ とおくと $x_1 = c + h$ であり $-\delta < h < 0$ であるから (3.1) より

$$f(x_1) - f(c) < \frac{1}{2} f'(c) h < 0$$

が得られる. よって $f(x_1) < f(c) < f(x_2)$ である.

(2) $-f$ に (1) を適用すれば証明される. 詳しくは各自試みよ.　∎

3.3   瞬間移動しない物体の位置について (直観的に明らかなのに証明が難しい定理)

いま時刻 $[a,b]$ の間, 直線 $(-\infty, \infty)$ 上を運動している物体があるとし, 時刻 t におけるこの物体の位置を $f(t)$ で表す. この物体は瞬間移動をしないものとする. すなわち $f(t)$ が t の連続関数であるとする.

さてこのように連続的に運動している物体について, 出発点 $f(a)$ が $f(a) < 0$ であり, 到着点 $f(b)$ が $f(b) > 0$ であるとする. このとき, この物体は必ず原点 0 を通るはずである. つまり, $f(t) = 0$ をみたす $t \in (a,b)$ が必ず存在するはずである. 証明は後回しにするが (第 8.6 節), このことを保証するのが中間値の定理である.

> **定理 3.2**　　(中間値の定理)　$f(x)$ を $[a,b]$ 上の連続関数であるとする. $f(a) > 0$, $f(b) < 0$ (あるいは $f(a) < 0$, $f(b) > 0$) ならば, 必ず $f(\xi) = 0$ をみたす $\xi \in (a,b)$ が存在する.

直観的には当たり前のことが, 証明しようとすると意外に難しいことがある. この定理の証明もやさしくはない. というのはこの定理の証明は, そもそも実数全体は連続的であるか, あるいはそもそも実数とは何であるか, という根本的問題に絡むからである. じつは実数とは何であるかが正確にわかったのは 19 世紀になってからのことである.

中間値の定理を用いて次のことが証明できる.

> **系 3.3**　　$f(x)$ を $[a,b]$ 上の連続関数であるとする. $f(a) < f(b)$ とする. このとき, 任意の $f(a) < r < f(b)$ に対して, $f(\xi) = r$ となる $\xi \in (a,b)$ が存在する.

◆**証明**◆　$F(x) = f(x) - r$ とおけば, F は $[a,b]$ 上で連続であり, $F(a) < 0$, $F(b) > 0$ である. したがって中間値の定理より $F(\xi) = 0$ をみたす $\xi \in (a,b)$ が存在する. ゆえに $f(\xi) = r$ である. ∎

さてもう一つ, イメージとしては自明なことを述べる. $[a,b]$ 上の連続関数のグラフを何か描いてほしい. そうすると, そのグラフには $f(x)$ が最大になるところと最小になるところが見出せるであろう.

このことは数学的に厳密に証明できることであり, 次のような定理として記述される.

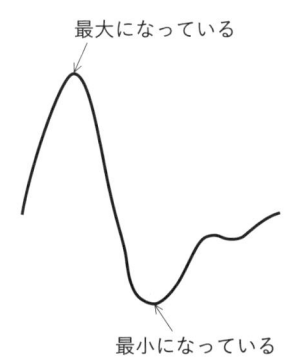

最大になっている

最小になっている

図 **3.7**　$[a, b]$ 上の連続関数をフリーハンドで描くと，かならず最大と最小になるところが出てくる．このことは数学的に証明される．

◆ **定理 3.4** ◆　（連続関数の最大値・最小値の存在）　$f(x)$ を $[a, b]$ 上の連続関数とすると，ある $c, c' \in [a, b]$ が存在し，すべての $x \in [a, b]$ に対して

$$f(c') \leq f(x) \leq f(c)$$

をみたす．

この定理の証明は後の章（第 8.6 節）で行う．しばらくはこの定理と中間値の定理を認めて，発展的な議論を進めることにしたい．

◆**定義 3.2**◆　定理 3.4 における $f(c)$ を f の $[a, b]$ における**最大値**，$f(c')$ を f の $[a, b]$ における**最小値**といい，

$$f(c) = \max_{x \in [a,b]} f(x), \qquad f(c') = \min_{x \in [a,b]} f(x)$$

と表す．

● **質問**　急速に増加する連続関数を考えると $t_0 \in (a, b)$ での値 $f(t_0)$ が無限になることはないのですか．たとえば

$$f(t) = \frac{1}{|t_0 - t|}$$

など．

● Answer ●　確かに $t \neq t_0$ を t_0 に限りなく近づけていけば，$f(t)$ も限りなく大きくなります．しかし，f が関数であるという仮定によれば，$f(t_0) \in \mathbb{R} = (-\infty, \infty)$ でなければなりません．しかし $t = t_0$ のところでは $f(t)$ の分母が 0 になり $f(t)$ は $t = t_0$ で定義できません．つまり $f(t)$ は $[a, t_0) \cup (t_0, b]$ 上の連続関数ですが，$[a,b]$ 上の関数ではありません．$[a,b]$ 上の関数といったときには任意の $x \in [a,b]$ に対して，$f(x) \in (-\infty, \infty)$ でなければならないのです．

> 　**問題 3.1**　定理 3.4 は有界閉区間上の連続関数という点が重要である．この定理は有界閉区間でない場合は，成り立つとは限らない．たとえば $f(x) = \dfrac{1}{x}$ は $(0,1]$ 上の連続関数であるが，最大値をもたない．このことを証明せよ．

3.4　ロルの定理とその物理現象的な解釈

　少し比ゆ的な表現で説明したい．いま時刻 $[a,b]$ の間，直線 $(-\infty, \infty)$ 上を連続的に運動している物体があるとする．時刻 t におけるこの物体の位置を $x(t)$ で表す．$x(t) \in (-\infty, \infty)$ である．本節では $x(t)$ が (a,b) 上で微分可能である場合を考える．

　いまこの物体が時刻 a に左方向に出発し，時刻 b で元の位置に戻ってきたとする．すなわち $x(a) = x(b)$ であるとする．物体は最初は左方向に進み，時刻 b で元の位置に戻ってきているので，時刻 b までの間に必ず右側に進んでいるときがあるはずである．そうでなければずっと左側に進み続け，元に位置には戻ってくることはできない．さて，右側に進んでいるときの速度ベクトルが正で，左側に進んでいるときの速度ベクトルは負であるから，どこかで方向転換している（速度ベクトルが 0 の）ところがあるはずである．

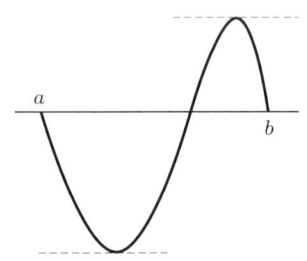

図 **3.8**　元に戻ってくる物体の場合，必ず速度が 0 になるところが少なくとも一つは存在する．

　このことを数学的に保証するのが次のロルの定理である．

◆ **定理 3.5** ◆ （ロルの定理） $f(x)$ を $[a,b]$ 上で連続であり，(a,b) 上で微分可能な関数とする．$f(a) = f(b)$ であるとする．このとき

$$f'(\xi) = 0$$

をみたす $\xi \in (a,b)$ が存在する．

この定理の証明には前節で述べた定理 3.4 を用いる．

ここで注意しておきたいことは，後の章で定理 3.4 の証明をする際には，定理 3.4 を用いて導き出されるいかなる結果も利用することはない．もしある定理の証明にその定理から導かれる結果を使ってしまっていたら，それは循環論法といい，証明はされていないことになる．

◆**定理 3.5 の証明**◆ $f(a) = f(b) = A$ とおく．すべての $x \in (a,b)$ に対して $f(x) = A$ ならば，$f'(x) = 0$ であるから定理は明らかに成り立つ．以下では，ある $x_0 \in (a,b)$ に対して $f(x_0) \neq A$ となっている場合を証明する．定理 3.4 で f の最大値 $f(c)$ と最小値 $f(c')$ の存在が示された．関数 f は一定の値ではないので，$f(c') < f(c)$ である．したがって $f(c') \neq A$ か $f(c) \neq A$ のいずれかが成り立っている．まず $f(c) \neq A$ の場合を考える．$f(c) \neq A (= f(a) = f(b))$ より $c \in (a,b)$ である．ゆえに微分係数 $f'(c)$ が存在する．$f'(c) > 0$ ならば f は c で増加の状態にある．このことは $f(c)$ が最大値であることに反する．また $f'(c) < 0$ ならば f は c で減少の状態にあり，これも $f(c)$ が最大値であることに反する．ゆえに $f'(c) = 0$ でなければならない．$f(c') \neq A$ の場合も同様にして $f'(c') = 0$ であることが示される． ∎

3.5 平均値の定理とその幾何的な意味

本節ではロルの定理を使って，平均値の定理と呼ばれる定理を証明する．平均値の定理は微積分ではよく用いられる定理の一つである．

たとえば数直線上を運動する点 P を考える．P は時刻 a に点 A を出発し，時刻 b に点 B に到達したとする．時刻 t の P の位置を $f(t)$ で表す．この点の平均速度は

$$v_m = \frac{f(b) - f(a)}{b - a}$$

である．いま f が $[a,b]$ 上で連続であり，(a,b) 上で微分可能であるとする．平均値の定理とは，ちょうど平均速度 v_m を出しているときがある，すなわち $v_m =$

$f'(\xi)$ となる $\xi \in (a,b)$ が存在するというものである.

まずこのことの証明をし, さらにこの定理をより一般的な形にしたコーシーの平均値定理について述べる. コーシーの平均値定理は, 後でさまざまな関数の極限を計算するためのロピタルの定理の証明に用いられる.

まず平均値の定理を記し, その証明をする.

> **定理 3.6** (平均値の定理) f を $[a,b]$ 上連続で, (a,b) 上で微分可能であるとする. このとき, ある $\xi \in (a,b)$ を
> $$f(b) - f(a) = f'(\xi)(b-a)$$
> となるようにとることができる.

◆証明◆ $t \in [a,b]$ に対して
$$F(t) = f(b) - f(t) - \frac{f(b) - f(a)}{b - a}(b - t)$$
とおく. $F(a) = F(b) = 0$ であり, F は $[a,b]$ 上連続で, (a,b) 上微分可能であるから, ロルの定理より $F'(\xi) = 0$ となる $\xi \in (a,b)$ が存在する. ここで
$$(0 =) \ F'(\xi) = -f'(\xi) + \frac{f(b) - f(a)}{b - a}$$
であるから, 定理が証明された. ∎

こちらの平均値の定理はこれから先よく使うことになる. 平均値の定理は重要なので, 定理のステートメントを記憶しておきたい.

平均値の定理は幾何的には次のように解釈できる. 関数 $y = f(x)$ のグラフ

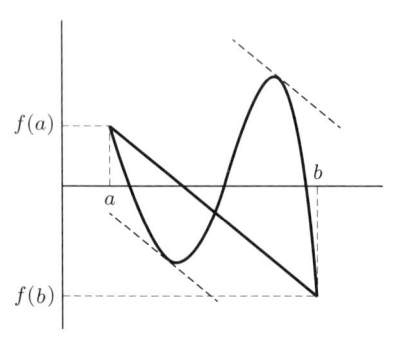

図 **3.9** 平均値の定理の幾何的解釈.

の端点 $(a, f(a))$ と $(b, f(b))$ を結んだ線分を考える．このとき，関数のグラフ上に，この線分の傾き $\dfrac{f(b) - f(a)}{b - a}$ と同じ傾きをもつ接線が引けるところがある．

次に平均値の定理を一般化したコーシーの平均値定理を示す（$g(x) = x$ の場合が平均値の定理）．コーシーの平均値定理は後にロピタルの定理の証明にも用いる．

> ◆ **定理 3.7** ◆ （コーシーの平均値定理） $f(x), g(x)$ を $[a, b]$ 上の連続関数で，(a, b) で微分可能であり，$g'(x) \neq 0$ $(x \in (a, b))$ であるとする．このとき $g(a) \neq g(b)$ であり，
>
> $$\frac{f(b) - f(a)}{g(b) - g(a)} = \frac{f'(\xi)}{g'(\xi)}$$
>
> をみたす $\xi \in (a, b)$ が存在する．

◆**証明**◆ $g(a) = g(b)$ とするとロルの定理により $g'(\eta) = 0$ となる $\eta \in (a, b)$ が存在し，仮定に反する．ゆえに $g(a) \neq g(b)$ である．$t \in [a, b]$ に対して

$$F(t) = f(b) - f(t) - \frac{f(b) - f(a)}{g(b) - g(a)}(g(b) - g(t))$$

とおく．F は $[a, b]$ 上連続，(a, b) 上微分可能である．また $F(a) = F(b) = 0$ であるから，ロルの定理より $F'(\xi) = 0$ となる $\xi \in (a, b)$ が存在する．したがって

$$0 = F'(\xi) = -f'(\xi) + \frac{f(b) - f(a)}{g(b) - g(a)}g'(\xi)$$

である．これより定理が証明される． ∎

3.6 ベクトルの方向余弦と曲線の接ベクトル

本章の最後に，曲線の接ベクトルについて述べる．先に関数 $y = f(x)$ のグラフの接線について学んだが，ここでは $y = f(x)$ の形では表せないようなより一般の平面内の曲線の接線を定義する．たとえば図 3.10 のような曲線である．

準備として，平面ベクトルに関する復習をし，ベクトルの方向余弦と曲線の接ベクトルについて考察する．

3.6.1 平面ベクトル

平面上の点の座標や平面上のベクトルの成分を (x_1, x_1) と表す．ここで (x_1, x_2) は開区間ではなく平面上の点の座標を表している．開区間と同じ記号が使われるが，前後の文脈から判断すれば混乱はないだろう．

図 3.10　関数 $y = f(x)$ のグラフで表せない曲線の接線について考える.

平面上のベクトル $\vec{p} = (p_1, p_2)$ に対して $|\vec{p}| = \sqrt{p_1^2 + p_2^2}$ をベクトル $\vec{p}$ の長さという．$|\vec{p}| > 0$ とする．このとき

$$\vec{l_p} = \frac{1}{|\vec{p}|}\,\vec{p}$$

とおき，これを $\vec{p}$ の**方向余弦**という．長さ 1 のベクトルを**単位ベクトル**という．明らかに $\vec{l_p}$ は単位ベクトルである.

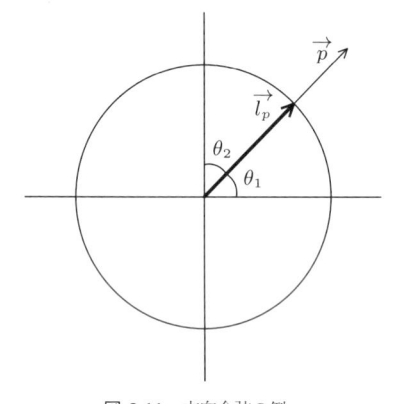

図 3.11　方向余弦の例.

$\vec{l_p}$ が $\vec{p}$ の方向余弦と呼ばれる理由を以下に説明する．そのため内積に関する基礎事項を復習しておこう.

ベクトル $\vec{p} = (p_1, p_2)$，$\vec{q} = (q_1, q_2)$ に対して

$$\vec{p} \cdot \vec{q} = p_1 q_1 + p_2 q_2$$

をその**内積**という．明らかに $\vec{p} \cdot \vec{p} = |\vec{p}|^2$ である.

ベクトル $\vec{p}$ と $\vec{q}$ のなす角を θ とすると

$$\vec{p} \cdot \vec{q} = |\vec{p}||\vec{q}|\cos\theta$$

であることを高校ですでに学んでいる.

$$\vec{e_1} = (1, 0), \qquad \vec{e_2} = (0, 1)$$

とおく. このとき

$$\vec{p} \cdot \vec{e_1} = p_1, \qquad \vec{p} \cdot \vec{e_2} = p_2$$

である. いま $i = 1, 2$ に対して $\vec{p}$ と $\vec{e_i}$ のなす角を θ_i とすると

$$p_i = \vec{p} \cdot \vec{e_i} = |\vec{p}||\vec{e_i}|\cos\theta_i = |\vec{p}|\cos\theta_i$$

である. したがって

$$\vec{l_p} = \left(\frac{p_1}{|\vec{p}|}, \frac{p_2}{|\vec{p}|} \right) = (\cos\theta_1, \cos\theta_2) \tag{3.2}$$

が得られる. $\cos$ は余弦関数[*4]ともいうため, (3.2) から $\vec{l_p}$ を $\vec{p}$ の方向余弦という.

$\cos\theta_2 = \sin\theta_1$ であるから,

$$\vec{l_p} = (\cos\theta_1, \sin\theta_1)$$

とも表せる.

3.6.2 平面曲線の接ベクトル

$\varphi_1(t)$, $\varphi_2(t)$ を $[a, b]$ 上の連続関数とする. $t \in [a, b]$ に対して平面上の点 $(\varphi_1(t), \varphi_2(t))$ を考える. ここで t を $[a, b]$ 内で動かすとそれに応じて点 $(\varphi_1(t), \varphi_2(t))$ は平面上を動く. t に $(\varphi_1(t), \varphi_2(t))$ を対応させる写像

$$\gamma : [a, b] \ni t \longmapsto (\varphi_1(t), \varphi_2(t))$$

を $t \in [a, b]$ をパラメータとする平面上の**連続曲線**, あるいは単に**平面曲線**という.

特に $[a, b]$ 上の連続関数 φ_1, φ_2 が (a, b) 上で微分可能であるとき連続曲線 γ は可微分, あるいは**可微分曲線**という. $\gamma : [a, b] \ni t \longmapsto (\varphi_1(t), \varphi_2(t))$ を可微分曲線とする. $t_0 \in (a, b)$ とする. このとき平面ベクトル

---

*4 $\cos x$ は余弦関数, $\sin x$ は正弦関数という.

$$\gamma'(t_0) = (\varphi_1'(t_0), \varphi_2'(t_0))$$

が $|\gamma'(t_0)| > 0$ をみたすとき，$\gamma'(t_0)$ をこの曲線の点 $(\varphi_1(t_0), \varphi_2(t_0))$ における **接ベクトル**といい，接ベクトルの方向余弦 $\dfrac{\gamma'(t_0)}{|\gamma'(t_0)|}$ を**単位接ベクトル**という．

$\gamma'(t_0)$ **を接ベクトルと呼ぶ理由．**　　$y = f(x)$ のグラフの接線を求めたときの考え方を使って，曲線 γ 上の点 $\mathrm{P}_0 = (\varphi_1(t_0), \varphi_2(t_0))$ における接線の方程式を求めてみよう．以下，$|\gamma'(t_0)| > 0$ とする．

　まず点 P_0 の十分近くの曲線の点 $\mathrm{P}_h = (\varphi_1(t_0 + h), \varphi_2(t_0 + h))$ をとり，ベクトル $\overrightarrow{\mathrm{P}\mathrm{P}_h} = (\varphi_1(t_0 + h) - \varphi_1(t_0), \varphi_2(t_0 + h) - \varphi_2(t_0))$ を考える．このベクトルの方向余弦を $\overrightarrow{T_h}$ とおく．

$$\overrightarrow{T_h} = \frac{\overrightarrow{\mathrm{P}\mathrm{P}_h}}{|\overrightarrow{\mathrm{P}\mathrm{P}_h}|}$$

$$= \left(\frac{\varphi_1(t_0 + h) - \varphi_1(t_0)}{\sqrt{\sum_{j=1}^{2} (\varphi_j(t_0 + h) - \varphi_j(t_0))^2}}, \frac{\varphi_2(t_0 + h) - \varphi_2(t_0)}{\sqrt{\sum_{j=1}^{2} (\varphi_j(t_0 + h) - \varphi_j(t_0))^2}} \right)$$

である．$\overrightarrow{T_h}$ は直線 $\mathrm{P}\mathrm{P}_h$ の向きを表していると考えられる．いま $h \to 0$ とすると，直線 $\mathrm{P}\mathrm{P}_h$ は P_0 での「接線と考えられる直線」に近づいていくので，直線 $\mathrm{P}\mathrm{P}_h$ の方向余弦 $\overrightarrow{T_h}$ は「接線と考えられる直線」の向きに限りなく近づいていく．そこで $h \to 0$ としたとき $\overrightarrow{T_h}$ がどのようになるのかを調べてみよう．$\overrightarrow{T_h} = (T_{1,h}, T_{2,h})$ とおくと，$i = 1, 2$ に対して

$$T_{i,h} = \frac{\varphi_i(t_0 + h) - \varphi_i(t_0)}{\sqrt{\sum_{j=1}^{2} (\varphi_j(t_0 + h) - \varphi_j(t_0))^2}}$$

$$= \frac{\varphi_i(t_0 + h) - \varphi_i(t_0)}{h} \frac{1}{\sqrt{\sum_{j=1}^{2} \left(\dfrac{\varphi_j(t_0 + h) - \varphi_j(t_0)}{h} \right)^2}}$$

$$\to \varphi_i'(t_0) \frac{1}{\sqrt{\sum_{j=1}^{2} \varphi_j'(t_0)^2}} = \frac{\varphi_i'(t_0)}{|\gamma'(t_0)|} \quad (h \to 0)$$

である. ゆえに

$$\lim_{h \to 0} \overrightarrow{T_h} = \left(\frac{\varphi_1'(t_0)}{|\gamma'(t_0)|}, \frac{\varphi_2'(t_0)}{|\gamma'(t_0)|} \right) = \frac{\gamma'(t_0)}{|\gamma'(t_0)|}$$

となっている. したがって $\dfrac{\gamma'(t_0)}{|\gamma'(t_0)|}$ は「接線と考えられる直線」の方向余弦に
なっている.

さて, 以上の考察は直観的に「接線と考えられる直線」について述べてきたが,
じつはまだ接線の数学的な定義を与えているわけではない. 以上の考察から, 次
のような定義をする.

◆**定義 3.3**◆ 平面上の連続曲線 $\gamma : [a,b] \ni t \longmapsto (\varphi_1(t), \varphi_2(t))$ が (a,b) で
可微分であるとし, $|\gamma'(t_0)| > 0$ $(t_0 \in (a,b))$ であるとする. このとき, 直線

$$L_\gamma(t) = \gamma(t_0) + \frac{\gamma'(t_0)}{|\gamma'(t_0)|}(t - t_0) \ (-\infty < t < \infty)$$

を点 $\gamma(t_0)$ での曲線 γ の**接線**という.

$|\gamma'(t_0)| = 0$ の場合はどうなるのか? じつは $|\gamma'(t_0)| = 0$ となるような点 $\gamma(t_0)$ はこ
の曲線の特異点と呼ばれ, 接線は存在するとは限らない. たとえばサイクロイドと呼ばれ
る曲線 $\gamma(t) = (t - \sin t, 1 - \cos t)$ は $t - \sin t$ も $1 - \cos t$ も $(-\infty, \infty)$ 上で微分可能
であるが, $|\gamma'(0)| = 0$ であり, $\gamma(0) = (0,0)$ では接線を持たない (下図参照). 本書で
は曲線の特異点については立ち入らない. なお特異点でない点は正則点と呼ばれる.

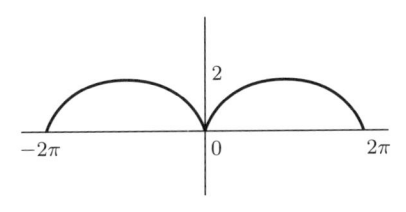

図 **3.12** サイクロイド

(**問題 3.2**) サイクロイドの $\gamma\left(\dfrac{\pi}{2}\right)$ での接線の方程式を求めよ.

第4章

平均値の定理の応用例をいくつか

平均値の定理は多くの応用をもつ便利な定理である．その応用例のいくつかを示そう．

4.1　導関数が一致する関数について

f, g を $[a, b]$ 上で連続であり，(a, b) 上で微分可能であるとする．もしもこの関数のグラフの接線の傾きがどこも同じであれば $y = f(x)$ のグラフと $y = g(x)$ のグラフは同じであろうか？

これに対する答えが次の定理である．

定理 4.1　　f, g を $[a, b]$ 上で連続であり，(a, b) 上で微分可能であるとする．もしも

$$f'(x) = g'(x) \ (x \in (a, b))$$

が成り立っていれば，$y = g(x)$ のグラフを上か下に平行移動すれば $y = f(x)$ のグラフに一致させることができる．すなわち，ある実数 C で

$$f(x) = g(x) + C \ (x \in [a, b])$$

をみたすものが存在する．

◆**証明**◆　　$F(x) = f(x) - g(x)$ とおく．このとき F は $[a, b]$ 上で連続であり，(a, b) 上で微分可能である．仮定より $F'(x) = f'(x) - g'(x) = 0 \ (x \in (a, b))$ である．したがって平均値の定理より，任意の $x_1, x_2 \in [a, b]$ に対して，x_1 と x_2 の間の点 ξ をとって

$$F(x_1) - F(x_2) = F'(\xi)(x_1 - x_2) = 0$$

とできる．このことは F が $[a,b]$ 上で一定の値をとることを意味している．その値を C とすると，任意の $x \in [a,b]$ に対して $F(x) = C$ である．よって $f(x) = g(x) + C$ が得られる．∎

　このことから，微分係数が常に 0 である関数が定数関数（一定の値をとる関数）であることがわかる．

◆**系 4.2**◆　f を $[a,b]$ 上で連続であり，(a,b) 上で微分可能であるとする．もしも $f'(x) = 0 \ (x \in (a,b))$ が成り立っていれば，$f(x)$ は $[a,b]$ 上の定数関数である．

系は定理から導かれるもので，定理の付録のような意味合いのものである．しかし定理より系の方が使い勝手がよくて，定理よりも用いられるというケースもあるようだ．

4.2 関数の増加・減少の判定

　定理 3.1 を思い出してほしい．f が $[a,b]$ 上連続で，(a,b) 上で微分可能であるとする．定理 3.1 が主張していることは，もしもある点 $c \in (a,b)$ に対して $f'(c) > 0$ ならば c に十分近い $x_1 < c < x_2$ に対して $f(x_1) < f(x_2)$ が成り立つということである．しかし，$x_1 < x < c$ に対しては $f(x_1) < f(x)$ ということまでは保証していない．また $c < x < x_2$ についても $f(x) < f(x_2)$ であるかどうかは定理からはわからない（問題 4.1 参照）．

　平均値の定理から次のことが導かれる．

◆**定理 4.3**◆　f を (a,b) 上で定義された関数で，(a,b) 上で微分可能であるとする．

(1) もしも $f'(x) > 0 \ (x \in (a,b))$ であれば

$$a < x_1 < x_2 < b \ ならば \ f(x_1) < f(x_2)$$

が成り立つ．

(1)' もしも $f'(x) \geq 0 \ (x \in (a,b))$ であれば

$$a < x_1 < x_2 < b \ ならば \ f(x_1) \leq f(x_2)$$

が成り立つ.

(2) もしも $f'(x) < 0 \ (x \in (a,b))$ であれば

$$a < x_1 < x_2 < b \text{ ならば } f(x_1) > f(x_2)$$

が成り立つ.

(2)′ もしも $f'(x) \leq 0 \ (x \in (a,b))$ であれば

$$a < x_1 < x_2 < b \text{ ならば } f(x_1) \geq f(x_2)$$

が成り立つ.

◆証明◆ (1) を示す. 関数 f は $[x_1, x_2]$ 上で連続であり, (x_1, x_2) で微分可能である. ゆえに平均値の定理より, ある $\xi \in (x_1, x_2)$ が存在し

$$f(x_2) - f(x_1) = f'(\xi)(x_2 - x_1)$$

である. 仮定より $f'(\xi) > 0$ であるから, $f(x_2) - f(x_1) > 0$ である. (1)′, (2), (2)′ も同様に証明できる. ∎

一般に次の定義がある.

◆定義 4.1◆ $f(x)$ をある区間 I 上の関数とする.

(1) $x_1, x_2 \in I$, $x_1 < x_2$ ならば $f(x_1) \leq f(x_2)$ をみたすとき, f を I 上の**単調増加関数**, あるいは I 上で**単調増加**であるという.

(1)′ $x_1, x_2 \in I$, $x_1 < x_2$ ならば $f(x_1) < f(x_2)$ をみたすとき, f を I 上の**狭義単調増加関数**, あるいは I 上で**狭義単調増加**であるという.

(2) $x_1, x_2 \in I$, $x_1 < x_2$ ならば $f(x_1) \geq f(x_2)$ をみたすとき, f を I 上の**単調減少関数**, あるいは I 上で**単調減少**であるという.

(2)′ $x_1, x_2 \in I$, $x_1 < x_2$ ならば $f(x_1) > f(x_2)$ をみたすとき, f を I 上の**狭義単調減少関数**, あるいは I 上で**狭義単調減少**であるという.

問題 4.1 $f(x) = \dfrac{x}{2} + x^2 \sin \dfrac{1}{x}$ とすると, $f'(0) > 0$ であるが, いかなる $\delta > 0$ に対しても $(-\delta, \delta)$ 上で単調増加ではないことを示せ.

問題 4.2 $c \in (a,b)$ とする. f を (a,b) 上の C^1 級関数で, $f'(c) > 0$ かつ $f'(x) \neq 0 \ (x \in (a,b))$ とする. このとき f は (a,b) 上で狭義単調増加か.

4.3　関数の極限値の計算への応用（ロピタルの定理）

関数 $f(x), g(x)$ が $\lim\limits_{x \to c} f(x) = 0$, $\lim\limits_{x \to c} g(x) = 0$ でも $\lim\limits_{x \to c} \dfrac{f(x)}{g(x)}$ が存在することがある．あるいは $\lim\limits_{x \to c} f(x) = \pm\infty$, $\lim\limits_{x \to c} g(x) = \pm\infty$ （この定義は後述のする）でも $\lim\limits_{x \to c} \dfrac{f(x)}{g(x)}$ が存在することがある．このような極限を**不定形の極限**という．平均値の定理を使うと不定形の極限に関する有用な結果が導かれる．

不定形の極限を求める必要が生ずることはよくある．ロピタルの定理（ド・ロピタルの定理）は不定形の極限を計算する有効な方法である．自由に使えるようにしておきたい．

◆ **定理 4.4** ◆　（ロピタルの定理）　$c \in (a, b)$ とし，$I = (a, c) \cup (c, b)$ とする．$f(x), g(x)$ が I 上の微分可能な関数で

$$\lim_{x \to c} f(x) = \lim_{x \to c} g(x) = 0$$

をみたしているとする．$g(x) \neq 0$, $g'(x) \neq 0$ $(x \in I)$ であり，極限 $\lim\limits_{x \to c} \dfrac{f'(x)}{g'(x)} = A$ が存在するならば

$$\lim_{x \to c} \frac{f(x)}{g(x)} = A$$

が成り立つ．

◆**証明**◆　f, g の c での値を $f(c) = 0$, $g(c) = 0$ と定義すると f, g は (a, b) 上の連続関数である．$x \in I$ とする．コーシーの平均値定理を $x < c$ の場合は区間 $[x, c]$ に対して適用し，$c < x$ の場合は区間 $[c, x]$ に適用すればすれば

$$\frac{f(x)}{g(x)} = \frac{f(c) - f(x)}{g(c) - g(x)} = \frac{f'(\xi)}{g'(\xi)}$$

をみたす ξ が x と c の間に存在する．ここで $x \to c$ とすると，$\xi \to c$ であるから，仮定より $\lim\limits_{x \to c} \dfrac{f(x)}{g(x)} = A$ が導かれる．　∎

[**例 4.1**]　$\lim\limits_{x \to 0} \dfrac{(\tan x)'}{x'} = \lim\limits_{x \to 0} (\tan^2 x + 1) = 1$ より $\lim\limits_{x \to 0} \dfrac{\tan x}{x} = 1$ である．

> ◯**問題 4.3**　　$\displaystyle\lim_{x\to 0}\left(\frac{1}{1-\cos x}-\frac{2}{x^2}\right)$ をロピタルの公式を用いて求めよ.

$x\to\infty$ のときの関数の極限は次のようにして定義される.

◆**定義 4.2**◆　$f(x)$ を (a,∞) 上の関数とする. $A\in\mathbb{R}$ とする. $x\to\infty$ のとき $f(x)$ が極限 A をもつ, あるいは $x\to\infty$ のとき, $f(x)\to A$ であるとは, 任意の $\varepsilon>0$ に対して, ある実数 $M>a$ を

$$x>M \text{ ならば } |f(x)-A|<\varepsilon$$

となるようにとれることである. このことを

$$\lim_{x\to\infty}f(x)=A$$

と表す.

$f(x)$ を $(-\infty,a)$ 上の関数とする. $x\to-\infty$ のとき $f(x)$ が極限 A をもつ, あるいは $x\to-\infty$ のとき, $f(x)\to A$ であるとは, 任意の $\varepsilon>0$ に対して, ある実数 $M<a$ を

$$x<M \text{ ならば } |f(x)-A|<\varepsilon$$

となるようにとれることである. このことを

$$\lim_{x\to-\infty}f(x)=A$$

と表す.

このような関数の不定形の極限に対しても次のことが成り立つ.

> **定理 4.5**　　（ロピタルの定理）　$f(x),g(x)$ が (a,∞) 上の微分可能な関数で
>
> $$\lim_{x\to\infty}f(x)=\lim_{x\to\infty}g(x)=0$$
>
> をみたしているとする. $g(x)\neq 0,\,g'(x)\neq 0\ (x\in(a,\infty))$ であり, 極限 $\displaystyle\lim_{x\to\infty}\frac{f'(x)}{g'(x)}=A$ が存在するならば
>
> $$\lim_{x\to\infty}\frac{f(x)}{g(x)}=A$$

が成り立つ．なおこの結果は $f(x), g(x)$ を $(-\infty, a)$ 上の微分可能な関数とし，$\lim\limits_{x \to \infty}$ を $\lim\limits_{x \to -\infty}$ と置き換えても成り立つ．

◆**証明**◆ $a' = \max\{a, 1\}$ とする．$F(x) = f\left(\dfrac{1}{x}\right), G(x) = g\left(\dfrac{1}{x}\right) \left(0 < x < \dfrac{1}{a'}\right)$ と定義する．$x \to 0$ であるための必要十分条件は $\dfrac{1}{x} \to \infty$ であるから，本定理は F, G に定理 4.4 を適用すれば導かれる． ∎

練習 4.1 $\lim\limits_{x \to \infty} x \sin \dfrac{1}{x}$ をロピタルの定理を用いて求めよ．

解答例 $f(x) = \sin\dfrac{1}{x}, \ g(x) = \dfrac{1}{x}$ とおく．$\lim\limits_{x \to \infty} f(x) = 0$ かつ $\lim\limits_{x \to \infty} g(x) = 0$ である．$f'(x) = -\dfrac{1}{x^2}\cos\dfrac{1}{x}, \ g'(x) = -\dfrac{1}{x^2}$ より

$$\lim_{x \to \infty} \frac{f'(x)}{g'(x)} = \lim_{x \to \infty} \frac{-\dfrac{1}{x^2}\cos\dfrac{1}{x}}{-\dfrac{1}{x^2}} = \lim_{x \to \infty} \cos\frac{1}{x} = 1$$

であるから．求める極限値は 1 である．

以上のケースでは $f(x) \to 0, g(x) \to 0$ の場合を扱ったが，$f(x) \to \infty, g(x) \to \infty$ の場合（定義 4.3）のロピタルの定理もある．はじめに関数が無限大，マイナス無限に発散することの定義をする．

◆**定義 4.3**◆ $f(x)$ を (a, b) 上で定義された関数とする．$x \to a+$ のとき $f(x) \to \infty$ になるとは，任意の正数 M に対して，ある $\delta > 0$ を

$$x \in (a, b) \text{ かつ } a < x < a + \delta \text{ ならば } f(x) > M$$

が成り立つようにとれることである．このことを $\lim\limits_{x \to a+} f(x) = \infty$ と表す．

また $x \to a+$ のとき $f(x) \to -\infty$ になるとは，任意の正数 M に対して，ある $\delta > 0$ を

$$x \in (a, b) \text{ かつ } a < x < a + \delta \text{ ならば } f(x) < -M$$

が成り立つようにとれることである．このことを $\lim\limits_{x \to a+} f(x) = -\infty$ と表す．

$x \to b-$ のとき $f(x) \to \infty$ になるとは，任意の正数 M に対して，ある $\delta > 0$ を

$$x \in (a,b) \text{ かつ } b - \delta < x < b \text{ ならば } f(x) > M$$

が成り立つようにとれることである．このことを $\lim_{x \to b-} f(x) = \infty$ と表す．

同様にして $\lim_{x \to b-} f(x) = -\infty$ も定義される．

◆**定義 4.4**◆ $f(x)$ を (a, ∞) 上で定義された関数とする．$x \to \infty$ のとき $f(x) \to \infty$ になるとは，任意の正数 M に対して，ある $R > 0$ を

$$x \in (a, \infty) \text{ かつ } R < x \text{ ならば } f(x) > M$$

が成り立つようにとれることである．このことを $\lim_{x \to \infty} f(x) = \infty$ と表す．また $x \to \infty$ のとき $f(x) \to -\infty$ になるとは，任意の正数 M に対して，ある $R > 0$ を

$$x \in (a, \infty) \text{ かつ } R < x \text{ ならば } f(x) < -M$$

が成り立つようにとれることである．このことを $\lim_{x \to \infty} f(x) = -\infty$ と表す．

$f(x)$ を $(-\infty, b)$ 上で定義された関数とする．$x \to -\infty$ のとき $f(x) \to \infty$ になるとは，任意の正数 M に対して，ある $R > 0$ を

$$x \in (-\infty, b) \text{ かつ } x < R \text{ ならば } f(x) > M$$

が成り立つようにとれることである．このことを $\lim_{x \to -\infty} f(x) = \infty$ と表す．同様にして $\lim_{x \to -\infty} f(x) = -\infty$ も定義される．

定理 4.6 $f(x), g(x)$ が (a, b) 上の微分可能な関数で

$$\lim_{x \to a+} f(x) = \lim_{x \to a+} g(x) = +\infty$$

をみたしているとする．このとき，極限 $\lim_{x \to a+} \dfrac{f'(x)}{g'(x)} = A$ が存在するならば

$$\lim_{x \to a+} \frac{f(x)}{g(x)} = A$$

が成り立つ．なおこの定理は $\lim_{x \to a+}$ の部分をすべて $\lim_{x \to b-}$ あるいは $\lim_{x \to \infty}$，

$$\lim_{x \to -\infty} \text{ におきかえても成立する.}$$

◆**証明**◆　任意の $0 < \varepsilon < 1$ に対して，ある $\delta > 0$ が存在し，$a < x < a+\delta$ に対して
$$A - \varepsilon < \frac{f'(x)}{g'(x)} < A + \varepsilon$$
が成り立つ．必要なら $\delta > 0$ をさらに小さくとって，$f(x) > 0$, $g(x) > 0$ $(a < x \le a+\delta)$ となるようにできる．コーシーの平均値定理から，$a < x < a+\delta$ に対して，ある $\xi \in (x, a+\delta)$ が存在し，
$$\frac{f(x) - f(a+\delta)}{g(x) - g(a+\delta)} = \frac{f'(\xi)}{g'(\xi)}$$
が成り立つ．ゆえに
$$A - \varepsilon < \frac{f(x) - f(a+\delta)}{g(x) - g(a+\delta)} < A + \varepsilon$$
である．したがって
$$\frac{f(x)}{g(x)} = \frac{f(x) - f(a+\delta)}{g(x) - g(a+\delta)} \frac{g(x) - g(a+\delta)}{g(x)} + \frac{f(a+\delta)}{g(x)}$$
である．ここで $\dfrac{g(x) - g(a+\delta)}{g(x)} = 1 - \dfrac{g(a+\delta)}{g(x)} \to 1$ $(x \to a+)$, $\dfrac{f(a+\delta)}{g(x)} \to 0$ $(x \to a+)$ であるから，必要ならばさらに δ を小さくとることにより $1 > \dfrac{g(x) - g(a+\delta)}{g(x)} > 1 - \varepsilon$, $0 < \dfrac{f(a+\delta)}{g(x)} < \varepsilon$ としてよい．ゆえに
$$(A + \varepsilon) + \varepsilon > \frac{f(x)}{g(x)} > (A - \varepsilon)(1 - \varepsilon) = A - \varepsilon(A + 1 - \varepsilon)$$
が成り立つ．よって定理が証明された．残りの主張も同様の議論で証明できる．∎

　定理 4.5 の応用上有意な問題は指数関数，対数関数を学んだ後に示す（問題5.3 参照）．
　最後にロピタルの定理に関する注意をしておく．

　ロピタルの定理では，$\dfrac{f'(x)}{g'(x)}$ の極限が存在すれば，$\dfrac{f(x)}{g(x)}$ の極限が存在することを保証している．しかし $\dfrac{f(x)}{g(x)}$ の極限が存在しても，$\dfrac{f'(x)}{g'(x)}$ の極限が存在するとは限らない．次のような例がある．

［**例 4.2**］　$f(x) = x + \sin x$, $g(x) = x$ とすると，$\displaystyle\lim_{x\to\infty} f(x) = \infty$，$\displaystyle\lim_{x\to\infty} g(x) = \infty$ であり，

$$\lim_{x\to\infty} \frac{x + \sin x}{x} = \lim_{x\to\infty} \left(1 + \frac{\sin x}{x} \right) = 1$$

であるが，$\dfrac{f'(x)}{g'(x)} = 1 + \cos x$ は $x \to \infty$ のときに収束していない（振動している）．

第5章

逆関数の微分

本章では逆関数の微分について学ぶ. 逆関数の定義の復習から始める.

5.1 逆写像, 逆関数

一般に写像 $f : A \to B$ に対して, $\mathrm{Ran}(f) = \{f(x) : x \in A\} \subset B$ であるが, 特に $\mathrm{Ran}(f) = B$ が成り立っているとき, f を A から B の**上への写像**, あるいは**全射**という. また

$$f(x_1) = f(x_2) \text{ ならば } x_1 = x_2$$

が成り立つとき, f を A から B への **1 対 1 写像**, あるいは**単射**という. 特に全射かつ単射であるような写像を**全単射**という.

いま $f : A \to B$ が全単射であるとする. 全射であることより, 任意の $y \in B$ に対して, $f(x) = y$ となる $x \in A$ が必ず存在する. いま $x' \in A$ で $f(x') = y$ となるものが存在したとする. 単射であることより $x = x'$ である. すなわち, 任意の $y \in B$ に対して $f(x) = y$ をみたす $x \in A$ がただ一つ存在する. そこで, $y \in B$ に対して $f(x) = y$ をみたす $x \in A$ を $f^{-1}(y)$ と表す. そして $y \in B$ に $f^{-1}(y) \in A$ を対応させる写像を f^{-1} と定義し, f^{-1} を f の**逆写像**という. つまり

$$f^{-1} : B \ni y \to f^{-1}(y) \in A$$

である. 明らかに

$$f\left(f^{-1}(y)\right) = f(x) = y$$

である. さらに

$$f^{-1}(f(x)) = x$$

も成り立っている. なぜならば, $f(x) = y$ とおくと, $f^{-1}(y) = x$ であるから $f^{-1}(f(x)) = f^{-1}(y) = x$ である.

練習 5.1 $f : A \to B$ を全単射とする. このとき, f^{-1} も全単射であり, $(f^{-1})^{-1} = f$ であることを示せ

解答例 前半は明らか. 後半を示す. $x \in A$ を任意にとる. $y = f(x)$ とする. 逆写像の定義より $x = f^{-1}(y)$ である. ゆえに逆写像の定義より $(f^{-1})^{-1}(x) = y = f(x)$ である. よって $(f^{-1})^{-1} = f$ である.

特に写像が $\mathbb{R}$ の部分集合から $\mathbb{R}$ の部分集合への写像, すなわち関数の場合, 逆写像を (もしそれが存在するときは) **逆関数**という.

逆関数の存在と連続性について, 次の定理が成り立つ. この定理は次節で具体的な関数の逆関数について論ずるときに用いる.

定理 5.1 (1) $f : [a,b] \to \mathbb{R}$ が狭義単調増加な連続関数であるとする. $c = f(a)$, $d = f(b)$ とおく. このとき f は $[a,b]$ から $[c,d]$ への全単射で, 逆関数 f^{-1} は $[c,d]$ 上で狭義単調増加かつ連続である.

(2) $f : [a,b] \to \mathbb{R}$ が狭義単調減少な連続関数であるとする. $c = f(b)$, $d = f(a)$ とおく. このとき f は $[a,b]$ から $[c,d]$ への全単射で, 逆関数 f^{-1} は $[c,d]$ 上で狭義単調減少で連続である.

◆**証明**◆ (1) (**f が全単射であること**) f の狭義単調増加性から $a < x < b$ ならば $c = f(a) < f(x) < f(b) = d$ である. ゆえに $f : [a,b] \to [c,d]$ である. 任意に $c < r < d$ をとる. 系 3.3 より $f(x) = r$ をみたす $x \in (a,b)$ が存在する. ゆえに $f : [a,b] \to [c,d]$ は全射である. 単射であることは狭義単調増加であることから明らかである.

(**f^{-1} が狭義単調増加であること**) $c < y < y' < d$ とする. $x = f^{-1}(y)$, $x' = f^{-1}(y')$ とおく. f^{-1} は単射であるから $x \neq x'$ である. もしも $x > x'$ ならば f の狭義単調性増加より $y = f(x) > f(x') = y'$ となり $y < y'$ に反する. ゆえに $x < x'$ でなければならない. ゆえに f^{-1} は狭義単調増加である.

(**f^{-1} の連続性**) $c < y_0 < d$ なる点 y_0 を任意にとる. 任意に $\varepsilon > 0$ をとる. このと

き，ある $\delta > 0$ が存在し，$|y - y_0| < \delta$ かつ $y \in (c,d)$ ならば $|f^{-1}(y) - f^{-1}(y_0)| < \varepsilon$ となることを示せばよい．$x_0 = f^{-1}(y_0) \ (\in (a,b))$ とおく．$0 < \varepsilon' < \varepsilon$ を $(x_0 - \varepsilon', x_0 + \varepsilon') \subset (a,b)$ となるようにとる．f が狭義単調増加であるから，$f(x_0 - \varepsilon') < f(x_0) = y_0 < f(x_0 + \varepsilon')$ である．そこで $\delta > 0$ を $(y_0 - \delta, y_0 + \delta) \subset (f(x_0 - \varepsilon'), f(x_0 + \varepsilon'))$ となるように選ぶ．y が $-\delta < y - y_0 < \delta$ をみたすならば $f(x_0 - \varepsilon') < y_0 - \delta < y < y_0 + \delta < f(x_0 + \varepsilon')$ であるから f^{-1} の狭義単調増加性より

$$x_0 - \varepsilon' = f^{-1}(f(x_0 - \varepsilon')) < f^{-1}(y_0 - \delta) < f^{-1}(y)$$
$$< f^{-1}(y_0 + \delta) < f^{-1}(f(x_0 + \varepsilon')) = x_0 + \varepsilon'$$

である．ここで $x_0 = f^{-1}(y_0)$ であるから

$$-\varepsilon < -\varepsilon' < f^{-1}(y) - f^{-1}(y_0) < \varepsilon' < \varepsilon$$

が得られる．ゆえに f^{-1} の y_0 での連続性が示された．$y_0 = c$ または $y_0 = d$ での連続性も同様にして証明できる．

（2）f の代わりに $-f$ を考え（1）を適用すれば（2）の証明が得られる． ∎

5.2 逆関数の例（1）- 逆三角関数-

逆関数の例に逆三角関数がある．本節では逆三角関数について解説する．

$f(x) = \sin x$ とする．このとき $\sin x$ は $\mathbb{R}$ から $[-1,1]$ への関数であるが，これは全射であるものの単射ではない．実際，$\sin(x + 2n\pi) = \sin x$（n は整数）である．しかし，$\sin x$ を $\left[-\dfrac{\pi}{2}, \dfrac{\pi}{2}\right]$ から $[-1,1]$ への関数と考えれば，狭義単調増加な連続関数であり，関数 $f : \left[-\dfrac{\pi}{2}, \dfrac{\pi}{2}\right] \to [-1,1]$ は全単射である．したがってその逆関数 $f^{-1} : [-1,1] \to \left[-\dfrac{\pi}{2}, \dfrac{\pi}{2}\right]$ が存在し，狭義単調増加な連続関数になっている．f^{-1} を $\arcsin y$ あるいは $\sin^{-1} y$ により表す（図 5.1 参照）．

$f(x) = \cos x$ としたときも同様で，$\cos x$ を $[0, \pi]$ から $[-1,1]$ への関数とみなせば，狭義単調減少な連続関数であり，全単射である．ゆえに逆関数 $f^{-1} : [-1,1] \to [0,\pi]$ が存在し，狭義単調減少かつ連続である．$\cos x$ の逆関数を $\arccos y$ あるいは $\cos^{-1} y$ により表す（図 5.2 参照）．

$f(x) = \tan x$ とすると，$\left(-\dfrac{\pi}{2}, \dfrac{\pi}{2}\right)$ から $(-\infty, \infty)$ への狭義単調増加な連続関数であり，全単射である．ゆえにその逆関数 $f^{-1} : (-\infty, \infty) \to \left(-\dfrac{\pi}{2}, \dfrac{\pi}{2}\right)$ が存在し，狭義単調増加かつ連続である．この $\tan x$ の逆関数を $\arctan y$ または $\tan^{-1} y$ により表す（図 5.3 参照）．定義より

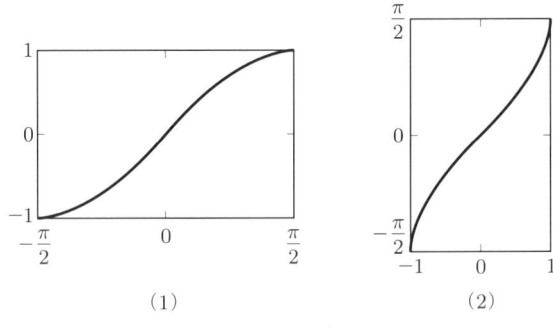

図 **5.1** （1）sin のグラフ，（2）arcsin のグラフ.

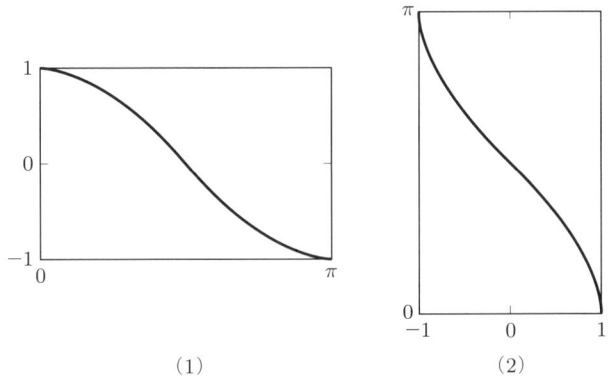

図 **5.2** （1）cos のグラフ，（2）arccos のグラフ.

$$\lim_{x \to \infty} \arctan x = \frac{\pi}{2}, \qquad \lim_{x \to -\infty} \arctan x = -\frac{\pi}{2}$$

である.

以上のことをまとめると

$\sin x : \left[-\dfrac{\pi}{2}, \dfrac{\pi}{2}\right] \to [-1, 1]$	$\arcsin y : [-1, 1] \to \left[-\dfrac{\pi}{2}, \dfrac{\pi}{2}\right]$
$\cos x : [0, \pi] \to [-1, 1]$	$\arccos y : [-1, 1] \to [0, \pi]$
$\tan x : \left(-\dfrac{\pi}{2}, \dfrac{\pi}{2}\right) \to (-\infty, \infty)$	$\arctan y : (-\infty, \infty) \to \left(-\dfrac{\pi}{2}, \dfrac{\pi}{2}\right)$

である．これら三角関数の逆関数を総称して**逆三角関数**という.

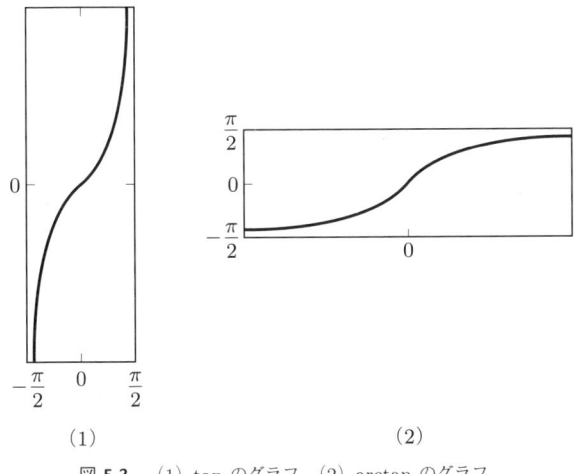

(1)　　　　　　　　　　　(2)

図 5.3　(1) tan のグラフ，(2) arctan のグラフ．

5.3　逆関数の微分

次に一般の逆関数に話を戻し，逆関数の微分可能性について論ずる．

> ◆ **定理 5.2** ◆　$f : (a, b) \to (c, d)$ が全射であり，(a, b) 上で微分可能であるとする．
>
> (1) もしも $f'(x) > 0$ $(x \in (a, b))$ をみたすならば，f は全単射であり，逆関数 f^{-1} は (c, d) 上で微分可能である．
>
> (2) もしも $f'(x) < 0$ $(x \in (a, b))$ をみたすならば，f は全単射であり，逆関数 f^{-1} は (c, d) 上で微分可能である．

◆**証明**◆　(1) f は (a, b) 上で狭義単調増加である．したがって定理 5.1 より f は全単射であり，逆関数 f^{-1} は (c, d) 上で狭義単調増加かつ連続である．$y_0 \in (c, d)$ を任意にとる．$y \in (c, d)$ を $y \to y_0$ とする．$x_0 = f^{-1}(y_0), x = f^{-1}(y)$ とすると，$x \to x_0$ であり，したがって

$$\frac{f^{-1}(y) - f^{-1}(y_0)}{y - y_0} = \frac{x - x_0}{y - y_0} = \frac{1}{\dfrac{y - y_0}{x - x_0}} = \frac{1}{\dfrac{f(x) - f(x_0)}{x - x_0}}$$

$$\to \frac{1}{f'(x_0)}$$

となり，f^{-1} の y_0 での微分可能性が得られる．(2) も同様である．∎

次のことが成り立つ.

● 定理 5.3　　全単射 $f : (a, b) \to (c, d)$ が (a, b) 上で微分可能であり，またその逆関数 $f^{-1} : (c, d) \to (a, b)$ も (c, d) 上で微分可能であるとする．このとき，$f'(x) \neq 0$ であり

$$\left(f^{-1}\right)'\left(f(x)\right) = \frac{1}{f'(x)}$$

である.

◆証明◆　$x = f^{-1} \circ f(x)$ であるから，両辺微分すると合成関数の微分の公式より

$$1 = \left(f^{-1}\right)'\left(f(x)\right) f'(x)$$

である．これより $f'(x) \neq 0$ であり，求める公式が導かれる． ∎

この定理の結果は次のように記されることもある．$y = f(x)$ として，$f'(x) = \dfrac{dy}{dx}$ であるから，

$$\frac{df^{-1}}{dy} = \frac{1}{\dfrac{dy}{dx}} = \frac{dx}{dy}.$$

（問題 5.1）　　全射 $f : (a, b) \to (c, d)$ が (a, b) 上で微分可能であり，f' が (a, b) 上連続であり，かつ $f'(x) \neq 0$ $(x \in (a, b))$ であるとする．このとき，f は全単射で，f^{-1} は (c, d) 上で微分可能であることを証明せよ．

5.4　逆三角関数の微分

逆関数の微分の公式を用いて逆三角関数の微分を求める.

$(\sin x)' = \cos x$ は $\left(-\dfrac{\pi}{2}, \dfrac{\pi}{2}\right)$ で正の値をとるから，$y = \sin x$ に対し定理 5.2 より $\arcsin(y)$ は $(-1, 1)$ 上で微分可能であり，

$$\frac{d}{dy}\arcsin(y) = \frac{1}{\cos x} = \frac{1}{\sqrt{1 - \sin^2 x}} = \frac{1}{\sqrt{1 - y^2}}.$$

$(\cos x)' = -\sin x$ は $(0, \pi)$ で負の値をとるから，$y = \cos x$ に対し $\arccos(y)$ は $(-1, 1)$ 上で微分可能であり，

$$\frac{d}{dy}\arccos(y) = -\frac{1}{\sin x} = -\frac{1}{\sqrt{1 - \cos^2 x}} = -\frac{1}{\sqrt{1 - y^2}}.$$

$(\tan x)' = 1 + \tan^2 x$ は $\left(-\dfrac{\pi}{2}, \dfrac{\pi}{2}\right)$ で正の値をとるから，$y = \tan x$ に対し $\arctan(y)$ は $(-\infty, \infty)$ 上で微分可能であり，

$$\frac{d}{dy}\arctan(y) = \frac{1}{1 + \tan^2 x} = \frac{1}{1 + y^2}.$$

> **問題 5.2** $\cot x = \dfrac{1}{\tan x}$, $\sec x = \dfrac{1}{\cos x}$, $\operatorname{cosec} x = \dfrac{1}{\sin x}$ の逆関数はどのようなものになっているか．なおこれらの逆関数はそれぞれ $\cot^{-1}(y)$, $\sec^{-1}(y)$, $\operatorname{cosec}^{-1}(y)$ と表す．

5.5 逆関数の例（2）- 指数関数の逆関数（対数関数）-

$a = 1$ の場合は，$1^x = 1$ と定める．本節では $a > 0, a \neq 1$ とする．ここでは高校で学んだことを踏まえた議論をする．数学 II, III で学んだように指数関数 $\mathbb{R} \ni x \longmapsto a^x$ は連続であり，$a > 1$ ならば狭義単調増加であり，$a < 1$ ならば狭義単調減少である（図 5.4 参照）．

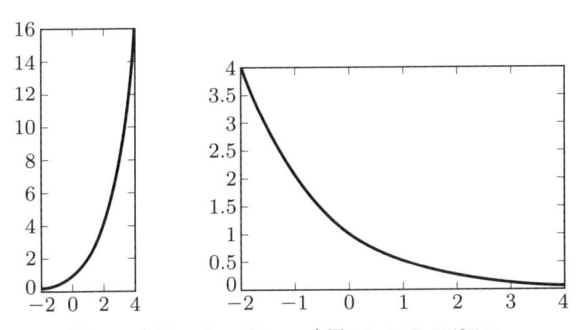

図 5.4 左図：2^x のグラフ，右図：$(1/2)^x$ のグラフ．

ここでコメントをしておかねばならない．じつは数学 II では実数 α に対する x^α は厳密には定義されていない．厳密な定義をするには，後述の実数論が必要になる．しかし，ここで議論を中断して実数論から展開することは避けることにしたい．本書ではとりあえず高校で学んだこと（具体的には指数関数の単調性，連続性）を認め議論を進める．x^α の定義，連続性等の証明は第 8.10 節において行う．

指数関数の連続性と狭義単調増加あるいは狭義単調減少性，及び定理 5.1 より $f(x) = a^x$ の連続な逆関数 $f^{-1}(y)$ が存在することがわかる．それを $\log_a(y)$ あるいは $\log_a y$ により表す．これを a を底とする**対数関数**という．$\log_a a^x = f^{-1}(f(x)) = x$ である．

a^x は $0 < a < 1$ のとき狭義単調減少で，$a > 1$ のとき狭義単調増加であるから，a を底とする対数関数 $\log_a x$ も $0 < a < 1$ ならば狭義単調減少であり，また $a > 1$ ならば $\log_a x$ は狭義単調増加である．

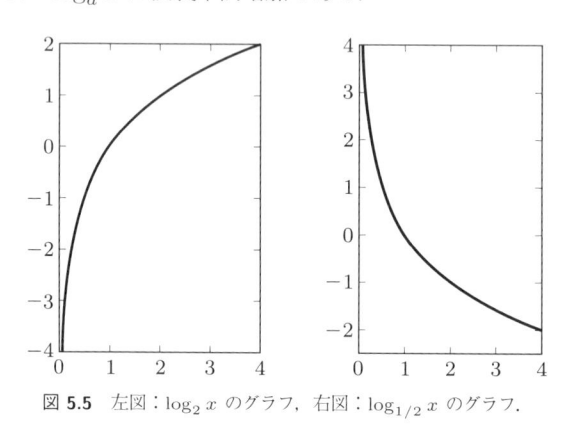

図 **5.5** 左図：$\log_2 x$ のグラフ，右図：$\log_{1/2} x$ のグラフ．

対数関数については数学 II で次の公式を学んだ．$M > 0, N > 0$ に対して

$$\log_a (MN) = \log_a M + \log_a N$$
$$\log_a \frac{M}{N} = \log_a M - \log_a N$$
$$r \in R \text{ に対して } \log_a M^r = r \log_a M$$
$$c > 0, c \neq 1, b > 0 \text{ に対して } \log_a b = \frac{\log_c b}{\log_c a} \tag{5.1}$$

ネイピア数 e についてもすでに数学 III で登場している．これは極限

$$e = \lim_{n \to \infty} \left(1 + \frac{1}{n}\right)^n \tag{5.2}$$

によって定義される実数である．ただし数学 III では極限の存在証明はされていない．本書では数学 III と同様とりあえずこれを認め，第 8 章で厳密な証明を行う（系 8.7）．ネイピア数を底とする対数関数 $\log_e x$ を**自然対数**という．自然対数は底 e の記載を略して

$$\log_e x = \log x$$

と表す．2項定理より

$$\left(1 + \frac{1}{n}\right)^n = \sum_{k=0}^{n} \binom{n}{k} 1^{n-k} \left(\frac{1}{n}\right)^k = 2 + \sum_{k=2}^{n} \frac{n!}{k!(n-k)!} \left(\frac{1}{n}\right)^k > 2$$

であるから $e \geq 2$ であることがわかる．ゆえに $\log x$ は狭義単調増加関数である．

対数関数の底の変換公式（5.1）より

$$\log_a b = \frac{\log b}{\log a}$$

である．なお，本書では用いないが，$\log_{10} x$ は**常用対数**と呼ばれる．

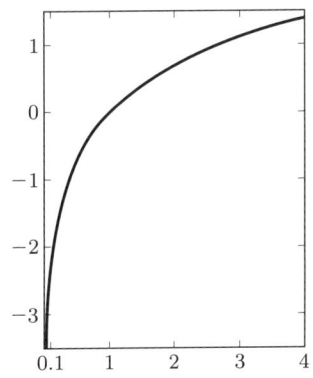

図 **5.6**　自然対数 $\log x$ のグラフ．$\displaystyle\lim_{x>0, x\to 0} \log x = -\infty$ であり，$\displaystyle\lim_{x\to\infty} \log x = \infty$ となっている．

5.6　指数関数と対数関数の微分

まず準備として次のことを示しておく．

◆**補題 5.4**◆　(1) $\displaystyle\lim_{x\to\infty} \left(1 + \frac{1}{x}\right)^x = \lim_{x\to-\infty} \left(1 + \frac{1}{x}\right)^x = e$

(2) $\displaystyle\lim_{k\to 0} (1 + k)^{\frac{1}{k}} = e$

(3) $\displaystyle\lim_{h\to 0} \frac{e^h - 1}{h} = 1$

◆**証明**◆　（1）$x > 1$ とする．$n \leq x < n+1$ をみたす自然数をとる．このとき

$$\left(1 + \frac{1}{n+1}\right)^n < \left(1 + \frac{1}{x}\right)^x < \left(1 + \frac{1}{n}\right)^x < \left(1 + \frac{1}{n}\right)^{n+1}$$

である．いま，（5.2）より $n \to \infty$ とすると

$$\left(1 + \frac{1}{n+1}\right)^n = \left(1 + \frac{1}{n+1}\right)^{n+1} \left(1 + \frac{1}{n+1}\right)^{-1} \to e$$

$$\left(1 + \frac{1}{n}\right)^{n+1} = \left(1 + \frac{1}{n}\right)^n \left(1 + \frac{1}{n}\right) \to e$$

である．このことから $\displaystyle\lim_{x \to \infty} \left(1 + \frac{1}{x}\right)^x = e$ が得られる．$x < -1$ とする．$y = -x$ と

おくと $y > 1$ である．$x \to -\infty$ のとき，$y \to \infty$ であり，したがって

$$\left(1 + \frac{1}{x}\right)^x = \left(1 - \frac{1}{y}\right)^{-y} = \left(\frac{y}{y-1}\right)^y = \left(1 + \frac{1}{y-1}\right)^y$$

$$= \left(1 + \frac{1}{y-1}\right)^{y-1} \left(1 + \frac{1}{y-1}\right) \to e$$

が得られる．

　（2）$\displaystyle\lim_{k \to 0+} (1+k)^{\frac{1}{k}} = \lim_{k \to 0-} (1+k)^{\frac{1}{k}} = e$ を示せばよい．$x = \dfrac{1}{k}$ とおくと，$k \to$

$0+$ ならば $x \to \infty$，また $k \to 0-$ ならば $x \to -\infty$ であるから，（1）より証明される．

　（3）$h = \log(1+k)$ とおく．$h \to 0$ ならば $k \to 0$ である．$e^h = 1+k$ であるから

$$\frac{e^h - 1}{h} = \frac{k}{\log(1+k)}$$

である．（2）の対数をとれば

$$\frac{\log(1+k)}{k} \to \log e = 1 \ (k \to 0)$$

である．ゆえに（3）が示された．　∎

　e に関する指数関数 e^x の微分係数を求めておく．

> **定理 5.5**　e^x は $\mathbb{R}$ 上で微分可能であり，
>
> $$\frac{d}{dx} e^x = e^x.$$

◆**証明**◆　補題 5.4 より

$$\frac{e^{x+h} - e^x}{h} = e^x \frac{e^h - 1}{h} \to e^x \ (h \to 0)$$

である．　∎

これより対数関数の微分も容易に導かれる.

> **◆系 5.6◆** $\log |x|$ は $x \neq 0$ のとき微分可能で,
> $$\frac{d}{dx} \log |x| = \frac{1}{x} \ (x \neq 0)$$

◆証明◆ $x > 0$ とする. $f(x) = \log x$ とおく. このとき, $g(y) = e^y$ とおくと, $g^{-1} = f$ であるから, 練習 5.1 より $f^{-1} = (g^{-1})^{-1} = g$ である. すなわち $f^{-1}(y) = e^y$ である. ゆえに $y = \log x$ とおくと

$$\frac{1}{\dfrac{d}{dx} f(x)} = \frac{d}{dy} f^{-1}(y) = e^y = x.$$

ゆえに $\dfrac{d}{dx} \log x = \dfrac{1}{x}$ である. $x < 0$ の場合は $y = -x$ とすると,

$$\frac{d}{dx} \log |x| = \frac{d}{dx} \log y = \frac{dy}{dx} \frac{d}{dy} \log y = -\frac{1}{y} = \frac{1}{x}$$

である. ∎

一般の指数関数 a^x の微分も求めておこう.

> **◆系 5.7◆** $a > 0, a \neq 1$ とする. このとき a^x は $\mathbb{R}$ 上で微分可能であり,
> $$\frac{d}{dx} a^x = a^x \log a.$$

◆証明◆ $x = \dfrac{1}{\log a} \log a^x$ と合成関数の微分の公式 (定理 2.7) より

$$1 = \frac{d}{dx} x = \frac{1}{\log a} \frac{d}{dx} \log a^x = \frac{1}{\log a} \frac{1}{a^x} \frac{d}{dx} a^x.$$

ゆえに系が成り立つ. ∎

> **◆系 5.8◆** $\alpha \in \mathbb{R}$ とする. このとき関数 x^α は $x > 0$ で微分可能で,
> $$\frac{d}{dx} x^\alpha = a x^{\alpha - 1}.$$

◆証明◆ $y = x^\alpha$ とすると $\log y = \alpha \log x$ である. ゆえに

$$\frac{1}{x} = \frac{d}{dx}\log x = \frac{1}{\alpha}\frac{d}{dx}\log y = \frac{1}{\alpha}\frac{d}{dx}\log x^{\alpha} = \frac{1}{\alpha}\frac{1}{x^{\alpha}}\frac{d}{dx}x^{\alpha}.$$

これより系が導かれる. ▎

(問題 5.3)　(1) $\alpha > 0$ とする. $\displaystyle\lim_{x\to 0+} x^{\alpha}\log x$ を求めよ.

(2) $0 < r < 1$, $\alpha > 0$ とする. $\displaystyle\lim_{x\to\infty} x^{\alpha}r^{x}$ を求めよ. 特に $\displaystyle\lim_{x\to\infty} x^{\alpha}e^{-x}$ を求めよ.

　この問題の極限は, 解析学ではほとんど常識として使われているほど重要なものである.

第6章
テイラーの定理

微分可能な関数の解析をする際に重要な定理の一つにテイラーの定理がある．本章ではテイラーの定理について学ぶ．

テイラーの定理は，一般の関数を多項式で近似するものである．複雑な関数を単純な関数で近似することは，解析学ではよく行われることである．

その前に簡単なウォーミングアップをしておこう．関数 $f(x)$ が次のような N 次多項式

$$f(x) = a_0 + a_1(x - c) + a_2(x - c)^2 + a_3(x - c)^3 + \cdots + a_N(x - c)^N \tag{6.1}$$

そのものである場合を考える．このとき，この多項式の係数 $a_0, \cdots, a_N$ は f の微分係数を用いて次のように表すことができる．

◆ **定理 6.1** ◆　$a_n = \dfrac{1}{n!} f^{(n)}(c) \ (n = 0, 1, \cdots, N)$．

◆**証明**◆　明らかに $f(c) = a_0$ である．

$$f^{(1)}(x) = a_1 + 2a_2(x - c) + 3a_3(x - c)^2 + \cdots + Na_N(x - c)^{N-1}$$

より $f^{(1)}(c) = a_1 = 1!a_1$ である．また

$$f^{(2)}(x) = 2a_2 + 3 \cdot 2a_3(x - c) + \cdots + N(N - 1)a_N(x - c)^{N-2}$$

より $f^{(2)}(c) = 2a_2 = 2!a_2$ である．さらに

$$f^{(3)}(x) = 3 \cdot 2a_3 + \cdots + N(N - 1)(N - 2)a_N(x - c)^{N-3}$$

より $f^{(3)}(c) = 3 \cdot 2a_3 = 3!a_3$ である．以下，同様にして $f^{(n)}(c) = n!a_n$ が得られる．∎

すなわち，$f(x)$ が N 次の多項式（6.1）の場合は

$$f(x) = \sum_{k=0}^{N} \frac{f^{(k)}(c)}{k!}(x-c)^k$$

と表せている．そこで，一般の C^N 級関数 f に対して，

$$P_N f(x;c) = f(c) + \frac{f^{(1)}(c)}{1!}(x-c) + \frac{f^{(2)}(c)}{2!}(x-c)^2 + \cdots + \frac{f^{(N)}(c)}{N!}(x-c)^N$$
$$= \sum_{k=0}^{N} \frac{f^{(k)}(c)}{k!}(x-c)^k$$

とおき（ただし $0! = 1$，$f^{(0)}(x) = f(x)$，$x^0 = 1$ と定める），$P_N f(x;c)$ を f の c における **N 次テイラー多項式**という．

　一般の関数の場合，$f(x) = P_N f(x;c)$ とは限らない．たとえば $f(x) = \sin x$ はどのような N に対しても $f(x) \neq P_N f(x;c)$ である．なぜならば，もしも $f(x) = P_N f(x;c)$ ならば $f^{(N+n)}(c) = 0$ $(n = 1, 2, \cdots)$ となるはずだが，実際は $f^{(N+n)}(c) = \sin\left(c + \frac{(N+n)\pi}{2}\right)$ である．

　次の定義をしておく．

◆**定義 6.1**◆　$f(x)$ と $P_N f(x;c)$ の誤差を $R_{N+1} f(x;c)$ と表す[*1]．すなわち
$$R_{N+1} f(x;c) = f(x) - P_N f(x;c)$$

と定義する．これを f の N 次テイラー多項式に対する**剰余**という．

　ここで考えておくべき問題は

　　【Q1】　一般に $f(x)$ と $f(x)$ の N 次テイラー多項式との誤差 $R_{N+1} f(x;c)$ はどのようなものであろうか？

ということである．この問いに答えを与えるのが，次節で学ぶテイラーの定理である．

6.1　テイラーの定理

テイラーの定理とは次のものである．

[*1] $R_N f(x;c)$ と記すのが一見自然なように見えるが，後述のテイラーの定理の結果を見ると，$R_{N+1} f(x;c)$ と表すことの妥当性がわかる．

◆ **定理 6.2** ◆　$f(x)$ を (a,b) 上で $N+1$ 回微分可能であるとする．$c \in (a,b)$ とする．このとき，任意の $x \in (a,b)$ に対して，ある $\theta \in (0,1)$ が存在し，

$$R_{N+1}f(x;c) = \frac{f^{(N+1)}(c+\theta(x-c))}{(N+1)!}(x-c)^{N+1} \tag{6.2}$$

が成り立つ．言いかえれば

$$f(x) = \sum_{k=0}^{N} \frac{f^{(k)}(c)}{k!}(x-c)^k + \frac{f^{(N+1)}(c+\theta(x-c))}{(N+1)!}(x-c)^{N+1} \tag{6.3}$$

が成り立つ．

◆証明◆　$x = c$ の場合は $P_N f(c;c) = f(c)$ より（6.2）は $0 = 0$ で成り立つ．$x \neq c$ の場合を証明する．$x \in (a,b) \setminus \{c\}$ を固定する．

$$C = \frac{(N+1)!}{(x-c)^{N+1}} \left[f(x) - P_N f(x;c) \right]$$

とおく．$t \in (a,b)$ の関数

$$F(t) = \left\{ f(x) - \sum_{k=0}^{N} \frac{f^{(k)}(t)}{k!}(x-t)^k \right\} - \frac{(x-t)^{N+1}}{(N+1)!}C$$

を考える．$F(t)$ は (a,b) 上で微分可能で，$x < c$ の場合は区間 $[x,c]$，$c < x$ の場合は区間 $[c,x]$ で連続であり，F の定義から $F(x) = 0$ かつ $F(c) = 0$ である．したがってロルの定理より x と c の間に（x とも c とも異なる）ξ が存在し，$F'(\xi) = 0$ をみたす．ξ は x と c の間にあるので，$\xi = c + \theta(x-c)$ をみたす $\theta \in (0,1)$ が存在する．ここで

$$0 = F'(\xi) = -\sum_{k=0}^{N} \frac{d}{dt}\frac{f^{(k)}(t)}{k!}(x-t)^k \bigg|_{t=\xi} + \frac{(x-\xi)^N}{N!}C$$

$$= -\sum_{k=0}^{N} \frac{f^{(k+1)}(\xi)}{k!}(x-\xi)^k + \sum_{k=1}^{N} \frac{f^{(k)}(\xi)}{(k-1)!}(x-\xi)^{k-1} + \frac{(x-\xi)^N}{N!}C$$

$$= -\sum_{k=1}^{N+1} \frac{f^{(k)}(\xi)}{(k-1)!}(x-\xi)^{k-1} + \sum_{k=1}^{N} \frac{f^{(k)}(\xi)}{(k-1)!}(x-\xi)^{k-1} + \frac{(x-\xi)^N}{N!}C$$

$$= \frac{(x-\xi)^N}{N!}\left(-f^{(N+1)}(\xi) + C \right).$$

ゆえに $C = f^{(N+1)}(\xi)$ が得られる．このことは定理が成り立つことを示している．　∎

定理 6.2 で得られた剰余

$$R_{N+1}f(x;c) = \frac{f^{(N+1)}(c + \theta(x - c))}{(N + 1)!}(x - c)^{N+1} \tag{6.4}$$

を f のラグランジュの剰余という.

■要注意点　この定理で注意しなければならなことは，ラグランジュの剰余に現れる θ が f, N, c のほか x にも依存するということである. そのため扱いにくい点もあるが，いつでも $0 < \theta < 1$ が保証されていることは助かる.

$\sin x,\ \cos x,\ e^x$ にテイラーの定理（定理 6.2）を $c = 0$ に対して適用すると次のことが得られる.

> **定理 6.3**　　任意の自然数 N に対して次が成り立つ.
>
> (1)
>
> $$\sin x = x - \frac{1}{3!}x^3 + \frac{1}{5!}x^5 + \cdots + (-1)^{N-1}\frac{1}{(2N-1)!}x^{2N-1} + R_{2N+1}f(x;0),$$
>
> であり，
>
> $$R_{2N+1}f(x;0) = \frac{(-1)^N}{(2N+1)!}\cos(\theta x)\,x^{2N+1}$$
>
> （ここで $\theta \in (0,1)$ は x, N に依存する実数）.
>
> (2)
>
> $$\cos x = 1 - \frac{1}{2!}x^2 + \frac{1}{4!}x^4 + \cdots + (-1)^N\frac{1}{(2N)!}x^{2N} + R_{2N+2}f(x;0),$$
>
> であり，
>
> $$R_{2N+2}f(x;0) = \frac{(-1)^{N+1}}{(2N+2)!}\cos(\theta x)\,x^{2N+2}$$
>
> （ここで $\theta \in (0,1)$ は x, N に依存する実数）.
>
> (3)
>
> $$e^x = \sum_{n=0}^{N-1}\frac{x^n}{n!} + \frac{x^N}{N!}e^{\theta x}$$
>
> （ここで $\theta \in (0,1)$ は x, N に依存する実数）.

◆**証明**◆ (1) $f(x) = \sin x$ とおくと $f^{(2n+1)}(0) = \sin\left(0 + \dfrac{(2n+1)\pi}{2}\right) = \sin\left(\dfrac{\pi}{2} + n\pi\right) = (-1)^n$ であるからテイラー多項式の x^{2n+1} の項の係数は $(-1)^n$ である. また $f^{(2n)}(0) = \sin(0 + n\pi) = 0$ であるから, テイラー多項式の x^{2n} の項の係数は 0 である. またラグランジュの剰余項は

$$
\begin{aligned}
R_{2N+1}f(x;0) &= \frac{f^{(2N+1)}(\theta x)}{(2N+1)!}x^{2N+1} = \frac{1}{(2N+1)!}\sin\left(\theta x + \frac{\pi}{2} + N\pi\right)x^{2N+1} \\
&= \frac{(-1)^N}{(2N+1)!}\cos(\theta x)\,x^{2N+1}
\end{aligned}
$$

である. 以上より定理が証明される.

(2) $f(x) = \cos x$ とおくと $f^{(2n+1)}(0) = \cos\left(0 + \dfrac{(2n+1)\pi}{2}\right) = \cos\left(\dfrac{\pi}{2} + n\pi\right) = 0$ よりテイラー多項式の x^{2n+1} の項の係数は 0 である. $f^{(2n)}(0) = \cos(0 + n\pi) = (-1)^n$ であるから, テイラー多項式の x^{2n} の項の係数は $(-1)^n$ である. ラグランジュの剰余項は

$$
\begin{aligned}
R_{2N+2}f(x;0) &= \frac{f^{(2N+2)}(\theta x)}{(2N+2)!}x^{2N+2} = \frac{1}{(2N+2)!}\cos(\theta x + (N+1)\pi)\,x^{2N+1} \\
&= \frac{(-1)^{N+1}}{(2N+2)!}\cos(\theta x)\,x^{2N+2}
\end{aligned}
$$

である.

(3) $\dfrac{d}{dx}e^x = e^x$ より $\dfrac{d^n}{dx^n}e^x = \dfrac{d^{n-1}}{dx^{n-1}}\dfrac{d}{dx}e^x = \dfrac{d^{n-1}}{dx^{n-1}}e^x = \cdots = e^x$ が得られる. ゆえにテイラーの定理から

$$
e^x = \sum_{n=0}^{N-1}\frac{x^n}{n!} + \frac{x^N}{N!}e^{\theta x}
$$

をみたす $0 < \theta < 1$ が存在する. ∎

テイラーの多項式との誤差の表し方にはさまざまな形のものが知られている. たとえば次のものが知られている.

◆ **定理 6.4** ◆ $f(x)$ を (a,b) 上の $N+1$ 回微分可能な関数とする. $c \in (a,b)$ とする. このとき, 任意の $x \in (a,b)$ に対して, ある $\theta \in (0,1)$ が存在し,

$$R_{N+1}f(x;c) = \frac{(1-\theta)^N f^{(N+1)}(c+\theta(x-c))}{N!}(x-c)^{N+1} \qquad (6.5)$$

が成り立つ.

◆証明◆ $K = \dfrac{N!}{(x-c)}\left[f(x) - P_N f(x;c)\right]$ とおき,

$$F(t) = f(x) - \sum_{k=0}^{N} \frac{f^{(k)}(t)}{k!}(x-t)^k - \frac{(x-t)^N}{N!}K$$

とおく. $F(t)$ は (a,b) 上で微分可能で, $x<c$ の場合は区間 $[x,c]$, $c<x$ の場合は区間 $[c,x]$ で連続であり, F の定義から $F(x) = 0$, $F(c) = 0$ であるから, ロルの定理より x と c の間に (x とも c とも異なる) ξ が存在し, $F'(\xi) = 0$ をみたす. したがって

$$\begin{aligned}
0 &= \left.\frac{d}{dt}F'(t)\right|_{t=\xi} \\
&= -\sum_{k=0}^{N} \frac{f^{(k+1)}(\xi)}{k!}(x-\xi)^k + \sum_{k=1}^{N} \frac{f^{(k)}(\xi)}{(k-1)!}(x-\xi)^{k-1} + \frac{K}{N!} \\
&= -\sum_{k=1}^{N+1} \frac{f^{(k)}(\xi)}{(k-1)!}(x-\xi)^{k-1} + \sum_{k=1}^{N} \frac{f^{(k)}(\xi)}{(k-1)!}(x-\xi)^{k-1} + \frac{K}{N!} \\
&= -\frac{f^{(N+1)}(\xi)}{N!}(x-\xi)^N + \frac{K}{N!} \\
&= \frac{(x-\xi)^N}{N!}\left\{-f^{(N+1)}(\xi) + (x-\xi)^{-N}K\right\}.
\end{aligned}$$

ここで, ある $0<\theta<1$ をとって, $\xi = c + \theta(x-c)$ と表せる. $x-\xi = (1-\theta)(x-c)$ であるから

$$\begin{aligned}
f^{(N+1)}(\xi) &= (x-\xi)^{-N}K = (x-\xi)^{-N}\frac{N!}{x-c}\left[f(x) - P_N f(x;c)\right] \\
&= (1-\theta)^{-N}(x-c)^{-1-N}N!\left[f(x) - P_N f(x;c)\right]
\end{aligned}$$

が得られる. ゆえに

$$f(x) - P_N f(x;c) = \frac{(1-\theta)^N f^{(N+1)}(c+\theta(x-c))}{N!}(x-c)^{N+1}$$

となり, 定理が証明された. ∎

(6.5) の剰余を**コーシーの剰余**という. この他にもベルヌーイの剰余などがある (後述の定理 9.16, 定理 9.17 参照).

以上で問題 【Q1】 に対する答えが得られた.

6.2 テイラー多項式による関数の近似

$f(x) = \sin x$ とその N 次テイラー多項式 $P_N f(x;0)$ のグラフを $N = 1, 2, 3, 4, 5$ の場合にコンピュータにより描画して比較してみよう（図 6.1 参照）．$(f^{(2n)}(0) = 0$ より $P_{2n}f(x;0) = P_{2n-1}f(x;0)$ であることに注意）．グラフを

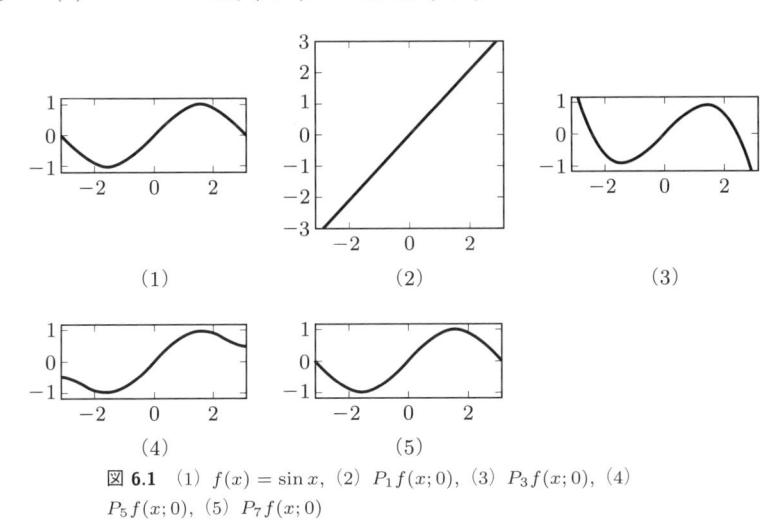

図 **6.1** （1）$f(x) = \sin x$, （2）$P_1 f(x;0)$, （3）$P_3 f(x;0)$, （4）$P_5 f(x;0)$, （5）$P_7 f(x;0)$

見ると $P_{2n+1}f(x;0)$ の n が増えるほど，$P_{2n+1}f(x;0)$ のグラフと $f(x)$ のグラフが近づいていくことに気が付くであろう．このようなことは一般に起こるのであろうか．つまり

【Q2】 $f(x)$ と $P_n f(x;c)$ の誤差は n を大きくすると限りなく小さくなるのだろうか？

本節ではこの問題【Q2】について考える．本節では f は C^∞ 級関数であるとする（2.3 節）．テイラーの定理から容易にわかることは，任意の自然数 N に対して，

$$f(x) - P_N f(x;c) = R_{N+1}f(x;c)$$

であるが，ここでもしも

$$\lim_{N \to \infty} R_{N+1}f(x;c) = 0 \tag{6.6}$$

が成り立つならば

$$\lim_{N \to \infty} |f(x) - P_N f(x;c)| = \lim_{N \to \infty} |R_{N+1} f(x;c)| = 0$$

となり*2，【Q2】の答えは肯定的である．しかし，(6.6) が成り立たなければ，【Q2】は否定的である．

次の定義をする．

◆**定義 6.2**◆　$f(x)$ を (a,b) 上の C^∞ 級関数とする．$c \in (a,b)$ とする．もしも，ある $\delta > 0$ が存在し，$(c - \delta, c + \delta) \subset (a,b)$ かつ

$$\lim_{N \to \infty} R_N f(x;c) = 0, \ x \in (c - \delta, c + \delta)$$

が成り立つとき，$f(x)$ は c で**テイラー展開可能**，あるいは**実解析的**であるという．またこのとき

$$f(x) = \lim_{N \to \infty} P_N f(x;c), \ x \in (c - \delta, c + \delta)$$

を f の c での**テイラー展開**という．

$$\lim_{N \to \infty} P_N f(x;c) = \lim_{N \to \infty} \sum_{n=0}^{N} \frac{f^{(n)}(c)}{n!}(x - c)^n = \sum_{n=0}^{\infty} \frac{f^{(n)}(c)}{n!}(x - c)^n$$

より*3，テイラー展開は

$$f(x) = \sum_{n=0}^{\infty} \frac{f^{(n)}(c)}{n!}(x - c)^n$$

と表すことが多い．特に $c = 0$ の場合のテイラー展開を**マクローリン展開**という．

本節ではまず $\sin x$ と $\cos x$ がマクローリン展開可能であることを見ておく．定理 6.3 から，$f(x) = \sin x$ の剰余項は

$$|R_{2N+1} f(x;0)| = \frac{1}{(2N+1)!} |\cos(\theta x)| |x|^{2N+1} \leq \frac{|x|^{2N+1}}{(2N+1)!}$$

をみたす．また $f(x) = \cos x$ の剰余項に関しては

---

*2 実数列が 0 を極限に持つ定義から $\lim_{n \to \infty} a_n = 0$ ならば $\lim_{n \to \infty} |a_n| = 0$ が成り立つ．

*3 一般に極限 $\lim_{N \to \infty} \sum_{n=0}^{N} a_n$ が存在するとき，これを $\sum_{n=0}^{\infty} a_n$ と表す．

$$|R_{2N+2}f(x;0)| = \frac{1}{(2N+2)!}\,|\cos(\theta x)|\,|x|^{2N+2} \le \frac{|x|^{2N+2}}{(2N+2)!}$$

が成り立つ. $f(x) = e^x$ の剰余項に対しては

$$|R_N f(x;0)| \le \frac{e^{|x|}}{N!}\,|x|^N.$$

ここで次のことに注意する.

◆ **補題 6.5** ◆　任意の正の実数 r に対して

$$\lim_{n\to\infty}\frac{r^n}{n!} = 0$$

である.

◆**証明**◆　ある自然数 n_0 で $r < n_0$ をみたすものをとる. このとき $n > n_0$ ならば $0 < r/n_0 < 1$ より

$$\begin{aligned}
0 < \frac{r^n}{n!} &= \frac{r}{1}\frac{r}{2}\cdots\frac{r}{n_0-1}\cdot\frac{r}{n_0}\frac{r}{n_0+1}\cdots\frac{r}{n} \\
&< \frac{r}{1}\frac{r}{2}\cdots\frac{r}{n_0-1}\cdot\frac{r}{n_0}\frac{r}{n_0}\cdots\frac{r}{n_0} \\
&= \frac{r}{1}\frac{r}{2}\cdots\frac{r}{n_0-1}\cdot\left(\frac{r}{n_0}\right)^{n-n_0+1} \to 0 \ (n\to\infty)
\end{aligned}$$

である. ∎

この補題から $f(x) = \sin x$ の場合は, 任意の x に対して

$$|R_{2N+1}f(x;0)| \le \frac{|x|^{2N+1}}{(2N+1)!} \to 0 \ (N\to\infty)$$

が得られる. $f(x) = \cos x$ の場合も $2N+1$ を $2N+2$ に置き換えれば同様に ことが成り立つ. また $f(x) = e^x$ の場合は,

$$|R_N f(x;0)| \le \frac{e^{|x|}}{N!}\,|x|^N \to 0 \ (N\to\infty)$$

である. よって次の定理が得られる.

◆ **定理 6.6** ◆　$\sin x,\,\cos x,\,e^x$ はマクローリン展開可能で, 任意の $x \in \mathbb{R}$ に対して

$$\sin x = \lim_{N \to \infty} \sum_{n=0}^{N} \frac{(-1)^n}{(2n+1)!} x^{2n+1}$$

$$\cos x = \lim_{N \to \infty} \sum_{n=0}^{N} \frac{(-1)^n}{(2n)!} x^{2n}$$

$$e^x = \lim_{N \to \infty} \sum_{n=0}^{N} \frac{1}{n!} x^n$$

この定理からネイピア数の一つの近似計算の方法がわかる.

◆**系 6.7**◆　$e = \sum_{n=0}^{\infty} \dfrac{1}{n!}$

◆**証明**◆　定理 6.6 の e^x について $x = 1$ を代入すればよい. ∎

数学 II では 2 項定理を学んだ. 2 項定理によれば, 実数 x と自然数 n に対して

$$(1+x)^n = \sum_{k=0}^{n} \binom{n}{k} x^k$$

が成り立っている (定理 2.5 の証明も参照). この定理をテイラーの定理を用いて $(1+x)^\alpha$ (ただし $\alpha \in \mathbb{R}$) に一般化する. そのため二項係数の一般化を次のように定義する. $\alpha \in \mathbb{R}$ と非負の整数 n に対して

$$\binom{\alpha}{n} = \frac{\alpha(\alpha-1)\cdots(\alpha-n+1)}{n!}.$$

[**例 6.1**] (**2 項定理の一般化**)　$\alpha \in \mathbb{R}$ とする. $x \in (-1, \infty)$ に対して, ある $\theta \in (0,1)$ が存在し

$$(1+x)^\alpha = \sum_{n=0}^{N} \binom{\alpha}{n} x^n + \frac{\alpha(\alpha-1)\cdots(\alpha-N)}{N!} \left(\frac{1-\theta}{1+\theta x}\right)^N (1+\theta x)^{\alpha-1} x^{N+1}$$

が成り立つ. また

$$(1+x)^\alpha = \sum_{n=0}^{\infty} \binom{\alpha}{n} x^n \quad (|x| < 1)$$

が成り立つ.

解説　$f(x) = (1+x)^\alpha$ とすると, $f'(x) = \alpha(1+x)^{\alpha-1}, \cdots, f^{(k)}(x) = \alpha(\alpha - 1)\cdots(\alpha - k + 1)(1 + x)^{\alpha-k}$ である. ゆえに $f(0) = 1$, $f^{(k)}(0) = \alpha(\alpha - 1)\cdots(\alpha - k + 1)$ となっている. ゆえにテイラーの定理のコーシーの剰余（定理6.4）を用いれば, ある $0 < \theta < 1$ が存在し, 次が成り立つ.

$$
\begin{aligned}
R_{N+1}f(x;0) &= \frac{(1-\theta)^N f^{(N+1)}(\theta x)}{N!} x^{N+1} \\
&= \frac{(1-\theta)^N \alpha(\alpha-1)\cdots(\alpha-N)(1+\theta x)^{\alpha-N-1}}{N!} x^{N+1} \\
&= \frac{\alpha(\alpha-1)\cdots(\alpha-N)}{N!} \left(\frac{1-\theta}{1+\theta x}\right)^N (1+\theta x)^{\alpha-1} x^{N+1}.
\end{aligned}
$$

$|x| < 1$ とする. $0 < \dfrac{1-\theta}{1+\theta x} < 1$ より $0 < \left(\dfrac{1-\theta}{1+\theta x}\right)^N < 1$ であるから

$$
\begin{aligned}
|R_{N+1}f(x;0)| &\le (1+\theta x)^{\alpha-1} \frac{|\alpha(\alpha-1)\cdots(\alpha-N)|}{N!} |x|^{N+1} \\
&= (1+\theta x)^{\alpha-1} \left|\alpha x \left(\frac{\alpha-1}{1}x\right)\cdots\left(\frac{\alpha-N}{N}x\right)\right|
\end{aligned}
$$

である. いま, $\left|\dfrac{\alpha-k}{k}x\right| \to |x| \ (k \to \infty)$ である. $|x| < r < 1$ をみたす r をとれば, ある $N_1 \in \mathbb{N}$ が存在し, $k \ge N_1$ ならば $\left|\dfrac{\alpha-k}{k}x\right| < r$ が成り立っている. ゆえに $N \ge N_1$ ならば

$$
\begin{aligned}
|R_{N+1}f(x;0)| &\le (1+\theta x)^{\alpha-1} \left|\alpha x \left(\frac{\alpha-1}{1}x\right)\cdots\left(\frac{\alpha-N_1+1}{N_1-1}x\right)\right| \\
&\quad \times \left|\left(\frac{\alpha-N_1}{N_1}x\right)\cdots\left(\frac{\alpha-N}{N}x\right)\right| \\
&\le (1+\theta x)^{\alpha-1} \left|\alpha x \left(\frac{\alpha-1}{1}x\right)\cdots\left(\frac{\alpha-N_1+1}{N_1-1}x\right)\right| r^{N-N_1+1} \\
&\to 0 \ (N \to \infty).
\end{aligned}
$$

よって $(1+x)^\alpha$ はマクローリン展開可能である.

　以上は具体的な関数のマクローリン展開の可能性について学んだが, 一般論としては次のことが成り立つ

> **定理 6.8**　　f を (a,b) 上の C^∞ 級関数とする．もしもある正の実数 M が存在し，任意の自然数 n と任意の $x \in (a,b)$ に対して
>
> $$\left| f^{(n)}(x) \right| \leq M$$
>
> が成り立っていれば，f は (a,b) の各点でテイラー展開可能である．

◆証明◆　$c \in (a,b)$ とし，$[c - \delta, c + \delta] \subset (a,b)$ とする．補題 6.5 より $x \in (c - \delta, c + \delta)$ に対して

$$|R_N f(x;c)| = \frac{\left| f^{(n)}(x + \theta(x-c)) \right|}{N!} |x - c|^N < M\frac{\delta^N}{N!}$$
$$\to 0 \ (N \to \infty)$$

である．よって定理が証明された．　　　　　　　　　　　　　　　　　　　■

　さて，それでは C^∞ 級関数はいつでもマクローリン展開，あるいはテイラー展開可能かというと，じつはそうではない．そのような例を示す．以下では $e^x = \exp(x)$ とも表す．

$$f(x) = \begin{cases} \exp\left(-\dfrac{1}{x^2}\right), & x \neq 0 \\ 0, & x = 0 \end{cases} \tag{6.7}$$

と定義する．この関数 f は $\mathbb{R}$ 上で C^∞ 級であるが，マクローリン展開可能ではない（問題 6.1）．

（ **問題 6.1** ）　　（6.7）により定義される関数 $f(x)$ が $\mathbb{R}$ 上で C^∞ 級であるが，0 においてテイラー展開できないことを示せ．

（ **問題 6.2** ）　　$\sin x$, $\cos x$, e^x は任意の点 $c \in \mathbb{R}$ でテイラー展開可能であることを示せ．

6.3　テイラーの定理と関数との接触

　f が C^N 級関数の場合，次のことがテイラーの定理の系として得られる．

> **系 6.9**　　$f(x)$ を (a,b) 上の C^N 級関数とする．$c \in (a,b)$ とする．このとき
>
> $$\lim_{x \to c} \frac{|R_{N+1} f(x;c)|}{|x - c|^N} = 0$$

が成り立つ.

◆**証明**◆ テイラーの定理を $N-1$ の場合に適用すれば, ある $\theta \in (0,1)$ が存在し

$$f(x) = P_{N-1}f(x;c) + \frac{f^{(N)}(c+\theta(x-c))}{N!}(x-c)^N$$

である. これより

$$\begin{aligned} R_{N+1}f(x;c) &= f(x) - P_N f(x;c) \\ &= P_{N-1}f(x;c) + \frac{f^{(N)}(c+\theta(x-c))}{N!}(x-c)^N - P_N f(x;c) \\ &= \frac{f^{(N)}(c+\theta(x-h))}{N!}(x-c)^N - \frac{f^{(N)}(x)}{N!}(x-c)^N. \end{aligned}$$

ゆえに

$$\frac{|R_{N+1}f(x;c)|}{|x-c|^N} \leq \frac{1}{N!}\left| f^{(N)}(c+\theta(x-c)) - f^{(N)}(c) \right|$$

を得る. ここで $x \to c$ とすると, θ は x によって変化するが, $0 < \theta < 1$ であるので, $0 < |\theta(x-c)| < |x-c| \to 0$ である. したがって $f^{(N)}$ の連続性より

$$f^{(N)}(c+\theta(x-c)) - f^{(N)}(c) \to 0$$

である. よって系が証明された. ∎

いま, f と g が (a,b) 上の C^N 級関数で, ある $c \in (a,b)$ において $f^{(i)}(c) = g^{(i)}(c)$ $(i = 0, 1, \cdots, N)$ をみたしているとする. このとき, $h = f - g$ とおくと, $h^{(i)}(c) = 0$ $(i = 0, 1, \cdots, N)$ であるから, 系6.9 より

$$\frac{|f(x)-g(x)|}{|x-c|^N} = \frac{|R_{N+1}h(x;c)|}{|x-c|^N} \to 0 \ (x \to c)$$

が成り立っている. このことは, $f(x)$ と $g(x)$ が $x = c$ において, N が大きいほど急速に接触していることを意味している.

問題 6.3 (1) $f(x) = \exp\left(-\dfrac{1}{x^2}\right)$ $(x \neq 0)$, $f(0) = 0$ と定める. $g(x) = 0$ $(x \in \mathbb{R})$ とする. このとき f, g は $\mathbb{R}$ 上で C^∞ 級であり, 任意の非負整数 n に対して $f^{(n)}(0) = g^{(n)}(0) = 0$ であることを示せ (問題6.1 より f は 0 で実解析的ではない).

(2) $f(x)$, $g(x)$ を 0 で実解析的な関数であり, $f^{(n)}(0) = g^{(n)}(0)$ $(n = 1, 2, \cdots)$ であるとする. このときある $\delta > 0$ が存在し, $f(x) = g(x)$ $(x \in (-\delta, \delta))$ となることを証明せよ.

第7章

極大・極小

　関数がどこで極大・極小をとるかを調べることは，応用上も非常に重要な課題である．まず極大・極小から始める．

7.1　極大・極小の定義

◆**定義 7.1**◆　f を (a,b) 上で定義された関数とする．f が $c \in (a,b)$ で極大になるとは，$c \in I \subset (a,b)$ をみたすある開区間 I において

$$f(x) < f(c) \ (x \in I, \ x \neq c)$$

が成り立つことである．このとき $f(c)$ を**極大値**という．また

$$f(c) < f(x) \ (x \in I, \ x \neq c)$$

となるとき，f は c で**極小**になるといい，$f(c)$ を**極小値**という．

　極大値と極小値を総称して**極値**という．

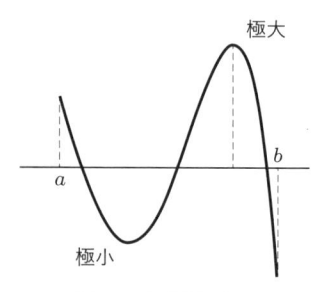

図 **7.1**　極大と極小.

　なお極大，極小は最大，最小になっているとは限らないことに注意しておこう．極大，極小は局所的に最大，最小になっているが，全体をみたときには，もっと大きい値あるいは小さい値を取るところがあるかもしれない．しかし，極小を調べるのは関数の形状を知る重要な手掛かりとなる．

　便宜上次の定義もしておく．

◆**定義 7.2**◆　$f, (a, b)$ は前定義と同じものとする．f が点 $c \in (a, b)$ で**局所的な最大値をとる**とは，$c \in I \subset (a, b)$ をみたすある開区間 I において

$$f(x) \leq f(c) \ (x \in I, \ x \neq c)$$

であることとする．また，f が点 $c \in (a, b)$ で**局所的な最小値をとる**とは，$c \in I \subset (a, b)$ をみたすある開区間 I において

$$f(x) \geq f(c) \ (x \in I, \ x \neq c)$$

であることとする（注：極大値は局所的な最大値であり，極小値は局所的な最小値である）．

7.2　微分を使って極大・極小を求める

　どのような点が極値をとる点であるかを調べるとき次の十分条件は基本的である．

> ◆**定理 7.1**◆　f を (a, b) 上の微分可能な関数とする．$c \in (a, b)$ で f が局所的な最大値，あるいは局所的な最小値をとるならば
>
> $$f'(c) = 0$$
>
> である．

◆**証明**◆　もしも $f'(c) > 0$ あるいは $f'(c) < 0$ ならば定理 3.1 より，f は c で増加の状態か減少の状態にある．しかしいずれも c で局所的な最大値，局所的な最小値をとることに反する．よって $f'(c) = 0$ でなければならない．　∎

　定理 7.1 は有用である．なぜならば，$f(x)$ がどこで極値あるいは局所的な最大値（最小値）をとるか，その場所の候補を $f'(x) = 0$ を解くことにより絞れるからである．

◆定義 7.3◆ f を (a,b) 上の微分可能な関数とする. $f'(c) = 0$ をみたす点 c を f の**臨界点**あるいは**停留点**という.

さて逆に $f'(c) = 0$ ならば $f(x)$ は c で極値あるいは局所的な最大値（最小値）をとるだろうか. 答えは否定的である. たとえば $f(x) = x^3$ の場合, $f'(0) = 0$ であるが, x^3 は 0 で極値でも局所的な最大値（最小値）でもない.

臨界点で関数が極値をとるかどうかを判定するには, さらに f の導関数の様子を丁寧に見なければならない.

> **定理 7.2** f を (a,b) 上の連続関数であり, $c \in (a,b)$ とする. f が $(a,b) \setminus \{c\}$ の各点で微分可能であるとする. もしもある $\delta > 0$ で $a < c - \delta < c + \delta < b$ をみたし, かつ
> $$f'(x) > 0 \ (c - \delta < x < c)$$
> $$f'(x) < 0 \ (c < x < c + \delta)$$
> をみたすものがとれるとき, f は c で極大値をとる. また
> $$f'(x) < 0 \ (c - \delta < x < c)$$
> $$f'(x) > 0 \ (c < x < c + \delta)$$
> であれば f は c で極小値をとる.

◆証明◆ 前半の主張を示す. 定理 4.3 より f は $[c - \delta, c]$ で狭義単調増加であり, $[c, c + \delta]$ で狭義単調減少であるから, c で極大値をとる. 後半の主張も同様に示せる. ∎

次の定理は極値の判定に便利である.

> **定理 7.3** f が (a,b) 上で C^2 級で, $c \in (a,b)$ が臨界点であるとする.
> (1) もしも $f^{(2)}(c) > 0$ ならば f は c で極小をとる.
> (2) もしも $f^{(2)}(c) < 0$ ならば f は c で極大をとる.

◆証明◆ (1) $f^{(2)}$ は c で連続であるから, 定理 1.4 より, $(c - \delta, c + \delta) \subset (a,b)$ をみたすある $\delta > 0$ が存在し, $f^{(2)}(x) > 0 \ (x \in (c - \delta, c + \delta))$ をみたす. したがって, $f^{(1)}(x)$ は $(c - \delta, c + \delta)$ 上で狭義単調増加である. $f^{(1)}(c) = 0$ であるから, $f^{(1)}(x) < 0 \ (x \in (c - \delta, c))$ であり, $f^{(1)}(x) > 0 \ (x \in (c, c + \delta))$ である. ゆえに定理 7.2 より f は c で極小をとる. (2) も同様に示せる. ∎

> **質問** 何だか不等号がいろいろ出てきてよくわからなくなってしまいました.

● **Answer** ● たとえば $f(x) = -x^2$ と $g(x) = x^2$ を考えてみてください. f は 0 で極大, g は 0 で極小をとっています. それぞれ

$$f'(x) = -2x \begin{cases} > 0, \ x < 0 \\ < 0, \ x > 0 \end{cases} \implies 極大$$

$$g'(x) = 2x \begin{cases} < 0, \ x < 0 \\ > 0, \ x > 0 \end{cases} \implies 極小$$

$$f''(0) = -2 < 0 \implies 極大$$
$$g''(0) = 2 > 0 \implies 極小$$

この例で符号を想起すればよいでしょう.

定理 7.3 では $f^{(2)}(c) > 0$ の場合と $f^{(2)}(c) < 0$ の場合が扱われている. $f^{(2)}(c) = 0$ の場合についてはどのようになっているであろうか.

まず $f^{(2)}(c) = 0$ かつ $f^{(3)}(c) \neq 0$ となっている**場合**を考える ($f^{(3)}(c) = 0$ の場合は後述する).

【場合 I】 $f^{(3)}(c) > 0$ の場合. ある $\delta > 0$ が存在し, $f^{(3)}(t) > 0$ ($t \in [c-\delta, c+\delta]$) が成り立つ. したがって $f^{(2)}(x)$ は $[c-\delta, c+\delta]$ で狭義単調増加であり, $f^{(2)}(c) = 0$ であるから c を境に $f^{(2)}(x)$ の符号が反転している.

【場合 II】 $f^{(3)}(c) < 0$ の場合. 場合 I と同様に考えて, $f^{(2)}(x) < 0$ ($x \in (c-\delta, c)$), $f^{(2)}(x) > 0$ ($x \in (c, c+\delta)$) が得られる. したがって c を境に $f^{(2)}(x)$ の符号が反転している.

このように $f^{(2)}(c) = 0$ であり, c を境に $f^{(2)}$ の符号が変わる点を**変曲点**という.

変曲点ではどのようなことが起こっているだろうか?

じつは次に定義する関数のグラフの凹凸が変化するのである.

◆**定義 7.4**◆ $I = (a, b)$ 上の関数 $f(x)$ が I で**凸** (あるいは**下に凸**) であるとは, 任意の $a < x_0 < x_1 < b$ と $0 < t < 1$ に対して

$$f((1-t)x_0 + tx_1) \leq (1-t)f(x_0) + tf(x_1) \tag{7.1}$$

が成り立つことである. 特に (7.1) の $\leq$ が $<$ で成り立つとき, f は I で狭義

凸（下に狭義凸）であるという（図7.2（1）参照）.

また，f が I で凹（あるいは上に凸）であるとは，任意の $a < x_0 < x_1 < b$ と $0 < t < 1$ に対して

$$f((1-t)x_0 + tx_1) \geq (1-t)f(x_0) + tf(x_1) \qquad (7.2)$$

がなりたつことである．特に（7.2）の $\geq$ が $>$ で成り立つとき，f は I で狭義凹（上に狭義凸）であるという（図7.2（2）参照）.

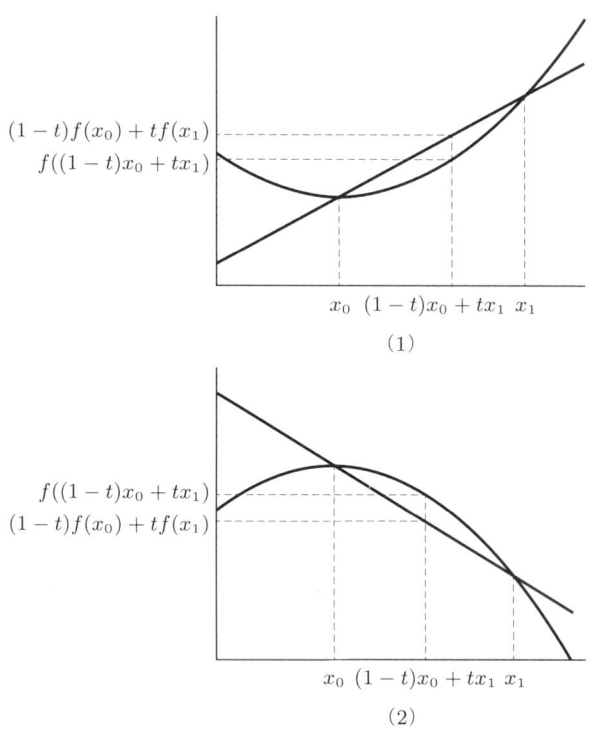

図 **7.2**　（1）狭義凸（すなわち下に狭義凸），（2）狭義凹（すなわち上に狭義凸）.

狭義凸関数の単純な例として $f(x) = x^2 \ (x \in \mathbb{R})$ がある．これが狭義凸関数であることは，$x \neq x'$, $0 < t < 1$ に対して

$$f((1-t)x + tx') - ((1-t)f(x) + tf(x')) = t(t-1)(x-x')^2 < 0$$

より明らかである．ところで $f(x) = x^2$ のグラフは，凸をさかさまにしたような形を

している．むしろ $f(x) = -x^2$ の方が文字「凸」の形に似ている．しかし，$f(x) = -x^2$ は凹関数なので注意してほしい．凸とは「突き出ること」を意味する言葉であり，凹は「へこんでいる」を意味する言葉であるが，実際，凸関数のグラフの上側の領域[*1] $\{(x,y) : f(x) \leq y\}$ は突き出ていて（図 7.2（1）で考えよ），凹関数のグラフの上側の領域はへこんでいる（図 7.2（2）で考えよ）．このように考えれば文字の形との混乱は生じないだろう．

◆ **定理 7.4** ◆　f を $I = (a,b)$ 上の 2 回微分可能な関数とする．

（1）$f^{(2)}(x) \geq 0$ $(x \in I)$ ならば f は I 上で凸である．特に $f^{(2)}(x) > 0$ $(x \in I)$ ならば f は I 上で狭義凸である．

（2）$f^{(2)}(x) \leq 0$ $(x \in I)$ ならば f は I 上で凹である．特に $f^{(2)}(x) < 0$ $(x \in I)$ ならば f は I 上で狭義凹である．

◆**証明**◆　（1）$a < x_0 < x_1 < b$ とする．$x_t = (1-t)x_0 + tx_1$ とおく．$0 < t < 1$ とする．テイラーの定理より $0 < \theta' < t$ が存在し，

$$
\begin{aligned}
f(x_0) &= f(x_t) + f'(x_t)(x_0 - x_t) + \frac{f''(x_{\theta'})}{2!}(x_0 - x_t)^2 \\
&\geq f(x_t) + f'(x_t)(x_0 - x_t) \\
&= f(x_t) - tf'(x_t)(x_1 - x_0)
\end{aligned}
$$

である．また $t < \theta < 1$ が存在し

$$
\begin{aligned}
f(x_1) &= f(x_t) + f'(x_t)(x_1 - x_t) + \frac{f''(x_{\theta})}{2!}(x_1 - x_t)^2 \\
&\geq f(x_t) + f'(x_t)(x_1 - x_t) \\
&= f(x_t) + (1-t)f'(x_t)(x_1 - x_0)
\end{aligned}
$$

ゆえに $(1-t)f(x_0) + tf(x_1) \geq f(x_t)$ が導かれる．残りの主張も同様にして証明できる．∎

定理 **7.4** より変曲点を境に関数のグラフが凸から凹に（または凹から凸に）変化していることが分かる．

さて $f^{(1)}(c) = f^{(2)}(0) = 0$ であり，さらに $f^{(3)}(0) = 0$ の場合はどのようなことが起こっているだろうか．この問いの一つの答えは，より一般化した場合にテイラーの定理から示される．

[*1] 一般にある関数のグラフの上側の領域を $f(x)$ のエピグラフ（epigraph）という．

> **定理 7.5**　　N を 2 以上の自然数とする. f を (a,b) 上の C^N 級関数とする. $c \in (a,b)$ で
> $$f^{(1)}(c) = \cdots = f^{(N-1)}(c) = 0$$
> が成り立っているとする.
> (1) N が偶数であるとする. $f^{(N)}(c) < 0$ ならば f は c で極大値をとり, $f^{(N)}(c) > 0$ ならば f は c で極小値をとる.
> (2) N が奇数で, $f^{(N)}(c) \neq 0$ ならば, f は c で極値をとらない. c は f の変曲点になっている.

◆**証明**◆　$\varepsilon(h) = f(c+h) - \displaystyle\sum_{k=0}^{N} \frac{f^{(n)}(c)}{n!} h^n$ とおく. このとき仮定より

$$f(c+h) = \sum_{k=0}^{N} \frac{f^{(n)}(c)}{n!} h^n + \varepsilon(h) = f(c) + \frac{f^{(N)}(c)}{N!} h^N + \varepsilon(h)$$
$$= f(c) + h^N \left(\frac{f^{(N)}(c)}{N!} + \frac{\varepsilon(h)}{h^N} \right)$$

となっている.

(1) 系 6.9 より $\displaystyle\lim_{h \to 0} \frac{\varepsilon(h)}{h^N} = 0$ である. N が偶数ならば, $h^N > 0$ である. したがって $f^{(N)}(c) > 0$ ならば, 十分小さな任意の $h \neq 0$ に対して $f(c+h) - f(c) > 0$ が成り立ち, $f(c)$ は極小値である. $f^{(N)}(c) < 0$ の場合は, 上と同様の議論により十分小さな任意の $h \neq 0$ に対して $f(c+h) - f(c) < 0$ を示せるので, $f(c)$ は極大値である.

(2) $f^{(N)}(c) \neq 0$ であるから, N が奇数の場合は, 十分小さな h に対して, $h < 0$ のときと $h > 0$ のときで

$$f(c+h) - f(c) = h^N \left(\frac{f^{(N)}(c)}{N!} + \frac{\varepsilon_N(h)}{h^N} \right)$$

の符号が反転する. ゆえに $f(c)$ は極値ではない.

f の代わりに $g(x) = f^{(2)}(x)$ を考える. $g^{(k)}(c) = 0$ $(k = 0, \cdots, N-3)$ で $g^{(N-2)}(c) \neq 0$ である. $N-2$ は奇数であるから, 前述の考察から $g(c+h) = f^{(2)}(c+h)$ は c を境に (すなわち $h < 0$ と $h > 0$ により) 符号が反転する. よって c は f の変曲点である. ∎

練習 7.1　　$f(x) = x^5$ と $g(x) = x^6$ の極値について調べよ.

解答例　$f^{(1)}(x) = 5x^4$ より臨界点は 0 のみ. $f^{(2)}(0) = f^{(3)}(0) = f^{(4)}(0) = 0$ であり, $f^{(5)}(0) = 5! \neq 0$ である. したがって $f(x)$ は極値をとらない. 0 は

変曲点である. $g^{(1)}(x) = 6x^5$ であるから臨界点は 0 のみ. $g^{(k)}(0) = 0$ $(k = 2,3,4,5)$ であり $g^{(6)}(0) = 6! > 0$ より 0 で極小値 0 をとる.

練習 7.2 N 個のデータ $x_1, \cdots, x_N$ が与えられているとする. このとき,
$$(x - x_1)^2 + \cdots + (x - x_N)^2$$
を最小にする点 (すなわち各データとの差の 2 乗の和が最小になるような) x を求めよ.

解答例 $f(x) = \sum_{j=1}^{N} (x - x_j)^2$ とおく. $f'(x) = 2 \sum_{j=1}^{N} (x - x_j)$ より $\overline{x} = \dfrac{1}{N} \sum_{j=1}^{N} x_j$ が臨界点である. $f''(x) = 2N > 0$ より $\overline{x}$ は極小値を与える. $f(x)$ は 2 次関数であるから極小値は最小値になっていることが示せる.

練習 7.3 図 7.3 のような領域 I と II がそれぞれ異なる媒質でみたされてるとする. 領域 I では物体は速度 v_1 で直線的に移動し, また領域 II では速度 v_2 で直線的に移動するものとする. このとき点 P から点 Q に物体が最小の時間で移動できるルートは
$$\frac{\sin \alpha}{\sin \beta} = \frac{v_1}{v_2}$$
をみたしていることを示せ (記号は図 7.3 参照). これは光の屈折に関するスネルの公式を与えている. α は媒質 I から媒質 II への入射角, また β は媒質 II から媒質 I への入射角を表し, $\dfrac{v_1}{v_2}$ は相対屈折率を表している.

解答例 $\overline{AB} = l$, $\overline{AP} = a$, $\overline{QB} = b$ とおく. $\overline{AM} = x$ を変数とする. 物体が P から M に直線的に移動し, 次に M から Q に直線的に移動したとする. このときにかかった時間は
$$t(x) = \frac{\sqrt{x^2 + a^2}}{v_1} + \frac{\sqrt{(l - x)^2 + b^2}}{v_2}$$
である.
$$t'(x) = \frac{x}{v_1 \sqrt{a^2 + x^2}} - \frac{l - x}{v_2 \sqrt{b^2 + (l - x)^2}}$$

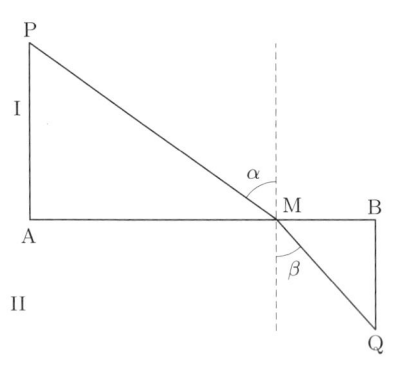

図 **7.3**　参考図

$$t''(x) = \frac{1}{v_1} \frac{a^2}{(a^2 + x^2)^{\frac{3}{2}}} + \frac{1}{v_2} \frac{b^2}{(b^2 + (l - x)^2)^{\frac{3}{2}}} > 0$$

である. t' は狭義単調増加であり, $t'(0) = -\dfrac{l}{v_2\sqrt{b^2 + l^2}} < 0$ であり, $t'(l) = \dfrac{l}{v_1\sqrt{a^2 + l^2}} > 0$ であるから, t は $(0, l)$ 内にただ一つの臨界点をもつ. 以上のことから, それが最小値である. ここで臨界点 x は

$$\frac{x}{v_1\sqrt{a^2 + x^2}} = \frac{l - x}{v_2\sqrt{b^2 + (l - x)^2}}$$

をみたしている. 図 7.3 より $\sin\alpha = \dfrac{x}{\sqrt{a^2 + x^2}}$, $\sin\beta = \dfrac{l - x}{\sqrt{b^2 + (l - x)^2}}$ であるから, 臨界点では

$$\frac{\sin\alpha}{v_1} = \frac{\sin\beta}{v_2}, \quad \text{すなわち} \quad \frac{\sin\alpha}{\sin\beta} = \frac{v_1}{v_2}$$

をみたしている.

第8章
INTERMISSION
数列の不思議な性質と連続関数

本章では数列の性質，あるいはより立ち返って実数の性質とその周辺の話題について述べる．抽象的な議論が多くなるが，微積分の解析で意外に役立つ．たとえば本章で示す数列に関するボルツァノ–ワイエルシュトラスの定理（第 8.4 節）はその一つである．これは第 3.3 節で証明なしに述べた連続関数に関する直観的に明らかな定理を証明するのにも使われる．また実数の完備性という性質は，縮小写像の原理を介して，解が具体的に求めることが困難な方程式の解の存在と近似解の求め方を与える（第 8.8 節）．

まず数列に関するいくつかの定義から始める．

8.1　数列の極限

数列の収束に関する定義をしておく．実数からなる数列を実数列という．複素数の数列は複素数列である．本書で数列といえば実数列を意味するものとする．

◆**定義 8.1**◆　数列 $\{x_n\}_{n=1}^{\infty}$ がある実数 x に収束するとは，任意の $\varepsilon > 0$ に対して，ある番号 N をとって

$$n \geq N \text{ ならば } |x_n - x| < \varepsilon$$

とできることである．このことを

$$\lim_{n \to \infty} x_n = x$$

あるいは

$$x_n \to x \ (n \to \infty)$$

と表す．x をこの**数列の極限**という．ある実数に収束する実数列を**収束列**という．

いかなる実数にも収束しない数列を**発散**する，あるいは発散数列という．たとえば $\{(-1)^n\}_{n=1}^{\infty}$ は発散数列である．

特に数列 $\{x_n\}_{n=1}^{\infty}$ が ∞ に**発散**するとは

> 任意の $M > 0$ に対して，ある番号 N が存在し，$n \geq N$ ならば $x_n \geq M$

をみたすことである．このことを

$$\lim_{n \to \infty} x_n = \infty \ \text{または} \ \lim_{n \to \infty} x_n = +\infty$$

あるいは

$$x_n \to \infty \ (n \to \infty)$$

と表す．数列 $\{x_n\}_{n=1}^{\infty}$ が $-\infty$ に**発散**するとは

> 任意の $L < 0$ に対して，ある番号 N が存在し，$n \geq N$ ならば $x_n \leq L$

をみたすことである．このことを

$$\lim_{n \to \infty} x_n = -\infty, \ \text{あるいは} \ x_n \to -\infty \ (n \to \infty)$$

と表す．∞ に発散せず，$-\infty$ に発散しない発散数列は，**振動発散**という．

[**例 8.1**]　(1) $\{n\}_{n=1}^{\infty}$ は ∞ に発散する．$\{-n\}_{n=1}^{\infty}$ は $-\infty$ に発散する．

(2) たとえば

$$x_n = \begin{cases} 0, & n \text{ は偶数} \\ n, & n \text{ は奇数} \end{cases}$$

とすると，$\{x_n\}_{n=1}^{\infty}$ は振動発散している．

8.2　上限と下限

M を $\mathbb{R}$ の空でない部分集合とする．M が上に有界であるとは，ある $a \in \mathbb{R}$ で，すべての $x \in M$ に対して

$$x \leq a$$

となるものが存在することである．このような a を M の**上界**という．a が M の上界ならば，$a < a'$ をみたす実数 a' も M の上界である．たとえば $(-\infty, 1)$ は上に有界であり，1 は $(-\infty, 1)$ の上界である．また $\mathbb{N} = \{n : n$ は自然数 $\}$ は上に有界ではない．

M が**下に有界**であるとは，ある $b \in \mathbb{R}$ で，すべての $x \in M$ に対して

$$b \le x$$

となるものが存在することである．このような b を M の**下界**という．b が M の下界ならば，$b' < b$ をみたす実数 b' も M の下界である．たとえば $(-1, \infty)$ は下に有界で，-1 はその下界である．また $\mathbb{N}$ は下に有界で，その下界は 1 である．

M が上に有界かつ下に有界であるとき，M は**有界である**，あるいは**有界集合である**という．次の定義をしておく．

◆**定義 8.2**◆　(1) M を上に有界な集合とする．M の上界 α で，いかなる M の上界 a に対しても $\alpha \le a$ となっているものを（もしそのような α が存在すれば）M の**上限**という．

(2) M を下に有界な集合とする．M の下界 β で，いかなる M の下界 b に対しても $b \le \beta$ となっているものを（もしそのような β が存在すれば）M の**下限**という．

◆**命題 8.1**◆　M を上に有界な集合とする．M の上限は，存在するならばただ一つに限る．M' を下に有界な集合とする．M' の下限は，存在するならばただ一つに限る．

◆**証明**◆　c, c' を M の上限とする．c' は M の上界でもあるから，$c \le c'$ である．c は M の上界でもあるから $c' \le c$ である．よって $c = c'$ である．後半の主張も同様にして証明できる．∎

この命題から，もし M の上限が存在するときは，上限を

$$\sup M \text{ または } \sup_{x \in M} x$$

と表す．また M の下限が存在するときは，M の下限を

$$\inf M \text{ または } \inf_{x \in M} x$$

により表す.

上限と下限の例を挙げておく.

[例 8.2]　$c \in \mathbb{R}$ とし, $M = (-\infty, c)$ とすると, c は M の上限である. $M' = (c, \infty)$ とすると, c は M の下限である.

解説　もしも c が M の上限でないならば, M の上界 c' で $c' < c$ なるものが存在する. しかし $c'' = \dfrac{1}{2}(c' + c)$ とすると, $c' < c'' < c$ であるから, $c'' \in M$ である. これは c' が M の上界であることに反する. よって c は M の上限である. 後半の主張も同様の方法で示せる.

さて, 例のような単純な集合であれば上限, 下限の存在は容易にわかるが, 一般にどのような上に有界な集合に対しても, 上限は存在するだろうか?

じつは実数に関しては, 同値ないくつかの公理があり, そのいづれか一つは認めなければならない. その一つが上限の存在を保証する次の公理である.

> **公理 8.1**　（実数の連続性の公理）　上に有界な集合に対して, その上限が存在する.

本書では, これを公理として認める立場をとる.

◇コメント　公理は数学の理論の出発点となるものであるが, その理論中の他の命題からは証明できないもの. たとえばユークリッド幾何の「平行線の公理」が良く知られている.

　微積分が 17 世紀に現れ, それ以降, 数学者は微積分の数学的に厳密な理論を作るために苦労してきた. 特に極限の厳密な取扱いについて, さまざまな考察がなされた. そのような中, そもそも実数とは何かという問いが生じてきた. 実数とは有理数と無理数からなるものであるから, 要するに問題は無理数とは何かということである.

　この問題はデーデキント, カントール, ワイエルシュトラスなどによって研究された. たとえばスイス連邦工科大学の数学の教授であったデーデキントは微積分の基礎を講義する際に, そもそも実数とは何であるかという数学的な基礎が欠けていることに気が付き, 1857 年にそれに対する答えを考案した. その成果は現在, 岩波文庫で翻訳を読むことができる. またほぼ同時にカントールが別の考え方から実数とは何かを研究した. 古代ギリシャ時代から人は実数を自由に使って数学の研究を行ったり, 数学を応用していたのだが, 驚くべきことに「実数とは何か」が 19 世紀半ばになるまで厳密にはわかっていなかったのである.

　現在では実数の公理というのがあり, そこでは「切断の公理」,「連続性の公理」,「(アル

キメデスの公理）＋完備性」の何れかを公理としておく．さらにこれらの公理は互いに同値である（つまりある公理から他の公理が導ける）ことが知られている．本書では「連続性の公理」を仮定し，後で「連続性の公理」から「（アルキメデスの公理（定理））＋完備性」が導かれることを示す．実数の構成については，デーデキントの切断によるもの，カントルのコーシー列によるものが知られている．

　クロネッカー曰く「整数は愛する神が創ったものだが，それ以外のすべては人が作ったものである*1」

公理 8.1 では上限の存在を保証しているが，下限の存在は公理 8.1 より次のようにして証明できる．M を下に有界な集合とする．$-M = \{-x : x \in M\}$ とおく．$-M$ は上に有界な集合であり，公理 8.1 よりその上限 α が存在する．このとき，$-\alpha$ が $-M$ の下限になっている．

　上限と下限について次のことが成り立つ．この定理は微積分では重要な役割を果たすことになる．

◆**定理 8.2**◆　M を $\mathbb{R}$ の空でない部分集合とする.

（1）M が上に有界であるとする．$\alpha \in \mathbb{R}$ とする．α が M の上限であるための必要十分条件は次の (i), (ii) が成り立つことである.

(i) α は M の上界である.

(ii) 任意の $\varepsilon > 0$ に対して，ある $x \in M$ で $\alpha - \varepsilon < x$ をみたすものが存在する.

（2）M が下に有界であるとする．$\beta \in \mathbb{R}$ とする．β が M の下限であるための必要十分条件は次の (i)$'$, (ii)$'$ が成り立つことである.

(i)$'$ β は M の下界である.

(ii)$''$ 任意の $\varepsilon > 0$ に対して，ある $x \in M$ で $x < \beta + \varepsilon$ をみたすものが存在する.

◆**証明**◆　（1）α を M の上限とする．(i) は上限の定義による．もしも (ii) が成り立たないとすると，ある $\varepsilon_0 > 0$ が存在し，任意の $x \in M$ に対して，$\alpha - \varepsilon_0 \geq x$ が成り立つ．したがって $\alpha - \varepsilon_0$ は M の上界である．$\alpha > \alpha - \varepsilon_0$ であるから，これは α が上限であることに反する．ゆえに (ii) が成り立つ．逆に (i), (ii) が成り立っているとする．a を M の上界とする．もしも $a < \alpha$ であるとする．$\varepsilon = \alpha - a$ とおくと，

---

*1 Die ganzen Zahlen hat der liebe Gott gemacht, alles andere ist Menschenwerk. クロネッカーが 1886 年の自然研究者会議で述べた言葉とされている（Weber[30]）.

$\varepsilon > 0$ であり，したがって $x \in M$ が存在し，$a = \alpha - \varepsilon < x$ をみたす．これは a が M の上界であることに反する．ゆえに $\alpha \leq a$ である．よって α は M の上限である．
(2) も同様にして証明できる，∎

本節の最後に最大元，最小元の定義をしておく．

◆定義 8.3◆ $M \subset \mathbb{R}$ を上に有界な集合とする．$\alpha = \sup M$ とする．もしも $\alpha \in M$ であるとき，M の**最大元**が存在するといい，α を M の最大元と呼び，$\alpha = \max M$ または $\alpha = \max\limits_{x \in M} x$ と表す．

$M \subset \mathbb{R}$ を下に有界な集合とする．$\beta = \inf M$ とする．もしも $\beta \in M$ であるとき，M の**最小元**が存在するといい，β を M の最小元と呼び，$\beta = \min M$ または $\beta = \min\limits_{x \in M} x$ と表す．

$\boxed{\text{問題 8.1}}$ $M = [0, 1)$ とする．M の上限は 1 で下限は 0 であり，最小元は 0 であるが，M の最大元は存在しないことを示せ．

8.3 単調増加数列と単調減少数列

数列の収束について有用な定理を 2 つ記しておく．そのため以下の概念を定義する．

◆定義 8.4◆ 実数列 $\{x_n\}_{n=1}^{\infty}$ が**上に有界**であるとは，集合 $\{x_n : n = 1, 2, \cdots\}$ が上に有界になっていることである．

実数列 $\{x_n\}_{n=1}^{\infty}$ が**下に有界**であるとは，集合 $\{x_n : n = 1, 2, \cdots\}$ が下に有界になっていることである．

上に有界かつ下に有界な実数列を**有界数列**という．

◆定義 8.5◆ 実数列 $\{x_n\}_{n=1}^{\infty}$ が**単調増加列**であるとは

$$x_1 \leq x_2 \leq \cdots \leq x_n \leq x_{n+1} \leq \cdots$$

をみたすことである．特に

$$x_1 < x_2 < \cdots < x_n < x_{n+1} < \cdots$$

であるとき，**狭義単調増加列**であるという．

実数列 $\{x_n\}_{n=1}^{\infty}$ が単調減少列であるとは

$$x_1 \geq x_2 \geq \cdots \geq x_n \geq x_{n+1} \geq \cdots$$

をみたすことである. 特に

$$x_1 > x_2 > \cdots > x_n > x_{n+1} > \cdots$$

であるとき, 狭義単調減少列であるという.

次の定理は非常に重要なものである.

◆ **定理 8.3** ◆ (非常に有用な定理) (1) 実数列 $\{x_n\}_{n=1}^{\infty}$ が上に有界な単調増加列ならば収束列である.
(2) 実数列 $\{x_n\}_{n=1}^{\infty}$ が下に有界な単調減少列ならば収束列である.

◆証明◆ (1) $\alpha = \sup\{x_n : n \in \mathbb{N}\}$ とする. 定理 8.2 より, 任意の $\varepsilon > 0$ に対して $\alpha - \varepsilon < x_N \leq \alpha$ をみたす x_N が存在する. 単調増加性から $n \geq N$ ならば $x_N \leq x_n$ であり, α は $\{x_n : n \in \mathbb{N}\}$ の上界であるから

$$\alpha - \varepsilon < x_n \leq \alpha$$

である. このことは $\alpha = \lim_{n \to \infty} x_n$ を意味する. (2) も定理 8.2 を用いて同様に証明される. ∎

この定理の系として次のことが得られる.

◆ **系 8.4** ◆ (アルキメデスの定理) a を正の実数とする. このとき, $0 < \dfrac{1}{n} < a$ をみたす自然数 n が存在する.

◆証明◆ $x_n = na$ とおく $(n = 1, 2, \cdots)$. もしも $x_n \leq 1$ $(n = 1, 2, \cdots)$ であるとする. $\{x_n\}_{n=1}^{\infty}$ は狭義単調増加でもあるから, $A = \lim_{n \to \infty} x_n$ が存在する. ゆえにある番号 N が存在し $n \geq N$ ならば $|x_n - A| < \dfrac{a}{2}$ が成り立つ. これより $n \geq N$ ならば

$$\frac{a}{2} > x_{n+1} - A = x_n - A + a > -\frac{a}{2} + a = \frac{a}{2}$$

となり矛盾である. ゆえに, ある番号 n が存在し, $x_n > 1$, すなわち $na > 1$ である. これより系が証明された. ∎

この結果から次のことが導かれる.

系 8.5 [有理数の稠密性]x, x' を実数で，$x < x'$ をみたすものとする．このとき，$x < r < x'$ をみたす有理数 r が存在する．

◆**証明**◆ アルキメデスの定理より，ある自然数 k で，$k(x' - x) > 1$ なるものが存在する．

$$\frac{1}{k} < x' - x \text{ より } x + \frac{1}{k} < x'$$

である．いま $kx < m$ なる整数のうち最も小さいものを m_0 とおく．$m_0 - 1 \leq kx < m_0$ が成り立つ．

$$\frac{m_0}{k} - \frac{1}{k} = \frac{m_0 - 1}{k} < x < \frac{m_0}{k}$$

が成り立つ．ゆえに

$$x < \frac{m_0}{k} = \frac{m_0}{k} - \frac{1}{k} + \frac{1}{k} < x + \frac{1}{k} < x'$$

である．よって $\dfrac{m_0}{k}$ が求める有理数の一つである． ∎

系 8.6 $x \in \mathbb{R}$ とする．このとき，単調増加な有理数の数列 $\{r_n\}_{n=1}^{\infty}$ と単調減少な有理数の数列 $\{s_n\}_{n=1}^{\infty}$ で

$$\lim_{n \to \infty} r_n = \lim_{n \to \infty} s_n = x$$

をみたすものが存在する．

◆**証明**◆ 系 8.5 より自然数 k に対して

$$x - \frac{1}{k} < r_k < x - \frac{1}{k+1}$$
$$x + \frac{1}{k+1} < s_k < x + \frac{1}{k}$$

なる有理数 r_k, s_k が存在する．これが求める数列である． ∎

ここで第 5.5 節で予告したネイピア数 $e = \displaystyle\lim_{n \to \infty} \left(1 + \frac{1}{n}\right)^n$ を定義する極限の存在を証明する．

系 8.7 $\displaystyle\lim_{n \to \infty} \left(1 + \frac{1}{n}\right)^n$ が存在する．

◆**証明**◆ 2 項定理より

$$\left(1 + \frac{1}{n}\right)^n = \sum_{k=0}^{n} \binom{n}{k} 1^{n-k} \left(\frac{1}{n}\right)^k = 1 + 1 + \sum_{k=2}^{n} \frac{n!}{k!(n-k)!} \left(\frac{1}{n}\right)^k$$

$$= 2 + \sum_{k=2}^{n} \frac{n(n-1)\cdots(n-k+1)}{k!} \left(\frac{1}{n}\right)^k$$

$$= 2 + \sum_{k=2}^{n} \frac{1}{k!} \left(1 - \frac{1}{n}\right) \left(1 - \frac{2}{n}\right) \cdots \left(1 - \frac{k-1}{n}\right). \qquad (8.1)$$

また

$$\left(1 + \frac{1}{n+1}\right)^{n+1} = \sum_{k=0}^{n+1} \binom{n+1}{k} \left(\frac{1}{n+1}\right)^k = 2 + \sum_{k=2}^{n+1} \frac{(n+1)!}{k!(n-k+1)!} \left(\frac{1}{n+1}\right)^k$$

$$= 2 + \sum_{k=2}^{n+1} \frac{(n+1)n\cdots(n-k+2)}{k!} \left(\frac{1}{n+1}\right)^k$$

$$= 2 + \sum_{k=2}^{n+1} \frac{1}{k!} \left(1 - \frac{1}{n+1}\right) \left(1 - \frac{2}{n+1}\right) \cdots \left(1 - \frac{k-1}{n+1}\right).$$
$$(8.2)$$

ゆえに (8.1), (8.2) の各項を比較して

$$\left(1 + \frac{1}{n+1}\right)^{n+1} > \left(1 + \frac{1}{n}\right)^n$$

を得る. また (8.1) より $n \geq 2$ のとき

$$\left(1 + \frac{1}{n}\right)^n < 2 + \sum_{k=2}^{n} \frac{1}{k!} \leq 2 + \sum_{k=2}^{n} \left(\frac{1}{2}\right)^{k-1} = 3 - \frac{1}{2^{n-1}} < 3$$

である. したがって $\left\{\left(1 + \frac{1}{n}\right)\right\}_{n=1}^{\infty}$ は上に有界な狭義単調増加列である. よって定理
が証明された. ∎

系 8.7 の証明よりネイピア数 e は

$$2 < e \leq 3$$

であることが容易にわかる[*2].

定理 8.3 から導かれるいくつかの結果を示しておく.

◆**定理 8.8**◆ (1) $0 < a < 1$ のとき $\lim_{n \to \infty} a^n = 0$.

(2) $a > 1$ のとき $\lim_{n \to \infty} a^n = \infty$.

[*2] e の 7 桁までの値は 2.718281 である (問題 9.4 参照).

(3) $a > 0$ のとき $\displaystyle\lim_{n\to\infty} a^{\frac{1}{n}} = 1.$

◆**証明**◆　(1) $0 < a^{n+1} < a^n \leq a < 1 \ (n \geq 1)$ であるから，$\{a^n\}_{n=1}^{\infty}$ は下に有界な単調減少列である．ゆえに $A = \displaystyle\lim_{n\to\infty} a_n$ が存在し，$0 \leq A < 1$ である．もしも $0 < A$ であるとすると

$$A = \lim_{n\to\infty} a^n = \lim_{n\to\infty} aa^{n-1} = a \lim_{n\to\infty} a^{n-1} = aA < A$$

となり矛盾．ゆえに $A = 0$,すなわち $\displaystyle\lim_{n\to\infty} a^n = 0$ である．

(2) $a > 1$ より $y_n = a^n$ とすると，$\{y_n\}_{n=1}^{\infty}$ は単調増加列である．$\log_a y_n = n \to \infty \ (n \to \infty)$ である．もしも $y_n \leq M \ (n \geq 1)$ をみたすある正数 M が存在するならば，$\log_a y_n \leq \log_a M < \infty$ であるから矛盾．よって $\displaystyle\lim_{n\to\infty} y_n = \infty$ である．

(3) $a > 1$ の場合を示す．$\dfrac{1}{n+1} < \dfrac{1}{n}$ であるから，$1 < a^{\frac{1}{n+1}} < a^{\frac{1}{n}}$ より，$\left\{a^{\frac{1}{n}}\right\}_{n=1}^{\infty}$ は下に有界な単調減少列であるから，極限 $A = \displaystyle\lim_{n\to\infty} a^{\frac{1}{n}}$ が存在し，$A \geq 1$ である．$A > 1$ であるとして矛盾を導く．$\delta = A - 1$ とおく．$\delta > 0$ である．このとき $a^{\frac{1}{n}} > A = 1 + \delta$ であるから，$a > (1+\delta)^n \to \infty \ (n \to \infty)$ となり矛盾．ゆえに $A = 1$,すなわち $\displaystyle\lim_{n\to\infty} a^{\frac{1}{n}} = 1$ である．次に $0 < a < 1$ の場合を考える．$b = \dfrac{1}{a}$ とおくと，$b > 1$ であり，上に示したことより

$$a^{\frac{1}{n}} = \frac{1}{b^{\frac{1}{n}}} \to 1 \ (n \to \infty)$$

が得られる（後で 8.10 節練習 8.2 にも注意）．　∎

8.4　ボルツァノ–ワイエルシュトラスの定理

微積分学で極めて重要な数列の定理が本節で証明するボルツァノ–ワイエルシュトラスの定理である．

> **定理 8.9**　（ボルツァノ–ワイエルシュトラスの定理）　$\{x_n\}_{n=1}^{\infty}$ が有界な実数列ならば，ある自然数
> $$n_1 < n_2 < n_3 < \cdots$$
> を，$\{x_{n_k}\}_{k=1}^{\infty}$ が収束列となるようにとることができる．

数列 $\{x_n\}_{n=1}^{\infty}$ に対して，$n_1 < n_2 < \cdots$ となる自然数 n_k に対する数列 $\{x_{n_k}\}_{k=1}^{\infty}$ を $\{x_n\}_{n=1}^{\infty}$ の**部分列**という．部分列が収束列であるとき，**収束部分列**という．定理 8.9 の主張は，

任意の有界数列は収束部分列を含む

というように要約できる．

> 定理 8.9 は何だかマジックのような定理である．定理は次のようなことを言っている．「何でもよいので好きな有界数列を考えてください．考えられましたか？——それでは，その中から収束するような数列を抜き取ってあげましょう」

以下に述べる定理 8.9 の証明方法は技巧的である．これは**区間収縮法**と呼ばれているものである．

用語を定めておく．実数 $a < b$ に対して，$\dfrac{a+b}{2}$ を有界閉区間 $[a,b]$ の**中点**という．c を $[a,b]$ の中点としたとき

$$[a,c], \; [c,b]$$

を $[a,b]$ の**二等分割区間**という．

◆**定理 8.9 の証明**◆　有界数列であるから，ある有界閉区間 $I_0 = [a,b]$ で，$\{x_n : n \in \mathbb{N}\} \subset I_0$ をみたすものがとれる．I_0 の二等分割区間の少なくとも一方は $\{x_n : n \in \mathbb{N}\}$ の無限個の元（本証明では重複も込めて数える）を含む[*3]．無限個の元を含む区間の一つをとり，それを I_1 とおく．I_1 の二等分割区間を考える．I_1 には $\{x_n : n \in \mathbb{N}\}$ のうち無限個の元が含まれているから，I_1 の二等分割区間のうち少なくとも一方は $\{x_n : n \in \mathbb{N}\}$ に属する無限個の元を含む．そこでそれを I_2 とおく．以下，この議論を繰り返して $I_3, I_4, \cdots$ を作る．$I_n = [a_n, b_n]$ とおく．区間の定め方から

$$a_0 \leq a_1 \leq a_2 \leq \cdots \leq b$$
$$b_0 \geq b_1 \geq b_2 \geq \cdots \geq a$$

である．したがって，定理 8.3 より $\alpha = \lim_{n \to \infty} a_n$ と $\beta = \lim_{n \to \infty} b_n$ が存在する．さらに

$$b_n - a_n = \frac{1}{2}(b_{n-1} - a_{n-1}) = \cdots = \frac{1}{2^n}(b_0 - a_0)$$

である[*4]．したがって，

[*3] 二等分割区間の両方が有限個しか含まなければ，$\{x_n : n \in \mathbb{N}\}$ が無限個の元からなることに矛盾する．なお二等分割区間の両方が無限個の x_n を含むこともありうる．

[*4] 二等分割区間の長さは分割する前の区間の長さの半分であることに注意．

$$\beta - \alpha = \lim_{n \to \infty} (b_n - a_n) = \lim_{n \to \infty} \frac{1}{2^n} (b_0 - a_0) = 0.$$

ゆえに $\alpha = \beta$ となっている. そこで $c = \alpha \ (= \beta)$ とおく.

さて, I_0 には $\{x_n : n \in \mathbb{N}\}$ の無限個の元が含まれているので, そのうちの一つを x_{n_0} とおく. I_1 には x_{n_0} と番号の異なる $\{x_n : n \in \mathbb{N}\}$ に属する無限個の元が含まれているので, その一つを x_{n_1} とおく. I_2 には x_{n_0}, x_{n_1} と番号の異なる $\{x_n : n \in \mathbb{N}\}$ に属する無限個の元が含まれているので, その一つを x_{n_2} とおく. 以下, 同様にして $x_{n_3}, x_{n_4}, \cdots$ をとる. $x_{n_k} \in I_{n_k} = [a_{n_k}, b_{n_k}]$ であり, $c \in [a_{n_k}, b_{n_k}]$ であるから[5]

$$|x_{n_k} - c| \leq b_{n_k} - a_{n_k} = \frac{1}{2^{n_k}} (b_0 - a_0) \to 0 \ (n_k \to \infty)$$

である. ゆえに $\{x_{n_k}\}_{k=1}^{\infty}$ は $\{x_n\}_{n=1}^{\infty}$ の収束する部分列である. ∎

問題 8.2　（収束列の部分列は収束列）$\{x_n\}_{n=1}^{\infty}$ が収束列ならば, $\{x_n\}_{n=1}^{\infty}$ の部分列 $\{x_{n_k}\}_{k=1}^{\infty}$ も収束列で, 次が成り立つことを示せ.

$$\lim_{n \to \infty} x_n = \lim_{k \to \infty} x_{n_k}$$

8.5　数列と連続関数

本節では, 前節までの上限, 下限, 数列に関する定理を, 第 3.3 節で証明抜きで述べた連続関数に関する定理の証明に応用する.

まず数列と関数の連続性の関係を示しておこう.

定理 8.10　$f(x)$ を区間 I 上で定義された関数で, $c \in I$ とする. このとき次の (1), (2) は同値である.

(1) $f(x)$ は c で連続である.

(2) $x_n \in I \ (n = 1, 2, \cdots)$ が $\lim_{n \to \infty} x_n = c$ をみたすならば $\lim_{n \to \infty} f(x_n) = f(c)$ をみたす.

◆証明◆　(1) $\Rightarrow$ (2). 任意の $\varepsilon > 0$ をとる. ある $\delta > 0$ が存在し, $x \in I$ かつ $|x - c| < \delta$ ならば $|f(x) - f(c)| < \varepsilon$ とできる. $\lim_{n \to \infty} x_n = c$ より, ある番号 N が存在し, $n \geq N$ ならば $|x_n - c| < \delta$ をみたす. ゆえに $|f(x_n) - f(c)| < \varepsilon$ である. このことは $\lim_{n \to \infty} f(x_n) = f(c)$ を意味する.

----

[5] $a_{n_1} \leq a_{n_2} \leq \cdots \to \alpha = c$ であり, かつ $c = \beta \leftarrow \cdots \leq b_{n_2} \leq b_{n_1}$ であるから, $a_{n_k} \leq c \leq b_{n_k}$ である.

(2) ⇒ (1). $f(x)$ が c で連続でないことを仮定して矛盾を導く. f が c で連続であることの否定は,「ある $\varepsilon_0 > 0$ が存在し, 任意の $\delta > 0$ に対して, $x \in I$ かつ $|x - c| < \delta$ をみたすにもかかわらず $|f(x) - f(c)| \geq \varepsilon_0$ となる x が存在する」(後述の解説「論理と論理記号について」を参照) である. 特に δ として $\dfrac{1}{n}$ $(n = 1, 2, \cdots)$ をとると, $x_n \in I$ かつ $|x_n - c| < \dfrac{1}{n}$ であり, $|f(x_n) - f(c)| \geq \varepsilon_0$ となるものが存在する. 一方, $|x_n - c| < \dfrac{1}{n} \to 0$ $(n \to \infty)$ であるから (2) より $\displaystyle\lim_{n \to \infty} f(x_n) = f(c)$ である. これは $|f(x_n) - f(c)| \geq \varepsilon_0$ $(n = 1, 2, \cdots)$ と矛盾する. ∎

論理と論理記号について　数学の命題は論理記号を使って考えると分かりやすい. 微積分では次の論理記号がしばしば使われる. 論理記号の右側の日本語は論理記号のもつ解釈である.

∀	任意の	∧	かつ
∃	ある	∨	または
⇒	ならば	¬	否定
⇔	必要十分	:	: の右側にある命題が成り立つ

　具体的な例を見た方が分かりやすい. たとえば, I 上の関数 $f(x)$ が c で連続であることの定義は

　　任意の $\varepsilon > 0$ に対して, ある δ で,「$x \in I$ かつ $|x - c| < \delta$ ならば $|f(x) - f(c)| < \varepsilon$」をみたすものが存在する

であるが, これを論理記号を用いて表せば

$$\forall \varepsilon > 0, \exists \delta > 0 : (x \in I \wedge |x - c| < \delta) \Rightarrow |f(x) - f(c)| < \varepsilon \tag{8.3}$$

となる.

　命題 P, Q に対して $P \Leftrightarrow Q$ は,「P が成り立つための必要十分条件は Q」を意味する論理記号であるが, このことを「P と Q は同値である」ともいう.

　さて P, Q をある命題とする. $P \wedge Q$ (P が成り立ちかつ Q が成り立つ) の否定 $\neg(P \wedge Q)$ は P が成り立たないか Q が成り立たない, すなわち $\neg P \vee \neg Q$ ということである. このことは私たちが論理に対して身についている常識から明

らかであるが，厳密なことは記号論理学に譲らなければならない．このほかにも，（以下の表で $P(x)$ は x に関する命題を表す）

$$\neg(P \vee Q) \quad\Leftrightarrow\quad \neg P \wedge \neg Q$$
$$\neg(\forall x : P(x)) \quad\Leftrightarrow\quad \exists x : \neg P(x)$$
$$\neg(\exists x : P(x)) \quad\Leftrightarrow\quad \forall x : \neg P(x)$$

などが成り立つことが記号論理学で知られており，これらを本書では用いる.

　ところで x について命題 $P(x)$ が成り立てば，命題 $Q(x)$ も成り立つということは，言い換えれば $P(x)$ をみたすすべての x に対して $Q(x)$ が成り立つということである[*6]. このことから，$I_{\delta,c} = \{x : x \in I$ かつ $|x - c| < \delta\}$ とすると，（8.3）は次のようにも表せる.

$$\forall \varepsilon > 0, \exists \delta > 0, \forall x \in I_{c,\delta} : |f(x) - f(c)| < \varepsilon \tag{8.4}$$

これより I 上の関数 $f(x)$ が c で連続でないとは，（8.4）の否定であるから

$$\exists \varepsilon_0 > 0, \forall \delta > 0, \exists x_\delta \in I_{c,\delta} : |f(x_\delta) - f(c)| \geq \varepsilon_0$$

ということになる.

8.6　中間値の定理，最大値・最小値の存在定理

　まず 8.5 節で証明したことを用いて，第 3.3 節で証明抜きで述べた中間値の（定理 3.2）の証明をしよう．定理を改めて述べておく.

> **定理 8.11**　（中間値の定理）　$f(x)$ を $[a, b]$ 上の連続関数であるとする．$f(a) > 0$, $f(b) < 0$ （あるいは $f(a) < 0$, $f(b) > 0$）ならば，必ず $f(\xi) = 0$ をみたす $\xi \in (a, b)$ が存在する.

◆証明◆　$f(a) > 0$, $f(b) < 0$ の場合を示す．$M = \{x \in [a, b] : f(x) > 0\}$ とおく．$M \neq \varnothing$ であり，上に有界であるから定理 8.2 より $\xi = \sup M$ が存在する．任意の自然数 n に対して，$\xi - \dfrac{1}{n} < x_n \leq \xi$ をみたす $x_n \in M$ が存在する．$f(x_n) > 0$ であり，$\lim\limits_{n \to \infty} x_n = \xi$ であるから，f の連続性より $f(\xi) = \lim\limits_{n \to \infty} f(x_n) \geq 0$ である．もし

[*6] これも厳密には記号論理学に拠るものだが，本書では立ち入らない.

も $f(\xi) > 0$ であるとして矛盾を導く. $f(b) < 0$ より $\xi < b$ である. したがって f の連続性と定理 1.4 より, ある $c \in (\xi, b)$ で $f(c) > 0$ をみたすものが存在する. ξ は M の上界であるから $c \notin M$ であり, したがって, $f(c) \leq 0$ である. これは矛盾. よって $f(\xi) = 0$ である. ∎

3.3 節で証明を付けなかった有界閉区間上の連続関数の最大値・最小値の存在定理 (定理 3.4) も証明される.

◆ **定理 8.12** ◆ **(連続関数の最大値・最小値の存在)** $f(x)$ を $[a, b]$ 上の連続関数とする. 次のことが成り立つ.

(1) $\{f(x) : x \in [a, b]\}$ は $\mathbb{R}$ の有界な部分集合である (このことを f は $[a, b]$ 上で有界あるいは有界関数であるという).

(2) ある $c, c' \in [a, b]$ が存在し, すべての $x \in [a, b]$ に対して

$$f(c') \leq f(x) \leq f(c)$$

が成り立つ. すなわち $\{f(x) : x \in [a, b]\}$ は最小元 $f(c')$ と最大元 $f(c)$ をもつ.

◆**証明**◆　(1) $M = \{f(x) : x \in [a, b]\}$ とおく. まず M が上に有界であることを示す. もし上に有界でないとすると, どのような自然数 n に対しても, $y_n \in M$ かつ $y_n \geq n$ をみたす y_n が存在することになる. M の定義から $y_n = f(x_n)$ をみたす $x_n \in [a, b]$ が存在する. $a \leq x_n \leq b$ $(n = 1, 2, \cdots)$ より $\{x_n\}_{n=1}^{\infty}$ は有界数列であるから, ボルツァノ-ワイエルシュトラスの定理より, 収束部分列 $\{x_{n_k}\}_{k=1}^{\infty}$ が存在する. $c = \lim_{k \to \infty} x_{n_k}$ とおく. $a \leq c \leq b$ より c は $[a, b]$ の要素であるから, $f(c) \in \mathbb{R}$ である. f の連続性から

$$\infty > f(c) = \lim_{k \to \infty} f(x_{n_k})$$

であるが, これは

$$f(x_{n_k}) = y_{n_k} \geq n_k \to \infty$$

に反する. ゆえに M は上に有界である. 同様にして M は下に有界であることも証明できる. ゆえに M は有界集合である.

(2) $\alpha = \sup M$ とおく. 任意の自然数 n に対して, $\alpha - \dfrac{1}{n} < z_n \leq \alpha$ をみたす $z_n \in M$ が存在する. $f(w_n) = z_n$ をみたす $w_n \in [a, b]$ が存在する. ボルツァノ-ワイエルシュトラスの定理より, 収束部分列 $\{w_{n_k}\}_{k=1}^{\infty}$ が存在する. $c = \lim_{k \to \infty} w_{n_k}$ と

おくと $c \in [a,b]$ であり，f の連続性から $\lim_{k \to \infty} f(w_{n_k}) = f(c)$ である．したがって，$\alpha = \lim_{k \to \infty} z_{n_k} = \lim_{k \to \infty} f(w_{n_k}) = f(c)$ が得られる．ゆえに $f(c)$ は最大元になっている．$\inf M$ を考えれば同様にして c' の存在も示せる． ∎

定理 8.12 において有界閉区間という条件は重要である．有界閉区間でない場合は最大値，最小値の存在は保証されない．次のような例がある．

[例 8.3] $f(x) = \dfrac{1}{x}$ は $(0,1)$ で最大値も最小値ももたない．$f(x) = x^2$ は $(-\infty, \infty)$ で $x = 0$ で最小値 0 をもつが，最大値はもたない．

以上により本節において，ロルの定理，平均値の定理，テイラーの定理などの証明に使った中間値の定理と有界閉区間上の連続関数の最大値・最小値の存在に関する定理が証明された．

8.7　一様連続関数

ボルツァノ–ワイエルシュトラスの定理の応用の一つとして，有界閉区間上の連続関数が，より強い一様連続という性質を持つことが証明できる．まず一様連続性の定義をしておく．

◆定義 8.6◆（一様連続性）　区間 I 上の関数 f が I 上で**一様連続**であるとは，任意の $\varepsilon > 0$ に対して，ある $\delta > 0$ が存在し，$x, x' \in I$ かつ $|x - x'| < \delta$ ならば $|f(x) - f(x')| < \varepsilon$ をみたすことである．

> $f(x)$ が I 上で連続とは，任意の $x \in I$ と任意の $\varepsilon > 0$ に対して，ある δ が存在し，$x' \in I$ かつ $|x - x'| < \delta$ ならば $|f(x) - f(x')| < \varepsilon$ が成り立つことであり，ここで δ は f と x と ε に依存する．一方，一様連続性の場合，定義 8.6 における δ は f と ε にのみ依存する．これが連続性と一様連続性の定義の違いである．

一様連続ならば連続であるが，逆は必ずしも成り立たない．

[例 8.4] $f(x) = \dfrac{1}{x}$ $(x \in (0,1])$ は $(0,1]$ 上連続であるが一様連続ではない．

解説　連続性は明らか．一様連続でないことを示す．もしも $(0,1]$ 上で一様連続であるならば，ある $1 > \delta > 0$ が存在し，$x, x' \in (0,1]$ かつ $|x - x'| < \delta$ ならば $|f(x) - f(x')| < 1$ をみたす．$x = \dfrac{1}{4}\delta$, $x' = \dfrac{1}{2}\delta$ とおくと，$|x - x'| =$

$\dfrac{1}{4}\delta < \delta$ であるから

$$1 > |f(x) - f(x')| = \frac{1}{\dfrac{1}{4}\delta} - \frac{1}{\dfrac{1}{2}\delta} = \frac{2}{\delta} > 2$$

となり矛盾である. よって $f(x)$ は $(0,1]$ 上で一様連続ではない.

しかしながら, ボルツァノ–ワイエルシュトラスの定理から次のことが証明できる.

◆ **定理 8.13** ◆ 有界閉区間 $[a,b]$ 上の連続関数は $[a,b]$ 上で一様連続である.

◆**証明**◆ f が連続であるのに一様連続でないとして矛盾を導く. 一様連続でないということは, ある $\varepsilon_0 > 0$ が存在し, 任意の $\delta > 0$ に対して $x_\delta, x'_\delta \in I$ かつ $|x_\delta - x'_\delta| < \delta$ であるが, $|f(x_\delta) - f(x'_\delta)| \geq \varepsilon_0$ となる x_δ, x'_δ が存在することである. $\delta = \dfrac{1}{n}$ (n は自然数) に対する x_δ, x'_δ を x_n, x'_n で表す. このとき, $\displaystyle\lim_{n\to\infty} |x_n - x'_n| = 0$ であり, $|f(x_n) - f(x'_n)| \geq \varepsilon_0$ である. ボルツァノ–ワイエルシュトラスの定理より $\{x_n\}_{n=1}^{\infty}$ は収束する部分列 $\{x_{n_k}\}_{k=1}^{\infty}$ を含む. $\xi = \displaystyle\lim_{k\to\infty} x_{n_k}$ とおく. $\{x'_{n_k}\}_{k=1}^{\infty}$ にボルツァノ–ワイエルシュトラスの定理を適用すると, $\{x'_{n_k}\}_{k=1}^{\infty}$ の収束する部分列 $\left\{x'_{n_{k_l}}\right\}_{l=1}^{\infty}$ が存在する. $\xi' = \displaystyle\lim_{l\to\infty} x'_{n_{k_l}}$ とおく. このとき明らかに $\xi = \displaystyle\lim_{l\to\infty} x_{n_{k_l}}$ である (問題 8.2). $\displaystyle\lim_{n\to\infty} |x_n - x'_n| = 0$ より

$$\begin{aligned}
|\xi - \xi'| &= \left|\xi - x_{n_{k_l}} + x_{n_{k_l}} - x'_{n_{k_l}} + x'_{n_{k_l}} - \xi'\right| \\
&\leq \left|\xi - x_{n_{k_l}}\right| + \left|x_{n_{k_l}} - x'_{n_{k_l}}\right| + \left|x'_{n_{k_l}} - \xi'\right| \\
&\to 0 \quad (l \to \infty)
\end{aligned}$$

より $\xi = \xi'$ である. したがって

$$\varepsilon_0 \leq \left|f\left(x_{n_{k_l}}\right) - f\left(x'_{n_{k_l}}\right)\right| \to |f(\xi) - f(\xi')| = 0 \quad (l \to \infty)$$

となり, これは $\varepsilon_0 > 0$ に反する. よって f は一様連続である. ∎

この定理は, 後で連続関数の積分可能性を証明する際に用いられる.

8.8　実数の完備性とその応用

　実数の完備性と呼ばれる性質は，解析学の基礎となる重要な性質の一つである．本節では実数の完備性を証明し，その方程式への応用例を述べる．完備性の定義には次のコーシー列という概念が必要である．

◆**定義 8.7**◆　数列 $\{x_n\}_{n=1}^{\infty}$ が**コーシー列**であるとは，任意の $\varepsilon > 0$ に対して，ある番号 N が存在し，

$$m, n \geq N \text{ ならば } |x_m - x_n| < \varepsilon$$

が成り立つことである．このことを $\lim\limits_{m,n \to \infty} |x_m - x_n| = 0$ と表す．

　たとえば，数列 $\{x_n\}_{n=1}^{\infty}$ が収束列ならばコーシー列である．実際，$x = \lim\limits_{n \to \infty} x_n$ とすると，

$$0 \leq |x_m - x_n| = |x_m - x + x - x_n| \leq |x_m - x| + |x_n - x|$$
$$\to 0 \ (m, n \to \infty)$$

である．逆に次のことも成り立つ．これが実数の完備性である．

> **定理 8.14**　（**実数の完備性**）　数列 $\{x_n\}_{n=1}^{\infty}$ がコーシー列ならば収束列である．

◆**証明**◆　まず $\{x_n\}_{n=1}^{\infty}$ が有界数列であることを示す．コーシー列であるから，ある番号 N_1 が存在し，

$$m, n \geq N_1 \text{ ならば } |x_m - x_n| < 1$$

が成り立つ．したがって $n \geq N_1$ ならば

$$|x_n| \leq |x_n - x_{N_1}| + |x_{N_1}| < 1 + |x_{N_1}|$$

である．

$$M = \max\{|x_1|, \cdots, |x_{N_1 - 1}|, |x_{N_1}| + 1\}$$

とおくと，任意の $n \in \mathbb{N}$ に対して $|x_n| \leq M$ が成り立つ．ゆえに $\{x_n\}_{n=1}^{\infty}$ は有界数列である．したがって，ボルツァノ–ワイエルシュトラスの定理より，$\{x_n\}_{n=1}^{\infty}$ のある収束部分列 $\{x_{n_k}\}_{k=1}^{\infty}$ が存在する．$x = \lim\limits_{k \to \infty} x_{n_k}$ とおく．以下では $\lim\limits_{n \to \infty} x_n = x$ を示す．

　任意に $\varepsilon > 0$ をとる．ある番号 K が存在し，$k \geq K$ ならば $|x_{n_k} - x| < \varepsilon$ が成り立つ．$\{x_n\}_{n=1}^{\infty}$ がコーシー列であるから，ある番号 N' が存在し，$m, n \geq N'$ ならば $|x_m - x_n| < \varepsilon$ である．$N = \max\{K, N'\}$ とおく．$n_N \geq N$ に注意する．$n \geq N$ な

らば

$$|x_n - x| \le |x_n - x_{n_N}| + |x_{n_N} - x| < \varepsilon + \varepsilon = 2\varepsilon$$

が得られる．このことは $\lim_{n \to \infty} x_n = x$ を示している．∎

■注意 8.1　以上，本章では後で使う実数の諸性質について学んだが，実数論にはこれ以上は深入りせず，むしろより発展的な事項に進む．実数論をより詳しく学びたい読者はたとえば赤[28]を参照するとよいだろう．

8.8.1　縮小写像の原理

実数の完備性の一つの応用として，縮小写像の原理と呼ばれる定理を証明する．

$E = \mathbb{R}$ とする．関数 $f : E \to E$ が**縮小写像**[7]であるとは，ある定数 $0 < c < 1$ が存在し，

$$|f(x) - f(x')| \le c\,|x - x'|\ \ (x, x' \in E)$$

をみたすことである．この条件より $|f(x) - f(x')| \to 0\ (x \to x')$ であるから，f は E 上で連続であることがわかる．縮小写像の原理は，縮小写像 f に対して

$$f(x) = x$$

をみたすような $x \in E$ の存在を保証する定理である．$f(x) = x$ を方程式と考えれば，縮小写像の原理は $f(x) = x$ の解の存在を保証しているともいえる．さらに定理の証明から，方程式 $f(x) = x$ の近似解の求め方を示すものである．

縮小写像の例を作るのは簡単である．たとえば，g が E 上微分可能で，ある正数 C が存在し，$|g'(x)| \le C\ (x \in E)$ が成り立っているとする．$c > 0$ を $cC < 1$ をみたす正数とする．$\lambda \in \mathbb{R}$ とする．このとき，$f(x) = cg(x) + \lambda$ は縮小写像である．なぜなら，平均値の定理から

$$|f(x) - f(x')| = c\,|g(x) - g'(x)| = c\,|g'(\theta)(x - x')| \le cC\,|x - x'|$$

である（ただし θ は x と x' の間のある実数）．

（**問題 8.3**）　x の関数 $f(x) = \varepsilon \sin x + A\ (0 < \varepsilon < 1, A \in \mathbb{R})$, $f(x) = e^{-x^2} + A\ (A \in \mathbb{R})$ が $\mathbb{R}$ 上の縮小写像であることを示せ．

---

[7] 本節では関数を考えているので縮小関数と言った方がよいのかもしれない．

> **定理 8.15**　（縮小写像の原理）　$f : E \to E$ を縮小写像とする. $x_0 \in E$ を任意にとり固定する.
> $$x_1 = f(x_0),\ x_2 = f(x_1),\ \cdots,\ x_n = f(x_{n-1}),\ \cdots$$
> により数列 $\{x_n\}_{n=1}^{\infty}$ を定義する. このとき, $\{x_n\}_{n=1}^{\infty}$ は収束列であり, $\gamma = \lim_{n \to \infty} x_n$ とすると, $\gamma \in E$ であり, かつ
> $$f(\gamma) = \gamma$$
> が成り立つ. さらに方程式 $f(x) = x$ の解はただ一つに限る.

◆証明◆　任意の自然数 k に対して
$$|x_{k+1} - x_k| = |f(x_k) - f(x_{k-1})| \le c\,|x_k - x_{k-1}|$$
が成り立っている. ゆえに, 自然数 n に対して
$$\begin{aligned} |x_{n+1} - x_n| &\le c\,|x_n - x_{n-1}| \le c^2\,|x_{n-1} - x_{n-2}| \\ &\le \cdots \le c^n\,|x_1 - x_0| \end{aligned}$$
が得られる. したがって, 自然数 n, m に対して
$$\begin{aligned} |x_{n+m} - x_n| &= |x_{n+m} - x_{n+m-1} + x_{n+m-1} - \cdots - x_{n+1} + x_{n+1} - x_n| \\ &\le |x_{n+m} - x_{n+m-1}| + \cdots + |x_{n+1} - x_n| \\ &\le (c^{n+m-1} + \cdots + c^n)\,|x_1 - x_0| \\ &= \frac{c^n(1 - c^m)}{1 - c}\,|x_1 - x_0| \end{aligned} \tag{8.5}$$
となっている. ここで $0 < c < 1$ であるから $\lim_{m,n \to \infty} |x_m - x_n| = 0$ が得られる. したがって実数の完備性から極限 $\gamma = \lim_{n \to \infty} x_n$ が存在する. f が連続であることより, $\lim_{n \to \infty} f(x_n) = f(\gamma)$ が成り立つ. $x_{n+1} = f(x_n)$ であるから, $n \to \infty$ として
$$\gamma = \lim_{n \to \infty} x_{n+1} = \lim_{n \to \infty} f(x_n) = f(\gamma)$$
が得られる.

　もしも $\gamma' = f(\gamma')$ をみたす γ' が存在したとする. このとき
$$|\gamma - \gamma'| = |f(\gamma) - f(\gamma')| \le c\,|\gamma - \gamma'|$$
であるが, $0 < c < 1$ より $|\gamma - \gamma'| = 0$ でなければならない. よって解の一意性も示された. ∎

　この定理の証明の (8.5) より, $|x_{n+m} - x_n| \le \dfrac{c^n(1 - c^m)}{1 - c}\,|x_1 - x_0|$ であるが, ここで $m \to \infty$ とすることにより

$$|\gamma - x_n| \le \frac{c^n}{1-c}|x_1 - x_0| \tag{8.6}$$

が得られる．これは x_n が γ にどれだけ近いかを示す不等式である．

> **問題 8.4**　　縮小写像の原理は $E = \mathbb{R}$ の代わりに，$E = [a,b]$，$[a,\infty)$，$(-\infty,a]$ でも成り立つ．証明は $\mathbb{R}$ の場合と同様である．このことを確認せよ．

8.8.2　ケプラーの方程式への応用

縮小写像の原理の応用例の一つとして，惑星の位置を決定する**ケプラーの方程式**の解の存在と近似解を求めることができる．図 8.1 は太陽 S の周りを周回している惑星の楕円軌道を表した模式図である．Γ は惑星の楕円軌道を表している．S はこの楕円の焦点の一つである．O を楕円の中心とする．時刻 0 に惑星が太陽に最も近い位置 N にあったとする．時刻 $t > 0$ （日）の惑星の位置 P を知りたい．この位置を知るために，楕円 Γ の長半径を半径とする中心 O の円 C を考える．P$'$ を P から ON に引いた垂線を延長した直線と C との交点とする．$x = \angle \mathrm{NOP}'$ とする．時刻 t から角度 x を求めれば，惑星 P の位置が特定できる．ケプラーはケプラーの第 1 法則（惑星の軌道は楕円で，楕円の焦点の 1 つに太陽がある）と第 2 法則（面積速度一定の法則）を用いてある関係式を得，それは後に次の x と t の方程式（**ケプラーの方程式**）として定式化された[*8]．

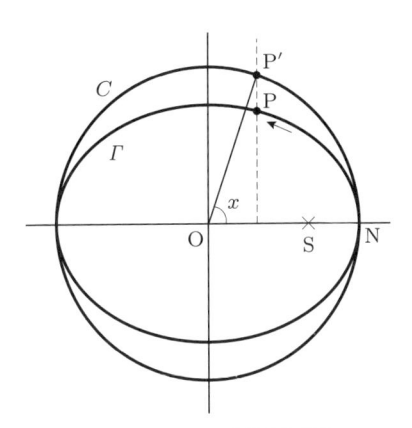

図 8.1　ケプラーの方程式参考図．

[*8] ケプラーの方程式の導出については，[11], [13]参照．

$$\frac{2\pi t}{T} = x - h \sin x \tag{8.7}$$

ここで，T は惑星の公転周期，h は楕円の離心率，すなわち Γ の方程式を

$$\frac{x^2}{a^2} + \frac{y^2}{b^2} = 1$$

$(a > b > 0)$ としたときの $h = \dfrac{\sqrt{a^2 - b^2}}{a}$ である．公転周期 T と離心率 h は天体観測により既知であり，太陽系の惑星に関しては，離心率はいずれも $0 < h < 1$ をみたしていることが知られている．

　方程式（8.7）の解の存在と近似解を縮小写像の原理を用いて次のように求めることができる．

$$f(x) = h \sin x + \frac{2\pi t}{T}$$

とおく．このとき求める解は方程式

$$f(x) = x$$

の解である．問題 8.3 より，$f(x)$ は $\mathbb{R}$ 上の縮小写像である．したがって，縮小写像の原理から，$f(\gamma) = \gamma$ をみたす γ がただ一つ存在する．γ が求めるケプラーの方程式の解である．

　さらに，縮小写像の原理の証明より，たとえば $x_0 = 0$ として，$x_n = f(x_{n-1})$ $(n = 1, 2, \cdots)$ としたとき

$$|\gamma - x_n| \leq \frac{h^n}{1 - h} |x_1 - x_0| \to 0 \ (n \to \infty)$$

をみたしていることもわかる．

（問題 8.5）　たとえば地球の場合はおよそ $h = 0.0167$，T はおよそ 365（日）である（いまこれは正確な数値であると考えることにする）．そこで地球の場合，$t = 100$（日）に対するケプラーの方程式の近似解を計算機を用いて求めてみよ[*9]．$x_0 = 0$ とする．

[*9] 求めたい桁までの正確な近似の値を得るためには議論（たとえば第 9.10 節参照）が必要であるが，ここではそこまで立ち入らなくてもよい．

実数の完備性の応用例としてケプラーの方程式の解の導出があることを筆者はスミルノフ [25]で知った. その証明は本質的に縮小写像の原理と同じものである. 縮小写像の原理は完備性をもつ距離空間と呼ばれる空間でも成り立ち, 微分方程式論や関数解析で重要な役割をはたすことになる. 縮小写像の原理はそれ自身, 非常に有用な定理であるため本書では, $\mathbb{R}$ に限定して縮小写像の原理も記しておいた. 証明は完備性をもつ距離空間の場合でも同様である.

8.9 ニュートン法

縮小写像の原理は方程式 $f(x) = x$ の解に関する定理であったが, ここでは方程式 $f(x) = 0$ の解と近似解を求めるニュートン法について学ぶ. まず準備として, 方程式 $f(x) = 0$ の解が存在するための一つの十分条件を示す. 中間値の定理, ロルの定理, 平均値の定理を使って証明する.

> ◆**定理 8.16**◆ 関数 f が $[a,b]$ を含むある開区間で C^2 級であるとする. $f(a)f(b) < 0$ であり, $f''(x) \neq 0$ $(x \in [a,b])$ であるとする. このとき, $f(c) = 0$ をみたす c が (a,b) 内にただ一つ存在する.

◆**証明**◆ $f(a)$ と $f(b)$ の符号は異なるから, 中間値の定理から $f(c) = 0$ をみたす $c \in (a,b)$ が少なくとも 1 つ存在する. もしこのような c が 2 つ以上存在したとして矛盾を導く. $f(c_1) = f(c_2) = 0$ かつ $a < c_1 < c_2 < b$ とする. $f''(x)$ は連続で 0 にならないから, 中間値の定理より $f''(x) > 0$ $(x \in [a,b])$ か $f''(x) < 0$ $(x \in [a,b])$ のいずれかが成り立つ. まず $f''(x) > 0$ $(x \in [a,b])$ の場合を考える. このとき $f'(x)$ は狭義単調増加である. ロルの定理から $f'(\xi) = 0$ をみたす $\xi \in (c_1, c_2)$ が存在する. $f(b) < 0$ の場合, 平均値の定理から

$$f'(\eta) = \frac{f(c_2) - f(b)}{c_2 - b} = \frac{f(b)}{b - c_2} < 0$$

をみたす $\eta \in (c_2, b)$ が存在する. これは f' が狭義単調増加であることに反する. $f(b) > 0$ の場合は, b と c_2 の代わりに a と c_1 に対して同様の議論をすると矛盾が導かれる. $f''(x) < 0$ $(x \in [a,b])$ の場合も同様に矛盾が導ける. よって背理法より $f(c) = 0$ をみたす $c \in (a,b)$ はただ一つに限ることが示された. ∎

この定理により $f(x) = 0$ の解 c の存在と一意性が示せたが, 具体的に解 c がどのような数なのかはこの証明だけからはわからない. 以下では方程式 $f(x) = 0$ の解の近似的な数値 (近似解, 数値解) を求める**ニュートン法**について述べる.

【ニュートン法】　f は定理 8.16 で定めたものとする. $f(a) < 0 < f(b)$ の場合と $f(a) > 0 > f(b)$ の場合がある. どちらの場合も同様にできるので, ここでは $f(a) < 0 < f(b)$ の場合を扱う. 仮定より $f''(x) > 0 \ (x \in [a,b])$ か $f''(x) < 0 \ (x \in [a,b])$ のいずれかが成り立っている. ここでは $f''(x) < 0 \ (x \in [a,b])$ の場合を示すが, 他の場合も a の代わりに b を考えるなどして同様に証明できる.

テイラーの定理より $0 = f(c) = f(a) + f'(a)(c-a) + \dfrac{1}{2}f''(\xi)(c-a)^2$ をみたす $\xi \in (a,c)$ が存在する. これより $f'(a) > 0$ である.

$$c_1 = a - f'(a)^{-1}f(a)$$

とおく. このとき

$$\begin{aligned}
c_1 - c &= c_1 - a - (c - a) \\
&= -f'(a)^{-1}f(a) + f'(a)^{-1}\left[f(a) + \frac{1}{2}f''(\xi)(c-a)^2\right] \\
&= \frac{1}{2}f'(a)^{-1}f''(\xi)(c-a)^2 < 0
\end{aligned}$$

より $a < c_1 < c$ を得る. 次に

$$c_2 = c_1 - f'(c_1)^{-1}f(c_1)$$

とすると, 同様にして $c_1 < c_2 < c$ が得られる. 以下, 同様にして,

$$c_{n+1} = c_n - f'(c_n)^{-1}f(c_n) \tag{8.8}$$

により $c_3, c_4, \cdots$ を定めていくと $\{c_n\}_{n=1}^{\infty}$ は c を上界とする単調増加数列である. そこで $c_0 = \lim\limits_{n \to \infty} c_n$ とおくと, (8.8) において $n \to \infty$ とすると

$$c_0 = c_0 - f'(c_0)^{-1}f(c_0)$$

が得られる. したがって $f(c_0) = 0$ である. $c_0 \in (a,b)$ であるから, 解がただ一つであることより $c = c_0$ である.

練習 8.1　$x^3 - 3x - 3 = 0$ の実解の近似値をニュートン法により計算せよ.

解答例　$g(x) = x^3 - 3x - 3$ とおく. $g'(x) = 3x^2 - 3 = 3(x-1)(x+1)$ より $g(x)$ は極大値 $g(-1) = -1$, 極小値 $g(1) = -5$ をとる. たとえば $g(3) = 15 > 0$ であるから, 中間値の定理より $g(x) = 0$ の実解 c が少なくとも一つ $(1,3)$ の中にある. $g''(x) > 0 \ (x \in (1,3))$ より $(1,3)$ 内の実解はただ一つに限

る. ニュートン法を使う. $c_1 = 3 - \dfrac{g(3)}{g'(3)} = \dfrac{19}{8} \fallingdotseq 2.375,\ c_2 = c_1 - \dfrac{g(c_1)}{g'(c_1)} =$

$\dfrac{7627}{3564} \fallingdotseq 2.140011223344557,\ c_3 = c_2 - \dfrac{g(c_2)}{g'(c_2)} \fallingdotseq 2.104582737803463,\ c_4 =$

$c_3 - \dfrac{g(c_3)}{g'(c_3)} \fallingdotseq 2.103803775435492.\ c_5 = c_4 - \dfrac{g(c_4)}{g'(c_4)} = 2.103803402735622$

である*10. $c \fallingdotseq 2.1038$ は解の 5 桁の近似値である.

なお $g(x)$ は極値を -1 と 1 のみでとり, $x = -1$ で負の極大値, 1 で負の極小値をとることから, $g(x) = 0$ の実数解は $(1, \infty)$ 内に存在する. しかし $(1, \infty)$ で $g'(x) > 0$ より狭義単調増加であるから, 結局 $g(x) = 0$ の実解はただ一つであることがわかる.

問題 8.6 $x^3 - 5 = 0$ の近似解をニュートン法により求めよ.

問題 8.7 方程式 $\cos x = x$ の解の近似値をニュートン法を使って求めよ.

8.10 補足 指数関数再論

本章の最後に, 関数 x^α の定義をしておく. 数学 III では実数 α に対する x^α について学んでいるが, じつはその厳密な定義はされていない. 微積分のさらに発展的な話題を早く学びたい読者は本節をスキップして次章に進んでよい.

x を正の実数であるとする. 正の整数 n に対して x^n は x を n 回掛けたものとして定義される. また $x^{-n} = \left(\dfrac{1}{x}\right)^n$ と定義される.

以下では x の整数ベキ x^n についてはわかっているものとして議論を進めるが, より根本的なことに興味がある方はたとえば赤[28]を参照するとよいだろう.

実数 x に対して $x^0 = 1$ と定める.

m, n を整数とするとき, $x^{mn} = (x^m)^n = (x^n)^m$ であった.

次に有理数 $\dfrac{1}{n}$ に対する $x^{\frac{1}{n}}$ を定義する. n を整数とし, $f(x) = x^n$ とする. $f(x)$ は $(0, \infty)$ から $(0, \infty)$ への全単射になっている. したがって, その逆関数 $g(y)\ (y \in (0, \infty))$ が存在する.

*10 この計算には MATLAB を用いた.

$$g(y) = y^{\frac{1}{n}}$$

と表す.

$f(1) = 1$ より $g(1) = 1$ である. $n > 0$ のときは f が連続で狭義単調増加だから, g も連続で狭義単調増加である. $n < 0$ の場合は, 同様に考えれば f, g は連続で狭義単調減少である. たとえば $n > 0$ のとき, $x > 1$ ならば $x^{\frac{1}{n}} > 1$ であり, $0 < x < 1$ のときは $0 < x^{\frac{1}{n}} < 1$ である.

m, n を整数とするとき,

$$(x^m)^n = x^{mn} = x^{nm} = (x^n)^m$$
$$x^m x^n = x^{m+n}$$

であることに注意しておく.

> **定理 8.17**　$x > 0$ とする. m, n を整数とし, $n \neq 0$ とする. このとき
> $$(x^m)^{\frac{1}{n}} = \left(x^{\frac{1}{n}}\right)^m$$
> $$\left(x^{\frac{1}{m}}\right)^{\frac{1}{n}} = x^{\frac{1}{mn}}$$

◆証明◆　$f(g(x^m)) = x^m$ より $\left((x^m)^{\frac{1}{n}}\right)^n = x^m$ である. 一方

$$\left(\left(x^{\frac{1}{n}}\right)^m\right)^n = \left(\left(x^{\frac{1}{n}}\right)^n\right)^m = (x)^m = x^m$$

である. ゆえに f が全単射であるから $(x^m)^{\frac{1}{n}} = \left(x^{\frac{1}{n}}\right)^m$ が得られる.

$\left(x^{\frac{1}{m}}\right)^{\frac{1}{n}} = x^{\frac{1}{mn}}$ を示す. $\left(\left(x^{\frac{1}{m}}\right)^{\frac{1}{n}}\right)^{nm} = \left(\left(\left(x^{\frac{1}{m}}\right)^{\frac{1}{n}}\right)^n\right)^m = \left(x^{\frac{1}{m}}\right)^m =$

x であり, $\left(x^{\frac{1}{mn}}\right)^{nm} = x$ である. ゆえに $\left(x^{\frac{1}{m}}\right)^{\frac{1}{n}} = x^{\frac{1}{mn}}$. ∎

$x > 0$ とする. $m = m_1 k \neq 0$, $n = n_1 k \neq 0$ (m_1, n_1, k は整数) であるとする. このとき

$$(x^m)^{\frac{1}{n}} = (x^{m_1})^{\frac{1}{n_1}}$$

である. 実際,

$$\left(x^m\right)^{\frac{1}{n}} = \left(x^{m_1 k}\right)^{\frac{1}{n_1 k}} = \left(x^{\frac{1}{n_1 k}}\right)^{m_1 k} = \left(\left(\left(x^{\frac{1}{n_1}}\right)^{\frac{1}{k}}\right)^k\right)^{m_1}$$
$$= \left(x^{\frac{1}{n_1}}\right)^{m_1} = \left(x^{m_1}\right)^{\frac{1}{n_1}}.$$

そこで, $x > 0$ に対して $x^{\frac{m}{n}}$ を次により定義する.

$$\left(x^m\right)^{\frac{1}{n}} = x^{\frac{m}{n}}$$

◆ **定理 8.18** $x > 0$ とする. r, s を有理数とする. このとき
$$x^{r+s} = x^r x^s$$
である.

◆**証明**◆ r, s を有理数とする. $r = \dfrac{m}{n}, s = \dfrac{m'}{n'}$ (m, n, m', n' は整数) とする. このとき

$$x^{r+s} = x^{\frac{m}{n} + \frac{m'}{n'}} = x^{\frac{mn' + m'n}{nn'}} = \left(x^{\frac{1}{nn'}}\right)^{mn' + m'n} = \left(x^{\frac{1}{nn'}}\right)^{mn'} \left(x^{\frac{1}{nn'}}\right)^{m'n}$$
$$= x^{\frac{mn'}{nn'}} x^{\frac{m'n}{nn'}} = x^{\frac{m}{n}} x^{\frac{m'}{n'}} = x^r x^s$$

である. ∎

練習 8.2 $x > 1$ とする. $r < s$ なる有理数 r, s に対して, $x^r < x^s$ を示せ. $0 < x < 1$ のときは, $x^r > x^s$ であることを示せ (これにより定理 8.8 (3) の証明が正当化される).

解答例 $\gamma = s - r$ とおく. $\gamma = \dfrac{m}{n}$ (m, n は自然数) と表せる. $x > 1$ のとき $x^m > 1$ より $x^\gamma = \left(x^m\right)^{\frac{1}{n}} > 1$ である. ゆえに $x^s = x^r x^\gamma > x^r$ である. $0 < x < 1$ のとき, $0 < x^m < 1$ より $0 < x^\gamma < 1$ である. ゆえに $x^s = x^r x^\gamma < x^r$.

一般の実数 α に対して x^α が次の定理を用いて定義される.

定理 8.19 $\alpha \in \mathbb{R}$ とする. $\{s_n\}_{n=1}^{\infty}$ を α に収束する有理数列とする. このとき $x > 0$ に対して極限 $\lim_{k \to \infty} x^{s_k}$ が存在し, その極限値は α に収束する有理数の数列の取り方に依存しない.

◆**証明**◆ $\alpha > 0$ の場合を考える. $\{r_n\}_{n=1}^{\infty}$ を α に収束する単調増加な正の有理数列であるとする. $0 < x < 1$ ならば $\{x^{r_n}\}_{n=1}^{\infty}$ は単調減少列で 0 が下界である. また $1 < x$ ならば $\{x^{r_n}\}_{n=1}^{\infty}$ は単調増加列で, $\alpha < N$ なる自然数に対し, x^N が上界である. ゆえにいずれの場合も極限 $A = \lim_{n \to \infty} x^{r_n}$ が存在する.

$\{s_n\}_{n=1}^{\infty}$ を α に収束する有理数列とする. このとき $t_n = s_n - r_n$ とすると, $\lim_{n \to \infty} t_n = 0$ である. ゆえに任意の自然数 K に対して, ある自然数 N が存在し, $N < n$ ならば $-\frac{1}{K} < t_n < \frac{1}{K}$ である. このことと定理 8.8 (3) を用いれば

$$\frac{x^{s_n}}{x^{r_n}} = x^{t_n} \to 1$$

が示せる. ゆえに $\lim_{n \to \infty} x^{s_n} = \lim_{n \to \infty} x^{r_n} = A$ が得られる. $x = 1$ の場合は明らかである. ∎

◆**定義 8.8**◆ 定理 8.9 より, α に収束する任意の有理数の数列 $\{r_n\}_{n=1}^{\infty}$, $\{s_n\}_{n=1}^{\infty}$ に対しても

$$\lim_{n \to \infty} x^{r_n} = \lim_{n \to \infty} x^{s_n}$$

であることがわかる. そこでこの極限を x^{α} と表す.

定理 8.20 $x > 0$ とする. $\alpha, \beta \in \mathbb{R}$ に対して
$$x^{\alpha} x^{\beta} = x^{\alpha+\beta}$$
が成り立つ.

◆**証明**◆ $\lim_{n \to \infty} r_n = \alpha$, $\lim_{n \to \infty} s_n = \beta$ なる有理数の数列 $\{r_n\}_{n=1}^{\infty}$, $\{s_n\}_{n=1}^{\infty}$ に対して

$$x^{\alpha} x^{\beta} = \lim_{n \to \infty} x^{r_n} \lim_{n \to \infty} x^{s_n} = \lim_{n \to \infty} x^{r_n} x^{s_n}$$
$$= \lim_{n \to \infty} x^{r_n + s_n} = x^{\alpha+\beta}. \quad ∎$$

練習 8.3 $x > 0, x \neq 1$ とする. $f(\alpha) = x^\alpha\ (\alpha \in \mathbb{R})$ とする. $x > 1$ ならば f は狭義単調増加であり, $x < 1$ ならば f は狭義単調減少であることを示せ.

解答例 $x > 1$ とする. $\alpha < \beta$ とし, $\gamma = \beta - \alpha$ とする. $\{r_n\}_{n=1}^{\infty}$ を γ に収束する単調増加な正の有理数列とする. 練習 8.2 より $x^{r_n} \geq x^{r_0} > 1$ である. $x^\gamma = \lim_{n \to \infty} x^{r_n}$ より, $x^\gamma \geq x^{r_0} > 1$ である. ゆえに $x^\beta = x^\alpha x^\gamma > x^\alpha$ である. $0 < x < 1$ の場合も同様に示せる.

次の定理は指数関数の微分を考えるとき基本的である.

定理 8.21 $a > 0$ とする. $\lim_{h \to 0} a^h = 1$ である.

◆**証明**◆ 定理 8.8 (3) より $\lim_{n \to \infty} a^{-\frac{1}{n}} = \lim_{n \to \infty} \dfrac{1}{a^{\frac{1}{n}}} = \dfrac{1}{\lim_{n \to \infty} a^{\frac{1}{n}}} = 1$ であることに注意する. $a > 1$ の場合を考える. このとき $-\dfrac{1}{n} < h < \dfrac{1}{n}$ ならば $a^{-\frac{1}{n}} < a^h < a^{\frac{1}{n}}$ である. 任意に $\varepsilon > 0$ をとる. このときある番号 N_1 と N_2 が存在し, $n \geq N_1$ ならば $\left| a^{\frac{1}{n}} - 1 \right| < \varepsilon$ であり, $n \geq N_2$ ならば $\left| a^{-\frac{1}{n}} - 1 \right| < \varepsilon$ が成り立っている. $N = \max\{N_1, N_2\}$ とおく. $n \geq N$ ならば

$$1 - \varepsilon < a^{-\frac{1}{n}} < a^h < a^{\frac{1}{n}} < 1 + \varepsilon$$

が得られる. $0 < a < 1$ の場合も同様の考え方あるいは a の代わりに $\dfrac{1}{a}$ を考えればよい. ∎

定理 8.22 $a > 0$ とする. $f(x) = a^x$ は $\mathbb{R}$ 上の連続関数である.

◆**証明**◆ $x \in \mathbb{R}$ とする. このとき, 定理 8.21 より

$$a^{x+h} - a^x = a^x(a^h - 1) \to 0 \ (h \to 0)$$

が示せる. ∎

これらの定理を用いて, $x > 0$ に対して x^α が微分可能で

$$\frac{d}{dx} x^\alpha = \alpha x^{\alpha-1}$$

であることはすでに証明した（系 5.7）[*11].

[*11] ここで系 5.7 に至る証明を繰り返した方がよいかもしれないが, それは省略する.

第9章
積分：微分の逆演算としての積分とリーマン積分

本章では 1 変数関数の積分に関する理論的なことを学ぶ．積分の計算，応用，さらに多変数関数の積分については後の章で改めて学ぶ．

9.1　問題は何か？

次のような問題を考えてみる[*1]．

> 数直線上を点 P が時刻 0 から T までの間動いているとする．時刻 t での点 P の位置を $X(t)$ で表す．$X(0) = 0$　（つまり出発点が 0 である）とする．いま点 P の各時刻での速度はわかっているが，移動距離はわかっていないとする．このとき時刻 t における $X(t)$ を求めることができるか．

> ライプニッツは接線の情報からもとの関数を割り出す問題の一つである逆接線の問題を考察した．ここで述べるのは逆接線問題を物理的に翻案したバージョンである．

いま時刻 t における P の速度を $f(t)$ で表す．問題は $f(t)$ の値がわかっているときに $X(t)$ を求めよということになる．$X(t)$ の速度は $X(t)$ の微分係数 $X'(t)$ であるから，問題は次のように言い換えることができる．

> $f(t)$ が与えられたとき，$X'(t) = f(t)$ かつ $X(0) = 0$ をみたす $X(t)$ を求めよ．

本節ではこの問題を考えていくことにする．

[*1] 本節の導入の仕方は拙著[2]に基くものである．

9.2 関数 $X(t)$ を探し出す

まずテイラーの定理の系 6.9 から

$$X(s+h) - X(s) = X'(s)h + \varepsilon_2(h) \tag{9.1}$$

とおくと，すなわち $\varepsilon_2(h) = X(s+h) - X(s) - X'(s)h$ とおくと，

$$\lim_{h \to 0} \frac{|\varepsilon_2(h)|}{|h|} = 0 \tag{9.2}$$

が成り立つ．後の議論では s も動かすので混乱を避けるために，$\varepsilon_2(h) = \varepsilon_2(s, h)$ と表すことにする．

（9.1）から，もしも $X(s)$ がわかっていれば，$X(s+h)$ が計算できそうであることがわかるであろう．

そこで時刻 t での $X(t)$ の位置を推定するのに，時刻

$$0 = t_0 < t_1 < t_2 < \cdots < t_n = t \tag{9.3}$$

での状況を順次細かく見ると

$$
\begin{aligned}
X(t) &= X(t) - X(0) = X(t_n) - X(t_0) \\
&= X(t_n) - X(t_{n-1}) + X(t_{n-1}) - X(t_{n-2}) + X(t_{n-2}) - \cdots \\
&\quad + X(t_2) - X(t_1) + X(t_1) - X(t_0) \\
&= \sum_{j=0}^{n-1} [X(t_{j+1}) - X(t_j)]
\end{aligned}
$$

である．$h_j = t_{j+1} - t_j$ とおくと，（9.1）より

$$X(t_{j+1}) - X(t_j) = X(t_j + h_j) - X(t_j) = f(t_j)h_j + \varepsilon_2(t_j, h_j)$$

となっているから

$$X(t) = \sum_{j=0}^{n-1} f(t_j)h_j + \sum_{j=0}^{n-1} \varepsilon_2(t_j, h_j)$$

を得る．ここで（9.2）から，$f(t_j)h_j$ よりも $\varepsilon_2(t_j, h_j)$ の方が小さいので[*2]，少し荒っぽい議論ではあるが，

$$X(t) \fallingdotseq \sum_{j=0}^{n-1} f(t_j)h_j \tag{9.4}$$

[*2] $\dfrac{\varepsilon_2(t_j, h_j)}{h_j} \to 0 \ (h_j \to 0)$ であるが，$\dfrac{f(t_j)h_j}{h_j} = f(t_j)$ である．

と考えられる．つまり $X(t)$ の主な部分は $\sum_{j=0}^{n-1} f(t_j)h_j$ とみなせる．このよう に考えると，$X(t)$ の大まかな姿が見えてくる．話を単純化するため，しばらく $f(t) \geq 0$ $(t \geq 0)$ の場合を考える．このとき，$f(t_j)h_j$ は次の灰色の長方形の面 積になっている[*3].

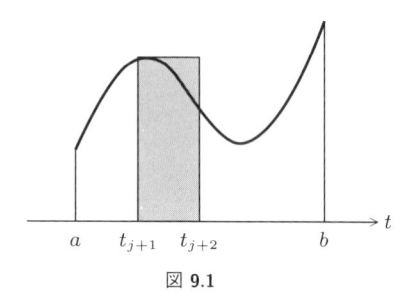

図 **9.1**

したがって，(9.4) の右辺は次の図の灰色の部分の面積を表していることがわ かる．

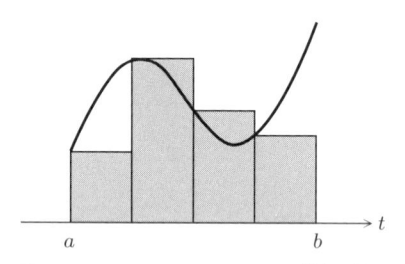

図 **9.2**　$0 < t_1 < \cdots < t_4 = t$ の場合の例.

ところで，この図では $n = 4$ の場合を記したが，さらに分割を細かくしていけ ば，図 9.3 のようになることが期待される．

つまり，$X(t)$ は関数 $f(t)$ と横軸で囲まれる面積になっていることが推測され る．この $X(t)$ が f の積分と呼ばれているもので，

$$X(t) = \int_a^t f(x)dx \tag{9.5}$$

---

*3（コメント）それでは面積の定義は？　これは難しい問題なので先送りにする．とりあえず 長方形の面積は縦 × 横ということを認めることにする．

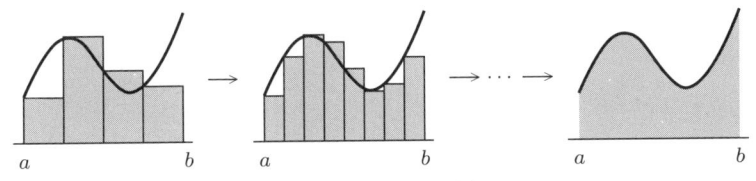

図 **9.3** 分割を細かくしていくと ⋯.

と表す．しかしこの議論には大きな問題が残る．その一つはそもそも分割 (9.3) を細かくしていったとき $\sum_{j=0}^{n-1} f(t_j)h_j$ が収束するのかどうかわかっていない．また分割の取り方によって極限が変わってしまう可能性も否定されていない．

次節ではこういった問題をクリアーするために積分について詳しく論ずる．

9.3 積分登場

前節の最後に述べた積分についての問題は，19 世紀に数学者ベルンハルト・リーマン (1826–1866) がある程度満足のいく解決を与えた．それがリーマン積分の理論である．ここではリーマンによる定義ではなく，それよりも扱いやすく，リーマンの積分と同値なダルブーによる積分の定義を学ぶことにする．

有界閉区間 $[a,b]$ を考える．$\Delta = \{x_k\}_{k=0}^{n}$ が $[a,b]$ の**分割**であるとは，

$$a = x_0 < x_1 < \cdots < x_{n-1} < x_n = b$$

をみたすことであるとする．

$$|\Delta| = \max\{|x_i - x_{i-1}| : i = 1, \cdots, n\}$$

とおく．また，$[a,b]$ の分割 $\Delta' = \{x'_k\}_{k=0}^{m}$ が分割 $\Delta = \{x_k\}_{k=0}^{n}$ の**細分**であるとは，$m > n$ であり，かつ $\{x_k\}_{k=0}^{n} \subset \{x'_k\}_{k=0}^{m}$ となっていることである．

f を $[a,b]$ 上の有界関数とする．$[a,b]$ の分割 $\Delta = \{x_k\}_{k=0}^{n}$ に対して

$$m_k = \inf_{x \in [x_{k-1}, x_k]} f(x)$$
$$M_k = \sup_{x \in [x_{k-1}, x_k]} f(x)$$

$(k = 1, 2, \cdots, n)$ とおき，

$$s_\Delta \ (= s_\Delta(f)) \ = \ \sum_{k=1}^{n} m_k(x_k - x_{k-1})$$

$$S_\Delta \, (= S_\Delta(f)) \, = \sum_{k=1}^{n} M_k(x_k - x_{k-1})$$

とおく（s_Δ, S_Δ は図 9.4 の灰色の部分の長方形の面積の和であると考えられる）.

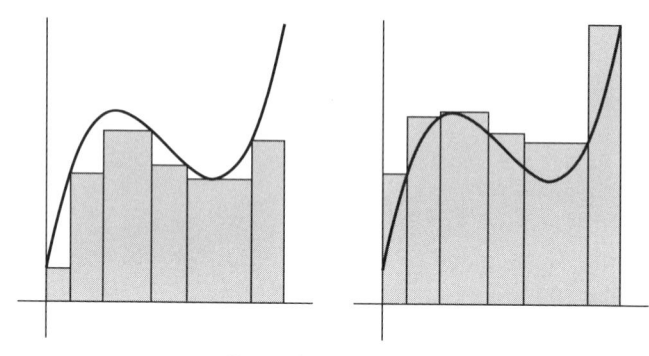

図 **9.4**　左：s_Δ, 右：S_Δ

s_Δ, S_Δ の大小関係について次のことが成り立つ.

補題 9.1　　(1) Δ を $[a,b]$ の分割とすると $s_\Delta \leq S_\Delta$ である.
(2) Δ' を Δ の細分とする. このとき

$$s_\Delta \leq s_{\Delta'} \leq S_{\Delta'} \leq S_\Delta$$

となっている.
(3) Δ_1, Δ_2 を $[a,b]$ の分割とすると $s_{\Delta_1} \leq S_{\Delta_2}$ である.

◆**証明**◆　(1) は明らか. (2) は図 9.5 を参考にして容易に証明できる. (3) を示す.
分割 Δ_1 と Δ_2 を合併した分割を Δ とする. 明らかに Δ は Δ_1, Δ_2 の細分である.
ゆえに

$$s_{\Delta_1} \leq s_\Delta \leq S_\Delta \leq S_{\Delta_2}$$

である.　　　　　　　　　　　　　　　　　　　　　　　　　　　　　　　　　∎

いま

$$\underline{I} = \sup_{\Delta:\Delta \text{ は } [a,b] \text{ の分割}} s_\Delta$$

$$\overline{I} = \inf_{\Delta:\Delta \text{ は } [a,b] \text{ の分割}} S_\Delta$$

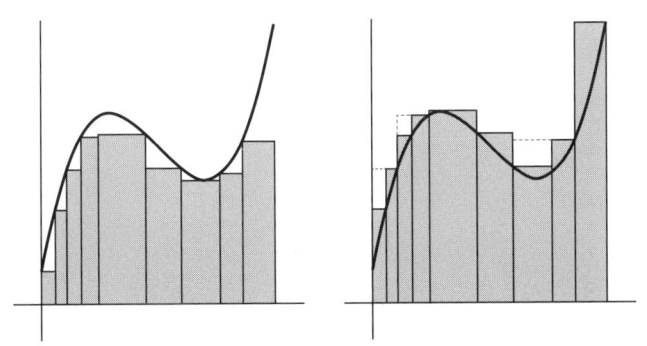

図 **9.5** 左：$s_{\Delta'}$, 右：$S_{\Delta'}$. ただし Δ' は 図 9.4 の Δ の細分. 図 9.4 と比較すると $s_{\Delta} \leq s_{\Delta'}$ 及び $S_{\Delta'} \leq S_{\Delta}$ であることがわかる.

とおき，それぞれ f の $[a,b]$ 上での**下積分**，**上積分**という.

◆ **補題 9.2** ◆ $\underline{I} \leq \overline{I}$

◆**証明**◆ 任意の分割 Δ をとり固定する. 補題 9.1 より，任意の分割 Δ_1 に対して $s_{\Delta} \leq S_{\Delta_1}$ である. ゆえに

$$s_{\Delta} \leq \inf_{\Delta_1:\Delta_1 \text{ は } [a,b] \text{ の分割}} S_{\Delta_1} = \overline{I}$$

である. ゆえに

$$\underline{I} = \sup_{\Delta:\Delta \text{ は } [a,b] \text{ の分割}} s_{\Delta} \leq \overline{I}$$

が得られる.　∎

◆**定義 9.1**◆ $[a,b]$ 上の有界関数 f が $[a,b]$ 上で**積分可能**あるいは**可積分**であるとは

$$\underline{I} = \overline{I}$$

となることである. このとき $\overline{I}\,(=\underline{I})$ を

$$\int_a^b f(x)dx$$

と表し，f の $[a,b]$ 上の**定積分**という.

前節の考察（図 9.3 参照）から，

$$\int_a^b f(x)dx = \text{“x 軸と関数 $y = f(x)$ の間の範囲の面積”}$$

と定義する.

連続関数をはじめとする関数の積分可能性を調べる際に，次の必要十分条件は便利である.

> **定理 9.3**　f を $[a,b]$ 上の有界関数とする. 次の (1), (2) は同値である.
>
> (1) f は $[a,b]$ 上で積分可能である.
>
> (2) 任意の $\varepsilon > 0$ に対して，$[a,b]$ のある分割 Δ で
>
> $$0 \le S_\Delta - s_\Delta < \varepsilon$$
>
> をみたすものが存在する.

◆**証明**◆　(1) $\Rightarrow$ (2). $I = \int_a^b f(x)dx$ とおく. 任意の $\varepsilon > 0$ をとる. $I = \overline{I} = \inf_{\Delta:\Delta \text{ は } [a,b] \text{ の分割}} S_\Delta$ と下限の性質から，ある分割 Δ_1 で，

$$I \le S_{\Delta_1} < I + \frac{\varepsilon}{2}$$

となるものが存在する. また，$I = \underline{I} = \sup_{\Delta:\Delta \text{ は } [a,b] \text{ の分割}} s_\Delta$ より，ある分割 Δ_2 で

$$I - \frac{\varepsilon}{2} < s_{\Delta_2} \le I$$

となるものが存在する. 分割 Δ_1 と Δ_2 を合併した分割を Δ とする. 明らかに Δ は Δ_1, Δ_2 の細分である. ゆえに補題 9.1 より

$$S_\Delta \le S_{\Delta_1} < I + \frac{\varepsilon}{2}$$
$$I - \frac{\varepsilon}{2} < s_{\Delta_2} \le s_\Delta$$

である. ゆえに

$$S_\Delta - s_\Delta < I + \frac{\varepsilon}{2} - \left(I - \frac{\varepsilon}{2}\right) = \varepsilon$$

となっている.

(2) $\Rightarrow$ (1). 任意の自然数 N に対して，ある分割 Δ_N で

$$0 \le S_{\Delta_N} - s_{\Delta_N} < \frac{1}{N}$$

となるものが存在する. いま $s_{\Delta_N} \le \underline{I} \le \overline{I} \le S_{\Delta_N}$ より

$$0 \le \overline{I} - \underline{I} \le S_{\Delta_N} - s_{\Delta_N} < \frac{1}{N} \to 0 \ (N \to \infty)$$

である．よって $\overline{I} = \underline{I}$ である．

　積分について次の規約をしておく．

$[a, b]$ 上の積分可能な関数 $f(x)$ に対して

$$\int_b^a f(x)dx = -\int_a^b f(x)dx, \qquad \int_c^c f(x)dx = 0 \quad (c \in [a, b])$$

とする．

9.4　連続関数の積分可能性

　準備が整ったので連続関数が積分可能であることを証明する．

> ◆**定理 9.4**◆　$f(x)$ が $[a, b]$ 上の連続関数ならば，$[a, b]$ 上で積分可能である．

◆**証明**◆　定理 8.13 より $f(x)$ は $[a, b]$ 上で一様連続であるから，任意の $\varepsilon > 0$ に対して，ある $\delta > 0$ が存在し，$x, x' \in [a, b]$ かつ $|x - x'| < \delta$ ならば

$$|f(x) - f(x')| < \varepsilon$$

が成り立っている．$[a, b]$ の分割 $\Delta = \{x_k\}_{k=0}^n$ を $|\Delta| < \delta$ となるようにとる．$x, x' \in [x_{i-1}, x_i]$ ならば $|x - x'| < \delta$ より $|f(x) - f(x')| < \varepsilon$ であるから，

$$M_i - m_i < \varepsilon$$

である．ゆえに

$$0 \le S_\Delta - s_\Delta = \sum_{i=1}^n (M_i - m_i)(x_i - x_{i-1}) < \varepsilon \sum_{i=1}^m (x_i - x_{i-1}) \qquad (9.6)$$
$$= \varepsilon(b - a)$$

である．ゆえに

$$0 \le \overline{I} - \underline{I} \le \varepsilon(b - a)$$

である．ここで ε は任意の正数であったから $\overline{I} = \underline{I}$ である．

　連続関数の積分については次の**区分求積法**が得られる．

定理 9.5　　$f(x)$ が $[a,b]$ 上の連続関数であるとする．自然数 n に対して，$x_{n,k} = a + k\dfrac{b-a}{n}$ $(k = 0, 1, \cdots, n)$ とおく．このとき

$$\int_a^b f(x)dx = \lim_{n \to \infty} \sum_{k=1}^n f(x_{n,k})(x_{n,k} - x_{n,k-1})$$

が成り立つ．

◆証明◆　　$\Delta_n = \{x_{n,k}\}_{k=0}^n$ とする．

$$s_{\Delta_n} \le \sum_{k=1}^n f(x_{n,k})(x_{n,k} - x_{n,k-1}) \le S_{\Delta_n}$$

である．また

$$s_{\Delta_n} \le \underline{I} \le \int_a^b f(x)dx \le \overline{I} \le S_{\Delta_n}$$

である．定理 9.4 の証明より，任意の $\varepsilon > 0$ に対して $|\Delta_n| = \dfrac{1}{n}$ を十分小さくとれば，$S_{\Delta_n} - s_{\Delta_n} \to 0$ $(n \to \infty)$ が成り立つ．ゆえに $n \to \infty$ のとき

$$\left| \int_a^b f(x)dx - \sum_{k=1}^n f(x_{n,k})(x_{n,k} - x_{n,k-1}) \right| \le S_{\Delta_n} - s_{\Delta_n} \to 0$$

が成り立つ．∎

次のことは容易に証明できる．

定理 9.6　　(1)（積分の線形性）$f(x), g(x)$ を $[a,b]$ 上の連続関数とする．$\alpha, \beta \in \mathbb{R}$ に対して $\alpha f(x) + \beta g(x)$ は $[a,b]$ 上積分可能であり，

$$\int_a^b (\alpha f(x) + \beta g(x))\, dx = \alpha \int_a^b f(x)dx + \beta \int_a^b g(x)dx$$

(2) $f(x)$ が $[a,b]$ 上の連続関数ならば，$|f(x)|$ も $[a,b]$ 上積分可能であり，

$$\left| \int_a^b f(x)dx \right| \le \int_a^b |f(x)|\, dx.$$

◆証明◆　　(1) $\alpha f(x) + \beta g(x)$ は $[a,b]$ 上連続であるから積分可能である．自然数 n に対して，$x_{n,k} = a + k\dfrac{b-a}{n}$ $(k = 0, 1, \cdots, n)$ とおく．区分求積法により

$$\int_a^b (\alpha f(x) + \beta g(x))\, dx = \lim_{n \to \infty} \sum_{k=1}^n (\alpha f(x_{n,k}) + \beta g(x_{n,k})) (x_{n,k} - x_{n,k-1})$$

$$= \lim_{n \to \infty} \alpha \sum_{k=1}^n f(x_{n,k})(x_{n,k} - x_{n,k-1}) + \lim_{n \to \infty} \beta \sum_{k=1}^n g(x_{n,k})(x_{n,k} - x_{n,k-1})$$

$$= \alpha \int_a^b f(x)dx + \beta \int_a^b g(x)dx.$$

(2) $|f|$ は連続であるから積分可能. (1) の記号を使う.

$$\left| \sum_{k=1}^n f(x_{n,k})(x_{n,k} - x_{n,k-1}) \right| \le \sum_{k=1}^n |f(x_{n,k})| (x_{n,k} - x_{n,k-1})$$

である. 両辺 $n \to \infty$ とすれば求めたい不等式が得られる. ∎

9.5 区分的に連続な関数の積分

不連続関数を扱うこともあるが, 実用上は不連続な点が有限個の場合が多い. 次の定義をしておく.

◆定義 9.2◆　$f(x)$ を $[a,b]$ 上の有界関数とする. $f(x)$ が**区分的に連続**であるとは, ある有限個の点 $a = c_0 < c_1 < \cdots < c_n = b$ が存在し, $f(x)$ は $[a, c_1)$, $(c_{n-1}, b]$ 及び各開区間 (c_{i-1}, c_i) $(i = 2, \cdots, n-1)$ で連続であり, さらに $i = 1, \cdots, n-1$ に対して極限

$$\lim_{x > c_i,\, x \to c_i} f(x) = f(c_i+), \quad \lim_{x < c_i,\, x \to c_i} f(x) = f(c_i-)$$

が存在することである ($f(c_i+)$ と $f(c_i-)$ が一致している必要はない).

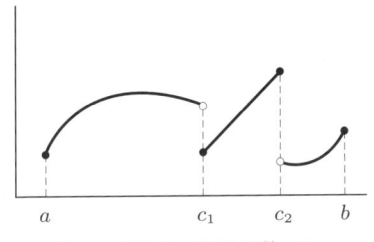

図 **9.6**　区分的に連続な関数の例.

定義 9.2 において

$$f_1(x) = \begin{cases} f(x), & x \in [a, c_1) \\ f(c_1-), & x = c_1 \end{cases}, \qquad f_n(x) = \begin{cases} f(c_{n-1}+), & x = c_{n-1} \\ f(x), & x \in (c_{n-1}, b] \end{cases}$$

$$f_i(x) = \begin{cases} f(c_{i-1}+), & x = c_{i-1} \\ f(x), & x \in (c_{i-1}, c_i) \\ f(c_i-), & x = c_i \end{cases} \quad i = 2, \cdots, n-1 \tag{9.7}$$

と定める．このとき $f_i(x)$ は $[c_{i-1}, c_i]$ で連続である．次の定理が成り立つ．

> **定理 9.7**　　$f(x)$ を $[a, b]$ 上の区分的に連続な有界関数であるとする．このとき $f(x)$ は $[a, b]$ 上で積分可能である．定義 9.2 の場合，(9.7) の関数に対して
>
> $$\int_a^b f(x)dx = \sum_{i=1}^n \int_{c_{i-1}}^{c_i} f_i(x)dx$$
>
> が成り立つ．

◆証明◆　$M = \sup_{x \in [a,b]} |f(x)|$ とおく．まず $n = 2$ の場合を考える．$a = c_0 < c_1 < c_2 = b$ である．

$$f_1(x) = \begin{cases} f(x), & x \in [a, c_1) \\ f(c_1-), & x = c_1 \end{cases}, \qquad f_2(x) = \begin{cases} f(c_1+), & x = c_1 \\ f(x), & x \in (c_1, b] \end{cases}$$

と定義すると，f_1 は $[a, c_1]$ 上で連続で，f_2 は $[c_1, b]$ 上で連続である．したがって，ともに積分可能である．任意の $\varepsilon > 0$ に対して，$[a, c_1]$ の分割 $\Delta_1 = \left\{ x_k^{(1)} \right\}_{k=0}^{n_1}$ と $[c_1, b]$ の分割 $\Delta_2 = \left\{ x_k^{(2)} \right\}_{k=0}^{n_2}$ が存在し，

$$S_{\Delta_1} - s_{\Delta_1} < \varepsilon, \qquad S_{\Delta_2} - s_{\Delta_2} < \varepsilon$$

が成り立つ．$x_{n_1-1}^{(1)} < x^{(1)} < c_1 < x^{(2)} < x_1^{(2)}$ をみたす点 $x^{(1)}$, $x^{(2)}$ を，$x^{(2)} - x^{(1)} < \dfrac{\varepsilon}{2M}$ となるようにとる．Δ_1 に $x^{(1)}$ を加えた細分を Δ_1', Δ_2 に $x^{(2)}$ を加えた細分を Δ_2' とおく．$\Delta = \left\{ x_k^{(1)} \right\}_{k=0}^{n_1-1} \cup \{x^{(1)}, x^{(2)}\} \cup \left\{ x_k^{(2)} \right\}_{k=1}^{n_2}$ とおくと Δ は $[a, b]$ の分割である．$\Delta_j^{(i)} = x_j^{(i)} - x_{j-1}^{(i)}$, $\Delta = x^{(2)} - x^{(1)}$ とおくと，

$$\begin{aligned} S_\Delta(f) = {} & \sum_{j=1}^{n_1-1} \sup_{x \in [x_{j-1}^{(1)}, x_j^{(1)}]} f(x)\Delta_j^{(1)} + \sup_{x \in [x_{n_1-1}^{(1)}, x^{(1)}]} f(x)(x^{(1)} - x_{n_1-1}^{(1)}) \\ & + \sup_{x \in [x^{(1)}, x^{(2)}]} f(x)\Delta + \sup_{x \in [x^{(2)}, x_1^{(2)}]} f(x)(x_1^{(2)} - x^{(1)}) \\ & + \sum_{j=1}^{n_2-1} \sup_{x \in [x_{j-1}^{(2)}, x_j^{(2)}]} f(x)\Delta_j^{(2)} \end{aligned}$$

$$= S_{\Delta_1'}(f_1) - \sup_{x \in [x^{(1)}, c_1]} f_1(x)(c_1 - x^{(1)}) + \sup_{x \in [x^{(1)}, x^{(2)}]} f(x)\Delta$$
$$+ S_{\Delta_2'}(f_2) - \sup_{x \in [c_1, x^{(2)}]} f(x)(x^{(2)} - c_1)$$

をみたす．同様にして

$$s_\Delta(f) = s_{\Delta_1'}(f_1) - \inf_{x \in [x^{(1)}, c_1]} f_1(x)(c_1 - x^{(1)}) + \inf_{x \in [x^{(1)}, x^{(2)}]} f(x)\Delta$$
$$+ s_{\Delta_2'}(f_2) - \inf_{x \in [c_1, x^{(2)}]} f(x)(x^{(2)} - c_1)$$

が成り立つ．ゆえに

$$|S_\Delta(f) - s_\Delta(f)| \le \left(S_{\Delta_1'}(f_1) - s_{\Delta_1'}(f_1) \right) + \left(S_{\Delta_2'}(f_2) - s_{\Delta_2'}(f_2) \right) + 3\varepsilon$$
$$< 5\varepsilon$$

である．ゆえに定理 9.3 より f は $[a, b]$ 上で積分可能である．また以上の証明より

$$\int_a^b f(x)dx = \int_a^{c_1} f_1(x)dx + \int_{c_1}^b f_2(x)dx$$

も得られる．一般の n の場合も同様にして証明できる． ∎

特に次のことが成り立つ．

◆**系 9.8**◆　$f(x)$ を $[a, b]$ 上の連続関数とする．$a < c < b$ とする．このとき

$$\int_a^b f(x)dx = \int_a^c f(x)dx + \int_c^b f(x)dx$$

である．

◆**証明**◆　$a = c_0, c = c_1, b = c_2$ として定理 9.7 を f に適用すればよい．$f_1 = f$, $f_2 = f$ である． ∎

（**問題 9.1**）　$f(x)$ が $[a, b]$ 上で連続であるとする．$a \le s < t \le b$ とするとき

$$\int_a^t f(x)dx - \int_a^s f(x)dx = \int_s^t f(x)dx.$$

を示せ．

定理 **9.7** より，区分的に連続な関数に対しても積分の線形性など，定理 **9.6** が成り立つ．

定理 9.6, 系 9.8 はより一般に, 積分可能関数に対して成り立つ. 本書では主に連続関数, あるいは区分的に連続な関数しか扱わないので, 一般の積分可能関数に対する証明には立ち入らない. 区分的に連続でないような積分可能な関数としては, たとえば $[a, b]$ 内の無限個の点で不連続な関数がある. しかし無限個の点で不連続な関数は, リーマン積分では十分には扱うことができない. そのような関数はルベーグ積分で議論する方がよい. 興味のある読者は本書を読了したら, ルベーグ積分を学んでほしい.

（問題 9.2）　（積分の第 1 平均値定理）$f(x)$ を $[a, b]$ 上で連続な関数とし, $g(x)$ を $[a, b]$ 上で区分的に連続な関数で, $[a, b]$ 上で一定の符号をもつとする（すなわち $g(x) \geq 0$ $(x \in [a, b])$ あるいは $g(x) \leq 0$ $(x \in [a, b])$）. このとき, ある $\xi \in [a, b]$ が存在し,

$$\int_a^b f(x)g(x)dx = f(\xi) \int_a^b g(x)dx$$

が成り立つことを証明せよ.

9.6　積分と微分の関係

さてもとの問題に戻ろう. 問題は次のようになった. 簡単のために $f(s)$ は $[0, T]$ で連続であるとする. $0 \leq t \leq T$ に対して

$$X(t) = \int_0^t f(s)ds \text{ とするとき, } X'(t) = f(t) \text{ が成り立つか？}$$

このことを証明しよう.

> **定理 9.9**　　$f(x)$ を $[a, b]$ 上の連続関数とし,
>
> $$F(x) = \int_a^x f(s)ds \ (x \in [a, b]) \tag{9.8}$$
>
> とする. このとき $F(x)$ は (a, b) 上で微分可能で,
>
> $$F'(x) = f(x) \ (x \in (a, b))$$
>
> が成り立つ.

◆証明◆　$x \in (a, b)$ とする. 任意に $\varepsilon > 0$ をとる. f は $[a, b]$ 上で連続であるから一様連続であり, したがって, ある $\delta > 0$ が存在し, $s, t \in [a, b]$ かつ $|s - t| < \delta$ ならば

$$|f(s) - f(t)| < \varepsilon$$

が成り立つ. $h > 0$ かつ $|h| < \delta$, $x + h \in [a, b]$ ならば

$$\frac{F(x+h) - F(x)}{h} = \frac{1}{h}\left[\int_a^{x+h} f(s)ds - \int_a^x f(s)ds\right] = \frac{1}{h}\int_x^{x+h} f(s)ds$$

である. また

$$\frac{1}{h}\int_x^{x+h} f(x)ds = f(x)\frac{1}{h}\int_x^{x+h} ds = f(x)$$

であるから,

$$\left|\frac{F(x+h) - F(x)}{h} - f(x)\right| = \left|\frac{1}{h}\int_x^{x+h} f(s)ds - \frac{1}{h}\int_x^{x+h} f(x)ds\right|$$

$$= \left|\frac{1}{h}\int_x^{x+h} [f(s) - f(x)]\,ds\right|$$

$$\leq \frac{1}{|h|}\varepsilon\,|h| = \varepsilon$$

である. 同様にして $h < 0$ かつ $|h| < \delta$, $x + h \in [a, b]$ ならば

$$\left|\frac{F(x+h) - F(x)}{h} - f(x)\right| \leq \varepsilon$$

が得られる. このことは $F'(x) = f(x)$ を意味する. ∎

この定理では $F(x)$ が (a, b) 上で微分可能で $F'(x) = f(x)$ であることが示されたが, x が端点 a, b の場合はどのようになっているだろうか. この場合は次のことが成り立つ.

◆ **定理 9.10** ◆ $f(x)$ を $[a, b]$ 上の連続関数とする. $F(x)$ を (9.8) により定義された関数とする. このとき, $F(x)$ は a で右側微分可能で $F'_+(a) = f(a)$, また b で左側微分可能で $F'_+(b) = f(b)$ である.

◆**証明**◆ 定理 9.9 と同様に証明できる. ∎

◆ **系 9.11** ◆ f, F を定理 9.9 で定めたものとする. このとき, F は $[a, b]$ 上で連続である.

◆**証明**◆ 微分可能な関数は連続 (定理 2.2) であるから, F は (a, b) 上で連続である. また右側微分可能ならば右側連続, 左側微分可能ならば左側連続であることも同様に証明できる. よって $[a, b]$ 上で連続である. ∎

さて，$X'(x) = f(x)$ をみたす関数として $F(x) = \int_a^x f(s)ds$ があることを示した．それではこのほかにこのような関数があるだろうか．じつは定数の差を除いてそのような関数は存在しない．このことを証明しよう．

> **定理 9.12**　$f(x)$ を $[a,b]$ 上の連続関数とする．$X(x)$ を $X'(x) = f(x)$ $(x \in [a,b])$ をみたす $[a,b]$ 上で連続かつ (a,b) 上で微分可能な関数とする．このとき，ある定数 C が存在して
> $$X(x) = \int_a^x f(s)ds + C \ (x \in [a,b])$$
> が成り立つ．

◆証明◆　定理 4.1 より明らか．　∎

◆定義 9.3◆　$f(x)$ を $[a,b]$ 上の連続関数とする．$[a,b]$ 上で連続かつ (a,b) 上で微分可能な関数 $F(x)$ で
$$F'(x) = f(x) \ (x \in (a,b))$$
をみたすものを $f(x)$ の**原始関数**または**不定積分**といい，
$$\int f(x)dx = F(x) + C$$
とも表す．ここで C は任意定数という．C を記すのは，$F(x)$ が f の原始関数ならば $F(x) + C$ （C は定数）も f の原始関数であることを意味している（定理 9.12 参照）．

> **定理 9.13**　$f(x)$ を (α, β) 上で C^1 級であるとする．$\alpha < a < x < \beta$ に対して
> $$f(x) - f(a) = \int_a^x f'(t)dt$$
> が成り立つ．

◆証明◆　$F(x) = \int_a^x f'(t)dt \ (a < x < \beta)$ とおく．このとき，$F'(x) = f'(x)$ であるから定理 4.1 より，$f(x) = F(x) + C$ なる定数 C が存在する．$f(a) = F(a) + C =$

C より $f(x) - f(a) = F(x)$ が得られる. ∎

定理 9.9 と定理 9.13 より，$[a,b]$ 上の連続関数 $f(x)$ に対して

$$\frac{d}{dx} \int_a^x f(t)dt = f(x) \tag{9.9}$$

が成り立ち，また $[a,b] \subset (\alpha, \beta)$ で $f(x)$ が (α, β) 上で C^1 級であれば

$$\int_a^x \frac{df}{dt}(t)dt = f(x) - f(a)$$

が成り立つ．すなわち，積分したものを微分すればもとに戻り，微分したものを積分してももとに戻る．

以上のことは微分と積分は逆演算であることを示している.

定理 9.9 と定理 9.13 は微分積分の基本定理と呼ばれることがある．

9.7 不定積分の計算

不定積分 F は $F'(x) = f(x)$ をみたすことから，もしも F が分かっていれば $f(x)$ の積分を求めることができる．たとえば $(\sin x)' = \cos x$ であるから

$$\int \cos x dx = \sin x + C$$
$$\int_a^b \cos x dx = \sin b - \sin a$$

である．以下では関数 $F(x)$ に対して

$$[F(x)]_a^b = F(b) - F(a)$$

という記号を用いる．

すでに微分についてはいくつかの公式を示したので，それを用いて示せる不定積分をまとめて記しておく．

$$\int x^a dx = \frac{1}{a+1} x^{a+1} + C \ (a \neq -1), \qquad \int \frac{1}{x} dx = \log x + C \ (x > 0)$$
$$\int \cos x dx = \sin x + C, \qquad \int \sin x dx = -\cos x + C$$

$$\int \tan x \, dx = -\log(\cos x) + C \quad \left(x \in \left(-\frac{\pi}{2}, \frac{\pi}{2} \right) \right)$$

$$\int e^{ax} dx = \frac{1}{a} e^{ax} + C, \qquad \int \log x \, dx = x(\log x - 1) + C \ (x > 0)$$

$$\int \frac{1}{\sqrt{1 - x^2}} dx = \arcsin x + C,$$

$$-\int \frac{1}{\sqrt{1 - x^2}} dx = \arccos x + C \ (x \in (-1, 1)),$$

$$\int \frac{1}{1 + x^2} dx = \arctan x + C.$$

この他に，不定積分を求めるのにやや技巧的な計算が必要なものもある．それについては第 13 章で組織的に扱う．なお不定積分は関数の定義されているところで考える．

9.8　定積分の計算法（置換積分と部分積分）

微分積分の基本定理より置換積分法と部分積分法という積分の計算上極めて有用な積分の計算法が導かれる．

> **定理 9.14**　　**（置換積分法）**　f を $[a, b]$ 上の連続関数，φ を $[\alpha, \beta]$ 上の C^1 級関数で，$\varphi(t) \in [a, b]$ $(t \in [\alpha, \beta])$ かつ $\varphi(\alpha) = a, \varphi(\beta) = b$ とする．このとき
>
> $$\int_a^b f(x) dx = \int_\alpha^\beta f(\varphi(t)) \varphi'(t) dt.$$
>
> が成り立つ*4．

◆証明◆　　$F(x) = \displaystyle\int_a^x f(t) dt$ とおく．

$$\frac{d}{dt} F(\varphi(t)) = F'(\varphi(t)) \varphi'(t) = f(\varphi(t)) \varphi'(t).$$

ゆえに

$$\int_a^b f(x) dx = F(b) - F(a) = F(\varphi(\beta)) - F(\varphi(\alpha))$$

---

*4　（コメント）置換積分法で，$x = \varphi(t)$ のとき，形式的に $dx = \varphi'(t) dt$ と書くことが多い．このように書いておくと，置換積分の計算を実行するときに dx のところに単に $\varphi'(t) dt$ を代入すればよいので便利である．

$$= \int_\alpha^\beta \frac{d}{dt} F(\varphi(t))dt = \int_\alpha^\beta f(\varphi(t))\varphi'(t)dt.$$

定理 9.15 （部分積分法） f, g が $[a, b]$ 上で C^1 級ならば

$$\int_a^b f'(x)g(x)dx = [f(x)g(x)]_a^b - \int_a^b f(x)g'(x)dx$$

ここで

$$[f(x)g(x)]_a^b = f(b)g(b) - f(a)g(a).$$

◆証明◆ $(fg)' = f'g + fg'$ であるから，両辺を積分して

$$f(b)g(b) - f(a)g(a) = \int_a^b (f(x)g(x))'dx$$
$$= \int_a^b f'(x)g(x)dx + \int_a^b f(x)g'(x)dx$$

これより定理が証明される.

練習 9.1 次の積分を求めよ. (1) $\int_0^\pi x^2 \sin x dx$, (2) $\int_0^\pi \frac{\sin x}{1 + \cos^2 x}dx$.

解答例 (1)部分積分より $\int_0^\pi x^2 \sin x dx = -\int_0^\pi x^2 (\cos x)'dx = \left[-x^2 \cos x\right]_0^\pi +$
$2\int_0^\pi x \cos x dx.$ ここでさらに部分積分により

$$\int_0^\pi x \cos x dx = \int_0^\pi x(\sin x)'dx = [x \sin x]_0^\pi - \int_0^\pi \sin x dx = -2.$$

以上より

$$\int_0^\pi x^2 \sin x dx = \pi^2 - 4$$

(2) $y = \cos x$ とおくと，$dy = -\sin x dx$ であるから，

$$\int_0^\pi \frac{\sin x}{1 + \cos^2 x}dx = -\int_1^{-1} \frac{1}{1 + y^2}dy = -\arctan(-1) + \arctan(1) = \frac{\pi}{2}$$

9.9　積分法のテイラーの定理への応用

テイラーの定理の剰余が積分を用いて記述できることを示す.

> **定理 9.16**　（ベルヌーイの剰余）　f を $I = (a,b)$ で C^N 級であると
> する $(N \geq 1)$. $c \in (a,b)$ とする. このとき $x \in (a,b)$ に対して
>
> $$f(x) = \sum_{k=0}^{N-1} \frac{f^{(k)}(c)}{k!}(x-c)^k + \frac{1}{(N-1)!} \int_c^x f^{(N)}(t)(x-t)^{N-1} dt$$
>
> が成り立つ.

◆証明◆　$P(t) = \sum_{k=0}^{N-1} \dfrac{f^{(k)}(t)}{k!}(x-t)^k$ とおく. $P(x) = f(x)$ である. ゆえに

$$f(x) - P(c) = P(x) - P(c) = \int_c^x P'(t) dt$$

が成り立つ. ここで

$$P'(t) = f'(t) + \sum_{k=1}^{N-1} \frac{d}{dt}\left(\frac{f^{(k)}(t)}{k!}(x-t)^k \right)$$

$$= f'(t) + \sum_{k=1}^{N-1} \frac{f^{(k+1)}(t)}{k!}(x-t)^k - \sum_{k=1}^{N-1} \frac{f^{(k)}(t)}{(k-1)!}(x-t)^{k-1}$$

$$= f'(t) + \sum_{k=2}^{N} \frac{f^{(k)}(t)}{(k-1)!}(x-t)^{k-1} - \sum_{k=1}^{N-1} \frac{f^{(k)}(t)}{(k-1)!}(x-t)^{k-1}$$

$$= f'(t) + \frac{f^{(N)}(t)}{(N-1)!}(x-t)^{N-1} - f'(t) = \frac{f^{(N)}(t)}{(N-1)!}(x-t)^{N-1}.$$

ゆえに定理が導かれる. ∎

この定理から次のことが得られる.

> **定理 9.17**　f を $I = (a,b)$ で C^N 級であるとする $(N \geq 1)$. $c \in$
> (a,b) とする. このとき $c+h \in (a,b)$ に対して
>
> $$f(c+h) = \sum_{k=0}^{N-1} \frac{f^{(k)}(c)}{k!} h^k + \frac{h^N}{(N-1)!} \int_0^1 f^{(N)}(c+sh)(1-s)^{N-1} ds$$
>
> が成り立つ.

◆証明◆　定理 9.16 において x の代わりに $c+h$ を考えると

$$f(c+h) = \sum_{k=0}^{N-1} \frac{f^{(k)}(c)}{k!} h^k + \frac{1}{(N-1)!} \int_c^{c+h} f^{(N)}(t)(c+h-t)^{N-1} dt$$

が成り立つ. ここで $t = c + sh$ により s を定めると

$$f(c+h) = \sum_{k=0}^{N-1} \frac{f^{(k)}(c)}{k!} h^k + \frac{h^N}{(N-1)!} \int_0^1 f^{(N)}(c+sh)(1-s)^{N-1} ds$$

を得る. よって定理が証明された. ∎

> ベルヌーイの剰余は積分が出てきて分かりにくいようにも思われるが, 積分であるからこそ解析しやすいこともある. またラグランジュの剰余では存在しかわからない θ が現れているが, ベルヌーイの剰余ではそのような θ は現れていないため, ベルヌーイの剰余が扱いやすいこともある.

ところで, $1 + (-t) + \cdots + (-t)^N = \dfrac{1 - (-t)^{N+1}}{1+t}$ より

$$\frac{1}{1+t} = \sum_{n=0}^N (-t)^n + \frac{(-t)^{N+1}}{1+t} \tag{9.10}$$

が得られる. (9.10) を用いると, マクローリン展開が容易に得られる場合がある. たとえば $f(x) = \log(1+x) \ (x > -1)$ のマクローリン展開を求めてみよう. $\dfrac{d}{dx} \log(1+x) = \dfrac{1}{1+x}$ であるから,

$$\begin{aligned}
\log(1+x) &= \int_0^x \frac{1}{1+t} dt = \sum_{n=0}^N \int_0^x (-t)^n dt + \int_0^x \frac{(-t)^{N+1}}{1+t} dt \\
&= \sum_{n=0}^N \frac{(-1)^n}{n+1} x^{n+1} + \int_0^x \frac{(-t)^{N+1}}{1+t} dt
\end{aligned}$$

すなわち

$$R_{N+1} f(x;0) = \int_0^x \frac{(-t)^{N+1}}{1+t} dt$$

である. $0 \le x \le 1$ の場合は

$$|R_{N+1} f(x;0)| \le \int_0^x \frac{t^{N+1}}{1+t} dt \le \int_0^x t^{N+1} dt = \frac{x^{N+2}}{N+2} \to 0 \ (N \to \infty)$$

である. また $-1 < x < 0$ の場合は, $x \le t \le 0$ に対して, $|t| \le |x|$ より, $1 - |x| \le 1 - |t| = |1+t|$ より

$$|R_{N+1}f(x;0)| \leq \int_0^{|x|} \frac{|t|^{N+1}}{|1+t|}dt \leq \int_0^{|x|} \frac{t^{N+1}}{1-|x|}dt = \frac{1}{N+2}\frac{|x|^{N+2}}{1-|x|} \to 0$$

$$(N \to \infty)$$

である．よって，$\log(1+x)$ はマクローリン展開可能で，

$$\log(1+x) = \sum_{n=1}^{\infty} \frac{(-1)^{n+1}}{n}x^n \quad (-1 < x \leq 1)$$

が成り立つ．

練習 9.2　$\arctan x$ がマクローリン展開可能であり

$$\arctan x = \sum_{n=0}^{\infty} \frac{(-1)^n}{2n+1}x^{2n+1} \quad (|x| \leq 1)$$

が成り立つことを示せ．

解答例　(9.10) で t の代りに t^2 を考えれば $\dfrac{d}{dt}\arctan t = \dfrac{1}{t^2+1} = \sum_{n=0}^{N}(-1)^n t^{2n} + \dfrac{(-1)^{N+1}t^{2(N+1)}}{1+t^2}$ である．ゆえに

$$\arctan x = \int_0^x \frac{d}{dt}\arctan t\,dt = \sum_{n=0}^{N}\frac{(-1)^n}{2n+1}x^{2n+1} + \int_0^x \frac{(-1)^{N+1}t^{2(N+1)}}{1+t^2}dt$$

である．ここで $|x| \leq 1$ のとき

$$\left| \int_0^x \frac{(-1)^{N+1}t^{2(N+1)}}{1+t^2}dt \right| \leq \int_0^{|x|} t^{2(N+1)}dt = \frac{|x|^{2N+3}}{2N+3} \to 0, \ N \to \infty.$$

一般化された 2 項展開（例 6.1）を用いて次のことが示せる．

［例 9.1］　$|x| < 1$ のとき $\arcsin x$ はマクローリン展開可能であり，

$$\arcsin x = \sum_{n=0}^{\infty}(-1)^n \binom{-1/2}{n}\frac{1}{2n+1}x^{2n+1} = \sum_{n=0}^{\infty}\frac{(2n)!}{2^{2n}(n!)^2}\frac{1}{2n+1}x^{2n+1}.$$

解説　1 番目の等式を証明する．$\alpha = -\dfrac{1}{2}$ とおく．$f(x) = \arcsin x$ とおく．$|t| < 1$ に対して，2 項定理の一般化（例 6.1）より，ある $\theta \in (0,1)$ が存在し

$$f'(t) = (1+(-t^2))^{-1/2} = \sum_{n=0}^{N} \binom{-1/2}{n}(-t^2)^n$$

$$+ \frac{\alpha(\alpha-1)\cdots(\alpha-N)}{N!} \left(\frac{1-\theta}{1-\theta t^2}\right)^N (1-\theta t^2)^{-3/2}(-t^2)^{N+1}$$

が成り立つ．$|x| < 1$ とする．$R_{N+1}f'(t;0) = f'(t) - \sum_{n=0}^{N} \binom{-1/2}{n}(-t^2)^n$ であるから，$R_{N+1}f'(t;0)$ は t の関数として $(-1,1)$ 上で連続である．ゆえに $[0,x]$ 上で積分可能である（定理 9.4）．したがって

$$\begin{aligned}
\arcsin x &= \int_0^x \frac{d}{dt} \arcsin t \, dt \\
&= \sum_{n=0}^{N} (-1)^n \binom{-1/2}{n} \int_0^x t^{2n} dt + \int_0^x R_{N+1}f'(t;0) dt \\
&= \sum_{n=0}^{N} \frac{(-1)^n}{2n+1} \binom{-1/2}{n} x^{2n+1} + \int_0^x R_{N+1}f'(t;0) dt
\end{aligned}$$

である．ここで

$$\left| \frac{\alpha(\alpha-1)\cdots(\alpha-N)}{N!} \right| = \frac{1/2(1/2+1)\cdots(1/2+N)}{N!} < N + \frac{1}{2}$$

$$\left| \frac{1-\theta}{1-\theta t^2} \right| \le 1 \ (|t| < 1)$$

であるから，

$$|R_{N+1}f'(t;0)| \le \left(N + \frac{1}{2}\right)(1-t^2)^{-3/2} t^{2(N+1)}$$

が成り立っている．ゆえに

$$\begin{aligned}
\left| \int_0^x R_{N+1}f'(t;0) dt \right| &\le \left(N + \frac{1}{2}\right) \int_0^{|x|} (1-t^2)^{-3/2} t^{2(N+1)} dt \\
&\le \left(N + \frac{1}{2}\right) \frac{1}{\left(1-|x|^2\right)^{3/2}} \frac{1}{2N+3} |x|^{2N+3}.
\end{aligned}$$

ゆえに $|x| < 1$ に対して

$$\left| \arcsin x - \sum_{n=0}^{N} \frac{(-1)^n}{2n+1} \binom{-1/2}{n} x^{2n+1} \right| \le \frac{1}{2} \frac{|x|^{2N+3}}{\left(1-|x|^2\right)^{\frac{3}{2}}} \to 0 \ (N \to \infty)$$

$$\tag{9.11}$$

が得られる. $(-1)^n \begin{pmatrix} -1/2 \\ n \end{pmatrix} = \dfrac{(2n)!}{2^{2n}(n!)^2}$ より 2 番目の等式は明らかである.

練習 9.3 $\quad \pi = 6 \sum_{n=0}^{\infty} \dfrac{(2n)!}{2^{4n+1}(n!)^2} \dfrac{1}{2n+1}$ を示せ (ヒント：必要なら $\arcsin \dfrac{1}{2} = \dfrac{\pi}{6}$ を用いてよい).

解答例 $\quad \dfrac{\pi}{6} = \arcsin \dfrac{1}{2} = \sum_{n=0}^{\infty} \dfrac{(2n)!}{2^{2n}(n!)^2} \dfrac{1}{2n+1} \dfrac{1}{2^{2n+1}}.$

9.10 マクローリン展開を用いた近似計算

マクローリン展開を用いて近似計算を行うことができる. たとえば一例として, $\arcsin x$ のマクローリン展開を用いて π の第 7 桁までの正確な値を求めてみよう. $\dfrac{\pi}{6} = \arcsin \dfrac{1}{2}$ と (9.11) より

$$\left| \pi - 6 \sum_{n=0}^{N} \frac{(2n)!}{2^{4n+1}(n!)^2} \frac{1}{2n+1} \right| \le \frac{6}{2} \frac{\left(\dfrac{1}{2}\right)^{2N+3}}{\left(1 - \dfrac{1}{4}\right)^{3/2}} = \frac{1}{2^{2N+3}} \frac{2^3}{3^{1/2}} < \frac{1}{2^{2N}}$$

が成り立つ. π の 7 桁までの正確な近似値を求めることを考える. $E(N) = \dfrac{1}{2^{2N}}$ とおく. $\dfrac{1}{E(14)} = 2^{28} = 268435456 > 2.68 \times 10^8$ であるから, たとえば, $E(14) < 3.8 \times 10^{-9}$ である. ゆえに

$$\left| \pi - 6 \sum_{n=0}^{14} \frac{(2n)!}{2^{4n+1}(n!)^2} \frac{1}{2n+1} \right| < 3.8 \times 10^{-9}$$

が得られる. $F(n) = \dfrac{6(2n)!}{2^{4n+1}(n!)^2} \dfrac{1}{2n+1}$ とおく[5].

$F(0) = 3$

$F(1) = 0.125$

$F(2) = 0.0140625$

$F(3) \fallingdotseq 0.0020926340$ (10^{-10} 以下の桁を切り上げた値)

---

[5] 以下の計算は MATLAB で行ったものである.

$F(4) \fallingdotseq 0.0003560380$（$10^{-10}$ 以下の桁は切り下げた値）

$F(5) \fallingdotseq 0.0000655430$（$10^{-10}$ 以下の桁は切り下げた値）

$F(6) \fallingdotseq 0.0000127100$（$10^{-10}$ 以下の桁は切り上げた値）

$F(7) \fallingdotseq 0.0000025570$（$10^{-10}$ 以下の桁は切り下げた値）

$F(8) \fallingdotseq 0.0000005290$（$10^{-10}$ 以下の桁は切り上げた値）

$F(9) \fallingdotseq 0.0000001120$（$10^{-10}$ 以下の桁は切り上げた値）

$F(10) \fallingdotseq 0.0000000240$（$10^{-10}$ 以下の桁は切り下げた値）

$F(11) \fallingdotseq 0.0000000050$（$10^{-10}$ 以下の桁は切り下げた値）

$F(12) \fallingdotseq 0.0000000012$（$10^{-10}$ 以下の桁は切り上げた値）

$F(13) \fallingdotseq 0.0000000003$（$10^{-10}$ 以下の桁は切り上げた値）

$F(14) \fallingdotseq 0.0000000000$（$10^{-10}$ 以下の桁は切り下げた値）

ゆえに $\sum_{n=0}^{14} F(n) \fallingdotseq 3.1415926535$ であるが，ここで切り下げ・切り上げによる影響は $5 \times 10^{-10} \times 12 = 6.0 \times 10^{-9}$ である．ゆえに

$$|\pi - 3.141592652| < 3.8 \times 10^{-9} + 6.0 \times 10^{-9} = 9.8 \times 10^{-9} < 10^{-8}$$

したがって $3.141592642 < \pi < 3.141592662$ であり，3.1415926 は π の 8 桁までの正確な値である[*6]．

問題 9.3　$\sin 1 = \sum_{n=0}^{\infty} \dfrac{(-1)^n}{(2n+1)!}$ を用いて $\sin 1$ の 6 桁までの正確な値は 0.84147 であることを示せ．

問題 9.4　$e = \sum_{n=0}^{\infty} \dfrac{1}{n!}$ を用いて e の 7 桁までの正確な値は 2.718281 であることを示せ．

[*6] 8 桁以降の正確な数として $3.141592653589793\cdots$ が知られている．

第II部

微分法（多変数）

d 次元ユークリッド空間
（多変数関数の解析の準備）

　これまで 1 変数関数を扱ってきたが，数学，物理，工学などの諸分野では多変数の関数の微分と積分が必要になることが多い．第 II 部では多変数関数の偏微分とその応用について述べる．

　多変数関数の微積分を精密に扱うには，d 次元ユークリッド空間（定義は後述）の幾何的な性質のいくつかを使うと便利である．本章では d 次元ユークリッド空間の幾何に関する基礎事項を必要な範囲で解説する．

10.1　d 次元ユークリッド空間とその距離

　直線上の点の位置は実数 x で表され，平面上の点は 2 つの実数の組 (x, y) からなる座標で表される．空間上の点は 3 つの実数の組 (x, y, z) からなる座標で表される．ここで $(x, y) = (x', y')$ とは $x = x'$ かつ $y = y'$ であることを意味し，$(x, y, z) = (x', y', z')$ とは $x = x'$ かつ $y = y'$ かつ $z = z'$ を意味している．

$$\mathbb{R}^2 = \{(x_1, x_2) : x_1, x_2 \text{ は実数} \}$$
$$\mathbb{R}^3 = \{(x_1, x_2, x_3) : x_1, x_2, x_3 \text{ は実数} \}$$

とおく．より一般に d 個の実数の組 $(x_1, \cdots, x_d)$ を考え，$(x_1, \cdots, x_d) = (x'_1, \cdots, x'_d)$ とは $x_i = x'_i$ $(i = 1, \cdots, d)$ であると定義する．

$$\mathbb{R}^d = \{(x_1, \cdots, x_d) : x_1, \cdots, x_d \text{ は実数} \}$$

とし，これを d **次元数空間**という．$\mathbb{R}^d$ に含まれる要素を $\mathbb{R}^d$ の点という．

「1 次元数空間は直線，2 次元数空間は平面，3 次元数空間は空間，4 次元，5 次元，

$\cdots$，もう頭が追い付かない $\cdots$」と思ってあきらめないでほしい．たとえばデータの解析ではデータは何万個もの数の配列となっており，それは数万次元数空間の要素である．数学ではそういったものも扱う．イメージを持つことは非常に重要なことであるが，固定的なイメージに束縛されるのは止めておいた方が賢明であろう．

$\boldsymbol{x} = (x_1, \cdots, x_d)$ というように，記述を簡単にする．$\boldsymbol{x} = (x_1, \cdots, x_d) \in \mathbb{R}^d$，$\boldsymbol{y} = (y_1, \cdots, y_d) \in \mathbb{R}^d$ に対して和と差を

$$\boldsymbol{x} \pm \boldsymbol{y} = (x_1 \pm y_1, \cdots, x_d \pm y_d) \, (\text{複号同順})$$

により定める．また $\alpha \in \mathbb{R}$ に対して

$$\alpha \boldsymbol{x} = (\alpha x_1, \cdots, \alpha x_d)$$

と定める．これを**スカラー積**という（α はスカラーともいう）．

$$\boldsymbol{0} = (0, \cdots, 0) \in \mathbb{R}^d$$

とおき，これを $\mathbb{R}^d$ の**零元**あるいは**原点**という．

$\boldsymbol{x} = (x_1, \cdots, x_d) \in \mathbb{R}^d$ に対して

$$\|\boldsymbol{x}\| = (x_1^2 + \cdots + x_d^2)^{\frac{1}{2}}$$

とする（ただし $0^{\frac{1}{2}} = 0$ と定める）．これを $\boldsymbol{x}$ の**長さ**あるいは**ユークリッド・ノルム**という．$\boldsymbol{x}, \boldsymbol{y} \in \mathbb{R}^d$ に対して

$$\rho(\boldsymbol{x}, \boldsymbol{y}) = \|\boldsymbol{x} - \boldsymbol{y}\|$$

とし，これを $\boldsymbol{x}$ と $\boldsymbol{y}$ の**ユークリッド距離**という．

$\boldsymbol{x} = (x_1, \cdots, x_d), \boldsymbol{y} = (y_1, \cdots, y_d) \in \mathbb{R}^d$ に対して

$$\boldsymbol{x} \cdot \boldsymbol{y} = \sum_{j=1}^{d} x_j y_j$$

を $\boldsymbol{x}$ と $\boldsymbol{y}$ の**ユークリッド内積**，あるいは本書では単に**内積**という．

$$\boldsymbol{x} \cdot \boldsymbol{y} = \langle \boldsymbol{x} \cdot \boldsymbol{y} \rangle$$

と記すこともある．明らかに

$$\boldsymbol{x} \cdot \boldsymbol{y} = \boldsymbol{y} \cdot \boldsymbol{x}$$

である．また $\boldsymbol{x} \cdot \boldsymbol{x} = \sum_{j=1}^{d} x_j^2 \geq 0$ であり，

$$\|\boldsymbol{x}\| = \sqrt{\boldsymbol{x} \cdot \boldsymbol{x}}$$

である．$\mathbb{R}^d$ とユークリッド内積との組 $(\mathbb{R}^d, \cdot)$ を d 次元ユークリッド空間という．

$d = 1$ の場合 $\mathbb{R}^1 = \{(x_1) : x_1$ は実数 $\}$ であるが，これは実数全体の集合 $\mathbb{R}$ と同一視する．

次の不等式は $\mathbb{R}^d$ の幾何では基本的な役割を果たす．

> **定理 10.1** （コーシー–シュバルツの不等式）　$\boldsymbol{x}, \boldsymbol{y} \in \mathbb{R}^d$ に対して
> $$|\boldsymbol{x} \cdot \boldsymbol{y}| \leq \|\boldsymbol{x}\| \|\boldsymbol{y}\|.$$
> ここで等号が成り立つのは，ある実数 c が存在し，$\boldsymbol{x} = c\boldsymbol{y}$ となる場合に限る[*1]．

◆証明◆　$\boldsymbol{x} \cdot \boldsymbol{y} = 0$ の場合は明らかだから，$\boldsymbol{x} \cdot \boldsymbol{y} \neq 0$ の場合を示す．$\alpha = \boldsymbol{x} \cdot \boldsymbol{y}$ とおく．$t \in \mathbb{R}$ に対して

$$\begin{aligned}
0 \leq \|\boldsymbol{x} - t\boldsymbol{y}\|^2 &= (\boldsymbol{x} - t\boldsymbol{y}) \cdot (\boldsymbol{x} - t\boldsymbol{y}) \\
&= \|\boldsymbol{x}\|^2 - 2t\boldsymbol{x} \cdot \boldsymbol{y} + t^2 \|\boldsymbol{y}\|^2 \\
&= \|\boldsymbol{y}\|^2 t^2 - 2\alpha t + \|\boldsymbol{x}\|^2
\end{aligned}$$

である．これを t の 2 次式と考えて，判別式を考えれば

$$0 \geq \text{判別式} = 4\alpha^2 - 4\|\boldsymbol{x}\|^2 \|\boldsymbol{y}\|^2$$

となっている．これより $|\alpha| \leq \|\boldsymbol{x}\| \|\boldsymbol{y}\|$ が導かれる．

もしも $|\alpha| = \|\boldsymbol{x}\| \|\boldsymbol{y}\|$ ならば，t の 2 次方程式 $\|\boldsymbol{x} - t\boldsymbol{y}\|^2 = 0$ はある重解 $t = c$ をもつ．したがって $\boldsymbol{x} = c\boldsymbol{y}$ が成り立つ．逆に $\boldsymbol{x} = c\boldsymbol{y}$ ならば計算により $|\boldsymbol{x} \cdot \boldsymbol{y}| = \|\boldsymbol{x}\| \|\boldsymbol{y}\|$ を示せる．■

コーシー–シュバルツの不等式から次の不等式が得られる（$d = 1$ の場合は定理 1.1 参照）．

> **定理 10.2**　$\boldsymbol{x}, \boldsymbol{y} \in \mathbb{R}^d$, $\alpha \in \mathbb{R}$ に対して次が成り立つ．
> $$\|\alpha\boldsymbol{x}\| = |\alpha| \|\boldsymbol{x}\|,$$
> $$\|\boldsymbol{x} + \boldsymbol{y}\| \leq \|\boldsymbol{x}\| + \|\boldsymbol{y}\| \text{（三角不等式）}.$$

◆証明◆　最初の等式は明らかである．三角不等式を示す．コーシー–シュバルツの不等式より

[*1] すなわち $\boldsymbol{x}$ と $\boldsymbol{y}$ が線形従属の場合に限る．

$$\|\boldsymbol{x} + \boldsymbol{y}\|^2 = (\boldsymbol{x} + \boldsymbol{y}) \cdot (\boldsymbol{x} + \boldsymbol{y}) = \boldsymbol{x} \cdot \boldsymbol{x} + \boldsymbol{x} \cdot \boldsymbol{y} + \boldsymbol{y} \cdot \boldsymbol{x} + \boldsymbol{y} \cdot \boldsymbol{y}$$
$$\leq \|\boldsymbol{x}\|^2 + \|\boldsymbol{x}\| \|\boldsymbol{y}\| + \|\boldsymbol{x}\| \|\boldsymbol{y}\| + \|\boldsymbol{y}\|^2$$
$$= (\|\boldsymbol{x}\| + \|\boldsymbol{y}\|)^2.$$

これより三角不等式が成り立つ. ∎

（問題 10.1） $\boldsymbol{x}, \boldsymbol{y} \in \mathbb{R}^d$ に対して，$|\|\boldsymbol{x}\| - \|\boldsymbol{y}\|| \leq \|\boldsymbol{x} - \boldsymbol{y}\|$ を示せ.

$\boldsymbol{x} = (x_1, \cdots, x_d) \in \mathbb{R}^d$ に対して $\|\boldsymbol{x}\| = (x_1^2 + \cdots + x_d^2)^{1/2}$ を定義した. 一方，$\boldsymbol{y} = (y_1, \cdots, y_k) \in \mathbb{R}^k$ の場合は，$\|\boldsymbol{y}\| = (y_1^2 + \cdots + y_k^2)^{1/2}$ と定義される. 厳密に言えば $\mathbb{R}^d$ に対する $\|\ \|$ と $\mathbb{R}^k$ に対する $\|\ \|$ の定義には違いがある. そこで $\|\ \|$ は空間の次元を明記して $\|\ \|_{\mathbb{R}^d}$ などと書く方が混乱がないだろう. しかし記号を煩雑にしないために，本書では単に $\|\ \|$ と記すので，これが $\mathbb{R}^d$ の要素の長さを表しているのか，$\mathbb{R}^k$ の要素の長さを表しているのかは前後の文脈から判断してほしい.

10.2　開集合と閉集合

1 変数関数の場合，開区間，閉区間などで定義されている関数を扱ってきた. 2 変数になるとたとえば開区間 $(a - r, a + r)$ に相当する集合の候補としては，一つは正方形

$$(a - r, a + r) \times (b - r, b + r)$$
$$= \{(x, y) : x \in (a - r, a + r), y \in (b - r, b + r)\}$$

が考えられる. ここで左辺の $(a - r, a + r), (b - r, b + r)$ は開区間を表し，一方右辺の (x, y) は平面の座標を表しているので混乱のないよう注意してほしい*2.

もう一つの開区間の一般化の候補としては，中心 $(a, b) \in \mathbb{R}^2$，半径 $r > 0$ の円板

$$B((a, b), r) = \{(x, y) \in \mathbb{R}^2 : \|(x, y) - (a, b)\| < r\}$$

も考えられる. また以上のもの以外にも，さまざまな形の図形（たとえば楕円など）も考えられるであろう.

そこで，開区間，閉区間の概念をさまざまな形の図形に一般化したものとして開集合と閉集合の概念を導入する. なお開集合，閉集合は一般の $\mathbb{R}^d$ に対して考えられるので，ここでは主に $\mathbb{R}^d$ を扱う. まず開集合の定義から始める. 定義に

---

*2 同じ記号 (x, y) で開区間を表すときと，平面上の点 (x, y) を表すことがあるが，前後の文脈から混乱は生じないであろう.

は次の記号を用いる.

$\boldsymbol{a} \in \mathbb{R}^d$ と $r > 0$ に対して

$$B_d(\boldsymbol{a}, r) = \left\{ \boldsymbol{x} \in \mathbb{R}^d : \|\boldsymbol{x} - \boldsymbol{a}\| < r \right\}$$

とする. これを中心 $\boldsymbol{a}$, 半径 r の d 次元開球という.

◆**定義 10.1**◆ 　$D \subset \mathbb{R}^d$, $D \neq \varnothing$ が $\mathbb{R}^d$ の**開集合**であるとは, 任意の点 $\boldsymbol{x} \in D$ に対して, ある $r > 0$ を

$$B_d(\boldsymbol{x}, r) \subset D$$

となるようにとれることである. 便宜上, 空集合 $\varnothing$ も $\mathbb{R}^d$ の開集合であるとする.

[**例 10.1**] 　(1) 開区間 (a, b) は $\mathbb{R}^1$ の開集合である.

(2) 長方形 $(a - r, a + r) \times (b - s, b + s)$ $(a, b \in \mathbb{R}, \ r, s > 0)$ は $\mathbb{R}^2$ の開集合である.

(3) d 次元開球 $B_d(\boldsymbol{a}, r)$ は $\mathbb{R}^d$ の開集合である.

一般に $\boldsymbol{a} = (a_1, \cdots, a_d) \in \mathbb{R}^d$ に対して

$$I_d(\boldsymbol{a}, r) = \left\{ (x_1, \cdots, x_d) \in \mathbb{R}^d : |x_1 - a_1| < r, \cdots, |x_d - a_d| < r \right\} \quad (10.1)$$

を中心 $\boldsymbol{a}$, 1 辺の長さ $2r$ の d **次元開立方体**という（次の問題を参照）.

（問題 10.2） 　$I_d(\boldsymbol{a}, r)$ は $\mathbb{R}^d$ の開集合であることを示せ.

d 次元開球と d 次元開立方体について, 次の関係式が成り立つ. $\boldsymbol{x} \in \mathbb{R}^d, r > 0$ に対して

$$B_d(\boldsymbol{x}, r) \subset I_d(\boldsymbol{x}, r) \subset B_d(\boldsymbol{x}, \sqrt{d}\,r) \quad (10.2)$$

が成り立つ. $d = 2$ の場合は図 10.1 からこの関係式を確認できる.

（練習 10.1） 　(10.2) を証明せよ.

解答例 　$\boldsymbol{y} \in B_d(\boldsymbol{x}, r)$ とする. このとき各 i に対して, $|x_i - y_i| \leq \|\boldsymbol{x} - \boldsymbol{y}\| < r$ より $\boldsymbol{y} \in I_d(\boldsymbol{x}, r)$ である. ゆえに $B_d(\boldsymbol{x}, r) \subset I_d(\boldsymbol{x}, r)$ が成り立つ. $\boldsymbol{y} \in I_d(\boldsymbol{x}, r)$ とすると, $\|\boldsymbol{x} - \boldsymbol{y}\| < (r^2 + \cdots + r^2)^{1/2} = \sqrt{d}\,r$ より $\boldsymbol{y} \in B_d(\boldsymbol{x}, \sqrt{d}\,r)$ である.

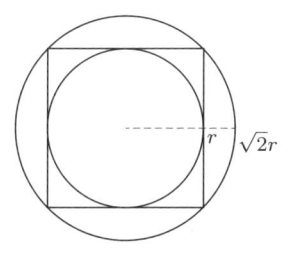

図 10.1 $d = 2$ の場合.

練習 10.2 $D \subset \mathbb{R}^d$ とする. D が $\mathbb{R}^d$ の開集合であるための必要十分条件は, 任意の $\boldsymbol{x} \in D$ に対して, ある $r > 0$ を $I_d(\boldsymbol{x}, r) \subset D$ となるようにとれることである.

解答例 D が $\mathbb{R}^d$ の開集合であれば, 任意の $\boldsymbol{x} \in D$ に対して, ある $s > 0$ を $B_d(\boldsymbol{x}, s) \subset D$ となるようにとれる. (10.2) より $I_d(\boldsymbol{x}, s/\sqrt{d}) \subset B_d(\boldsymbol{x}, s)$ であるから必要性が証明された. 十分性は (10.2) の最初の包含関係より明らかである.

次の概念もしばしば使う.

◆定義 10.2◆ $\boldsymbol{a} \in \mathbb{R}^d$ とする. $V \subset \mathbb{R}^d$ が $\boldsymbol{a}$ の**近傍**であるとは, ある $r > 0$ を $B_d(\boldsymbol{a}, r) \subset V$ ととれることである.

明らかに $\boldsymbol{a} \in \mathbb{R}^d$ を含む開集合は $\boldsymbol{a}$ の近傍である. これを特に**開近傍**という.

問題 10.3 $\boldsymbol{c} \in \mathbb{R}^d, R > 0$ とする. $\boldsymbol{a} \in \mathbb{R}^d$ を $\|\boldsymbol{a} - \boldsymbol{c}\| = R$ をみたす点とする. $V = \{\boldsymbol{x} \in \mathbb{R}^d : \|\boldsymbol{x} - \boldsymbol{c}\| \leq R\}$ とする. $\boldsymbol{a} \in V$ である. V は $\boldsymbol{a}$ の近傍か.

閉区間の代わりに多変数関数の解析では, 閉集合と呼ばれるより一般的な集合が使われる. 閉集合の定義をしておく. その前に点列の収束の定義と基本的な性質を証明しておく.

$\mathbb{R}^d$ の点 $\boldsymbol{x}_1 \in \mathbb{R}^d$, $\boldsymbol{x}_2 \in \mathbb{R}^d, \cdots$ からなる集合 $\{\boldsymbol{x}_n\}_{n=1}^{\infty} = \{\boldsymbol{x}_n : n \in \mathbb{N}\}$ を $\mathbb{R}^d$ の**点列**という. これがある点 $\boldsymbol{x} \in \mathbb{R}^d$ に収束するとは

$$\lim_{n \to \infty} \|\boldsymbol{x}_n - \boldsymbol{x}\| = 0$$

が成り立つことである．このとき $\{x_n\}_{n=1}^{\infty}$ を**収束点列**といい，x をその**極限点**，あるいは点列 $\{x_n\}_{n=1}^{\infty}$ は x に**収束**するという．特に $E \subset \mathbb{R}^d$ を集合とし，$x_n \in E\ (n = 1, 2, \cdots)$ であるとき，点列 $\{x_n\}_{n=1}^{\infty}$ を E の**点列**という．

次のことが成り立つ．

> **定理 10.3**　$x = (x_1, \cdots, x_d),\ x_n = (x_{1,n}, \cdots, x_{d,n}) \in \mathbb{R}^d\ (n = 1, 2, \cdots)$ とする．$\{x_n\}_{n=1}^{\infty}$ が x に収束するための必要十分条件は，各 i について数列 $\{x_{i,n}\}_{n=1}^{\infty}$ が x_i に収束することである．

◆証明◆　$|x_{i,n} - x_i| \leq \|x_n - x\|$ より必要性は明らかである．また，

$$\|x_n - x\| \leq |x_{1,n} - x_1| + \cdots + |x_{d,n} - x_d|$$

より十分性も成り立つ．　∎

閉集合は次のように定義される．

◆定義 10.3◆　$E \subset \mathbb{R}^d, E \neq \varnothing$ が $\mathbb{R}^d$ の**閉集合**であるとは，E の点列 $\{x_n\}_{n=1}^{\infty}$ が収束点列ならば，その極限点 x が E の要素になることである．なお空集合 $\varnothing$ も $\mathbb{R}^d$ の閉集合であるとする．

閉集合の例と閉集合でない例を見ておく．

[例 10.2]　(1) 閉区間 $[a, b]$ は $\mathbb{R}^1$ の閉集合である．

(2) $a \in \mathbb{R}^d$ と $r > 0$ に対して

$$\overline{B}_d(a, r) = \left\{ x \in \mathbb{R}^d : \|x - a\| \leq r \right\} \tag{10.3}$$

とおく．$\overline{B}_d(a, r)$ は $\mathbb{R}^d$ の閉集合である．これを中心 a，半径 r の d **次元閉球**という．$\overline{B}_d(a, r)$ は $B_d(a, r)^a$ とも表す．

(3) $a \in \mathbb{R}^d$ と $r_1, \cdots, r_d > 0$ に対して

$$\overline{I}_d(a, r_1, \cdots, r_d) = \left\{ (x_1, \cdots, x_d) \in \mathbb{R}^d : |x_1 - a_1| \leq r_1, \cdots, |x_d - a_d| \leq r_d \right\}$$

を d **次元閉直方体**という，特に $r_1 = \cdots = r_d = r$ のとき，$\overline{I}_d(a, r_1, \cdots, r_d) = \overline{I}_d(a, r)$ とおき，中心 a，一辺の長さ $2r$ の d **次元閉立方体**という．d 次元閉直方体は閉集合である．

(4) $\mathbb{R}^d$ と $\varnothing$ は $\mathbb{R}^d$ の開集合でもあり閉集合でもある．

(5) 半開区間 $(a, b]$，$[a, b)$ は $\mathbb{R}^1$ の開集合でも閉集合でもない．

解説　(1) $x_n \in [a,b]$ $(n = 1, 2, \cdots)$ で, $\lim_{n \to \infty} x_n = x$ ならば, 明らかに $a \le x \le b$ である. ゆえに $x \in [a,b]$ で, $[a,b]$ は閉集合である. (2) $\{\boldsymbol{x}_n\}_{n=1}^\infty$ を $\overline{B}_d(\boldsymbol{a}, r)$ の点列として, $\lim_{n \to \infty} \boldsymbol{x}_n = \boldsymbol{x}$ とすると, $\|\boldsymbol{x} - \boldsymbol{a}\| = \lim_{n \to \infty} \|\boldsymbol{x}_n - \boldsymbol{a}\| \le r$ である. (3) は定理 10.3 と (1) より示される. (4) は明らか. (5) $b \in (a, b]$ であるが, いかなる $r > 0$ に対しても $B_1(b, r) \not\subseteq (a, b]$ であるから, $(a, b]$ は開集合でない. $x_n = a + (b - a)\dfrac{1}{n}$ $(n = 1, 2, \cdots)$ とすると, $\{x_n\}_{n=1}^\infty$ は $(a, b]$ の点列であり, $\lim_{n \to \infty} x_n = a$ である. しかし, $a \notin (a, b]$ であるから, $(a, b]$ は閉集合でない. $[a, b)$ も同様に示される.

　数学では次に定義する有界集合, 有界閉集合の概念は重要である.

◆**定義 10.4**◆　$E \subset \mathbb{R}^d, E \ne \varnothing$ が $\mathbb{R}^d$ の有界集合であるとは, $\{\|\boldsymbol{x}\| : \boldsymbol{x} \in E\}$ が $\mathbb{R}$ の**有界集合**になっていることである. 有界な閉集合を**有界閉集合**という. $\varnothing$ も有界閉集合とみなす.

　たとえば, 例 10.2 の (1), (2), (3) は有界閉集合である. しかし, $\mathbb{R}^d$, $[a, \infty)$, $(-\infty, a]$ は閉集合であるが, 有界閉集合ではない.

　有界閉集合に関して極めて重要かつ有用な定理がある. それは次に述べるボルツァノ–ワイエルシュトラスの定理である. まず次の用語を準備しておく. $\{\boldsymbol{x}_n\}_{n=1}^\infty$ を $\mathbb{R}^d$ の点列とする. $n_1, n_2, \cdots$ をある自然数で, $n_1 < n_2 < \cdots$ をみたすものとする. このとき点列 $\{\boldsymbol{x}_{n_k}\}_{k=1}^\infty$ を $\{\boldsymbol{x}_n\}_{n=1}^\infty$ の**部分列**という. 部分列が収束列であるとき**収束部分列**という.

◆**定理 10.4**◆　(ボルツァノ–ワイエルシュトラスの定理)　$E \subset \mathbb{R}^d, E \ne \varnothing$ が $\mathbb{R}^d$ の有界閉集合とする. $\{\boldsymbol{x}_n\}_{n=1}^\infty$ を E の点列とする. このとき, $\{\boldsymbol{x}_n\}_{n=1}^\infty$ は E の点を極限とするような収束部分列を含む. すなわち, ある自然数 $n_1 < n_2 < \cdots$ と $\boldsymbol{x} \in E$ が存在し,

$$\lim_{k \to \infty} \boldsymbol{x}_{n_k} = \boldsymbol{x}$$

が成り立つ.

◆**証明**◆ $E \subset B_d(\mathbf{0}, r)$ となる正数 r が存在する．$d = 1$ の場合は定理 8.9 と E が閉集合であることによる．$d = 2$ の場合を示す．$\boldsymbol{x}_n = (x_n^{(1)}, x_n^{(2)})$ とおく．$\left|x_n^{(1)}\right|, \left|x_n^{(2)}\right| \le \|\boldsymbol{x}_n\| < r$ であるから，$\left\{x_n^{(1)}\right\}_{n=1}^{\infty}, \left\{x_n^{(2)}\right\}_{n=1}^{\infty}$ は有界数列である．定理 8.9 から，$\left\{x_n^{(1)}\right\}_{n=1}^{\infty}$ の収束部分列 $\left\{x_{n_k}^{(1)}\right\}_{k=1}^{\infty}$ が存在する．$x_1 = \lim\limits_{k \to \infty} x_{n_k}^{(1)}$ とおく．$\left\{x_{n_k}^{(2)}\right\}_{k=1}^{\infty}$ は $\left\{x_n^{(2)}\right\}_{n=1}^{\infty}$ の部分列であるから，有界数列である．したがって，定理 8.9 より，$\left\{x_{n_k}^{(2)}\right\}_{k=1}^{\infty}$ の収束部分列 $\left\{x_{n_{k_l}}^{(2)}\right\}_{l=1}^{\infty}$ が存在する．$x_2 = \lim\limits_{l \to \infty} x_{n_{k_l}}^{(2)}$ とおく．$\left\{x_{n_{k_l}}^{(1)}\right\}_{l=1}^{\infty}$ は収束列 $\left\{x_{n_k}^{(1)}\right\}_{k=1}^{\infty}$ の部分列であるから，収束列であり $x_1 = \lim\limits_{l \to \infty} x_{n_{k_l}}^{(1)}$ である（問題 8.2）．したがって $\{\boldsymbol{x}_{n_{k_l}}\}_{l=1}^{\infty}$ は $\{\boldsymbol{x}_n\}_{n=1}^{\infty}$ の部分列であり，

$$\lim_{l \to \infty} \boldsymbol{x}_{n_{k_l}} = \lim_{l \to \infty} \left(x_{n_{k_l}}^{(1)}, x_{n_{k_l}}^{(2)}\right) = (x_1, x_2)$$

である．E は閉集合であるから $(x_1, x_2) \in E$ である．

$d \ge 3$ の場合も上記の議論を繰り返し行って証明される． ∎

微積分をはじめ数学のさまざまな分野で重要な役割を果たすことになる集合に凸集合がある．それを定義しておこう．

点 $\boldsymbol{a}, \boldsymbol{b} \in \mathbb{R}^d$ に対して

$$l(\boldsymbol{a}, \boldsymbol{b}) = \{(1 - t)\boldsymbol{a} + t\boldsymbol{b} : 0 \le t \le 1\} \subset \mathbb{R}^d$$

を $\boldsymbol{a}$ と $\boldsymbol{b}$ を結ぶ**線分**（あるいは閉線分）といい，

$$l^{\circ}(\boldsymbol{a}, \boldsymbol{b}) = \{(1 - t)\boldsymbol{a} + t\boldsymbol{b} : 0 < t < 1\} \subset \mathbb{R}^d$$

を**開線分**という（ただし開線分は $\mathbb{R}^d$ の開集合ではない．なぜなら $l^{\circ}(\boldsymbol{a}, \boldsymbol{b})$ はいかなる d 次元開球も含んでいないからである）．

集合 $\Omega \subset \mathbb{R}^d$ が**凸集合**であるとは，任意の $\boldsymbol{a}, \boldsymbol{b} \in \Omega$ に対して

$$l(\boldsymbol{a}, \boldsymbol{b}) \subset \Omega$$

が成り立つことである．凸集合で閉集合であるものを**閉凸集合**，凸集合で開集合であるものを**開凸集合**という．

開球 $B_d(\boldsymbol{c}, r)$，開立方体 $I_d(\boldsymbol{c}, r)$ は開凸集合である．d 次元閉球，d 次元閉立方体は閉凸集合である．

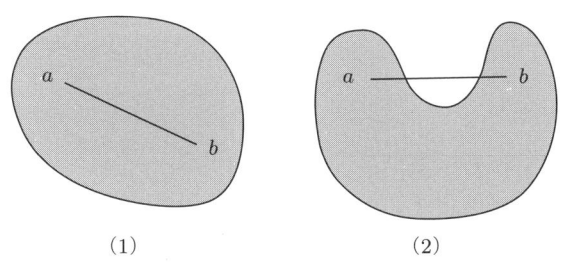

(1)　　　　　　　　　　(2)

図 **10.2**　(1) は凸集合. (2) は 2 点を結ぶ線分が含まれない場合があるので凸集合ではない.

10.3　内部, 閉包, 境界

多変数関数に関わる解析で重要な概念である, 内部, 閉包, 境界の概念を導入しておく.

$A \subset \mathbb{R}^d$ とする.

◆**定義 10.5**◆　$x \in A$ が A の**内点**であるとは, ある $\delta > 0$ が存在し, $B_d(\boldsymbol{x}, \delta) \subset A$ が成り立つことである. A の内点全体の集合を A の**内部**といい, 本書では A° と表す (注：$A^\circ = \varnothing$ の場合もある).

たとえば $B_d(\boldsymbol{x}, r)^\circ = B_d(\boldsymbol{x}, r)$ であり, $\overline{B}_d(\boldsymbol{x}, r)^\circ = B_d(\boldsymbol{x}, r)$ である. また $A = \{\boldsymbol{x}\}$ ならば $A^\circ = \varnothing$ である. これらの証明は練習問題とする.

◆**定義 10.6**◆　$x \in \mathbb{R}^d$ とする. x が A の**触点**であるとは, A の要素のある列 $\{\boldsymbol{x}_n\}_{n=1}^{\infty}$ で $\displaystyle\lim_{n\to\infty} \boldsymbol{x}_n = \boldsymbol{x}$ をみたすものが存在することである. A の触点全体のなす集合を A の**閉包**といい, 本書では $\overline{A}$ または A^a により表す.

$x \in A$ ならば $\boldsymbol{x}_n = \boldsymbol{x}$ $(n = 1, 2, \cdots)$ ととれば, 明らかに x は A の触点である. ゆえに $A \subset \overline{A}$ である. $\boldsymbol{a} \in \mathbb{R}^d, r > 0$ とする. $\boldsymbol{x} \in \mathbb{R}^d, \|\boldsymbol{x} - \boldsymbol{a}\| = r$ をみたす点は, $\boldsymbol{x} \notin B_d(\boldsymbol{a}, r)$ であるが, $\boldsymbol{x} \in \overline{B_d(\boldsymbol{a}, r)}$ である. $\overline{B_d(\boldsymbol{x}, r)} = \overline{B}_d(x, r)$ である. また A が閉集合ならば $A = \overline{A}$ である.

◆**定義 10.7**◆　$A \subset \mathbb{R}^d$ に対して, $\overline{A} \setminus A^\circ$ を A の**境界**といい, 本書では bA で表す (本によっては ∂A と表すものも多い).

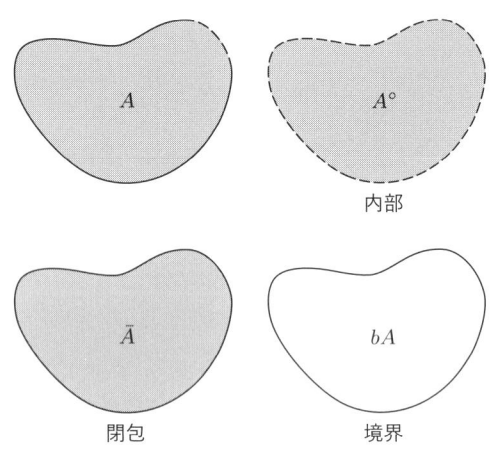

図 **10.3**　集合 A の内部，閉包，境界.

一般に $\boldsymbol{a} \in \mathbb{R}^d$, $r > 0$ に対して

$$S(\boldsymbol{a}, r) = \left\{ \boldsymbol{x} \in \mathbb{R}^d : \|\boldsymbol{x} - \boldsymbol{a}\| = r \right\}$$

を中心 $\boldsymbol{a}$, 半径 r の d **次元球面**という．次のことが成り立つ．

$$bB_d(\boldsymbol{a}, r) = S(\boldsymbol{a}, r)$$
$$\overline{B}_d(\boldsymbol{a}, r) = B_d(\boldsymbol{a}, r) \cup S(\boldsymbol{a}, r)$$

次の用語は本書でもよく使うものである．

$$S^{d-1} = \left\{ \boldsymbol{u} \in \mathbb{R}^d : \|\boldsymbol{u}\| = 1 \right\} \tag{10.4}$$

を d **次元単位球面**という．平面 $\mathbb{R}^2$ の点 (x_1, x_2) を平面ベクトル，空間 $\mathbb{R}^3$ の点 (x_1, x_2, x_3) を空間ベクトルとみなしたように，$\mathbb{R}^d$ の点を d **次元ベクトル**といい，S^{d-1} に属する点を d **次元単位ベクトル**ともいう．

（問題 **10.4**）　$A, B \subset \mathbb{R}^d$ とする．

(1) B が開集合で，$B \subset A$ ならば $B \subset A^\circ$ であることを証明せよ．

(2) B が閉集合で，$A \subset B$ ならば $\overline{A} \subset B$ であることを証明せよ．

発展学習　コンパクト集合

　数学で重要な概念であるコンパクト集合について述べる．詳細はおそらく位相数学関連の本あるいは講義で学ぶことになる．初めて本書を読む場合はここは後

回しにしても本書を読み進めるためには支障はない.

まず**コンパクト**の定義をする. $E \subset \mathbb{R}^d$ とする. Λ を空でない集合とし, $\lambda \in \Lambda$ に対して, $\mathbb{R}^d$ のある開集合 U_λ があてがわれているとする.

$$\bigcup_{\lambda \in \Lambda} U_\lambda = \{\boldsymbol{x} : \text{ある } \lambda \in \Lambda \text{ に対して } \boldsymbol{x} \in U_\lambda\}$$

とおく. もしも $E \subset \bigcup_{\lambda \in \Lambda} U_\lambda$ となっているとき, 開集合の集り $\{U_\lambda : \lambda \in \Lambda\}$ を E の**開被覆**, あるいは $\{U_\lambda : \lambda \in \Lambda\}$ は E を覆うという.

◆**定義 10.8**◆　　$E \subset \mathbb{R}^d$ がコンパクトであるとは, E の任意の開被覆 $\{U_\lambda : \lambda \in \Lambda\}$ に対して, ある有限個の $\lambda_1, \cdots, \lambda_N \in \Lambda$ が存在し,

$$E \subset U_{\lambda_1} \cup \cdots \cup U_{\lambda_N}$$

をみたすことである. $\{U_{\lambda_n} : n = 1, \cdots, N\}$ を E の ($\{U_\lambda : \lambda \in \Lambda\}$ に関する) 有限部分被覆という.

次のことが成り立つ.

◆ **定理 10.5** ◆ （ハイネ–ボレルの被覆定理）　$E \subset \mathbb{R}^d$ とする. E が有界閉集合ならばコンパクトである.

E は有界集合であるから, E を含む d 次元立方体 $Q = [a_1, a_1 + l] \times \cdots \times [a_d, a_d + l]$ をとることができる. Q の部分 2 進立方体を定義しておく. n を 0 以上の整数とし,

$$I_n = \{(j_1, \cdots, j_d) : \text{各 } j_i \text{ は } 0 \leq j_i \leq 2^n - 1 \text{ なる整数}\}$$

とおき, $\boldsymbol{j} = (j_1, \cdots, j_d)$ と表す.

$$Q_{n,\boldsymbol{j}} = \left[a_1 + \frac{j_1}{2^n}l, a_1 + \frac{j_1 + 1}{2^n}l\right] \times \cdots \times \left[a_d + \frac{j_d}{2^n}l, a_d + \frac{j_d + 1}{2^n}l\right]$$

とおく. $Q_{n,\boldsymbol{j}}$ を Q のレベル n の部分 2 進立方体という. 明らかに各 n に対して $Q = \bigcup_{\boldsymbol{j} \in I_n} Q_{n,\boldsymbol{j}}$ が成り立っている. したがって $E_{n,\boldsymbol{j}} = E \cap Q_{n,\boldsymbol{j}}$ とおくと, $E = \bigcup_{\boldsymbol{j} \in I_n} E_{n,\boldsymbol{j}}$ が成り立っている.

◆**証明**◆　$\mathcal{U} = \{U_\lambda : \lambda \in \Lambda\}$ を E の開被覆とする. E は有界集合であるから, $E \subset Q$ になる d 次元立方体をとることができる. もしも E の $\mathcal{U}$ に関する有限部分被覆

が存在しないとして矛盾を導く．$E = \bigcup_{j \in I_1} E_{1,j}$ であるから，仮定よりある $j(1) \in I_1$ が存在し，$E_{1,j(1)} \neq \varnothing$ かつ $E_{1,j(1)}$ の $\mathcal{U}$ に関する有限部分被覆は存在しない．$J_2 = \{j \in I_2 : E_{2,j} \subset E_{1,j(1)}\}$ とおくと，$E_{1,j(1)} = \bigcup_{j \in J_2} E_{2,j}$ であるから，ある $j(2) \in J_2$ が存在し，$E_{2,j(2)} \neq \varnothing$ かつ $E_{2,j(2)}$ の $\mathcal{U}$ に関する有限部分被覆は存在しない．以下，この操作を繰り返せば，空でない集合の列

$$E_{1,j(1)} \supset \cdots \supset E_{n,j(n)} \supset E_{n+1,j(n+1)} \supset \cdots \tag{10.5}$$

で，各 $E_{n,j(n)}$ の $\mathcal{U}$ に関する有限部分被覆は存在しないようなものがとれる．いま，点 $\boldsymbol{x}_n \in E_{n,j(n)}$ をとる（$n = 1, 2, \cdots$）．ボルツァノ–ワイエルシュトラスの定理から，$\{\boldsymbol{x}_n\}_{n=1}^{\infty}$ は収束部分列 $\{\boldsymbol{x}_{n_k}\}_{k=1}^{\infty}$ をもつ．$\boldsymbol{x} = \lim_{k \to \infty} \boldsymbol{x}_{n_k}$ とおく．各 $E_{n,j(n)}$ は閉集合であるから（10.5）より $\boldsymbol{x} \in E_{n,j(n)}$ である．$\{U_\lambda : \lambda \in \Lambda\}$ は E の開被覆であるから，$\boldsymbol{x} \in U_\lambda$ をみたす開集合 U_λ が存在する．したがって，$I_d(\boldsymbol{x}, \varepsilon) \subset U_\lambda$ をみたす d 次元開立方体が存在する．$2^{-n} < \varepsilon$ をみたす n に対して $E_{n,j(n)} \subset Q_{n,j(n)} \subset I_d(\boldsymbol{x}, \varepsilon)$ であるから，$E_{n,j(n)} \subset U_\lambda$ となる．これは $E_{n,j(n)}$ が有限部分被覆をもたないことに反する． ∎

定理 10.5 の逆も成り立つ（問題 10.6）．

（問題 10.5） $E \subset \mathbb{R}^d$ が閉集合であるための必要十分条件は $E^c = \mathbb{R}^d \setminus E$ が開集合であることを証明せよ（E^c は E の補集合と呼ばれている）．

（問題 10.6） $E \subset \mathbb{R}^d$ がコンパクトならば有界閉集合であることを証明せよ．

第 11 章

多変数関数の連続性と偏微分

 1 変数関数の微分の多変数関数への一つの一般化として各変数に関する微分可能性がある．各変数に関する微分を偏微分というが，偏微分は応用上非常に重要な概念である．まず関数の連続性についていくつか基本的なことをみておく．

11.1 多変数の連続関数

 $\Omega \subset \mathbb{R}^d$ とする．このとき写像 $f : \Omega \to \mathbb{R}$ を Ω 上の d 変数関数あるいは単に Ω 上の関数という．特に $d \geq 2$ のとき，d 変数関数を多変数関数ともいう．

 本節では多変数関数の連続性について解説する．多変数関数に対する連続性の定義は次のものである．

◆**定義 11.1**◆ $\Omega \subset \mathbb{R}^d$ とする．$f : \Omega \to \mathbb{R}$ とする．関数 f が $c \in \Omega$ で**連続**であるとは，任意の $\varepsilon > 0$ に対して，

$$\boldsymbol{x} \in \Omega \text{ かつ } \|\boldsymbol{x} - \boldsymbol{c}\| < \delta \text{ ならば } |f(\boldsymbol{x}) - f(\boldsymbol{c})| < \varepsilon$$

をみたすような $\delta > 0$ が存在することである．

 f が Ω のすべての点で連続であるとき，f は Ω 上で**連続**であるという．

 $\Omega \subset \mathbb{R}^d$ とする．Ω 上の関数が Ω 上で有界（あるいは**有界関数**）であるとは，$\{f(\boldsymbol{x}) : \boldsymbol{x} \in E\}$ が有界集合になっていることである．$\mathbb{R}^d$ でもボルツァノ–ワイエルシュトラスの定理が成り立っているから（定理 10.4），1 変数関数の場合と同様にして，以下に述べる有界閉集合上の連続関数の性質（定理 11.1，定理 11.2）が証明できる．証明は 1 変数の場合と同様なので練習問題とする．

> **定理 11.1**　　$E \subset \mathbb{R}^d$ を有界閉集合とする.$f(\boldsymbol{x})$ を E 上の連続関数
> とする.次のことが成り立つ.
> (1) f は E 上で有界である.
> (2) ある $\boldsymbol{c}, \boldsymbol{c}' \in E$ が存在し,すべての $\boldsymbol{x} \in E$ に対して
> $$f(\boldsymbol{c}') \le f(\boldsymbol{x}) \le f(\boldsymbol{c})$$
> が成り立つ.

1 変数関数の場合と同様に

$$f(\boldsymbol{c}') = \min_{\boldsymbol{x} \in E} f(\boldsymbol{x}), \quad f(\boldsymbol{c}) = \max_{\boldsymbol{x} \in E} f(\boldsymbol{x})$$

と表し,それぞれ f の E における最小値,最大値という.

多変数関数に対しても一様連続性は定義される.

◆**定義 11.2**◆　f を $\Omega \subset \mathbb{R}^d$ 上の関数とする.関数 f が Ω 上で**一様連続**で
あるとは,任意の $\varepsilon > 0$ に対して,ある $\delta > 0$ が存在し,

$$\boldsymbol{x}, \boldsymbol{x}' \in \Omega \text{ かつ } \|\boldsymbol{x} - \boldsymbol{x}'\| < \delta \text{ ならば } |f(\boldsymbol{x}) - f(\boldsymbol{x}')| < \varepsilon$$

をみたすことである.

定理 8.13 は多変数の場合に一般化される.証明は 1 変数の場合と同様である.

> **定理 11.2**　　$\Omega \subset \mathbb{R}^d$ とし,$f : \Omega \to \mathbb{R}$ を Ω 上で連続であるとする.
> Ω が有界閉集合ならば f は Ω 上で一様連続である.

最後に多変数関数の連続性について 1 つの注意をしておく.それは多変数関数
の各変数に対する連続性は,連続性を保証していないことである.記号の煩雑さ
を避けるために $d = 2$ の場合で議論を進める.

$\Omega = (a_1, b_1) \times (a_2, b_2) \subset \mathbb{R}^2$ とし,$\boldsymbol{c} = (c_1, c_2) \in \Omega$ とする.関数 $f : \Omega \ni$
$(x_1, x_2) \longmapsto f(x_1, x_2) \in \mathbb{R}$ を考える.

(1) f が $\boldsymbol{c}$ で連続であるならば,明らかに x_1 を変数とする関数

$$f(\cdot, c_2) : (a_1, b_1) \ni x_1 \longmapsto f(x_1, c_2)$$

は $x_1 = c_1$ で連続である.また x_2 を変数とする関数

$$f(c_1, \cdot) : (a_2, b_2) \ni x_2 \longmapsto f(c_1, x_2)$$

は $x_2 = c_2$ で連続である.

（2）しかし x_1 を変数とする関数

$$f(\cdot, c_2) : (a_1, b_1) \ni x_1 \longmapsto f(x_1, c_2)$$

が $x_1 = c_1$ で連続であり，かつ x_2 を変数とする関数

$$f(c_1, \cdot) : (a_2, b_2) \ni x_2 \longmapsto f(c_1, x_2)$$

が $x_2 = c_2$ で連続であっても (x_1, x_2) を変数とする f が (c_1, c_2) で連続である
とは限らない．次のような例がある．

[**例 11.1**]　次の関数

$$f(x_1, x_2) = \begin{cases} \dfrac{x_1 x_2}{x_1^2 + x_2^2}, & (x_1, x_2) \neq (0,0) \\ 0, & (x_1, x_2) = (0,0) \end{cases}$$

は $\lim\limits_{h \to 0} f(h, 0) = \lim\limits_{h \to 0} f(0, h) = 0 = f(0, 0)$ であるが，$(0,0)$ で連続ではない
（問題 11.1）．

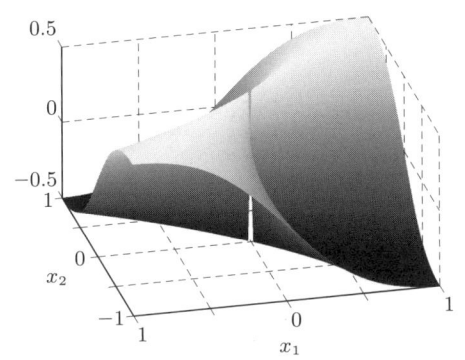

図 11.1 $f(x_1, x_2) = x_1 x_2 / (x_1^2 + x_2^2)$ $((x_1, x_2) \neq (0,0))$, $= 0$
$((x_1, x_2) = (0,0))$ のグラフ.

（**問題 11.1**）　例 11.1 で定義された $f(x_1, x_2)$ は $(0,0)$ で不連続であること
を示せ（ヒント：たとえば $\lim\limits_{h \to 0} f(h, h)$ を求めて 0 でないことを示せばよい）.

11.2　偏微分の定義（2 変数）

はじめに 2 変数の場合を考えよう.

◆**定義 11.3**◆　$c = (c_1, c_2) \in \mathbb{R}^2$ とし，$r > 0$ とする. 2 次元開立方体 $I_2(c, r)$（（10.1）参照）上の関数 $f : I_2(c, r) \to \mathbb{R}$ が c で**第 1 変数に関して偏微分可能**であるとは，極限

$$\lim_{h \to 0} \frac{f(c_1 + h, c_2) - f(c_1, c_2)}{h}$$

が存在することである. また**第 2 変数に関して偏微分可能**であるとは，

$$\lim_{k \to 0} \frac{f(c_1, c_2 + k) - f(c_1, c_2)}{k}$$

が存在することである. このとき

$$\frac{\partial f}{\partial x_1}(c) = \lim_{h \to 0} \frac{f(c_1 + h, c_2) - f(c_1, c_2)}{h}$$

と表し，これを第 1 変数に関する c での偏微分係数，また

$$\frac{\partial f}{\partial x_2}(c) = \lim_{k \to 0} \frac{f(c_1, c_2 + k) - f(c_1, c_2)}{k}$$

と表し，これを第 2 変数に関する c での偏微分係数という.

　f が c で第 1 変数と第 2 変数に関して偏微分可能であるとき，f は c で**偏微分可能**（あるいは **1 回偏微分可能**）という.

　一般の開集合 $\Omega \subset \mathbb{R}^2$ 上で定義された関数の場合は次のように定義する.

◆**定義 11.4**◆　$f : \Omega \to \mathbb{R}$ とする. $c \in \Omega$ とする. このとき練習 10.2 より，$I_2(c, r) \subset \Omega$ をとれる. f を $I_2(c, r)$ 上で定義された関数と考えて f が c で偏微分可能であるとき，f は c で偏微分可能であるという.

　f が Ω のすべての点で偏微分可能であるとき，f は Ω 上で偏微分可能であるという.

　導関数の多変数版として偏導関数も定義される.

◆**定義 11.5**◆　$f : \Omega \to \mathbb{R}$ が Ω 上で偏微分可能であるとする. このとき関数

$$\frac{\partial f}{\partial x_1} : \Omega \ni c \longmapsto \frac{\partial f}{\partial x_1}(c)$$

$$\frac{\partial f}{\partial x_2} : \Omega \ni \boldsymbol{c} \longmapsto \frac{\partial f}{\partial x_2}(\boldsymbol{c})$$

をそれぞれ f の第 1 変数に関する 1 階偏導関数，第 2 変数に関する 1 階偏導関数という．両方を総称して 1 階偏導関数という．

$$\frac{\partial f}{\partial x_j} = \frac{\partial}{\partial x_j} f = f_{x_j}$$

などと表すこともある．

$f : \Omega \to \mathbb{R}$ が Ω 上で偏微分可能で，1 階偏導関数 $\dfrac{\partial f}{\partial x_1}$, $\dfrac{\partial f}{\partial x_2}$ が Ω 上で連続であるとき，f は Ω 上で C^1 級であるという．

偏微分の記号として，$\dfrac{\partial f}{\partial x_j}$, $\dfrac{\partial}{\partial x_j} f$ はよく使われるが，f_{x_j} もしばしば使われる．こちらの方が，見るのも書くのも簡単であるし，紙面の節約にもなる．

■**注意 11.1** 1 変数関数の場合，微分可能ならば連続であった．しかし，2 変数関数の場合，偏微分可能であるからといって連続であるとは限らない（たとえば例 11.1 がその例になっている）．このことの確認は練習問題とする（ヒント：$f(h, 0) = 0$ より $(f(h, 0) - f(0, 0))/h = 0$．ゆえに $f_{x_1}(0, 0) = 0$．同様に $f_{x_2}(0, 0) = 0$）．

練習 11.1 $f(x_1, x_2) = x_1^2 + x_2^2 + x_1 x_2$ に対して $\dfrac{\partial}{\partial x_1} f$, $\dfrac{\partial}{\partial x_2} f$ を求めよ．

解答例 x_2 を固定して，$f(x_1, x_2)$ を x_1 の関数とみなすと，$\dfrac{\partial}{\partial x_1} f(x_1, x_2) = \dfrac{d}{dx_1}(x_1^2 + x_2^2 + x_1 x_2) = 2x_1 + x_2$ である．また x_1 を固定して，$f(x_1, x_2)$ を x_2 の関数とみなすと，$\dfrac{\partial}{\partial x_2}(x_1, x_2) = \dfrac{d}{dx_2}(x_1^2 + x_2^2 + x_1 x_2) = 2x_2 + x_1$ である．

多変数関数に対する高階導関数や C^n 級（$n = 2, 3, \cdots$）という概念も次のように定義される．以下，$\mathbb{Z}_+ = \{0, 1, 2, 3, \cdots\}$ とする．

◆**定義 11.6**◆ $f : \Omega \to \mathbb{R}$ が Ω 上で偏微分可能であるとする．もしも偏導関数 $\dfrac{\partial f}{\partial x_1}$, $\dfrac{\partial f}{\partial x_2}$ が Ω 上で偏微分可能であるとき，f は Ω 上で 2 **回偏微分可**

能であるという. そして

$$\frac{\partial^2 f}{\partial x_1^2} = \frac{\partial}{\partial x_1}\frac{\partial f}{\partial x_1}, \quad \frac{\partial^2 f}{\partial x_2^2} = \frac{\partial}{\partial x_2}\frac{\partial f}{\partial x_2}$$

$$\frac{\partial^2 f}{\partial x_2 \partial x_1} = \frac{\partial}{\partial x_2}\frac{\partial f}{\partial x_1}, \quad \frac{\partial^2 f}{\partial x_1 \partial x_2} = \frac{\partial}{\partial x_1}\frac{\partial f}{\partial x_2}$$

と表す. これらを f の 2 **階偏導関数**という.

f が Ω 上で 2 回偏微分可能であり,

$$f, \ \frac{\partial f}{\partial x_1}, \ \frac{\partial f}{\partial x_2}, \ \frac{\partial^2 f}{\partial x_1^2}, \ \frac{\partial^2 f}{\partial x_2 \partial x_1}, \ \frac{\partial^2 f}{\partial x_1 \partial x_2}, \ \frac{\partial^2 f}{\partial x_2^2}$$

が Ω 上で連続であるとき, f は Ω 上で C^2 **級**であるという.

　一般に f が Ω 上で $n-1$ 回偏微分可能であるとき, $n-1$ 階導関数が Ω 上で偏微分可能であるとき, f は Ω 上で n **回偏微分可能**であるという ($n = 3, 4, \cdots$). n 階偏導関数は, $n = n_1 + \cdots + n_k$ (ただし $n_1, \cdots, n_k \in \mathbb{Z}_+$) としたとき, $i_j \in \{1, 2\}$ ($j = 1, \cdots, k$) として,

$$\frac{\partial^n f}{\partial x_{i_1}^{n_1} \cdots \partial x_{i_k}^{n_k}}$$

と表せる (ただし $n_j = 0$ の場合は, 微分しないこと, たとえば

$$\frac{\partial^n f}{\partial x_1^0 \partial x_2^n} = \frac{\partial^n f}{\partial x_2^n}, \qquad \frac{\partial^n f}{\partial x_1^n \partial x_2^0} = \frac{\partial^n f}{\partial x_1^n}$$

などととする). 便宜上, f の 0 階導関数を f とする.

　f が Ω 上で n 回偏微分可能であり, f 及び f の k 階偏導関数 ($k = 1, \cdots, n$) がすべて Ω 上で連続であるとき, f は Ω 上で C^n **級**であるという.

> **練習 11.2**　$f(x_1, x_2) = x_1^2 + x_2^2 + x_1 x_2$ に対して $\dfrac{\partial^2 f}{\partial x_1^2}, \ \dfrac{\partial^2 f}{\partial x_2 \partial x_1}, \ \dfrac{\partial^2 f}{\partial x_2^2}, \ \dfrac{\partial^2 f}{\partial x_1 \partial x_2}$ を求めよ.

解答例　$\dfrac{\partial f}{\partial x_1}(x_1, x_2) = 2x_1 + x_2$ において x_2 を固定して, $\dfrac{\partial f}{\partial x_1}(x_1, x_2)$ を x_1 の関数とみなすと $\dfrac{\partial^2 f}{\partial x_1^2}(x_1, x_2) = \dfrac{d}{dx_1}(2x_1 + x_2) = 2$ である. また, $\dfrac{\partial f}{\partial x_1}(x_1, x_2)$

を x_2 の関数とみなすと $\dfrac{\partial^2 f}{\partial x_2 \partial x_1}(x_1, x_2) = \dfrac{d}{dx_2}(2x_1 + x_2) = 1$ である．同

様の考えにより，$\dfrac{\partial^2 f}{\partial x_2^2}(x_1, x_2) = \dfrac{d}{dx_2}(2x_2 + x_1) = 2$, $\dfrac{\partial^2 f}{\partial x_1 \partial x_2}(x_1, x_2) =$

$\dfrac{d}{dx_1}(2x_2 + x_1) = 1$ を得る．

11.3 偏微分の定義（d 変数）

偏微分は，d 変数の場合も同様に定義される．$\boldsymbol{c} = (c_1, \cdots, c_d)$ とする．$f(x_1, \cdots, x_d)$ が $I_d(\boldsymbol{c}, r)$ 上で定義された関数とする．極限

$$\lim_{h \to 0} \frac{f(c_1, \cdots, c_{j-1}, c_j + h, c_{j+1}, \cdots, c_d) - f(c_1, \cdots, c_d)}{h}$$

が存在するとき，f は第 j 変数に関して $\boldsymbol{c}$ で偏微分可能であるといい，その極限を

$$\frac{\partial f}{\partial x_j}(\boldsymbol{c})$$

と表す．f が各変数に関して $\boldsymbol{c}$ で偏微分可能であるときに $\boldsymbol{c}$ で偏微分可能であるという．

$\Omega \subset \mathbb{R}^d$ を開集合とする．$f : \Omega \to \mathbb{R}$ とする．$\boldsymbol{c} \in \Omega$ とする．このとき，$I_d(\boldsymbol{c}, r) \subset \Omega$ なる $r > 0$ が存在する．f を $I_d(\boldsymbol{c}, r)$ 上の関数とみなしたとき，f が $\boldsymbol{c}$ で偏微分可能であることを f は $\boldsymbol{c}$ で偏微分可能であるという．f が Ω 上のすべての点で偏微分可能であるとき，f は Ω 上で**偏微分可能**，あるいは 1 **回偏微分可能**であるという．

f が Ω 上で偏微分可能であるとき，第 j 変数に関する 1 階偏導関数

$$\frac{\partial f}{\partial x_j} : \Omega \ni \boldsymbol{c} \longmapsto \frac{\partial f}{\partial x_j}(\boldsymbol{c})$$

が定義される．特に f 及び各変数に関する 1 階偏導関数が Ω 上で連続であるとき，f は Ω 上で C^1 **級**であるという．

f が Ω 上で 1 回偏微分可能であり，各変数に関する 1 階偏導関数 $\dfrac{\partial f}{\partial x_j}$ が Ω で偏微分可能であるとき，f は Ω で 2 回偏微分可能であると言い，

$$\frac{\partial^2 f}{\partial x_i \partial x_j} = \frac{\partial}{\partial x_i}\left(\frac{\partial f}{\partial x_j}\right)$$

と表す．特に

$$\frac{\partial^2 f}{\partial x_j \partial x_j} = \frac{\partial^2 f}{\partial x_j^2}$$

と表す．そして

$$f, \frac{\partial f}{\partial x_j}, \frac{\partial^2 f}{\partial x_i \partial x_j} \ (i, j = 1, \cdots, d)$$

がすべて連続であるとき，f は Ω 上で C^2 級であるという．

以下同様にして 3 回偏微分，4 回偏微分，$\cdots$ が定義される．n 回の偏導関数を次のように表すことができる．$n = n_1 + \cdots + n_k$（$n_1, \cdots, n_k$ は非負の整数），$i_j \in \{1, \cdots, d\}$ $(j = 1, \cdots, k)$ に対して

$$\frac{\partial^n f}{\partial x_{i_1}^{n_1} \partial x_{i_2}^{n_2} \cdots \partial x_{i_k}^{n_k}},$$

ただしここで $n_j = 0$ の場合は第 i_j 変数に関して該当の偏微分はしない．

f が Ω 上で C^n 級であるとは，$0 \le k \le n$ なる任意の整数 k に対して，f が k 回偏微分可能で，f の k 階導関数がすべて Ω 上で連続になっていることである（便宜上，f の 0 階導関数を f とする）．すべての自然数 n に対して Ω 上で C^n 級であることを Ω 上で C^∞ 級という．

記号を簡略化するために

$$\frac{\partial f}{\partial x_j} = f_{x_j}, \ \frac{\partial^2 f}{\partial x_i \partial x_j} = f_{x_j x_i}, \ \frac{\partial^2 f}{\partial x_j \partial x_i} = f_{x_i x_j} \tag{11.1}$$

などと表す．ここで $f_{x_j x_i}$ は f を第 j 変数に関して偏微分してから，第 i 変数に関して偏微分をすることを意味している．

11.4　偏微分の順序交換

偏微分で注意すべき点は，f が 2 回偏微分可能であっても

$$\frac{\partial^2 f}{\partial x_2 \partial x_1} = \frac{\partial^2 f}{\partial x_1 \partial x_2}$$

が成り立つとは限らないことである．成り立たない例については問題 11.3 で学ぶことにして，交換可能な場合について，実用的な一つの十分条件を証明する．

◆ **定理 11.3** ◆ $\Omega \subset \mathbb{R}^d$ を開集合とする．$f : \Omega \to \mathbb{R}$ が C^2 級であれば，$i, j \in \{1, \cdots, d\}$ に対して

$$\frac{\partial^2 f}{\partial x_i \partial x_j} = \frac{\partial^2 f}{\partial x_j \partial x_i}$$

が成り立つ．

◆**証明**◆ $d = 2$ の場合を示す．一般の d の場合も記号が煩雑になるが同様である．$c = (c_1, c_2) \in \Omega$ とする．十分小さな[*1] $h \neq 0, k \neq 0$ に対して

$$H(h, k) = f(c_1 + h, c_2 + k) - f(c_1 + h, c_2) - f(c_1, c_2 + k) + f(c_1, c_2)$$

とおく．$F(x) = f(x, c_2 + k) - f(x, c_2)$ とすると

$$H(h, k) = F(c_1 + h) - F(c_1)$$

である．平均値の定理から，ある $0 < \theta_1 < 1$ が存在し，

$$F(c_1 + h) - F(c_1) = F'(c_1 + \theta_1 h)h$$

が成り立つ．ここで再び平均値の定理から，ある $0 < \theta_2 < 1$ が存在し，

$$F'(c_1 + \theta_1 h) = f_{x_1}(c_1 + \theta_1 h, c_2 + k) - f_{x_1}(c_1 + \theta_1 h, c_2)$$
$$= f_{x_1 x_2}(c_1 + \theta_1 h, c_2 + \theta_2 k)k$$

をみたす．したがって

$$H(h, k) = f_{x_1 x_2}(c_1 + \theta_1 h, c_2 + \theta_2 k)hk$$

となっている．以上の議論を F の代わりに $G(y) = f(c_1 + h, y) - f(c_1, y)$ に対して繰り返せば，ある $\theta_1', \theta_2' \in (0, 1)$ が存在し，

$$H(h, k) = f_{x_2 x_1}(c_1 + \theta_1' h, c_2 + \theta_2' k)hk$$

を得る．ゆえに

$$f_{x_1 x_2}(c_1 + \theta_1 h, c_2 + \theta_2 k) = f_{x_2 x_1}(c_1 + \theta_1' h, c_2 + \theta_2' k)$$

が成り立っている．ここで $|\theta_1 h|, |\theta_1' h| < |h|$, $|\theta_2 k|, |\theta_2' k| < |k|$ であるから，$h, k \to 0$ とすれば，$f_{x_1 x_2}$, $f_{x_2 x_1}$ の連続性から

$$f_{x_1 x_2}(c_1, c_2) = f_{x_2 x_1}(c_1, c_2)$$

が導かれる． ∎

　次のことも成り立つ．

[*1] 今後この言回しはよく使うが，ある所要の $r > 0$ が存在し，$(c_1 + h, c_2 + k) \in I_2(c, r) \subset \Omega$ をみたすような h, k のことである．

系 11.4　$\Omega \subset \mathbb{R}^d$ を開集合とする．$f: \Omega \to \mathbb{R}$ が C^n 級であれば，f の n 階偏導関数は，偏微分の順序を交換しても等しい．

◆証明◆　$n = 3$ の場合を考える．f_{x_i} が C^2 級であるから定理 11.3 より，$f_{x_i x_j x_k} = f_{x_i x_k x_j}$ である．また f は C^2 級でもあるから $f_{x_i x_j} = f_{x_j x_i}$ より $f_{x_i x_j x_k} = f_{x_j x_i x_k}$ である．以上のことから $f_{x_i x_j x_k} = f_{x_j x_i x_k} = f_{x_j x_k x_i}$ も得られる．他の入れ替えはこれらの入れ替えに帰着される．一般の n の場合も定理 11.3 を繰り返し適用して証明できる．■

偏微分の順序交換は問題 11.3 に例があるように，いつでもできるというわけではない．しかし定理 11.3 は C^2 級であれば交換できるということを保証してくれているので，非常に使い勝手のよい定理である．

問題 11.2　関数

$$g(x_1, x_2) = \begin{cases} \dfrac{x_1^2}{x_1^2 + x_2^2}, & (x_1, x_2) \neq (0,0) \\ 0, & (x_1, x_2) = (0,0) \end{cases}$$

を考える．このとき

$$\lim_{k \to 0} \left(\lim_{h \to 0} g(h, k) \right) \neq \lim_{h \to 0} \left(\lim_{k \to 0} g(h, k) \right)$$

を示せ．

問題 11.3　問題 11.2 で定めた関数 $g(x_1, x_2)$ に対して $f(x_1, x_2) = x_1 x_2 g(x_1, x_2)$ と定める．このとき，

$$\frac{\partial^2 f}{\partial x_1 \partial x_2}(0,0) \neq \frac{\partial^2 f}{\partial x_2 \partial x_1}(0,0)$$

を示せ．

11.5　合成関数の偏微分

1 変数関数の合成関数 $g \circ f(x)$ の微分は $(g \circ f)'(x) = g'(f(x)) f'(x)$ であることを学んだ．2 変数の場合は次のような形で成り立つ（d 変数の場合は後述する）．なお以下では，一般に $A \subset \mathbb{R}^d$，$B \subset \mathbb{R}^{d'}$，$C \subset \mathbb{R}$ であり，$f: A \to B$，$g: B \to C$ であるとき，合成写像 $g \circ f$ を合成関数という．

◆ **定理 11.5** ◆　$\Omega \subset \mathbb{R}^2$ を開集合とし，$f : \Omega \to \mathbb{R}$ が Ω 上で C^1 級であるとする．

(1) $\varphi_1 : (a,b) \to \mathbb{R}$, $\varphi_2 : (a,b) \to \mathbb{R}$ を (a,b) 上で微分可能で，

$$(\varphi_1(t), \varphi_2(t)) \in \Omega \ (t \in (a,b))$$

をみたしているとする．$\Phi(t) = (\varphi_1(t), \varphi_2(t))$ とおく．このとき合成関数 $f \circ \Phi(t) = f(\varphi_1(t), \varphi_2(t))$ は (a,b) 上で微分可能であり，

$$\frac{d}{dt} f(\Phi(t)) = \frac{\partial f}{\partial x_1}(\Phi(t)) \varphi_1'(t) + \frac{\partial f}{\partial x_2}(\Phi(t)) \varphi_2'(t)$$

が成り立つ．

(2) $\widetilde{\Omega} \subset \mathbb{R}^2$ を開集合とし，$\varphi_1(s,t), \varphi_2(s,t)$ を $\widetilde{\Omega}$ 上の偏微分可能な関数で

$$(\varphi_1(s,t), \varphi_2(s,t)) \in \Omega \ \left((s,t) \in \widetilde{\Omega}\right)$$

をみたしているとする．$\Phi(s,t) = (\varphi_1(s,t), \varphi_2(s,t))$ とおく．このとき，合成関数 $f \circ \Phi(s,t) = f(\varphi_1(s,t), \varphi_2(s,t))$ は $\widetilde{\Omega}$ 上で偏微分可能であり，

$$\frac{\partial f \circ \Phi}{\partial s}(s,t) = \frac{\partial f}{\partial x_1}(\Phi(s,t)) \frac{\partial \varphi_1}{\partial s}(s,t) + \frac{\partial f}{\partial x_2}(\Phi(s,t)) \frac{\partial \varphi_2}{\partial s}(s,t)$$

$$\frac{\partial f \circ \Phi}{\partial t}(s,t) = \frac{\partial f}{\partial x_1}(\Phi(s,t)) \frac{\partial \varphi_1}{\partial t}(s,t) + \frac{\partial f}{\partial x_2}(\Phi(s,t)) \frac{\partial \varphi_2}{\partial t}(s,t)$$

が成り立つ．

◆**証明**◆　(1) $\Delta_i = \varphi_i(t+h) - \varphi_i(t) \ (i = 1,2)$ とおく．$\varphi_i(t+h) = \varphi_i(t) + \Delta_i$ と平均値の定理より，ある $0 < \theta_1, \theta_2 < 1$ が存在し

$$\frac{1}{h} \left[f(\Phi(t+h)) - f(\Phi(t)) \right]$$

$$= \frac{1}{h} \left[f(\varphi_1(t) + \Delta_1, \varphi_2(t) + \Delta_2) - f(\varphi_1(t) + \Delta_1, \varphi_2(t)) \right]$$

$$+ \frac{1}{h} \left[f(\varphi_1(t) + \Delta_1, \varphi_2(t)) - f(\varphi_1(t), \varphi_2(t)) \right]$$

$$= \frac{1}{h} f_{x_2}(\varphi_1(t) + \Delta_1, \varphi_2(t) + \theta_2 \Delta_2) \Delta_2 + \frac{1}{h} f_{x_1}(\varphi_1(t) + \theta_1 \Delta_1, \varphi_2(t)) \Delta_1$$

が成り立っている．$\lim_{h \to 0} \dfrac{\Delta_i}{h} = \varphi_i'(t)$ であることと，f_{x_1}, f_{x_2} の連続性から

$$\lim_{h \to 0} \frac{1}{h} \left[f(\Phi(t+h)) - f(\Phi(t)) \right]$$

$$= f_{x_2}\left(\varphi_1(t),\varphi_2(t)\right)\varphi_2'(t) + f_{x_1}\left(\varphi_1(t),\varphi_2(t)\right)\varphi_1'(t)$$

が得られる．これより (1) が証明された．(2) $f \circ \Phi(s,t)$ を s に関して偏微分すると
は，t を固定して s の関数とみなして微分することであるから (1) の結果が適用できる．
これより (2) の 1 番目の等式が示せる．2 番目の等式も同様である．　∎

　合成関数の例として，極座標変換と呼ばれる関数との合成をあげる．

[例 11.2]　平面 $\mathbb{R}^2$ に点 $\boldsymbol{x} = (x_1, x_2)$ が与えられたとする．この点の $\boldsymbol{0}$ から
の長さ $\|\boldsymbol{x}\|$ を r とおき，$\boldsymbol{x} \neq \boldsymbol{0}$ の場合は $\boldsymbol{x}$ と x_1 軸となす角を $\theta \in [0, 2\pi)$ と
する．このとき，点 $\boldsymbol{x}$ の位置は，r と θ により

$$x_1 = r\cos\theta, \qquad x_2 = r\sin\theta$$

と一意的に表すことができる（図 11.2 参照）．このように平面 $\mathbb{R}^2$ 上の点 $\boldsymbol{x}$ の

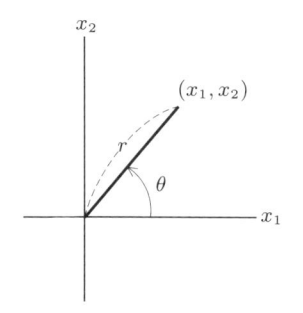

図 11.2　2 次元空間における極座標．

位置を (r, θ) で表すことを x の極座標による表示という．そこで $\widetilde{\Omega} = [0, \infty) \times$
$[0, 2\pi)$ とし，$(r, \theta) \in \widetilde{\Omega}$ に対して

$$x_1(r, \theta) = r\cos\theta, \qquad x_2(r, \theta) = r\sin\theta$$

なる関数を定義し，

$$\Phi(r, \theta) = (x_1(r, \theta), x_2(r, \theta)) = (r\cos\theta, r\sin\theta)$$

とする．これを 2 次元の極座標変換という．

練習 11.3　　例 11.2 で定めた極座標を用いて次の計算をせよ．$\Omega = \mathbb{R}^2 \setminus \{\boldsymbol{0}\}$
とし，$f(\boldsymbol{x}) = \|\boldsymbol{x}\|^2 = x_1^2 + x_2^2$ $(\boldsymbol{x} = (x_1, x_2) \in \Omega)$ とする．このとき $\dfrac{\partial f \circ \Phi}{\partial r}$,

$\dfrac{\partial f \circ \Phi}{\partial \theta}$ を定理 11.5 を用いて求めよ.

解答例

$$\frac{\partial f \circ \Phi}{\partial r}(r,\theta) = \frac{\partial f}{\partial x_1}(\Phi(r,\theta))\frac{\partial x_1}{\partial r}(r,\theta) + \frac{\partial f}{\partial x_2}(\Phi(r,\theta))\frac{\partial x_2}{\partial r}(r,\theta)$$
$$= 2x_1(r,\theta)\cos\theta + 2x_2(r,\theta)\sin\theta$$
$$= 2r\cos^2\theta + 2r\sin^2\theta = 2r.$$

また

$$\frac{\partial f \circ \Phi}{\partial \theta}(r,\theta) = \frac{\partial f}{\partial x_1}(\Phi(r,\theta))\frac{\partial x_1}{\partial \theta}(r,\theta) + \frac{\partial f}{\partial x_2}(\Phi(r,\theta))\frac{\partial x_2}{\partial \theta}(r,\theta)$$
$$= -2x_1(r,\theta)r\sin\theta + 2x_2(r,\theta)r\cos\theta$$
$$= -2r^2\cos\theta\sin\theta + 2r^2\sin\theta\cos\theta = 0.$$

以上の計算結果は明らかなことだが, $f \circ \Phi(r,\theta) = r^2$ を直接計算したものと一致することが確認できる.

d 変数の場合も 2 変数の場合と同様にして合成関数の偏微分の公式が導かれる.

◆ **定理 11.6** ◆ $\Omega \subset \mathbb{R}^d$ を開集合とし, $f: \Omega \to \mathbb{R}$ が Ω 上で C^1 級であるとする.

(1) $x_1, \cdots, x_d$ を $x_j: (a,b) \to \mathbb{R}$ $(j = 1, \cdots, d)$ なる関数で, (a,b) 上で微分可能で,

$$(x_1(t), \cdots, x_d(t)) \in \Omega \ (t \in (a,b))$$

をみたしているとする. $\boldsymbol{x}(t) = (x_1(t), \cdots, x_d(t))$ とおく. このとき合成関数 $f(\boldsymbol{x}(t))$ は (a,b) 上で微分可能であり, 次が成り立つ.

$$\frac{d}{dt}f(\boldsymbol{x}(t)) = \sum_{k=1}^{d}\frac{\partial f}{\partial x_k}(\boldsymbol{x}(t))\frac{dx_k}{dt}(t).$$

(2) $\widetilde{\Omega} \subset \mathbb{R}^{d'}$ を開集合とし, $x_1(t_1, \cdots, t_{d'}), \cdots, x_d(t_1, \cdots, t_{d'})$ を $\widetilde{\Omega}$ 上の偏微分可能な関数で

$$(x_1(t_1, \cdots, t_{d'}), \cdots, x_d(t_1, \cdots, t_{d'})) \in \Omega \ \left((t_1, \cdots, t_{d'}) \in \widetilde{\Omega}\right)$$

をみたしているとする. $\boldsymbol{x(t)} = (x_1(t_1, \cdots, t_{d'}), \cdots, x_d(t_1, \cdots, t_{d'}))$ と

おく. このとき, $f \circ \boldsymbol{x}(t) = f(\boldsymbol{x}(t))$ は $\widetilde{\Omega}$ 上で偏微分可能であり, $j = 1, \cdots, d'$ に対して

$$\frac{\partial f \circ \boldsymbol{x}}{\partial t_j}(\boldsymbol{t}) = \sum_{k=1}^{d} \frac{\partial f}{\partial x_k}(\boldsymbol{x}(\boldsymbol{t})) \frac{\partial x_k}{\partial t_j}(\boldsymbol{t})$$

が成り立つ. これを

$$\frac{\partial f \circ \boldsymbol{x}}{\partial t_j} = \sum_{k=1}^{d} \frac{\partial f}{\partial x_k} \frac{\partial x_k}{\partial t_j}$$

と略記する場合もある.

合成関数の偏微分の公式は, いろいろな場面で使う重要な公式なので, 記憶しておくとよいだろう.

3 次元の極座標変換を導入しておこう.

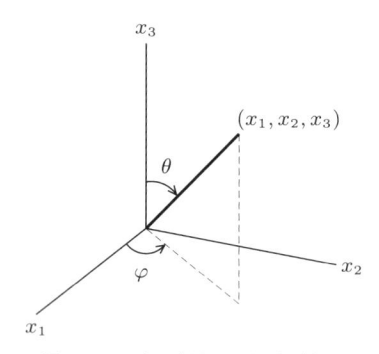

図 **11.3**　3 次元空間における極座標.

$(x_1, x_2, x_3) \in \mathbb{R}^3 \setminus \{\boldsymbol{0}\}$ を考える. r を (x_1, x_2, x_3) の長さ（原点からの距離）$\|\boldsymbol{x}\|$ とする. 図 11.3 のような $\theta \in [0, \pi]$ に対して

$$x_3 = x_3(r, \theta) = r \cos \theta$$

と表せる. (x_1, x_2, x_3) の $x_1 x_2$ 平面に写る影（射影）の長さは $r \sin \theta$ である. したがって図 11.3 のように $\varphi \in [0, 2\pi]$ をとれば

$$x_2 = x_2(r, \theta, \varphi) = (r \sin \theta) \sin \varphi$$
$$x_1 = x_1(r, \theta, \varphi) = (r \sin \theta) \cos \varphi$$

である. これより 3 次元の極座標変換を

$$\Phi(r,\theta,\varphi) = (x_1(r,\theta,\varphi), x_2(r,\theta,\varphi), x_3(r,\theta))$$
$$= (r\sin\theta\cos\varphi, r\sin\theta\sin\varphi, r\cos\theta)$$

と定義する.

練習 11.4 例 11.2 で定めた極座標を用いて次の計算をせよ. $\Omega = \mathbb{R}^3$ とし, $f(\boldsymbol{x}) = \|\boldsymbol{x}\|^2$ $(\boldsymbol{x} \in \Omega)$ とする. このとき $\dfrac{\partial f \circ \Phi}{\partial r}$, $\dfrac{\partial f \circ \Phi}{\partial \theta}$ を定理 11.6 を用いて求めよ. そして $f \circ \Phi(r,\theta,\varphi) = r^2$ による直接計算の結果と照合せよ.

解答例

$$\frac{\partial f \circ \Phi}{\partial r}(r,\theta,\varphi)$$
$$= \frac{\partial f}{\partial x_1}(\Phi(r,\theta,\varphi))\frac{\partial x_1}{\partial r}(r,\theta,\varphi) + \frac{\partial f}{\partial x_2}(\Phi(r,\theta,\varphi))\frac{\partial x_2}{\partial r}(r,\theta,\varphi)$$
$$+ \frac{\partial f}{\partial x_3}(\Phi(r,\theta,\varphi))\frac{\partial x_3}{\partial r}(r,\theta)$$
$$= 2x_1(r,\theta,\varphi)\sin\theta\cos\varphi + 2x_2(r,\theta,\varphi)\sin\theta\sin\varphi + 2x_3(r,\theta)\cos\theta$$
$$= 2r\sin^2\theta\cos^2\varphi + 2r\sin^2\theta\sin^2\varphi + 2r\cos^2\theta = 2r.$$

また

$$\frac{\partial f \circ \Phi}{\partial \theta}(r,\theta,\varphi)$$
$$= \frac{\partial f}{\partial x_1}(\Phi(r,\theta,\varphi))\frac{\partial x_1}{\partial \theta}(r,\theta,\varphi) + \frac{\partial f}{\partial x_2}(\Phi(r,\theta,\varphi))\frac{\partial x_2}{\partial \theta}(r,\theta,\varphi)$$
$$+ \frac{\partial f}{\partial x_3}(\Phi(r,\theta,\varphi))\frac{\partial x_3}{\partial \theta}(r,\theta)$$
$$= 2x_1(r,\theta,\varphi)r\cos\theta\cos\varphi + 2x_2(r,\theta,\varphi)r\cos\theta\sin\varphi - 2x_3(r,\theta)r\sin\theta$$
$$= 2r^2\sin\theta\cos\theta\cos^2\varphi + 2r^2\sin\theta\cos\theta\sin^2\varphi - 2r^2\sin\theta\cos\theta = 0.$$

$\dfrac{\partial x_3}{\partial \varphi} = 0$ より

$$\frac{\partial f \circ \Phi}{\partial \varphi}(r,\theta,\varphi)$$
$$= \frac{\partial f}{\partial x_1}(\Phi(r,\theta,\varphi))\frac{\partial x_1}{\partial \varphi}(r,\theta,\varphi) + \frac{\partial f}{\partial x_2}(\Phi(r,\theta,\varphi))\frac{\partial x_2}{\partial \varphi}(r,\theta,\varphi)$$
$$= -2x_1(r,\theta,\varphi)r\sin\theta\sin\varphi + 2x_2(r,\theta,\varphi)r\sin\theta\cos\varphi$$
$$= -2r^2\sin^2\theta\cos\varphi\sin\varphi + 2r^2\sin^2\theta\sin\varphi\cos\varphi = 0$$

である.

一般に g を $(0, \infty)$ の上の関数としたとき，$f(\boldsymbol{x}) = g(\|\boldsymbol{x}\|)$ $(\boldsymbol{x} \in \mathbb{R}^3 \setminus \{\boldsymbol{0}\})$ と表される関数を**動径関数（ラジアル関数）**という．極座標変換は動径関数の微分の計算の際に r の 1 変数関数として処理できるので便利である．動径関数は数学，物理学などではしばしば現れる．たとえば偏微分方程式や物理学で重要なものに

$$N(\boldsymbol{x}) = c\frac{1}{\|\boldsymbol{x}\|} \ (\boldsymbol{x} \in \mathbb{R}^3 \setminus \{\boldsymbol{0}\})$$

（ただし c は定数）がある．これはニュートンの重力による場や電場などと関係する動径関数である．具体的には，原点に質量 m_0 の質点があるとする．G をニュートンの重力定数とし[*2]，$c = -Gm_0$ とおく．このとき $\boldsymbol{x} \in \mathbb{R}^3 \setminus \{\boldsymbol{0}\}$ の位置にある質量 m の質点にかかる重力 $\boldsymbol{F}$ は

$$\boldsymbol{F}(\boldsymbol{x}) = -m \left(\frac{\partial N}{\partial x_1}(\boldsymbol{x}), \frac{\partial N}{\partial x_2}(\boldsymbol{x}), \frac{\partial N}{\partial x_3}(\boldsymbol{x}) \right) \tag{11.2}$$

であることが知られている．この場合の $N(\boldsymbol{x})$ をニュートンの重力ポテンシャル（関数）という．また原点に電荷が m_0 の点電荷があるとする．ε_0 を真空の誘電率とし[*3]，$c = \dfrac{m_0}{4\pi\varepsilon_0}$ としたときの $N(x)$ をクーロン・ポテンシャルという．$\boldsymbol{x} \in \mathbb{R}^3 \setminus \{\boldsymbol{0}\}$ の位置にある電荷 m の点電荷にかかる力 $\boldsymbol{F}$ (11.2) はクーロン力という．

数学では $c = \dfrac{1}{2\pi}$ としたときの $-N(\boldsymbol{x})$ （あるいは $N(\boldsymbol{x})$）を 3 次元の**ニュートン・ポテンシャル**という．あるいはより一般的には，$d \geq 3$ の場合に

$$N(\boldsymbol{x}) = c_d\frac{1}{\|\boldsymbol{x}\|^{d-2}} \ \left(\boldsymbol{x} \in \mathbb{R}^d \setminus \{\boldsymbol{0}\}\right),$$

（ここで c_d は d にのみ依存するある正定数[*4]）を d 次元ニュートン・ポテンシャルということがある．$d = 2$ の場合は**対数ポテンシャル**

$$N(\boldsymbol{x}) = \frac{1}{2\pi} \log \|\boldsymbol{x}\| \ (\boldsymbol{x} \in \mathbb{R}^2 \setminus \{\boldsymbol{0}\})$$

[*2] $G = 6.67430 \times 10^{-11} \, \mathrm{m}^3 \cdot \mathrm{kg}^{-1} \cdot \mathrm{s}^{-2}$.

[*3] $\varepsilon_0 = 8.854 \times 10^{-12} \, \mathrm{C}^2 \cdot \mathrm{N}^{-1} \cdot \mathrm{m}^{-2}$.

[*4] $c_d = \dfrac{\Gamma(d/2)}{2(2-d)\pi^{d/2}}$，ここで Γ は第 16.6 節で学ぶガンマ関数．

がある[*5].

　ここで動径関数の偏微分の計算例を一つ示しておこう．数学をはじめ，物理学などで重要な役割を果たすものにラプラシアンがある．ラプラシアンとは次のように定義される 2 階の偏微分である．$f(x_1, \cdots, x_d)$ を開集合 $\Omega \subset \mathbb{R}^d$ 上の C^2 級関数とする．

$$\Delta f(\boldsymbol{x}) = \frac{\partial^2 f}{\partial x_1^2}(\boldsymbol{x}) + \cdots + \frac{\partial^2 f}{\partial x_d^2}(\boldsymbol{x})$$

と定める．Δf により $\Delta f : \Omega \ni \boldsymbol{x} \mapsto \Delta f(\boldsymbol{x})$ なる Ω 上の関数を表す．Δ を C^2 級関数 f に関数 Δf を対応させる写像と考える．Δ を**ラプラス作用素**，あるいは**ラプラシアン**という．

　なお Ω 上の C^2 級関数 f が

$$\Delta f(\boldsymbol{x}) = 0 \ (\boldsymbol{x} \in \Omega)$$

をみたすとき，f は Ω 上で**調和**，あるいは Ω 上の**調和関数**という．本書の範囲を超えるので述べないが，調和関数は数学や物理では重要な位置にある関数である．

　動径関数のラプラシアンの計算をする際に，極座標変換を用いて計算すると便利である．準備として次の問題を解いておこう．

（**問題 11.4**）　f を $\mathbb{R}^2$ 上の C^2 級関数とする．例 11.2 で定めた記号を用いる．$\boldsymbol{x} = \Phi(r, \theta)$ とする．このとき

$$\frac{\partial^2 f \circ \Phi}{\partial r^2}(r, \theta) + \frac{1}{r}\frac{\partial f \circ \Phi}{\partial r}(r, \theta) + \frac{1}{r^2}\frac{\partial^2 f \circ \Phi}{\partial \theta^2}(r, \theta) = \Delta f(\boldsymbol{x})$$

を示せ．

　この問題より，$\boldsymbol{x} \in \mathbb{R}^2 \setminus \{\boldsymbol{0}\}$ に対して

$$\Delta \log \|\boldsymbol{x}\| = \frac{\partial^2}{\partial r^2} \log r + \frac{1}{r}\frac{\partial}{\partial r} \log r = -\frac{1}{r^2} + \frac{1}{r^2} = 0 \tag{11.3}$$

であることが容易に計算できる．したがって，対数ポテンシャルは $\mathbb{R}^2 \setminus \{\boldsymbol{0}\}$ 上の調和関数である．

[*5] 偏微分方程式論で学ぶことであるが，d 次元ニュートン・ポテンシャルは d 次元のラプラス方程式の基本解（$d \geq 3$），対数ポテンシャルは 2 次元ラプラス方程式の基本解となっている．

【問題 11.5】　f を $\mathbb{R}^3$ 上の C^2 級関数とする．$\boldsymbol{x} = \Phi(r, \theta, \varphi)$ とする．次の等式を示せ．

$$\frac{\partial f \circ \Phi}{\partial r} = \frac{\partial f}{\partial x_1} \sin\theta \cos\varphi + \frac{\partial f}{\partial x_2} \sin\theta \sin\varphi + \frac{\partial f}{\partial x_3} \cos\theta$$

$$\frac{\partial f \circ \Phi}{\partial \theta} = \frac{\partial f}{\partial x_1} r \cos\theta \cos\varphi + \frac{\partial f}{\partial x_2} r \cos\theta \sin\varphi - \frac{\partial f}{\partial x_3} r \sin\theta$$

$$\frac{\partial f \circ \Phi}{\partial \varphi} = -\frac{\partial f}{\partial x_1} r \sin\theta \sin\varphi + \frac{\partial f}{\partial x_2} r \sin\theta \cos\varphi$$

（逆に x_1, x_2, x_3 に関する偏微分を r, θ, φ の偏微分で表すことも可能である（たとえば問題 18.6 参照））

【問題 11.6】　問題 11.5 と同じ記号を使う．次の等式を示せ．

$$\frac{\partial^2 f \circ \Phi}{\partial r^2} + \frac{2}{r}\frac{\partial f \circ \Phi}{\partial r} + \frac{1}{r^2}\frac{\partial^2 f \circ \Phi}{\partial \theta^2} + \frac{1}{r^2 \tan\theta}\frac{\partial f \circ \Phi}{\partial \theta} + \frac{1}{r^2 \sin^2\theta}\frac{\partial^2 f \circ \Phi}{\partial \varphi^2}$$
$$= \Delta f(\boldsymbol{x})$$

【問題 11.7】　n を自然数とする．$c > 0$ を定数とする．$f(\boldsymbol{x}) = c\dfrac{1}{\|\boldsymbol{x}\|^n}$ が $\mathbb{R}^3 \setminus \{\boldsymbol{0}\}$ で調和関数になるような n を求めよ．

11.6　平均値の定理

d 変数関数の平均値の定理を証明する．$\Omega \subset \mathbb{R}^d$ を空でない開集合とする．$f : \Omega \to \mathbb{R}$ が Ω 上で偏微分可能であるとき

$$\nabla f(\boldsymbol{x}) = \left(\frac{\partial f}{\partial x_1}(\boldsymbol{x}), \cdots, \frac{\partial f}{\partial x_d}(\boldsymbol{x}) \right) \tag{11.4}$$

とおく．$\nabla f(\boldsymbol{x})$ を f の**勾配ベクトル**という．

$$\nabla f(\boldsymbol{x}) = \mathrm{grad}\, f(\boldsymbol{x})$$

と表すこともある．∇f を $\boldsymbol{x} \in \Omega$ に $\nabla f(\boldsymbol{x}) \in \mathbb{R}^d$ を対応させる写像とする．∇f を f の**勾配ベクトル場**という．勾配ベクトルの幾何的な意味については第 12.3.2 節で学ぶ．

$\boldsymbol{h} = (h_1, \cdots, h_d) \in \mathbb{R}^d$ に対して $\nabla f(\boldsymbol{x})$ と $\boldsymbol{h}$ の内積は

$$\nabla f(\boldsymbol{x}) \cdot \boldsymbol{h} = \frac{\partial f}{\partial x_1}(\boldsymbol{x})h_1 + \cdots + \frac{\partial f}{\partial x_d}(\boldsymbol{x})h_d$$

である. d 変数関数の平均値の定理は次のものである.

> **◆定理 11.7◆** $\Omega \subset \mathbb{R}^d$ を開凸集合とし, $f : \Omega \to \mathbb{R}$ を C^1 級であると
> する. $c, c+h \in \Omega$ とする. このとき c と $c+h$ を結ぶ開線分 $l^\circ(c, c+$
> $h) \subset \Omega$ 上の点 $\boldsymbol{\xi}$ を
>
> $$f(c+h) - f(c) = \nabla f(\boldsymbol{\xi}) \cdot h$$
>
> となるようにとれる.

◆証明◆ 記号の煩雑さを避けるため, $d = 2$ の場合を証明する(一般の d の場合も同様に示せる). $\varphi_1(t) = c_1 + th_1$, $\varphi_2(t) = c_2 + th_2$ とおくと, $l(c, c+h) = \{(\varphi_1(t), \varphi_2(t)) : t \in [0,1]\}$ である. $F(t) = f(\varphi_1(t), \varphi_2(t))$ とすると, $F(t)$ は $[0,1]$ 上連続で, $(0,1)$ 上微分可能であるから, 1 変数関数の平均値の定理より, ある $\theta \in (0,1)$ で

$$F(1) - F(0) = F'(\theta)$$

となるものが存在する. したがって, $\boldsymbol{\xi} = (\varphi_1(\theta), \varphi_2(\theta)) = (c_1 + \theta h_1, c_2 + \theta h_2)$ とすると, $\boldsymbol{\xi} \in l^\circ(c, c+h)$ であり

$$f(c+h) - f(c) = F'(\theta) = \frac{\partial f}{\partial x_1}(\varphi_1(\theta), \varphi_2(\theta))\varphi_1'(\theta) + \frac{\partial f}{\partial x_2}(\varphi_1(\theta), \varphi_2(\theta))\varphi_2'(\theta)$$

$$= \frac{\partial f}{\partial x_1}(\boldsymbol{\xi})h_1 + \frac{\partial f}{\partial x_2}(\boldsymbol{\xi})h_2 = \nabla f(\boldsymbol{\xi}) \cdot h$$

である. ∎

◆定義 11.7◆ $v \in \mathbb{R}^d$, $\|v\| = 1$ (すなわち単位ベクトル) とする. f を $x \in \mathbb{R}^d$ で偏微分可能であるとき,

$$\frac{\partial f}{\partial v}(x) = \nabla f(x) \cdot v$$

を f の x での v 方向の**方向微分**という. $\dfrac{\partial f}{\partial v} = \partial_v f$ と表すこともある.

特に

$$e_{ij} = \begin{cases} 1, & i = j \\ 0, & i \neq j \end{cases} \tag{11.5}$$

とし,

$$e_i = (e_{i1}, \cdots, e_{id}) \in \mathbb{R}^d \ (i = 1, \cdots, d) \tag{11.6}$$

とする．このとき

$$\frac{\partial f}{\partial \boldsymbol{e}_i} = \frac{\partial f}{\partial x_i}$$

である．つまり座標軸方向の方向微分が偏微分である．

一般に $\mathbb{R}^d$ の集合 Ω の各点 $\boldsymbol{x}$ に N 次元ベクトル $\boldsymbol{F}(\boldsymbol{x})$ を対応させる写像を Ω 上の N 次元ベクトル場という．ベクトル場は数学，物理学などで重要な概念である．たとえば重力場，電場，磁場などはベクトル場である．特に Ω 上のある C^1 級関数 φ に対して $\boldsymbol{F}(\boldsymbol{x}) = \nabla\varphi(\boldsymbol{x})$ であるとき，$\boldsymbol{F}(x)$ を保存的なベクトル場という．11.5 節で学んだ重力，クーロン力は重力ポテンシャル，クーロン・ポテンシャルの勾配ベクトル場であり，保存的である．

11.7　テイラーの定理

多変数関数に対するテイラーの定理（定理 11.7 の高階の場合）を記す．記述を簡略化するために**多重指数**について説明する．多重指数は H. ホイットニー（Whitney）により導入された偏微分に関する記法である．この簡略な記法が功を奏して，多変数関数の解析，特に偏微分方程式についての議論がしやすくなった．

簡略な記号は，複雑な対象に関する思考をしやすくする．優れた記法の導入が思考経済上良い効果をもたらした一例である．L. シュワルツは著書*6の中で次のように書いている．「必要に応じて，新しい用語や概念を考え出すことは，数学者の仕事の一つである」「この極めて初等的な簡素化は，実際には天才的なものである．これによって偏微分方程式論は大いに助けられた．わたしも超関数論について書いた本*7の中でこの記法を大いに用いた」

d 変数関数について考える．

$$\partial_j = \frac{\partial}{\partial x_j}$$

とし，

$$\partial_j^n = \frac{\partial^n}{\partial x_j^n}$$

と表す．$\mathbb{Z}_+ = \{0, 1, 2, 3, \cdots\}$ として

---

*6 L. シュワルツ著『闘いの世紀を生きた数学者，上』（シュプリンガージャパン）（彌永健一訳），2006.

*7 L. シュワルツ『超函数の理論』（岩波書店）（岩村聯，石垣春夫，鈴木文夫訳），1971.

$$\mathbb{Z}_+^d = \{\alpha : \alpha = (\alpha_1, \cdots, \alpha_d),\ \alpha_1, \cdots, \alpha_d \in \mathbb{Z}_+\}$$

とおく. $\alpha = (\alpha_1, \cdots, \alpha_d) \in \mathbb{Z}_+^d$ を**多重指数**という. 多重指数 $\alpha = (\alpha_1, \cdots, \alpha_d)$ に対して

$$|\alpha| = \alpha_1 + \cdots + \alpha_d$$

と定める. この記号は絶対値と同じであるが, 多重指数に対しては別の意味で使っ ている. 前後の文脈から混乱は生じないであろう. 多重指数 $\alpha = (\alpha_1, \cdots, \alpha_d)$ に対して

$$\partial^\alpha = \partial_1^{\alpha_1} \cdots \partial_d^{\alpha_d} = \frac{\partial^{|\alpha|}}{\partial x_1^{\alpha_1} \cdots \partial x_d^{\alpha_d}}$$

と表す. また

$$\alpha! = \alpha_1! \cdots \alpha_d!$$

と定める (ただし $0! = 1$ とする). $\boldsymbol{x} = (x_1, \cdots, x_d) \in \mathbb{R}^d$ に対して

$$\boldsymbol{x}^\alpha = x_1^{\alpha_1} \cdots x_d^{\alpha_d}$$

とする. これらの記号を用いるとたとえば, **多項定理**は

$$(x_1 + \cdots + x_d)^n = \sum_{\alpha \in \mathbb{Z}_+^d, |\alpha| = n} \frac{n!}{\alpha!} x^\alpha$$

(ただし $\displaystyle\sum_{\alpha \in \mathbb{Z}_+^d, |\alpha| = n}$ は $\alpha = (\alpha_1, \cdots, \alpha_d) \in \mathbb{Z}_+^d$ であり, かつ $|\alpha| = \alpha_1 + \cdots +$ $\alpha_d = n$ をみたすすべての組 $\alpha_1, \cdots, \alpha_d$ に渡って和を取る記号とする) と簡易 に記述できる. たとえば $d = 2$ の場合を書き換えると

$$\sum_{\alpha \in \mathbb{Z}_+^2, |\alpha| = n} \frac{n!}{\alpha!} x^\alpha = \sum_{\alpha \in \mathbb{Z}_+^2, \alpha_1 + \alpha_2 = n} \frac{n!}{\alpha_1! \alpha_2!} x_1^{\alpha_1} x_2^{\alpha_2}$$
$$= \sum_{\alpha_1 = 0}^n \frac{n!}{\alpha_1!(n - \alpha_1)!} x_1^{\alpha_1} x_2^{n - \alpha_1} = (x_1 + x_2)^n$$

のように 2 項定理に他ならない.

多変数関数のテイラーの定理は次のものである.

> **定理 11.8**　（多変数関数のテイラーの定理）　$\Omega \subset \mathbb{R}^d$ を開凸集合とし，$f : \Omega \to \mathbb{R}$ を C^N 級であるとする．$c, c + h \in \Omega$ とする．このとき c と $c + h$ を結ぶ開線分 $l^\circ(c, c + h) \subset \Omega$ 上の点 ξ を
>
> $$f(c + h) = f(c) + \sum_{l=1}^{N-1} \sum_{\alpha \in \mathbb{Z}_+^d, |\alpha|=l} \frac{1}{\alpha!} \partial^\alpha f(c) h^\alpha + \sum_{\alpha \in \mathbb{Z}_+^d, |\alpha|=N} \frac{1}{\alpha!} \partial^\alpha f(\xi) h^\alpha$$
>
> となるようにとれる．

◆**証明**◆　証明の内容をつかんでもらうために $d = 2$ の場合を記す．以下の記述を一般の d に直すのは容易である．$c(t) = c + th = (\varphi_1(t), \varphi_2(t))$ とおき，$F(t) = f(c(t))$ とする．このとき

$$F^{(1)}(t) = \frac{d}{dt} f(c(t)) = \frac{\partial f}{\partial x_1}(c(t)) h_1 + \frac{\partial f}{\partial x_2}(c(t)) h_2$$

である．また

$$\begin{aligned}
F^{(2)}(t) &= \frac{d}{dt} \frac{\partial f}{\partial x_1} h_1 + \frac{d}{dt} \frac{\partial f}{\partial x_2} h_2 \\
&= \left(\frac{\partial^2 f}{\partial x_1^2} h_1^2 + \frac{\partial^2 f}{\partial x_2 \partial x_1} h_2 h_1 \right) + \left(\frac{\partial^2 f}{\partial x_1 \partial x_2} h_1 h_2 + \frac{\partial^2 f}{\partial x_2^2} h_2^2 \right) \\
&= \frac{\partial^2 f}{\partial x_1^2} h_1^2 + 2 \frac{\partial^2 f}{\partial x_1 \partial x_2} h_1 h_2 + \frac{\partial^2 f}{\partial x_2^2} h_2^2.
\end{aligned}$$

ゆえに

$$\frac{1}{2!} F^{(2)}(t) = \frac{1}{2!} \frac{\partial^2 f}{\partial x_1^2} h_1^2 + \frac{1}{1!1!} \frac{\partial^2 f}{\partial x_1 \partial x_2} h_1 h_2 + \frac{1}{2!} \frac{\partial^2 f}{\partial x_2^2} h_2^2 = \sum_{|\alpha|=2} \frac{1}{\alpha!} \partial^\alpha f(c(t)) h^\alpha$$

となっている．以下同様に

$$\frac{1}{k!} F^{(k)}(t) = \sum_{|\alpha|=k} \frac{1}{\alpha!} \partial^\alpha f(c(t)) h^\alpha$$

が示せる．したがって $F(t)$ に対するテイラーの定理より

$$F(1) - F(0) = \sum_{k=1}^{N-1} \frac{F^{(k)}(0)}{k!} + \frac{F^{(N)}(\theta)}{N!} \tag{11.7}$$

（ここで θ は $0 < \theta < 1$ をみたすある実数）が成り立つから，$\xi = c + \theta h$ とおけば本定理が導かれる．∎

　この定理から次のことが成り立つ．

◆**系 11.9**◆ $\Omega \subset \mathbb{R}^d$ を開集合とし，$f : \Omega \to \mathbb{R}$ を C^N 級であるとする．$c \in \Omega$ とし，$\overline{B}_d(c, r) \subset \Omega$ とする（記号は (10.3) 参照）．$h \in \mathbb{R}^d$ を $c + h \in B_d(c, r)$ をみたすものとする．

$$\varepsilon_N(h) = f(c + h) - f(c) - \sum_{l=1}^{N} \sum_{\alpha \in \mathbb{Z}_+^d, |\alpha|=l} \frac{1}{\alpha!} \partial^\alpha f(c) h^\alpha$$

とおく．このとき

$$f(c + h) = f(c) + \sum_{l=1}^{N} \sum_{\alpha \in \mathbb{Z}_+^d, |\alpha|=l} \frac{1}{\alpha!} \partial^\alpha f(c) h^\alpha + \varepsilon_N(h)$$

であり，かつ

$$\lim_{\|h\| \to 0} \frac{\varepsilon_N(h)}{\|h\|^N} = 0$$

が成り立つ．

◆**証明**◆　基本的には系 6.9 の証明と同じ考え方で示す．テイラーの定理より，c と $c + h$ を結ぶ開線分 $l^\circ(c, c + h)$ 上の点 ξ が存在し

$$\varepsilon_N(h) = f(c + h) - f(c) - \sum_{l=1}^{N} \sum_{\alpha \in \mathbb{Z}_+^d, |\alpha|=l} \frac{1}{\alpha!} \partial^\alpha f(c) h^\alpha$$

$$= \sum_{\alpha \in \mathbb{Z}_+^d, |\alpha|=N} \frac{1}{\alpha!} \partial^\alpha f(\xi) h^\alpha - \sum_{\alpha \in \mathbb{Z}_+^d, |\alpha|=N} \frac{1}{\alpha!} \partial^\alpha f(c) h^\alpha$$

$$= \sum_{\alpha \in \mathbb{Z}_+^d, |\alpha|=N} \frac{1}{\alpha!} \left(\partial^\alpha f(\xi) - \partial^\alpha f(c) \right) h^\alpha.$$

ここで $\|h\| \to 0$ とすると，$\|\xi - c\| \leq \|h\| \to 0$ であるから，$\partial^\alpha f$ の連続性より $|\partial^\alpha f(c) - \partial^\alpha f(\xi)| \to 0$ である．多項定理より

$$|h^\alpha|^2 = h_1^{2\alpha_1} \cdots h_d^{2\alpha_d} = \frac{\alpha!}{N!} \frac{N!}{\alpha!} h_1^{2\alpha_1} \cdots h_d^{2\alpha_d}$$

$$\leq \frac{\alpha!}{N!} (h_1^2 + \cdots + h_d^2)^N = \frac{\alpha!}{N!} \|h\|^{2N}$$

である．ゆえに

$$\frac{|\varepsilon_N(h)|}{\|h\|^N} \leq \sum_{\alpha \in \mathbb{Z}_+^d, |\alpha|=N} \frac{1}{\alpha!} |\partial^\alpha f(c) - \partial^\alpha f(\xi)| \frac{|h^\alpha|}{\|h\|^N}$$

$$\leq \sum_{\alpha \in \mathbb{Z}_+^d, |\alpha|=N} \frac{1}{\sqrt{\alpha! N!}} |\partial^\alpha f(c) - \partial^\alpha f(\xi)| \to 0 \ (\|h\| \to 0)$$

が得られる.

　本書で重要になるのが $N = 2$ の場合である. この場合, テイラーの定理は行列を使って簡明に記述することができる. C^2 級関数 $f(\boldsymbol{x}) = f(x_1, \cdots, x_d)$ に対して

$$
H_f(\boldsymbol{x}) = \begin{pmatrix} \dfrac{\partial^2 f}{\partial x_1^2}(\boldsymbol{x}) & \dfrac{\partial^2 f}{\partial x_1 \partial x_2}(\boldsymbol{x}) & \cdots & \dfrac{\partial^2 f}{\partial x_1 \partial x_d}(\boldsymbol{x}) \\ \dfrac{\partial^2 f}{\partial x_2 \partial x_1}(\boldsymbol{x}) & \dfrac{\partial^2 f}{\partial x_2^2}(\boldsymbol{x}) & \cdots & \dfrac{\partial^2 f}{\partial x_2 \partial x_d}(\boldsymbol{x}) \\ \vdots & \vdots & \ddots & \vdots \\ \dfrac{\partial^2 f}{\partial x_d \partial x_1}(\boldsymbol{x}) & \dfrac{\partial^2 f}{\partial x_d \partial x_2}(\boldsymbol{x}) & \cdots & \dfrac{\partial^2 f}{\partial x_d^2}(\boldsymbol{x}) \end{pmatrix}
$$

とおき, これを f の ($\boldsymbol{x}$ における) **ヘッセ行列**あるいは**ヘシアン**という.

線形代数の用語解説　ここで行列の解説をしておく. 実数 a_{ij} ($i = 1, \cdots, m, j = 1, \cdots, n$) に対して

$$
A = \begin{pmatrix} a_{11} & a_{12} & \cdots & a_{1n} \\ a_{21} & a_{22} & \cdots & a_{2n} \\ \vdots & \vdots & \ddots & \vdots \\ a_{m1} & a_{m2} & \cdots & a_{mn} \end{pmatrix} \tag{11.8}
$$

とおき, これを $m \times n$ **行列**という*8. 記号を簡略化するため $A = (a_{ij})$ と表す.

　$m = n$ の場合を n **次正方行列**という. n 次正方行列で, $a_{ij} = a_{ji}$ となっているものを n **次実対称行列**または $n \times n$ **実対称行列**という. (11.8) の A に対して $n \times m$ 行列

$$
A^T = \begin{pmatrix} a_{11} & a_{21} & \cdots & a_{m1} \\ a_{12} & a_{22} & \cdots & a_{m2} \\ \vdots & \vdots & \ddots & \vdots \\ a_{1n} & a_{2n} & \cdots & a_{mn} \end{pmatrix}
$$

---

*8 実数を配列したものを実行列, 複素数を配列しなものを複素行列というが, ここでは実行列のみ扱うので, 単に行列と言っている.

を A の**転置行列**または**転置**という. A が n 次正方行列のとき, A が対称行列ならば $A = A^T$ が成り立っている.

$m \times n$ 行列 A と $n \times l$ 行列 B の積は

$$AB = \begin{pmatrix} \sum_{j=1}^{n} a_{1j}b_{j1} & \cdots & \sum_{j=1}^{n} a_{1j}b_{jl} \\ \vdots & \ddots & \vdots \\ \sum_{j=1}^{n} a_{mj}b_{j1} & \cdots & \sum_{j=1}^{n} a_{mj}b_{jl} \end{pmatrix}$$

により定義される. AB は $m \times l$ 行列である.

f が C^2 級の場合, $\dfrac{\partial^2 f}{\partial x_i \partial x_j} = \dfrac{\partial^2 f}{\partial x_j \partial x_i}$ であるから, f のヘッセ行列は実対称行列である.

$\boldsymbol{h} = (h_1, \cdots, h_d) \in \mathbb{R}^d$ を $1 \times d$ 行列とみなす. このときその転置は $d \times 1$ 行列

$$\boldsymbol{h}^T = \begin{pmatrix} h_1 \\ \vdots \\ h_d \end{pmatrix}$$

である. テイラーの定理 11.8 は勾配ベクトルとヘッセ行列を使って次のように書き表すことができる.

◆**系 11.10**　$\Omega \subset \mathbb{R}^d$ を開凸集合とし, $f : \Omega \to \mathbb{R}$ を C^2 級であるとする. $\boldsymbol{c}, \boldsymbol{c} + \boldsymbol{h} \in \Omega$ とする. このとき $\boldsymbol{c}$ と $\boldsymbol{c} + \boldsymbol{h}$ を結ぶ開線分 $l^\circ(\boldsymbol{c}, \boldsymbol{c} + \boldsymbol{h}) \subset \Omega$ 上の点 $\boldsymbol{\xi}$ を

$$f(\boldsymbol{c} + \boldsymbol{h}) = f(\boldsymbol{c}) + \nabla f(\boldsymbol{c}) \cdot \boldsymbol{h} + \frac{1}{2}\boldsymbol{h}H_f(\boldsymbol{\xi})\boldsymbol{h}^T$$

となるようにとれる.

◆**証明**◆ $\displaystyle\sum_{\alpha \in \mathbb{Z}_+^d, |\alpha|=1} \frac{1}{\alpha!} \partial^\alpha f(\boldsymbol{c})\boldsymbol{h}^\alpha = \partial_1 f(\boldsymbol{c})h_1 + \cdots + \partial_d f(\boldsymbol{c})h_d = \nabla f(\boldsymbol{c}) \cdot \boldsymbol{h}$ である. また

$$\sum_{\alpha \in \mathbb{Z}_+^d, |\alpha|=2} \frac{1}{\alpha!} \partial^\alpha f(\boldsymbol{\xi})\boldsymbol{h}^\alpha$$

$$= \frac{1}{2}(\partial_1^2 f(\boldsymbol{\xi})h_1^2 + \cdots + \partial_d^2 f(\boldsymbol{\xi})h_d^2) + \sum_{i<j} \partial_i \partial_j f(\boldsymbol{\xi})h_i h_j$$

一方,

$$\frac{1}{2}\boldsymbol{h}H_f(\boldsymbol{\xi})\boldsymbol{h}^T = \frac{1}{2}\begin{pmatrix} h_1 & \cdots & h_d \end{pmatrix}\begin{pmatrix} \partial_1^2 f(\boldsymbol{\xi}) & \cdots & \partial_1 \partial_d f(\boldsymbol{\xi}) \\ \vdots & \ddots & \vdots \\ \partial_d \partial_1 f(\boldsymbol{\xi}) & \cdots & \partial_d^2 f(\boldsymbol{\xi}) \end{pmatrix}\begin{pmatrix} h_1 \\ \vdots \\ h_d \end{pmatrix}$$

$$= \frac{1}{2}\begin{pmatrix} h_1 & \cdots & h_d \end{pmatrix}\begin{pmatrix} \sum_{j=1}^{d} \partial_1 \partial_j f(\boldsymbol{\xi})h_j \\ \vdots \\ \sum_{j=1}^{d} \partial_d \partial_j f(\boldsymbol{\xi})h_j \end{pmatrix}$$

$$= \frac{1}{2}\sum_{i=1}^{d}\sum_{j=1}^{d} \partial_i \partial_j f(\boldsymbol{\xi})h_j h_i = \frac{1}{2}\sum_{i=1}^{d} \partial_i^2 f(\boldsymbol{\xi})h_i^2 + \sum_{i<j} \partial_i \partial_j f(\boldsymbol{\xi})h_i h_j.$$

ゆえに系が証明された. ∎

　同様に次のことも成り立つ.

系 11.11　（**2 次のテイラーの定理**）　記号は系 11.9 で定めたものとする. ただし $N = 2$ とする. このとき

$$f(\boldsymbol{c} + \boldsymbol{h}) = f(\boldsymbol{c}) + \nabla f(\boldsymbol{c}) \cdot \boldsymbol{h} + \frac{1}{2}\boldsymbol{h}H_f(\boldsymbol{c})\boldsymbol{h}^T + \varepsilon_2(\boldsymbol{h}),$$

$$\lim_{\|\boldsymbol{h}\| \to 0} \frac{\varepsilon_2(\boldsymbol{h})}{\|\boldsymbol{h}\|^2} = 0$$

が成り立つ.

　数学でよく用いられる記法にランダウの o と O があるので説明しておく. いま 2 つの関数 $u(\boldsymbol{x}), v(\boldsymbol{x})$ と $w(\boldsymbol{x})$ があり, $u(\boldsymbol{x}) - v(\boldsymbol{x})$ と $w(\boldsymbol{x})$ が $\boldsymbol{x} \to \boldsymbol{c}$ のとき 0 に収束しているとする. もし

$$\lim_{\|\boldsymbol{x}-\boldsymbol{c}\| \to 0} \frac{u(\boldsymbol{x}) - v(\boldsymbol{x})}{w(\boldsymbol{x})} = 0$$

が成り立っているとき, u と v の差（あるいは誤差）は w より高位の無限小であるといい, $u = v + o(w)\ (\boldsymbol{x} \to \boldsymbol{c})$ と表す. たとえば系 11.11 は

$$f(\boldsymbol{c} + \boldsymbol{h}) = f(\boldsymbol{c}) + \nabla f(\boldsymbol{c}) \cdot \boldsymbol{h} + \frac{1}{2}\boldsymbol{h}H_f(\boldsymbol{c})\boldsymbol{h}^T + o(\|\boldsymbol{h}\|^2)\ (\boldsymbol{h} \to \boldsymbol{0})$$

と表せる. また系 11.9 から, f が C^1 級ならば

$$f(\boldsymbol{c} + \boldsymbol{h}) = f(\boldsymbol{c}) + \nabla f(\boldsymbol{c}) \cdot \boldsymbol{h} + o(\|\boldsymbol{h}\|)\,(\boldsymbol{h} \to \boldsymbol{0})$$

が得られる.

ある正定数 A が存在し，$\boldsymbol{c}$ のある近傍の点 $\boldsymbol{x}$ （ただし $\boldsymbol{x} \neq \boldsymbol{c}$）に対して

$$\frac{|u(\boldsymbol{x}) - v(\boldsymbol{x})|}{|w(\boldsymbol{x})|} \leq A$$

が成り立っているとき，$u = v + O(w)$ と表す.

第12章

多変数関数の偏微分の応用

本章では，11 章で学んだ多変数関数の偏微分の応用例を学ぶ.

12.1　多変数関数の極大と極小

1 変数関数の場合と同様，多変数関数の偏微分は関数の極大値，極小値を求めるのに使われる．多変数関数の極値を求める問題（極値問題）は，さまざまな応用がある．そのいくつかを学ぶ.

1 変数関数の場合，f が c で極値をとるための必要条件は $f'(c) = 0$ であった．多変数の場合は勾配ベクトルが零ベクトルになること，すなわち $\nabla f(\boldsymbol{c}) = \boldsymbol{0}$ となることが必要条件になる．本節ではこのことを証明する.

まず多変数関数の極大値，極小値を定義する．これらは 1 変数の場合と同様に次のように定義される.

◆**定義 12.1**◆　$\Omega \subset \mathbb{R}^d$ を開集合とし，f を Ω 上の関数とする．f が点 $\boldsymbol{c} \in \Omega$ で**極大値をとる**とは，ある d 次元開球 $B_d(\boldsymbol{c}, r) \subset \Omega$ が存在し

$$f(\boldsymbol{x}) < f(\boldsymbol{c}) \ (\boldsymbol{x} \in B_d(\boldsymbol{c}, r), \boldsymbol{x} \neq \boldsymbol{c})$$

をみたすことである．このとき $f(\boldsymbol{c})$ を**極大値**という.

f が点 $\boldsymbol{c} \in \Omega$ で**極小値をとる**とは，ある d 次元開球 $B_d(\boldsymbol{c}, r) \subset \Omega$ が存在し

$$f(\boldsymbol{c}) < f(\boldsymbol{x}) \ (\boldsymbol{x} \in B_d(\boldsymbol{c}, r), \boldsymbol{x} \neq \boldsymbol{c})$$

をみたすことである．このとき $f(\boldsymbol{c})$ を**極小値**という.

これらを総称して極値という.

便宜上次の定義もしておく.

◆定義 12.2◆ f, Ω は定義 12.1 と同じものとする. f が点 $c \in \Omega$ で局所的な最大値をとるとは, ある d 次元開球 $B_d(c, r) \subset \Omega$ が存在し

$$f(x) \le f(c) \ (x \in B_d(c, r))$$

であることとする. また, f が点 $c \in \Omega$ で局所的な最小値をとるとは, ある d 次元開球 $B_d(c, r) \subset \Omega$ が存在し

$$f(c) \le f(x) \ (x \in B_d(c, r))$$

であることとする.

明らかに極大値は局所的な最大値であり, 極小値は局所的な最小値である. 本によっては極大値を局所的な狭義の最大値, 極小値を局所的な狭義の最小値ということもある.

具体例を一つ見ておこう. 図 12.1 は関数 $f(x, y) = \dfrac{x^3 - 3x}{1 + x^2 + y^2}$ のグラフである. この関数は点 $\left(\sqrt{2\sqrt{3} - 3}, 0\right)$ で極小値をとり, 点 $\left(-\sqrt{2\sqrt{3} - 3}, 0\right)$ で極大値をとる (このことは後述の定理 12.10 を用いれば容易に示すことができる).

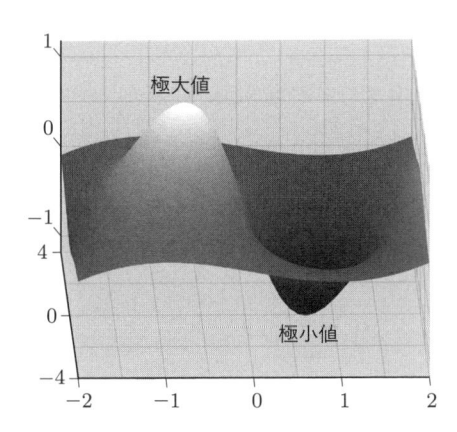

図 **12.1**　$f(x, y) = (x^3 - 3x)/(1 + x^2 + y^2)$ のグラフ.

> **定理 12.1** $\Omega \subset \mathbb{R}^d$ を開集合とし，f を Ω 上の C^1 級関数である
> とする．f が c で局所的な最大値，あるいは局所的な最小値をとるならば
> $$\nabla f(c) = \mathbf{0}$$
> が成り立つ．

◆**証明**◆ $\nabla f(c) \neq \mathbf{0}$ であるとして矛盾を導く．$\nabla f(c) = \mathbf{v} = (v_1, \cdots, v_d)$ とおく．
$c = (c_1, \cdots, c_d)$ を通る線分
$$\mathbf{L}(t) = c + t\mathbf{v} \ (t \in (-1, 1))$$
を考える．$\mathbf{L}(t) = (L_1(t), \cdots, L_d(t)) = (c_1 + tv_1, \cdots, c_d + tv_d)$ である．十分小さ
な $\delta > 0$ に対して $F(t) = f(\mathbf{L}(t))$ （$|t| < \delta$）が定義される．このとき
$$F'(0) = \sum_{j=1}^{d} \frac{\partial f}{\partial x_j}(\mathbf{L}(0)) L_j'(0) = \sum_{j=1}^{d} \frac{\partial f}{\partial x_j}(c) v_j = \nabla f(c) \cdot \mathbf{v}$$
$$= \nabla f(c) \cdot \nabla f(c) = \|\nabla f(c)\|^2 > 0$$
が得られる．これより $F(t)$ は $t = 0$ で増加の状態にある．これは f が c で局所的な
最大値・最小値をとることに反する．よって $\nabla f(c) = \mathbf{0}$ である．∎

◆**定義 12.3**◆ $\Omega \subset \mathbb{R}^d$ を開集合とし，f を Ω 上の C^1 級関数であるとする．
$\nabla f(c) = \mathbf{0}$ となる点 $c \in \Omega$ を f の**臨界点**あるいは**停留点**という．$c \in \Omega$ が f
の臨界点であるとき，$f(c)$ を**臨界値**という．

（**問題 12.1**） $B = \{\mathbf{x} \in \mathbb{R}^d : \|x\| < 1\}$，$E = \{\mathbf{x} \in \mathbb{R}^d : \|x\| \leq 1\}$，$S = \{\mathbf{x} \in \mathbb{R}^d : \|x\| = 1\}$ とする．f を E 上の実数値連続関数で，B 上で C^1 級で
あるとする．$c \in \mathbb{R}$ とする．$f(\mathbf{x}) = c \ (\mathbf{x} \in S)$ とする．このとき，B に f の
臨界点が存在することを証明せよ．

1 変数関数の場合と同様，c が臨界点だからといって，そこで**極値をとるとは
限らない**．1 変数関数の場合は臨界点が極値であるかどうかを調べるのには 2 階
の偏導関数の c での符号を調べる必要があった（定理 7.3）．これに相当すること
が多変数関数の場合にも成り立つが，多変数の場合は 2 階の偏導関数の符号では
なくヘッセ行列を調べる．このことを詳しく述べるために一般の実対称行列に対
する「正定値」，「負定値」の概念を準備しておく．

◆**定義 12.4**◆　d 次実対称行列 A を考える．A が**正定値**であるとは，任意の $h \in \mathbb{R}^d$, $h \neq \mathbf{0}$ に対して

$$hAh^T > 0$$

となることである．また任意の $h \in \mathbb{R}^d$, $h \neq \mathbf{0}$ に対して $hAh^T \geq 0$ となるとき**非負定値**であるという．

　A が**負定値**であるとは，任意の $h \in \mathbb{R}^d$, $h \neq \mathbf{0}$ に対して

$$hAh^T < 0$$

となることである．また任意の $h \in \mathbb{R}^d$, $h \neq \mathbf{0}$ に対して $hAh^T \leq 0$ となるとき**非正定値**であるという．

　A が正定値（非負定値）ならば $-A$ は負定値（非正定値）である．

[**例 12.1**]　(1) $A = \begin{pmatrix} 1 & 1 \\ 1 & 2 \end{pmatrix}$ は正定値である．このことを証明する．$h = (h_1, h_2) \neq \mathbf{0}$ とする．任意の $\varepsilon > 0$ に対して

$$0 \leq (\varepsilon h_1 + \varepsilon^{-1} h_2)^2 = \varepsilon^2 h_1^2 + \varepsilon^{-2} h_2^2 + 2h_1 h_2$$

であるから $2h_1 h_2 \geq -\varepsilon^2 h_1^2 - \varepsilon^{-2} h_2^2$ である．ゆえに $\varepsilon = \dfrac{3}{4}$ とすれば

$$hAh^T = h_1^2 + 2h_1 h_2 + 2h_2^2 \geq \left(1 - \frac{9}{16}\right) h_1^2 + \left(2 - \frac{16}{9}\right) h_2^2 > 0.$$

(2) 非負定値でも非正定値でもない実対称行列が存在する．たとえば $A = \begin{pmatrix} 1 & 2 \\ 2 & 3 \end{pmatrix}$ は非負定値でも非正定値でもない．実際 $h = \left(\dfrac{1}{2}\sqrt{5} - \dfrac{1}{2}, 1\right)$ とすると，$hAh^T = \dfrac{3}{2}\sqrt{5} + \dfrac{5}{2} > 0$ であり，$h = \left(-\dfrac{1}{2}\sqrt{5} - \dfrac{1}{2}, 1\right)$ とすると，$hAh^T = \dfrac{5}{2} - \dfrac{3}{2}\sqrt{5} < 0$ である．

　正定値行列の次の特徴は極値を求める定理の証明で用いられる．

◆**定理 12.2**◆　A を d 次実対称行列とする．
　(1) A が正定値であるための必要十分条件は，ある正定数 α が存在し，任意の $h \in \mathbb{R}^d$ に対して

$$hAh^T \geq \alpha \|h\|^2$$

が成り立つことである.

(2) A が負定値であるための必要十分条件は, ある正定数 α が存在し, 任意の $h \in \mathbb{R}^d$ に対して

$$hAh^T \leq -\alpha \|h\|^2$$

が成り立つことである.

◆証明◆ (1) を示す. 十分性は明らかであるから必要性を示す. S^{d-1} (S^{d-1} の定義は (10.4) 参照) は有界閉集合である. $f(h) = hAh^T$ は S^{d-1} 上の連続関数であるから, S^{d-1} で最小値 α をとる (定理 11.1). 仮定より $\alpha > 0$ である. 任意に $\mathbb{R}^d \ni h \neq 0$ をとる. $h' = h/\|h\|$ とおくと, $h' \in S^{d-1}$ であるから, $\alpha \leq f(h') = \dfrac{1}{\|h\|^2} f(h)$ より $f(h) \geq \alpha \|h\|^2$ が成り立つ. この式は $h = 0$ の場合は $0 = 0$ で成り立つ. よって定理が証明された. (2) A が負定値ならば $-A$ が正定値である. $-A$ に (1) を適用すればよい. ∎

この定理を用いて次のことを証明する.

定理 12.3 （ラグランジュ） $\Omega \subset \mathbb{R}^d$ を開集合とし, f を Ω 上の C^2 級関数とする. $c \in \Omega$ を f の臨界点とする.
(1) $H_f(c)$ が正定値ならば f は c で極小値をとる.
(2) $H_f(c)$ が負定値ならば f は c で極大値をとる.

◆証明◆ (1) $B_d(c, \delta) \subset \Omega$ とする. 仮定よりある $\alpha > 0$ が存在し, 任意の $h \in \mathbb{R}^d$ に対して $hH_f(c)h^T \geq \alpha \|h\|^2$ が成り立つ. テイラーの定理より, $\|h\| < \delta$ に対して

$$\begin{aligned}
f(c+h) - f(c) &= \frac{1}{2} hH_f(c)h^T + \varepsilon_2(h) \\
&\geq \frac{\alpha}{2} \|h\|^2 + \varepsilon_2(h)
\end{aligned}$$

である. ただしここで $\displaystyle\lim_{\|h\| \to 0} \frac{\varepsilon_2(h)}{\|h\|^2} = 0$ をみたしているから, ある $\delta > \delta' > 0$ が存在し, $\|h\| < \delta'$ ならば $\dfrac{|\varepsilon_2(h)|}{\|h\|^2} < \dfrac{\alpha}{4}$ が成り立つ (ここで $\dfrac{\alpha}{4}$ とするのは次の不等式を導くためである). したがって $0 < \|h\| < \delta'$ ならば

$$f(\boldsymbol{c}+\boldsymbol{h}) - f(\boldsymbol{c}) \geq \frac{\alpha}{2}\|\boldsymbol{h}\|^2 - \frac{\alpha}{4}\|\boldsymbol{h}\|^2 > 0$$

となる．ゆえに f は $\boldsymbol{c}$ で極小値をとる．(2) も同様である． ∎

多変数関数の極値を調べるには，ヘッセ行列の正定値性，負定値性を容易に判定できる条件があれば便利である．線形代数では一般に実対称行列の正定値性，負定値性を判定するいくつかの条件が知られている．その1つを記しておく．行列 $A = \begin{pmatrix} a_{11} & a_{12} \\ a_{21} & a_{22} \end{pmatrix}$ に対して

$$\det A = a_{11}a_{22} - a_{12}a_{21}$$

を A の**行列式**（determinant）という．

◆**定理 12.4**◆　$A = (a_{ij})$ を 2×2 実対称行列とする．

(1) A が正定値であるための必要十分条件は $a_{11} > 0$ かつ $\det A > 0$ となることである．

(2) A が負定値であるための必要十分条件は $a_{11} < 0$ かつ $\det A > 0$ となることである．

◆**証明**◆　(1) A が正定値であるとする．$\boldsymbol{h} = (1,0)$ に対して，$0 < \boldsymbol{h}A\boldsymbol{h}^T = a_{11}$ である．$\boldsymbol{h} = (h_1, h_2) \neq \boldsymbol{0}$ とすると

$$\begin{aligned} \boldsymbol{h}A\boldsymbol{h}^T &= a_{11}h_1^2 + 2a_{12}h_1h_2 + a_{22}h_2^2 \\ &= a_{11}\left(h_1 + \frac{a_{12}h_2}{a_{11}}\right)^2 + \frac{\det A}{a_{11}}h_2^2 \end{aligned} \tag{12.1}$$

である．$h_2 = 1$, $h_1 = -\dfrac{a_{12}}{a_{11}}$ とすると，$0 < \boldsymbol{h}A\boldsymbol{h}^T = \dfrac{\det A}{a_{11}}$ より $\det A > 0$ である．十分性は (12.1) より明らかである．(2) A が負定値ならば $-A$ は正定値である．ゆえに $-a_{11} > 0$ かつ $\det(A) = \det(-A) > 0$ である．十分性も容易に導かれる． ∎

証明には線形代数のやや深い予備知識が必要なため本書では証明を記すことができないが，$d \times d$ 実対称行列に関しては次の定理が知られている[*1]．本書ではこの定理は認めて使っていくことにする．$d \times d$ 行列 $A = (a_{ij})$ に対して

$$A_k = \begin{pmatrix} a_{11} & \cdots & a_{1k} \\ \vdots & \ddots & \vdots \\ a_{k1} & \cdots & a_{kk} \end{pmatrix} \quad (k = 1, \cdots, d)$$

[*1] たとえば[24, IV, §4, 定理 6]参照．

とおく. A_k を A の k 次小行列という.

> **定理 12.5**　$A = (a_{ij})$ を $d \times d$ 実対称行列とする. A が正定値であるための必要十分条件は $k = 1, \cdots, d$ に対して, A_k の行列式*2$\det A_k$ が
> $$\det A_k > 0$$
> をみたすことである.

練習 12.1　$f(x, y, z) = x^2 + y^2 + z^2 - xy + z$ の極値を求めよ.

解答例　$\nabla f(x, y, z) = (2x - y, 2y - x, 2z + 1)$ であるから, $\boldsymbol{c} = \left(0, 0, -\dfrac{1}{2} \right)$ が

臨界点である. $H_f(x, y, z) = \begin{pmatrix} 2 & -1 & 0 \\ -1 & 2 & 0 \\ 0 & 0 & 2 \end{pmatrix}$ $(= A$ とおく$)$ である. $\det A_1 =$

2, $\det A_2 = 3$, $\det A_3 = 6$ より $H_f(x, y, z)$ は正定値であるから, $\boldsymbol{c}$ で極小値

$f(\boldsymbol{c}) = -\dfrac{1}{4}$ をとる. じつは, これは最小値でもある. なぜならば, 任意の $\boldsymbol{h} \in$

$\mathbb{R}^3$, $\boldsymbol{h} \neq 0$ に対して

$$f(\boldsymbol{c} + \boldsymbol{h}) = f(\boldsymbol{c}) + \frac{1}{2}\boldsymbol{h}H_f(\boldsymbol{c})\boldsymbol{h}^T > f(\boldsymbol{c}) \tag{12.2}$$

となっているからである.

練習 12.2　$f(\boldsymbol{x})$ を $\mathbb{R}^d$ 上の 2 次の多項式, すなわち $f(\boldsymbol{x}) = \displaystyle\sum_{\alpha \in \mathbb{Z}_+^d, |\alpha| \leq 2} a_\alpha \boldsymbol{x}^\alpha$

であるとする.

(1) 任意の $\boldsymbol{x}, \boldsymbol{h} \in \mathbb{R}^d$ に対して

$$f(\boldsymbol{x} + \boldsymbol{h}) = f(\boldsymbol{x}) + \frac{1}{2}\boldsymbol{h}H_f(\boldsymbol{x})\boldsymbol{h}^T$$

が成り立つ.

(2) $\boldsymbol{c}$ が f の臨界点であり, $H_f(\boldsymbol{c})$ が正定値ならば f は $\boldsymbol{c}$ で最小値をとる. また $H_f(\boldsymbol{c})$ が負定値ならば f は $\boldsymbol{c}$ で最大値をとる.

解答例　(1) $\partial^\alpha f = 0$ $(\alpha \in \mathbb{Z}_+^d, |\alpha| \geq 3)$ とテイラーの定理より明らか.　(2)

---

*2 3 次以上の行列の行列式の定義については線形代数の本を参照してほしい (たとえば[3, p.79])

この設定でも（1）より（12.2）と同様の式が成り立つことがわかり，最初の場合，c で最小値をとることが示される．最後の主張も同様にして示される．

　関数によっては f がある方向では極大値をとるが，ある方向では極小値をとる場合もある．すなわち，ある単位ベクトル $u, v \in S^{d-1}$ が存在し，$t \in (-\delta, \delta)$（δ はある正数）に対する関数 $f(c + tu)$ が $t = 0$ で極大値をとり，一方 $f(c + tv)$ が $t = 0$ で極小値をとるようなことがある．このような場合，c を鞍点またはサドルポイントという．たとえば図 12.2 は $f(x, y) = x^2 - y^2$ のグラフで

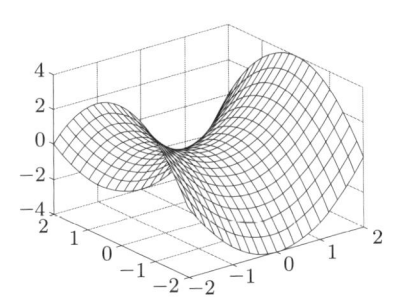

図 12.2 $f(x, y) = x^2 - y^2$ は $(0, 0)$ が鞍点．

あるが，明らかに $\mathbf{0} = (0, 0)$ は臨界点であり，図 12.2 から f は $\mathbf{0}$ において，$e_1 = (1, 0)$ 方向に限れば極小値ととり，$e_2 = (0, 1)$ 方向に限れば極大値をとっている様子を見ることができる（厳密には後で証明する）．すなわち $\mathbf{0}$ は f の鞍点になっている．一般に次のことが成り立つ．

◆**定理 12.6**◆　$\Omega \subset \mathbb{R}^d$ を開集合とし，f を Ω 上の C^2 級関数とする．$c \in \Omega$ を f の臨界点とする．もしも $u, v \in S^{d-1}$（S^{d-1} の定義は（10.4）参照）で

$$uH_f(c)u^T < 0 < vH_f(c)v^T$$

となるものが存在するならば c は f の鞍点である．

◆**証明**◆　$\alpha = \dfrac{1}{2}vH_f(c)v^T$ とおく．十分小さな $\delta > 0$ に対して，$-\delta < t < \delta$ ならば

$$f(c + tv) - f(c) = \frac{1}{2}(tv)H_f(c)(tv)^T + \varepsilon_2(tv)$$

$$= t^2\alpha + \varepsilon_2(t\boldsymbol{v})$$

ここで $\displaystyle\lim_{t\to 0}\frac{\varepsilon_2(t\boldsymbol{v})}{t^2} = \lim_{t\to 0}\frac{\varepsilon_2(t\boldsymbol{v})}{\|t\boldsymbol{v}\|^2} = 0$ より，ある $0 < \delta' < \delta$ が存在し，$0 < |t| < \delta'$ ならば $\dfrac{|\varepsilon_2(t\boldsymbol{v})|}{t^2} < \dfrac{\alpha}{2}$ が成り立つ．ゆえに $0 < |t| < \delta'$ ならば

$$f(\boldsymbol{c}+t\boldsymbol{v}) - f(\boldsymbol{c}) \geq t^2\alpha - t^2\frac{\alpha}{2} > 0$$

であるから $\boldsymbol{v}$ 方向の線分上では $\boldsymbol{c}$ は極小値を取る．同様に $\boldsymbol{u}$ 方向の線分上では $\boldsymbol{c}$ で極大値をとることも示せる． ∎

[例 12.2]　$f(x,y) = x^2 - y^2$ の場合，$H_f(\boldsymbol{0}) = \begin{pmatrix} 2 & 0 \\ 0 & -2 \end{pmatrix}$ より，

$$\boldsymbol{e}_2 H_f(\boldsymbol{0})\boldsymbol{e}_2^T = -2 < 0 < 2 = \boldsymbol{e}_1 H_f(\boldsymbol{0})\boldsymbol{e}_1^T$$

である．したがって $(0,0)$ は鞍点である．

2 変数関数の場合は，臨界点で極大値をとるか，極小値を取るか，鞍点であるかがヘッセ行列の行列式から容易に判定できる．

> **定理 12.7**　$f(x,y)$ を開集合 Ω で C^2 級であるとする．$\boldsymbol{c} \in \Omega$ が f の臨界点になっているとする．このとき次のことが成り立つ．
>
> (1) $\det H_f(\boldsymbol{c}) > 0$ かつ $f_{xx}(\boldsymbol{c}) > 0$ ならば $\boldsymbol{c}$ で f は極小値をとる．
>
> (2) $\det H_f(\boldsymbol{c}) > 0$ かつ $f_{xx}(\boldsymbol{c}) < 0$ ならば $\boldsymbol{c}$ で f は極大値を取る．
>
> (3) $\det H_f(\boldsymbol{c}) < 0$ ならば $\boldsymbol{c}$ は f の鞍点である．

◆証明◆　(1)，(2) は定理 12.3 と定理 12.4 より明らかである．(3) を証明する．$a_{11} = f_{xx}(\boldsymbol{c})$，$a_{12} = a_{21} = f_{xy}(\boldsymbol{c})$，$a_{22} = f_{yy}(\boldsymbol{c})$，$A = H_f(\boldsymbol{c})$ とおく．まず $a_{11} > 0$ の場合を考える．(12.1) より，$\boldsymbol{h} = (1,0)$ ならば $\boldsymbol{h}A\boldsymbol{h}^T = a_{11}h_1^2 > 0$ であり，$\boldsymbol{h} = \left(-\dfrac{a_{12}}{a_{11}}, 1\right)$ ならば $\boldsymbol{h}A\boldsymbol{h}^T = \dfrac{\det A}{a_{11}} < 0$ であるから，$\boldsymbol{c}$ は鞍点である．この計算を用いれば $a_{11} < 0$ の場合も鞍点であることがわかる．$a_{11} = 0$ の場合は，$\det A < 0$ より $a_{12} \neq 0$ であることに注意する．さらに $a_{22} = 0$ ならば $\boldsymbol{h}A\boldsymbol{h}^T = 2a_{12}h_1h_2$ より $h_1h_2 > 0$ のときと $h_1h_2 < 0$ のときで符号が変わるから鞍点である．$a_{22} \neq 0$ の場合は，

$$\boldsymbol{h}A\boldsymbol{h}^T = 2a_{12}h_1h_2 + a_{22}h_2^2 = a_{12}h_2\left(2h_1 + \frac{a_{22}}{a_{12}}h_2\right)$$

より $h_2 = 1$ のときに $h_1 = \pm\dfrac{a_{22}}{a_{12}}h_2$ で $\boldsymbol{h}A\boldsymbol{h}^T$ の符号が変わるから鞍点である． ∎

この定理の 3 変数以上の場合への一般化については，定理 12.10 を参照.

練習 12.3　$a \in \mathbb{R}, a \neq 0$ とする．$f(x,y) = x^3 - axy + y^3$ の極値を求めよ．$a = 0$ の場合について述べよ．

解答例　$a \neq 0$ の場合について．$f_x(x,y) = 3x^2 - ay$, $f_y(x,y) = 3y^2 - ax$ であるから，$(x,y) = (0,0)$, $\left(\dfrac{a}{3}, \dfrac{a}{3}\right)$ が臨界点である．$H_f(x,y) = \begin{pmatrix} 6x & -a \\ -a & 6y \end{pmatrix}$ より $\det H_f(x,y) = 36xy - a^2$ である．ゆえに $\det H_f(0,0) = -a^2 < 0$ より $(0,0)$ は鞍点である．$\det H_f\left(\dfrac{a}{3}, \dfrac{a}{3}\right) = 3a^2 > 0$ である．また $\det H_f\left(\dfrac{a}{3}, \dfrac{a}{3}\right)_{11} = 2a$ より $a > 0$ ならば $\left(\dfrac{a}{3}, \dfrac{a}{3}\right)$ で極小値 $-\dfrac{1}{27}a^3$ をとり，$a < 0$ ならば極大値 $-\dfrac{1}{27}a^3$ をとる．$a = 0$ の場合は，$f(x,y) = (x+y)(x^2 - xy + y^2)$, $x^2 - xy + y^2 = \left(x - \dfrac{y}{2}\right)^2 + \dfrac{3y^2}{4}$ より，$x + y > 0$ ならば $f(x,y) > 0$ であり，$x + y < 0$ ならば $f(x,y) < 0$ より $(0,0)$ で極値を取らない．

問題 12.2　関数 $f(x,y) = \dfrac{x^3 - 3x}{1 + x^2 + y^2}$ の極値を求めよ．

問題 12.3　円に内接する三角形のうち，面積が最大となるのはどのような三角形か．

12.2　極値とヘッセ行列の固有値

本節では d 変数関数の極値に関して述べる．この場合，ヘッセ行列は d 次正方行列であり．この解析には線形代数の予備知識を必要とする．必要なことは最初の小節にまとめてある．

12.2.1　線形代数からの準備

本節はすでに線形代数の該当部分を学んでいる読者は復習として，まだ学んでいない読者は線形代数の予習として読んでほしい．ただし以下では行列の行列式は既習とする．

一般に $d \times d$ の実行列 $A = (a_{ij})$ に対して，$\lambda \in \mathbb{R}$ が A の（**実**）**固有値**であるとは，ある $\boldsymbol{x} \in \mathbb{R}^d \setminus \{\boldsymbol{0}\}$ で

$$A\boldsymbol{x}^T = \lambda \boldsymbol{x}^T$$

をみたすものが存在することである．このとき $\boldsymbol{x}$ を固有値 λ に関する**実固有ベクトル**という．e_{ij} を (11.5) で定めた記号とする．I_d が d 次単位行列とは $I_d = (e_{ij})$ となるものとする．A が逆行列をもつとは，ある $d \times d$ 実行列 B で，$AB = BA = I_d$ となるものが存在することである．このような B はもし存在するならばただ一つであることが容易に示される．$B = A^{-1}$ と表し，A の**逆行列**という．線形代数の一般論から A が逆行列をもつための必要十分条件は $\det A \neq 0$ であることが知られている．

A が逆行列をもち，特に $A^T = A^{-1}$ となっているものを d **次直交行列**という．次の定理が知られている．

定理 12.8　（**実対称行列の対角化**）　A が $d \times d$ の実対称行列であるとする．このとき，ある実数 $\lambda_1, \cdots, \lambda_d$ とある $d \times d$ 直交行列 U が存在し，

$$A = U^T \begin{pmatrix} \lambda_1 & 0 & \cdots & 0 \\ 0 & \lambda_2 & \ddots & \vdots \\ \vdots & \ddots & \ddots & 0 \\ 0 & \cdots & 0 & \lambda_d \end{pmatrix} U$$

をみたす．このとき，$\lambda_1, \cdots, \lambda_d$ は A のすべての固有値である（ただし $\lambda_1, \cdots, \lambda_d$ の中には同じ数が重複していることもある）．

A, B が $d \times d$ 実行列であるとき，$\det(AB) = \det A \det B$ であることが知られている．また $\det A^T = \det A$ でもある．ゆえに U が d 次直交行列とすると，$1 = \det I_d = \det(U^T U) = (\det U)^2$ より $\det U = \pm 1$ である．したがって定理 12.8 より $d \times d$ 実対称行列 A に対して

$$\det A = \lambda_1 \lambda_2 \cdots \lambda_d$$

であることがわかる．

以上のことを次の小節では使う．

12.2.2　d 変数関数の極値の判定

実対称行列に関する若干の準備をしておく．$A, U, \lambda_1, \cdots, \lambda_d$ は定理 12.8 で定めたものとする．$\boldsymbol{h} \in \mathbb{R}^d$ に対して，$\boldsymbol{v} = (U\boldsymbol{h}^T)^T \in \mathbb{R}^d$ とおくと，$\boldsymbol{v}^T =$

$Uh^T,\ v = (h^T)^T U^T = hU^T$ である．$v = (v_i)$ とおく．定理 12.8 より

$$hAh^T = hU^T \begin{pmatrix} \lambda_1 & & 0 \\ & \ddots & \\ 0 & & \lambda_d \end{pmatrix} Uh^T = v \begin{pmatrix} \lambda_1 & & 0 \\ & \ddots & \\ 0 & & \lambda_d \end{pmatrix} v^T$$

$$= \sum_{i=1}^{d} \lambda_i v_i^2 \tag{12.3}$$

が得られる．

$e_i \in \mathbb{R}^d$ を (11.6) で定めたものとする．$h_i = e_i U \in \mathbb{R}^d$ とする．このとき，

$$Uh_i^T = (h_i U^T)^T = (e_i U U^T)^T = e_i^T$$

であるから，

$$h_i A h_i^T = e_i \begin{pmatrix} \lambda_1 & & 0 \\ & \ddots & \\ 0 & & \lambda_d \end{pmatrix} e_i^T = \lambda_i$$

である．

◆**定理 12.9**◆　$\Omega \subset \mathbb{R}^d$ を開集合とし，f を Ω 上の C^2 級関数とする．$c \in \Omega$ を f の臨界点とする．

(1) $H_f(c)$ の固有値がすべて正ならば，f は c で極小値を取る．

(2) $H_f(c)$ の固有値がすべて負ならば，f は c で極大値を取る．

(3) $H_f(c)$ の固有値に正のものと負のものがあれば，c は f の鞍点である．

◆証明◆　(1), (2) は定理 12.8 と (12.3) 及び定理 12.3 より明らかである．(3) $\lambda_i > 0,\ \lambda_j < 0$ とする．$A = H_f(c)$ として上の議論を適用すれば，$h_j A h_j^T = \lambda_j < 0 < \lambda_i = h_i A h_i^T$ である．ゆえに定理 12.6 より c は鞍点である．∎

極小値を与える点か極大値を与える点か，あるいは鞍点であるかを判定するのに，次の判定法が知られている（[7]参照）．

◆**定理 12.10**◆　$\Omega \subset \mathbb{R}^d$ を開集合とし，f を Ω 上の C^2 級関数とする．$c \in \Omega$ を f の臨界点とする．$A = H_f(c)$ とする．次のことが成り立つ．

(1) ある自然数 k（ただし $2k \leq d$）に対し，$\det A_{2k} < 0$ ならば c は f

の鞍点である.

(2) $\det A \neq 0$ とする.

(i) $\det A_k > 0$ $(k = 1, \cdots, d)$ ならば $f(\boldsymbol{c})$ は極小値である.

(ii) $(-1)^k \det A_k > 0$ $(k = 1, \cdots, d)$ ならば $f(\boldsymbol{c})$ は極大値である.

(iii) (i), (ii) の仮定が成り立たない場合は $\boldsymbol{c}$ は鞍点である.

◆証明◆ (1) $\boldsymbol{c} = (c_1, \cdots, c_d)$ とし, $\boldsymbol{c}' = (c_1, \cdots, c_{2k}) \in \mathbb{R}^{2k}$ とおく.

$$W = \{(x_1, \cdots, x_{2k}) : (x_1, \cdots, x_{2k}, c_{2k+1}, \cdots, c_d) \in \Omega\}$$

とおく.

$$\widetilde{f}(x_1, \cdots, x_{2k}) = f(x_1, \cdots, x_{2k}, c_{2k+1}, \cdots, c_d)$$

と定義する. このとき

$$H_{\widetilde{f}}(\boldsymbol{c}') = A_{2k}$$

である. A_{2k} の固有値を $\lambda_1, \cdots, \lambda_{2k}$ とすると $\lambda_1 \cdots \lambda_{2k} = \det(A_{2k}) < 0$ であるから, $\lambda_1, \cdots, \lambda_{2k}$ の中には正の値をとるものと負の値をとるものがある. そこで A_{2k} の正の固有値を μ, 負の固有値を λ とおく. $\boldsymbol{u}'$ を μ の固有ベクトル, $\boldsymbol{v}'$ を λ の固有ベクトルとする.

$$\boldsymbol{u}' A_{2k} \boldsymbol{u}'^T = \mu \boldsymbol{u}' \boldsymbol{u}'^T = \mu \|\boldsymbol{u}'\|^2 > 0$$
$$\boldsymbol{v}' A_{2k} \boldsymbol{v}'^T = \lambda \boldsymbol{v}' \boldsymbol{v}'^T = \lambda \|\boldsymbol{v}'\|^2 < 0$$

が得られる. したがって $\boldsymbol{u} = (\boldsymbol{u}', 0, \cdots, 0) \in \mathbb{R}^d$, $\boldsymbol{v} = (\boldsymbol{v}', 0, \cdots, 0) \in \mathbb{R}^d$ とすると,

$$\boldsymbol{u} \, H_f(\boldsymbol{c}) \boldsymbol{u}^T = \boldsymbol{u}' A_{2k} \boldsymbol{u}'^T > 0 > \boldsymbol{v}' A_{2k} \boldsymbol{v}'^T = \boldsymbol{v} \, H_f(\boldsymbol{c}) \boldsymbol{v}^T$$

となっている. このことから $\boldsymbol{c}$ が f の鞍点であることが導かれる.

(2) (i) 定理 12.5 より $H_f(\boldsymbol{c})$ は正定値であるから, 定理 12.3 より明らか.

(ii) 定義 12.4 より $A = (a_{ij})$ が負定値ならば, $-A = (-a_{ij})$ は正定値である. $\det(-A)_k = (-1)^k \det A_k$ である. このことから (ii) が導かれる.

(iii) (i) でも (ii) でもないということは, 正定値でも負定値でもなく, $\det A \neq 0$ の仮定より固有値は 0 ではないので, 正の固有値と負の固有値をもつ. したがって定理 12.9(3) より鞍点である. ∎

（問題 12.4） $f(x, y, z) = x^2 + y^2 + z^2 + x - y + 1$ の極値を求めよ.

（問題 12.5） $1 \leq p \leq d$ とし, $f(x_1, \cdots, x_d) = x_1^2 + \cdots + x_p^2 - x_{p+1}^2 - \cdots - x_d^2$ とする. p がどのようなとき, $\boldsymbol{0} \in \mathbb{R}^d$ は鞍点になるか.

> **問題 12.6**　データの解析でよく使われる回帰直線について述べる．回帰直線を求めることは，多変数関数の極値問題に帰着される．いま，N 個のデータ $(x_1, y_1), (x_2, y_2), \cdots, (x_N, y_N)$ があるとする．$x_1 = \cdots = x_N$ ではないとする．このデータを平面上にプロットしたとき（このような図を散布図という），すべての点 (x_j, y_j) となるべく近いところを通る直線を求める問題を考える．もしこのような直線 $y = mx + c$ が求められれば，データの散布図にある直線的な傾向がある場合，観測していない時刻 x でも実測した場合の値に近いと期待される値 $mx + c$（予測値）が得られることになる．さて一般に直線 $y = mx + c$ 上の点 $(x_j, mx_j + c)$ と時刻が同じ（すなわち x 軸の点が同じ）である実際の観測値 (x_j, y_j) との誤差の 2 乗 $(y_j - mx_j - c)^2$ の総和に $\frac{1}{2}$ を掛けたものを

$$E(m, c) = \frac{1}{2} \sum_{j=1}^{N} (y_j - mx_j - c)^2 \tag{12.4}$$

とおく（これを**平均 2 乗誤差関数**という）．$E(m, c)$ を最小にする m, c があれば，$y = mx + c$ が実際の観測値と（12.4）で定義された平均 2 乗誤差を最小にする直線である．$E(m, c)$ を最小にする直線 $y = mx + c$ を**回帰直線**という．$E(m, c)$ を最小にする m, c を求めよ．

> **問題 12.7**　次のデータに対する回帰直線を求めよ．

$$(1, 3), (2, 6), (3, 12), (4, 12), (5, 16).$$

12.3　ラグランジュの未定乗数法と陰関数定理

12.1 節，12.2 節では関数 $f(\boldsymbol{x})$ の極値について述べてきた．しかし問題によっては，いくつかの制約条件のもとでの $f(\boldsymbol{x})$ の極値問題を考える必要が生じる．たとえば，$x^2 + y^2 = 1$ の条件のもとで，$f(x, y)$ の極値を求めよというような問題である．この種の問題で効力を発揮するのがラグランジュの未定乗数法と呼ばれる方法である．本節ではラグランジュの未定乗数法について述べる．しかし，ラグランジュの未定乗数法を証明には，陰関数定理という定理が必要になる．陰関数定理は本書では第 18.2 節で扱うが，本節ではラグランジュの未定乗数法を述べるのに必要な範囲で解説する．厳密な証明は第 18.2 節で行う．

12.3.1　陰関数定理

　微分に関する定理の中で重要な陰関数定理について，本節に必要な範囲で述べる.

　その前に陰関数定理の背景を解説しておく. たとえば中心が 0, 半径 1 の円を考えてみよう. この円を表す方程式は

$$x^2 + y^2 - 1 = 0$$

である. これをもう少し分かり易く $y = \varphi(x)$ の形の関数のグラフで表せないだろうか. 話をもう少し一般化して言えば，2 変数関数 $f(x, y)$ に対して，方程式

$$f(x, y) = 0$$

の解の集合

$$\Gamma_f = \left\{ (x, y) \in \mathbb{R}^2 : f(x, y) = 0 \right\}$$

を $y = \varphi(x)$ のグラフで表せないか，ということである.

　答えは NO である. たとえば $f(x, y) = x^2 + y^2 - 1$ の場合，$-1 < x < 1$ の部分で，y は $\sqrt{1 - x^2}$ と $-\sqrt{1 - x^2}$ の 2 つの値を取り得るので，それを一つの関数 $y = \varphi(x)$ で表すことはできない. もっともこの場合，上半円（つまり円の

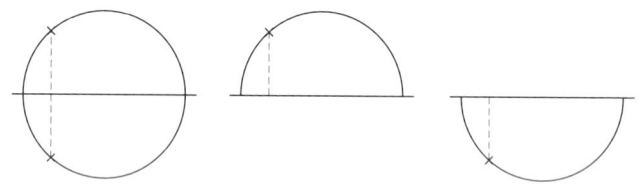

xに対応する点は2個　　xに対応する点は1個　　xに対応する点は1個

図 **12.3**　円周全体は無理でも，円周の一部であれば関数のグラフとして表せる.

上半分）の部分

$$\Gamma_f^+ = \left\{ (x, y) \in \mathbb{R}^2 : y \geq 0,\ x^2 + y^2 = 1 \right\}$$

であれば，$y = \sqrt{1 - x^2}$ のグラフとして表され，下半円（円の下半分）の部分

$$\Gamma_f^- = \left\{ (x, y) \in \mathbb{R}^2 : y \leq 0,\ x^2 + y^2 = 1 \right\}$$

であれば，$y = -\sqrt{1 - x^2}$ のグラフとして表される.

　もう少し複雑な曲線も考えてみよう.

$$f(x, y) = x^3 + y^3 - 3xy$$

の場合, Γ_f は次の図 12.4 のような曲線であることが知られている. この曲線は

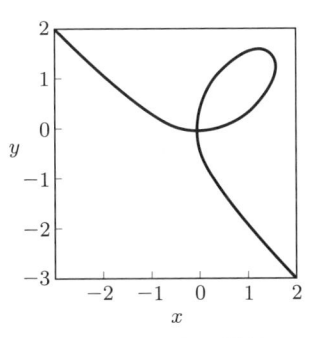

図 **12.4**　デカルトの正葉線

デカルトの正葉線と呼ばれている. 点 $(0,0) \in \Gamma_f$ を考える. このとき $(0,0)$ のいかなる近傍でも, 図 12.4 からデカルトの正葉線を一つの関数 $y = \varphi(x)$ のグラフとしては表せないことがわかる (図 12.5 の左図参照). しかしながら図を見る限り, $(0,0)$ 以外の点 $(a,b) \in \Gamma_f$ では, 十分小さな $\delta > 0$ と $\delta' > 0$ をとれば,

$$\Gamma_f \cap \left\{ (x,y) \in \mathbb{R}^2 : |x - a| < \delta, |y - b| < \delta' \right\}$$

の部分であれば, $y = \varphi(x)$ の形の関数のグラフか, $x = \psi(y)$ の形の関数のグラフで表せそうである (図 12.5 の右図参照).

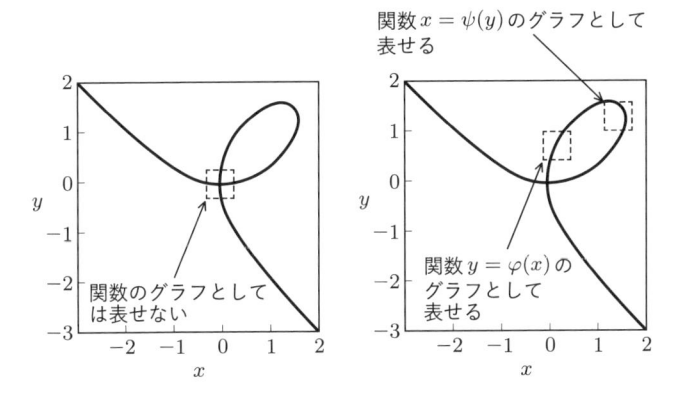

図 **12.5**　デカルトの正葉線を関数のグラフによる局所的な表示の可能性.

　図から推測した以上のことが，より一般の場合に成り立つことを示すのが本節で述べる陰関数定理である.

　陰関数定理を記述するためにシリンダー近傍を準備しておく．シリンダー近傍とは図 12.6 のようなシリンダーの形状をした近傍のことで，次のように定義される．以下では $d \geq 2$ の場合，d 次元数空間 $\mathbb{R}^d$ を $\mathbb{R}^{d-1} \times \mathbb{R}$ として考える．$\mathbb{R}^d$ の点 $\boldsymbol{x} = (x_1, \cdots, x_{d-1}, x_d)$ に対して $\boldsymbol{x}' = (x_1, \cdots, x_{d-1})$ とし，$\boldsymbol{x} = (\boldsymbol{x}', x_d)$ と表す．$\boldsymbol{a} = (\boldsymbol{a}', a_d) \in \mathbb{R}^d$ と $\delta_1 > 0, \delta_2 > 0$ に対して

$$B_{d-1}(\boldsymbol{a}', \delta_1) = \left\{ \boldsymbol{z} \in \mathbb{R}^{d-1} : \|\boldsymbol{z} - \boldsymbol{a}'\| < \delta_1 \right\}$$
$$B_1(a_d, \delta_2) = \left\{ x \in \mathbb{R} : |x - a_d| < \delta_2 \right\}$$

として，

$$C(\boldsymbol{a}; \delta_1, \delta_2) = B_{d-1}(\boldsymbol{a}', \delta_1) \times B_1(a_d, \delta_2)$$
$$\left(= \left\{ \boldsymbol{x} = (\boldsymbol{x}', x_d) \in \mathbb{R}^d : \|\boldsymbol{x}' - \boldsymbol{a}'\| < \delta_1, |x_d - a_d| < \delta_2 \right\} \right)$$

を $\boldsymbol{a}$ の**シリンダー近傍**という．$\boldsymbol{a}$ のシリンダー近傍は $\boldsymbol{a}$ の開近傍になっている．

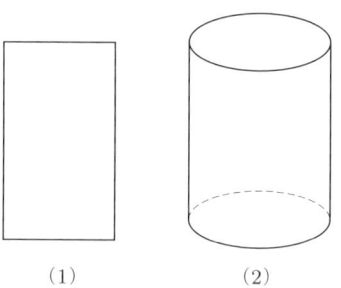

(1)　　　　　　(2)

図 **12.6**　シリンダー近傍の例．(1) $\mathbb{R}^2$ において．$C(\boldsymbol{a}; \delta_1, \delta_2) = B_1(a_1, \delta_1) \times B_1(a_1, \delta_1)$ (2) $\mathbb{R}^3$ において．$C(\boldsymbol{a}; \delta_1, \delta_2) = B_2(a_1, \delta_1) \times B_1(a_1, \delta_1)$

　以下では，$\Omega \subset \mathbb{R}^d$ と $f : \Omega \to \mathbb{R}$ に対して

$$\Gamma_f = \{ \boldsymbol{x} \in \Omega : f(\boldsymbol{x}) = 0 \}$$

とおく.

　まず 2 変数関数の場合に陰関数定理を述べる.

◆**定理 12.11**◆ （2 変数関数の陰関数定理） $\Omega \subset \mathbb{R}^2$ を開集合とし，$f(x,y)$ を Ω 上の C^1 級関数とする．$\boldsymbol{a} = (a_1, a_2) \in \Gamma_f$ が $\nabla f(\boldsymbol{a}) \neq \boldsymbol{0}$ をみたすとする．

(1) $f_y(\boldsymbol{a}) \neq 0$ の場合[*3]，ある $\delta_1, \delta_2 > 0$ とある C^1 級関数 $\varphi : B_1(a_1, \delta_1) \to B_1(a_2, \delta_2)$ が存在し，$C(\boldsymbol{a}; \delta_1, \delta_2) \subset \Omega$ かつ

$$\varphi(a_1) = a_2$$
$$f(x, \varphi(x)) = 0 \ (x \in B_1(a_1, \delta_1))$$

をみたし，さらに

$$\varphi'(x) = -\frac{f_x(x, \varphi(x))}{f_y(x, \varphi(x))} \tag{12.5}$$

すなわち，$y = \varphi(x)$ とおくと，

$$\frac{dy}{dx} = -\frac{f_x}{f_y}$$

が成り立つ．また，$(x,y) \in C(\boldsymbol{a}; \delta_1, \delta_2)$, $F(x,y) = 0$ ならば $y = \varphi(x)$ である．

(2) $f_x(\boldsymbol{a}) \neq 0$ の場合，ある $\delta_1, \delta_2 > 0$ とある関数 $\psi : B_1(a_2, \delta_2) \to B_1(a_1, \delta_1)$ が存在し，$C(\boldsymbol{a}; \delta_1, \delta_2) \subset \Omega$ かつ

$$\psi(a_2) = a_1$$
$$f(\psi(y), y) = 0 \ (y \in B_1(a_2, \delta_2))$$

をみたし，さらに

$$\psi'(y) = -\frac{f_y(\psi(y), y)}{f_x(\psi(y), y)}$$

すなわち，$x = \psi(y)$ とおくと，

$$\frac{dx}{dy} = -\frac{f_y}{f_x}$$

が成り立つ．また，$(x,y) \in C(\boldsymbol{a}; \delta_1, \delta_2)$, $F(x,y) = 0$ ならば $\psi(y) = x$ である．

[*3] 記号 f_y, f_x は定義 11.5 参照.

なおデカルトの正葉線 $f(x,y) = x^3 + y^3 - 3xy$ の場合，$\boldsymbol{a} = (0,0)$ に対しては $\nabla f(0,0) = (0,0)$ となっているので陰関数定理は適用できない．しかし，$\boldsymbol{a} \neq \boldsymbol{0}$ の場合は，$\nabla f(\boldsymbol{a}) \neq 0$ なので陰関数定理が使える．

陰関数定理で示された関数 $y = \varphi(x)$ あるいは $x = \psi(y)$ を $f(\boldsymbol{x}) = 0$ の (a_1, a_2) の近傍で定義された**陰関数**という．

陰関数定理の証明は，より一般の場合を第 18.2 節で与える．ここでは陰関数定理を使ってできることを学ぶことにしたい．

> 陰関数定理では，φ, ψ の存在が示されただけで，具体的な関数の形まではわからない．数学では解が具体的に求められなくとも，抽象的に解の存在を証明する定理が数多くある．その一つは中間値の定理である．代数学ではたとえば 5 次方程式の解の公式はないことが証明されているが（ガロア，アーベル，ルフィニ），一方で n 次方程式の解の存在が証明されている（ガウス）．
> なお陰関数定理で興味深い点は，φ', ψ' の方は与えられた関数 f, g により具体的に表せている点である．

陰関数定理の（12.5）は，陰関数の形がわからなくても陰関数の微分の形がわかることを示している．このことを使って，さらに陰関数の 2 階の微分係数も f から求めることができる．

> **定理 12.12**　　$z = f(x,y)$ を $\mathbb{R}^2$ のある開集合上で定義された C^2 級関数であるとする．$f(a,b) = 0$ かつ $f_y(a,b) \neq 0$ とし，$y = \varphi(x)$ を (a,b) の近傍での陰関数とする．φ は 2 回微分可能であり，
> $$\varphi''(x) = -\frac{f_{xx}f_y^2 - 2f_{xy}f_xf_y + f_{yy}f_x^2}{f_y^3}$$
> が成り立つ．特に x で φ が極値をもつとき
> $$\varphi''(x) = -\frac{f_{xx}}{f_y}$$
> である．

◆**証明**◆　陰関数定理より

$$\varphi'(x) = -\frac{f_x(x, \varphi(x))}{f_y(x, \varphi(x))}$$

である. ゆえに

$$
\begin{aligned}
\varphi''(x) &= -\frac{\dfrac{d}{dx}f_x(x,\varphi(x))\cdot f_y(x,\varphi(x)) - f_x(x,\varphi(x))\cdot \dfrac{d}{dx}f_y(x,\varphi(x))}{f_y(x,\varphi(x))^2} \\
&= -\frac{(f_{xx}+f_{xy}\varphi')f_y - f_x(f_{yx}+f_{yy}\varphi')}{f_y^2} \\
&= -\frac{\left(f_{xx}+f_{xy}\left(-\dfrac{f_x}{f_y}\right)\right)f_y - f_x\left(f_{yx}+f_{yy}\left(-\dfrac{f_x}{f_y}\right)\right)}{f_y^2} \\
&= -\frac{(f_{xx}f_y - f_{xy}f_x)f_y - f_x(f_{yx}f_y - f_{yy}f_x)}{f_y^3} \\
&= -\frac{f_{xx}f_y^2 - 2f_{xy}f_xf_y + f_{yy}f_x^2}{f_y^3}.
\end{aligned}
$$

さて陰関数 $y=\varphi(x)$ は極値をとるならば, $\varphi'(x)=0$ をみたさねばならない. すなわち, $f_x(x,\varphi(x))=0$ である. この場合,

$$
\varphi''(x) = -\frac{f_{xx}f_y^2}{f_y^3} = -\frac{f_{xx}}{f_y}
$$

である.

詳細を記さないが, x と y の役割を入れ替えた形でもこの定理は成り立つ.

陰関数定理及び上記の定理を用いて, 陰関数の極値を求める方法を記しておく.

$(a,b)\in \varGamma_f$ で, $f_y(a,b)\neq 0$ のときは, (a,b) の近傍での陰関数 $y=\varphi(x)$ が $x=a$ で極値をとるならば, $\varphi'(a)=0$ であるから

$$
f(a,b)=0, \qquad f_x(a,b)=0
$$

をみたす. そこで $f_y(a,b)\neq 0$ の条件のもとにこの連立方程式が解ければ, $\varphi(x)$ が極値を取る点の候補 (臨界点) が得られる.

さらにこのような点における陰関数の 2 階偏微分係数の符号によって

$$
\frac{f_{xx}(a,b)}{f_y(a,b)} = -\varphi''(a) > 0 \Rightarrow x=a \text{ で極大値 } b \text{ をとる}
$$

$$
\frac{f_{xx}(a,b)}{f_y(a,b)} = -\varphi''(a) < 0 \Rightarrow x=a \text{ で極小値 } b \text{ をとる}
$$

であることがわかる.

練習 12.4 デカルトの正葉線 $x^3+y^3-3xy=0$ の陰関数の極値はどのようになっているか.

解答例 $f(x,y) = x^3 + y^3 - 3xy$ とする. $f_x(x,y) = 3x^2 - 3y = 0$ と $f(x,y) = 0$ を (x,y) がみたす点は $(0,0)$ か $(2^{1/3}, 2^{2/3})$ である. このうち $f_y(x,y) = 3y^2 - 3x \neq 0$ となるのは, $(2^{1/3}, 2^{2/3})$ である. また $\dfrac{\partial^2}{\partial x^2} f(2^{1/3}, 2^{2/3}) = 6\sqrt[3]{2}, f_y(2^{1/3}, 2^{2/3}) = 3\sqrt[3]{2}$ より, $(2^{1/3}, 2^{2/3})$ の十分小さなシリンダー近傍で $y = \varphi(x)$ は $x = \sqrt[3]{2}$ で極大値をとる. 同様にして, $(2^{2/3}, 2^{1/3})$ の十分小さなシリンダー近傍で $x = \psi(y)$ は $y = \sqrt[3]{2}$ で極大値をとる.

多変数関数の場合の陰関数定理を記す. 以下では $\boldsymbol{x} = (x_1, \cdots, x_d)$, $\boldsymbol{x}' = (x_1, \cdots, x_{d-1})$ に対して

$$\nabla_{\boldsymbol{x}'} f(\boldsymbol{x}) = \left(\frac{\partial f}{\partial x_1}(\boldsymbol{x}), \cdots, \frac{\partial f}{\partial x_{d-1}}(\boldsymbol{x}) \right)$$

と表す.

定理 12.13 （陰関数定理） $\Omega \subset \mathbb{R}^d$ を開集合とし, $f : \Omega \ni (\boldsymbol{x}', x_d) \mapsto f(\boldsymbol{x}', x_d) \in \mathbb{R}$ を C^1 級関数とする. $\boldsymbol{a} = (\boldsymbol{a}', a_d) \in \Gamma_f$ が $f_{x_d}(\boldsymbol{a}) \neq 0$ をみたすとする. このとき, ある $\delta_1, \delta_2 > 0$ とある C^1 級関数 $\varphi : B_{d-1}(\boldsymbol{a}'; \delta_1) \to B_1(a_{d+1}; \delta_2)$ が存在し, $C(\boldsymbol{a}; \delta_1, \delta_2) \subset \Omega$ かつ

$$\varphi(\boldsymbol{a}') = u_2$$
$$f(\boldsymbol{x}', \varphi(\boldsymbol{x}')) = 0 \ (\boldsymbol{x}' \in B_{d-1}(\boldsymbol{a}'; \delta_1))$$

が成り立つ. さらに

$$\nabla_{\boldsymbol{x}'} \varphi(\boldsymbol{x}') = -\frac{\nabla_{\boldsymbol{x}'} f(\boldsymbol{x}', \varphi(\boldsymbol{x}'))}{f_{x_d}(\boldsymbol{x}', \varphi(\boldsymbol{x}'))}$$

も成り立つ.

定理では $f_{x_d}(\boldsymbol{a}) \neq 0$ の場合を扱っているが, $f_{x_j}(\boldsymbol{a}) \neq 0$ の場合は,

$$(x_1, \cdots, x_d) \ \varepsilon \ (x_1, \cdots, x_{j-1}, x_{j+1}, \cdots, x_d, x_j)$$

とみなして証明を行えば, この場合の陰関数定理が得られる.

陰関数定理で示された関数 $y = \varphi(\boldsymbol{x}')$ を $f(\boldsymbol{x}) = 0$ の $\boldsymbol{a}$ の近傍で定義された**陰関数**という. この陰関数定理の証明も第 18.2 節で与える一般の場合の陰関数定理の証明に含まれるので, ここでは省略する.

12.3.2 陰関数の微分の幾何的意味

$f(x, y)$ を (a, b) を含むある開集合上で C^1 級であるとし,

$$\Gamma_f = \{(x, y) : f(x, y) = 0\}$$

とおく. $(a, b) \in \Gamma_f$ とする.

いま $f_y(a, b) \neq 0$ とすると, $f(x, y) = 0$ の (a, b) のある近傍上での陰関数 $y = \varphi(x)$ (ただし $b = \varphi(a)$) が存在する. すなわち Γ_f は (a, b) の近傍で $y = \varphi(x)$ のグラフになっている. 陰関数 $y = \varphi(x)$ の (a, b) での接線は $y - b = \varphi'(a)(x - a)$ である. したがって, $(1, \varphi'(a))$ は接ベクトルと考えられる. 陰関数定理より $\varphi'(a) = -\dfrac{f_x(a, b)}{f_y(a, b)}$ であるから, f の (a, b) での勾配ベクトル $\nabla f(a, b) = (f_x(a, b), f_y(a, b))$ と接ベクトルとの内積は

$$\nabla f(a, b) \cdot (1, \varphi'(a)) = f_x(a, b) - f_y(a, b)\frac{f_x(a, b)}{f_y(a, b)} = 0$$

である. すなわち陰関数のグラフ上の点 (a, b) でグラフの接ベクトルと勾配ベクトル $\nabla f(a, b)$ は直交している. 一般に接ベクトルと直交するベクトルを**法ベクトル**という. この用語を用いれば, $\nabla f(a, b)$ は $y = \varphi(x)$ のグラフ, すなわち Γ_f の (a, b) での法ベクトルである. したがって, それに直交するベクトルとしては, $(f_y(a, b), -f_x(a, b))$ が Γ_f の (a, b) での接ベクトルである.

また $f_x(a, b) \neq 0$ の場合は, 陰関数定理により陰関数 $x = \psi(y)$ (ただし $a = \psi(b)$) が存在し, $\psi'(a) = -\dfrac{f_y(a, b)}{f_x(a, b)}$ が成り立つ. したがって $x = \psi(y)$ の (a, b) での接線は $x - a = \psi'(b)(y - b)$ である. したがって $(\psi'(b), 1)$ は接ベクトルである. ゆえに

$$\nabla f(a, b) \cdot (\psi'(b), 1) = -f_x(a, b)\frac{f_y(a, b)}{f_x(a, b)} + f_y(a, b) = 0$$

である. したがってこの場合も $\nabla f(a, b)$ は Γ_f の $(a, b) \in \Gamma_f$ での法ベクトルで, $(f_y(a, b), -f_x(a, b))$ は Γ_f の (a, b) での接ベクトルであることがわかる.

以上のことをまとめると, $\nabla f(a, b) \neq (0, 0)$ であれば, $(f_y(a, b), -f_x(a, b))$ が Γ_f の表す曲線の (a, b) での接ベクトルであり, $\nabla f(a, b)$ はその接ベクトルと直交するベクトル (法ベクトル) である.

$(a, b) \in \Gamma_f$ で $\nabla f(a, b) \neq (0, 0)$ をみたすものを Γ_f の正則点であるという．$\nabla f(a, b) = (0, 0)$ であるとき，(a, b) は Γ_f の特異点であるという．

（問題 12.8）　(a, b) が Γ_f の正則点であるとする．このとき，$(a, b) \in \Gamma_f$ での接線の方程式は

$$f_x(a, b)(x - a) + f_y(a, b)(y - b) = 0 \tag{12.6}$$

であり，法線の方程式は

$$f_y(a, b)(x - a) - f_x(a, b)(y - b) = 0 \tag{12.7}$$

で与えられることを示せ．

12.3.3　ラグランジュの未定乗数法

　条件 $g(x, y) = 0$ のもとで $z = f(x, y)$ の極値を求める問題を**条件付き極値問題**あるいは**制限付き極値問題**という．条件 $g(x, y) = 0$ を**拘束条件**という．

　この問題を解く一つの方法としては，ラグランジュの未定乗数法が有効である．これはある幾何的な考察から直観的に導かれる．まず具体的な例で考察してみよう．

　$x^2 + y^2 = 1$ の条件の下で関数 $f(x, y) = xy$ の極値を求める問題を考える．拘束条件は $g(x, y) = x^2 + y^2 - 1$ として，$g(x, y) = 0$ と表せる．

$$\Gamma_g = \{(x, y) : g(x, y) = 0\}$$

とおく．いま，$f(x, y) = t$ をみたす点の集合

$$\Gamma_f(t) = \{(x, y) : f(x, y) = t\}$$

を考える．$\Gamma_f(t)$ を高さ t の**等高線**（あるいは**レベル集合**）という．Γ_g と $\Gamma_f(t)$ の一部をコンピュータで描く[*4]と図 12.7 のようになる．

　求めたい f の最大値，最小値は，$\Gamma_f(t)$ と Γ_g が交わるものの中で，等高線 $\Gamma_f(t)$ の高さ t が最大，あるいは最小になるものである．それは図 12.7 を見ると，Γ_g と等高線 $\Gamma_f(t)$ が接する場合に与えられる．そこで Γ_g と $\Gamma_f(t)$ が接する点（の一つ）を (a, b) とする．

　ここで次のことに注意しておく．一般に $\mathbb{R}^2$ 上の C^1 級関数 $f(x, y)$ に対して，

[*4] 関数のグラフを描くには，Mathematica, Maple, Matlab 等々さまざまな計算ソフトがあるので，そういったものを利用することができる．

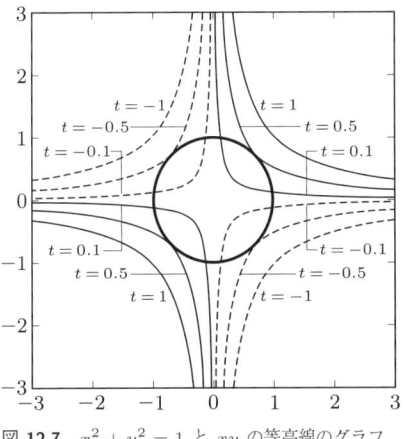

図 **12.7**　$x^2 + y^2 = 1$ と xy の等高線のグラフ.

$f^t(x, y) = f(x, y) - t$ とおけば，$\Gamma_f(t) = \Gamma_{f^t}$ であり，$\nabla f(x, y) = \nabla f^t(x, y)$ である．したがって，$(a, b) \in \Gamma_f(t)$ が $\nabla f(a, b) \neq \mathbf{0}$ をみたしていれば，(a, b) は $\Gamma_f(t) = \Gamma_{f^t}$ の正則点である．また $\nabla f(a, b)$ は (a, b) での $\Gamma_f(t)$ の法ベクトルである．

　さて $g(x, y) = 0$ という拘束条件のもとでの $f(x, y) = xy$ の極値問題に話を戻そう．グラフから考えると，問題の極値をとる点 (a, b) では Γ_g の法ベクトル $\nabla g(a, b)$ と等高線 $\Gamma_f(t)$ の法ベクトル $\nabla f(a, b)$ は平行になっている．すなわち，ある実数 λ が存在し，

$$\nabla f(a, b) = \lambda \nabla g(a, b)$$

をみたす．つまり方程式

$$\nabla f(a, b) - \lambda \nabla g(a, b) = \mathbf{0} \tag{12.8}$$
$$g(a, b) = 0 \tag{12.9}$$

をみたす a, b, λ が求める条件付き極値問題の解の候補である．

　今の場合に具体的に計算すれば，$\nabla f(x, y) = (y, x)$，$\nabla g(x, y) = (2x, 2y)$ であるから，

$$\begin{cases} y = 2\lambda x \\ x = 2\lambda y \\ g(x, y) = 0 \end{cases}$$

の解を求めればよい．$y = 2\lambda x$ を 2 番目の式に代入すると，$x = 4\lambda^2 x$ より，$x = 0$ か $\lambda = \pm\dfrac{1}{2}$ である．$x = 0$ の場合は，$y = 0$ となり，これは拘束条件 $g(x, y) = 0$ をみたしていないから不適である．$\lambda = \pm\dfrac{1}{2}$ の場合は，3 番目の式より $2x^2 = 1$ であり，$x = \pm\dfrac{1}{\sqrt{2}}$ が得られる．ゆえに条件 $g(x, y) = 0$ の下で $f(x, y) = xy$ が極値をとる点の候補は $\left(\dfrac{1}{\sqrt{2}}, \dfrac{1}{\sqrt{2}}\right)$, $\left(\dfrac{1}{\sqrt{2}}, -\dfrac{1}{\sqrt{2}}\right)$, $\left(-\dfrac{1}{\sqrt{2}}, \dfrac{1}{\sqrt{2}}\right)$, $\left(-\dfrac{1}{\sqrt{2}}, -\dfrac{1}{\sqrt{2}}\right)$ である．

　さて方程式 (12.8)，(12.9) は次のように表すこともできる．

$$F(x, y, \lambda) = f(x, y) - \lambda g(x, y)$$

とおいて，F の 3 変数関数としての勾配ベクトル $\nabla_{(x,y,\lambda)}F(x, y, \lambda)$ は

$$\nabla F(x, y, \lambda) = \left(\frac{\partial F}{\partial x}, \frac{\partial F}{\partial y}, \frac{\partial F}{\partial \lambda}\right) = \left(\frac{\partial f}{\partial x} - \lambda\frac{\partial g}{\partial x}, \frac{\partial f}{\partial y} - \lambda\frac{\partial g}{\partial y}, -g\right)$$

である．したがって，(12.8)，(12.9) を解くには

$$\nabla_{(x,y,\lambda)}F(x, y, \lambda) = \mathbf{0}$$

をみたす (x, y, t) を求めればよい．その求めたものが条件付き極値問題の解の候補である．このことを一般的な場合に保証する定理が次の**ラグランジュの未定乗数法**である．

　定理 12.14　　f, g を 開集合 $\Omega \subset \mathbb{R}^d$ 上の C^1 級関数とする．$\boldsymbol{x} \in \Omega$, $g(\boldsymbol{x}) = 0$ の条件の下で，関数 $f(\boldsymbol{x})$ が点 $\boldsymbol{a} = (a_1, \cdots, a_d) \in \Omega$ で極値をもったとする（したがって $g(\boldsymbol{a}) = 0$ もみたされている）．ただし $\nabla g(\boldsymbol{a}) \neq \mathbf{0}$ とする．λ を新たな変数として関数

$$F(x_1, \cdots, x_d, \lambda) = f(x_1, \cdots, x_d) - \lambda g(x_1, \cdots, x_d)$$

を定める．このとき

$$\nabla F(a_1, \cdots, a_d, \lambda_0) = \mathbf{0}$$

をみたす λ_0 が存在する.

定理の λ_0 を**ラグランジュ乗数**という.

定理の証明のアイデアは次のようなものである. (a, b) で $f(x, y)$ が極値を持つとする. $g_y(a) \neq 0$ の場合, $g(x, y) = 0$ は陰関数 $y = \varphi(x)$ をもつ. したがって, $\dfrac{d}{dx} f(x, \varphi(x)) = 0$ をみたしている. このことからラグランジュの未定乗数法の証明がされる.

◆**証明**◆　$g_{x_d}(\boldsymbol{a}) \neq 0$ の場合で考える. 陰関数定理より $\boldsymbol{a}$ のあるシリンダー近傍 C に対して, $\Gamma_g \cap C$ は関数 $x_d = \varphi(x_1, \cdots, x_{d-1})$ のグラフとして表せる. ゆえに $\boldsymbol{a}$ は関数 $h(x_1, \cdots, x_{d-1}) = f(x_1, \cdots, x_{d-1}, \varphi(x_1, \cdots, x_{d-1}))$ の極値問題の解を与えている. したがって, $\boldsymbol{a}$ において

$$0 = h_{x_j} = \sum_{i=1}^{d-1} f_{x_i} \frac{\partial x_i}{\partial x_j} + f_{x_d} \frac{\partial \varphi}{\partial x_j} = f_{x_j} + f_{x_d} \varphi_{x_j}$$

$(j = 1, \cdots, d)$ をみたす. 陰関数定理から $i = 1, \cdots, d-1$ に対して

$$\varphi_{x_i} = -\frac{g_{x_i}}{g_{x_d}}$$

をみたす. ゆえに, $j = 1, \cdots, d-1$ に対して

$$\frac{f_{x_j}(\boldsymbol{a})}{g_{x_j}(\boldsymbol{a})} = -\frac{f_{x_d}(\boldsymbol{a}) \varphi_{x_j}(\boldsymbol{a})}{g_{x_j}(\boldsymbol{a})} = \frac{f_{x_d}(\boldsymbol{a})}{g_{x_j}(\boldsymbol{a})} \frac{g_{x_j}(\boldsymbol{a})}{g_{x_d}(\boldsymbol{a})} = \frac{f_{x_d}(\boldsymbol{a})}{g_{x_d}(\boldsymbol{a})}$$

である. ゆえに

$$\frac{f_{x_1}(\boldsymbol{a})}{g_{x_1}(\boldsymbol{a})} = \cdots = \frac{f_{x_d}(\boldsymbol{a})}{g_{x_d}(\boldsymbol{a})} \ (= \lambda_0 \ とおく)$$

が成り立っている. ゆえに

$$f_{x_1}(\boldsymbol{a}) - \lambda_0 g_{x_1}(\boldsymbol{a}) = 0, \cdots, f_{x_d}(\boldsymbol{a}) - \lambda_0 g_{y_d}(\boldsymbol{a}) = 0$$

すなわち

$$\nabla f(\boldsymbol{a}) = \lambda_0 \nabla g(\boldsymbol{a})$$

が成り立ち, 定理が証明された. ∎

ラグランジュの未定乗数法により, 条件値付き極値問題の解を直接求められるわけではないが, 条件付き極値問題の解の候補を絞れる. ただし次のことが成り立つ.

> **定理 12.15**　$f(x_1, x_2)$, $g(x_1, x_2)$ を C^2 級関数とする．$g(x_1, x_2) = 0$ の条件のもとに $f(x_1, x_2)$ が (a, b) で極値をとるとする．λ_0 を（定理 12.14 の証明中に得られた）ラグランジュの乗数とする．$\boldsymbol{u} = (g_y(a,b), -g_x(a,b))$ とする（すなわち (a,b) における Γ_g の接ベクトル）．もし $\boldsymbol{u} H_{f-\lambda_0 g}(a,b) \boldsymbol{u}^T > 0$ ならば (a,b) は極小値をあたえ，$\boldsymbol{u} H_{f-\lambda_0 g}(a,b) \boldsymbol{u}^T < 0$ ならば (a,b) は極大値を与える．

◆**証明**◆　$x = x_1, y = x_2$ と表す．$g_y(a,b) \neq 0$ の場合を考える．(a,b) のあるシリンダー近傍で $g(x,y) = 0$ の陰関数 $y = \varphi(x)$ が存在する．次の等式を示す．定理はこの等式から導かれる．

$$\boldsymbol{u} H_{f-\lambda_0 g} \boldsymbol{u}^T = g_y(a,b)^2 \frac{d^2}{dx^2} f(a, \varphi(a)) \tag{12.10}$$

定理 12.12 より

$$\begin{aligned}
\frac{d^2}{dx^2} f(a, \varphi(a)) &= \frac{d}{dx} f_x(a, \varphi(a)) + \frac{d}{dx} f_y(a, \varphi(a)) \varphi'(a) \\
&= f_{xx}(a, \varphi(a)) + 2f_{xy}(a, \varphi(a)) \varphi'(a) + f_{yy}(a, \varphi(a)) \varphi'(a)^2 \\
&\quad + f_y(a, \varphi(a)) \varphi''(a) \\
&= f_{xx} - 2f_{xy} \frac{g_x}{g_y} + f_{yy} \left(\frac{g_x}{g_y} \right)^2 - f_y \frac{g_{xx} g_y^2 - 2g_{xy} g_x g_y + g_{yy} g_x^2}{g_y^3} \\
&= \frac{1}{g_y^2} \left(f_{yy} g_x^2 - f_x g_{yy} g_x - 2f_{xy} g_x g_y + 2f_y g_{xy} g_x + f_{xx} g_y^2 - f_y g_{xx} g_y \right)
\end{aligned}$$

ゆえに

$$\begin{aligned}
\boldsymbol{u} H_{f-\lambda_0 g} \boldsymbol{u}^T &= \begin{pmatrix} g_y & -g_x \end{pmatrix} \begin{pmatrix} f_{xx} - \lambda_0 g_{xx} & f_{xy} - \lambda_0 g_{xy} \\ f_{xy} - \lambda_0 g_{xy} & f_{yy} - \lambda_0 g_{yy} \end{pmatrix} \begin{pmatrix} g_y \\ -g_x \end{pmatrix} \\
&= g_y^2 f_{xx} + g_x^2 f_{yy} + 2f_y g_x g_{xy} - f_x g_x g_{yy} - f_y g_y g_{xx} - 2g_x g_y f_{xy} \\
&= g_y(a,b)^2 \frac{d^2}{dx^2} f(a, \varphi(a))
\end{aligned}$$

である．ゆえに（12.10）が証明された．　∎

[**例 12.3**]　$2x^2 + y^2 = 1$ の条件の下で，関数 $f(x, y) = xy$ の最大値と最小値を求めよ．

解説　$g(x, y) = 2x^2 + y^2 - 1$ とおく．$F(x, y, \lambda) = xy - \lambda(2x^2 + y^2 - 1)$ とする．

$$\frac{\partial}{\partial x} F(x, y, \lambda) = y - 4\lambda x = 0$$

$$\frac{\partial}{\partial y}F(x,y,\lambda) = x - 2\lambda y = 0$$

$$\frac{\partial}{\partial t}F(x,y,\lambda) = -2x^2 - y^2 + 1 = 0$$

をみたす点を考える. $y = 4\lambda x$ を二番目の式に代入すると, $0 = x - 2\lambda\left(4\lambda x\right) = -x\left(8\lambda^2 - 1\right)$. したがって $x = 0$ または $\lambda = \pm\dfrac{1}{\sqrt{8}}$ である.

$x = 0$ のとき, $y = 0$ であるが, これは $2x^2 + y^2 - 1 \neq 0$ より不適.

$\lambda = -\dfrac{1}{\sqrt{8}}$ のときは $y + 4\dfrac{1}{\sqrt{8}}x = 0$ より $y = -\sqrt{2}x$ である. $x - 2\lambda y = x + 2\dfrac{1}{\sqrt{8}}\left(-\sqrt{2}x\right) = 0$ をみたす. また $0 = 2x^2 + y^2 - 1 = 2x^2 + \left(-\sqrt{2}x\right)^2 - 1 = 4x^2 - 1$ より $x = \pm\dfrac{1}{2}$ である. したがって, $\left(\dfrac{1}{2}, -\dfrac{\sqrt{2}}{2}\right), \left(-\dfrac{1}{2}, \dfrac{\sqrt{2}}{2}\right)$ が極値の候補である.

$\lambda = \dfrac{1}{\sqrt{8}}$ のときは $y - 4\dfrac{1}{\sqrt{8}}x = 0$ より $y = \sqrt{2}x$ である. これは $x + 2\left(-\dfrac{1}{\sqrt{8}}\right)\left(\sqrt{2}x\right) = 0$ をみたす. また $0 = 2x^2 + y^2 - 1 = 2x^2 + \left(\sqrt{2}x\right)^2 - 1 = 4x^2 - 1$ である. ゆえに $\left(\dfrac{1}{2}, \dfrac{\sqrt{2}}{2}\right), \left(-\dfrac{1}{2}, -\dfrac{\sqrt{2}}{2}\right)$ も候補である.

これが極値ならば

$$Q(x,y,\lambda) = \boldsymbol{u}H_{f-\lambda g}\boldsymbol{u}^T = \begin{pmatrix} 2y & -4x \end{pmatrix}\begin{pmatrix} -4\lambda & 1 \\ 1 & -2\lambda \end{pmatrix}\begin{pmatrix} 2y \\ -4x \end{pmatrix}$$
$$= -32\lambda x^2 - 16xy - 16\lambda y^2$$

として, $Q\left(\dfrac{1}{2}, -\dfrac{\sqrt{2}}{2}, -\dfrac{1}{\sqrt{8}}\right) = Q\left(-\dfrac{1}{2}, \dfrac{\sqrt{2}}{2}, -\dfrac{1}{\sqrt{8}}\right) = 8\sqrt{2} > 0$ より極小値.

$Q\left(\dfrac{1}{2}, \dfrac{\sqrt{2}}{2}, \dfrac{1}{\sqrt{8}}\right) = Q\left(-\dfrac{1}{2}, -\dfrac{\sqrt{2}}{2}, \dfrac{1}{\sqrt{8}}\right) = -8\sqrt{2} < 0$ より極大値. $f(x,y)$ は有界閉集合 Γ_g 上で最大値, 最小値をとるから, $\left(\dfrac{1}{2}, -\dfrac{\sqrt{2}}{2}\right), \left(-\dfrac{1}{2}, \dfrac{\sqrt{2}}{2}\right)$ で最小値 $xy = -\dfrac{1}{\sqrt{8}} = -\dfrac{\sqrt{2}}{4}$ をとり, $\left(\dfrac{1}{2}, \dfrac{\sqrt{2}}{2}\right), \left(-\dfrac{1}{2}, -\dfrac{\sqrt{2}}{2}\right)$ で最大値 $xy = $

$\dfrac{\sqrt{2}}{4}$ をとることがわかる（なおこの xy の計算結果から，定理 12.15 を介さず結論が導けることも注意しておく）．

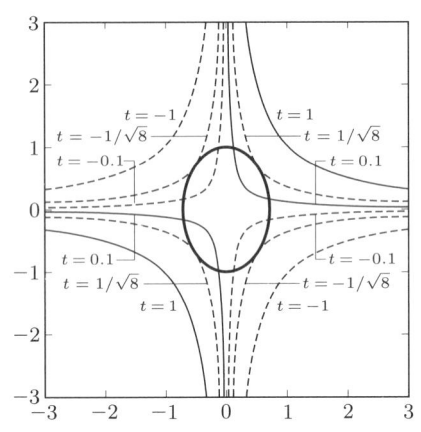

図 **12.8**　$2x^2 + y^2 - 1 = 0$ のグラフと xy の等高線.

(問題 **12.9**)　$a > 0$ とする．$x \geq 0, y \geq 0, z \geq 0$ かつ $x + y + z = a$ とする．この条件のもとで $x^2 y^3 z^4$ の最大値を求めよ．

(問題 **12.10**)　$\mathbb{N}_0 = \{0, 1, 2, \cdots\}$ とおく．$n \in \mathbb{N}_0$ とする．$f(x, y)$ が n 次の実斉次多項式であるとは

$$f(x, y) = \sum_{n_1, n_2 \in \mathbb{N}_0, n_1 + n_2 = n} a_{n_1 n_2} x^{n_1} y^{n_2}$$

（$a_{n_1 n_2}$ は実数）の形の多項式である．たとえば $x^2 + 2xy + 3y^2$ は 2 次の実斉次多項式，$x^3 + 3x^2 y + 2xy^2 + y^3$ は 3 次の実斉次多項式である．たとえば $x^3 + x^2$ は実斉次多項式ではない．

$f(x, y)$ が n 次の実斉次多項式で，$n \geq 1$ のとき

$$(x, y)^T \cdot \nabla f(x, y) = x \frac{\partial}{\partial x} f(x, y) + y \frac{\partial}{\partial y} f(x, y) = n f(x, y)$$

が成り立つことを示せ．

(問題 **12.11**)　拘束条件 $x^2 + y^2 = 1$ の下で二次形式 $f(x, y) = ax^2 + 2cxy + by^2$ の最大値と最小値を求めよ．

（問題 12.12） $x+y+z=1$ のとき，$x^2+y^2+z^2$ の最小値をラグランジュ
の未定乗数法を用いて求めよ.

（問題 12.13） $x^2+y^2 \leq 1$ 上での $f(x,y) = x^2+2y^2+1$ の最大値と最小値
を求めよ.

12.4 機械学習と偏微分

本節では機械学習に現れる偏微分について，単純な場合を例に解説する．まず
機械学習にどのように偏微分が関わっているのか，その概略を記す*5.

機械学習では，しばしば回帰問題と分類問題が扱われる．回帰問題は，たと
えばこれまで観測で得られたデータが示す数値から，他の観測していない場合の数
値を予測する問題である．また分類問題は，たとえば，飛行機，自動車，船など
いくつかの分類したい項目（クラス）を定めておいて，与えられたデータがどの
クラスに属するかを求める問題である．

機械学習では，これらの問題をニューラルネットワークを形成して解決しよう
とする．詳しくは後述するが，大雑把に言ってニューラルネットワークは入力
データを変換して数値を出力するものである．このニューラルネットワークによ
りたとえば回帰問題や分類問題の解の候補が得られるようにする.

本節では特に教師あり学習と呼ばれる機械学習を考える（他に教師なし学習，
強化学習もある）．今いくつかのデータが与えられていて，それがどのような数値
を示すか，あるいはどのクラスに入るかという正解もわかっているとする．この
データと正解の組を訓練データという．はじめにあるニューラルネットワークを設
定して，ある訓練データを入力する．するとニューラルネットワークはその入力
に対するデータ（数値）を出力する．この出力データと正解とがかなり違ってい
るとする．そこで出力データと正解との誤差を測る（誤差の測り方にはいろいろ
ある）．次にこの誤差が小さくなるようにニューラルネットワークの変換の規則が
（計算機により自動的に）作り直される．そしてまた誤差を測り，さらに誤差が小
さくなるように（計算機により自動的に）ニュートラルネットワークの変換の規

---

*5 なお本節を読むのに機械学習の予備知識は要らないが，本節は機械学習の入門ではなく，あ
くまでも偏微分法の応用を紹介することを目的としている．機械学習を本格的に学ぼうとする読
者は関連図書等を学んでほしい.

則が作り直される．この操作を繰り返して，求めたい答えが得られるようにする．

さて誤差関数の最小値を取る点，すなわち今の場合は（正確なことは後述するが），誤差関数が最小（あるいは最小に近い極小）になるようにニューラルネットワークの変換の規則はどのように求めればよいか．すでに学んだことから，一般に関数の最小値を求めるための最初のステップは，臨界点を求めることであった．そのためには，誤差関数の勾配ベクトルが $\mathbf{0}$ になるような解（臨界点）を求めればよかった．しかし誤差関数が多くの変数をもつ複雑な関数の場合には，臨界点を直接求めることは一般には困難である．そこで機械学習では，次第に出力が臨界点に近くなるように（そして最小値になるように）していくさまざまな方法が研究されている．このような方法として本章では勾配降下法と誤差逆伝播法を解説し，偏微分がどのように使われるかを例示する．

12.4.1 順伝播型ネットワーク

ニューラルネットワークは，脳内の神経回路を参考にして作られたもので，神経細胞をモデルに数学的に定義されたユニットと呼ばれる変換が連結した集合体である．ユニットの説明をする前に，まず簡単に神経細胞について述べておく．神経細胞は他の神経細胞から送られてくる信号を受けると電位が高くなり，そして一定の電位（これを閾値という）を超えると信号を発して，別の神経細胞に伝送する．信号を発するとその神経細胞の電位は低くなる．そしてまた他の神経細胞から信号を受けると，電位が上がり，閾値を超えるとまた信号を発する．その信号を受け取った別の神経細胞も同様のプロセスで信号を発する．このようにして神経回路は信号を伝えていく．ニューラルネットワークではこの発想に基き，まず，次のようにユニットを定義する．

ユニットは信号の入力，たとえば n 個の数値 $x_1, \cdots, x_n$ を受け取る．これを変換して数値 z 出力するのであるが，変換規則としては次のようなものを考える．$w_1, \cdots, w_n \in \mathbb{R}, b \in \mathbb{R}$ とし，f を $\mathbb{R}$ から $\mathbb{R}$ へのある写像とする．$x_1, \cdots, x_n \in \mathbb{R}$ に対して

$$z = f\left(\sum_{i=1}^{n} w_i x_i + b \right).$$

と定める．ここで，$w_1, \cdots, w_n$ をこのユニットの**重み**，b を**バイアス**，そして f

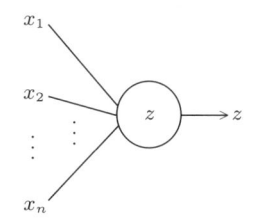

図 **12.9** ユニットの模式図．この変換を出力の記号 z を使って z と表す．

を**活性化関数**という．これらと神経細胞との対応はおよそ次のようなことである．ニューラルネットワークでは複数のユニットがたとえば図 12.12（219 ページ参照）のように連結されている．最初のユニットは直接信号が入力されるが，それ以外のユニットは，別の（一般には複数の）ユニットから n 個の数値 $x_1, \cdots, x_n$ が入力される．数値はどのユニットからの入力かにより強弱の重み w_i がかけられ，それらが総和され $\sum_{i=1}^{n} w_i x_i$ を計算する．ニューロンは一定の電位を超えると，パルス信号を出力（これを発火という）するが，この状況を参考にしてたとえば次のような関数を定義する．

$$f(t) = \begin{cases} 1, \ t > 0 \\ 0, \ t \le 0 \end{cases}$$

これは**ステップ関数**と呼ばれる．このようにすると，他のユニットからの信号が蓄積して，$\sum_{i=1}^{n} w_i x_i + b \le 0$ の状態では出力は 0 であるが，$\sum_{i=1}^{n} w_i x_i + b > 0$ となったときは 1 を発火するようにする．

ただし機械学習では，活性化関数として次のシグモイド関数，（リーキー）ReLU 関数などが用いられる．

ロジスティックシグモイド関数（以下では単にシグモイド関数ということにする）は

$$s(t) = \frac{1}{1 + e^{-t}} \ (t \in \mathbb{R})$$

により定義される関数である．ステップ関数とシグモイド関数の数学的な大きな違いの一つは，ステップ関数が不連続関数であるのに対して，シグモイド関数は C^{∞} 級になっていることである．さらに

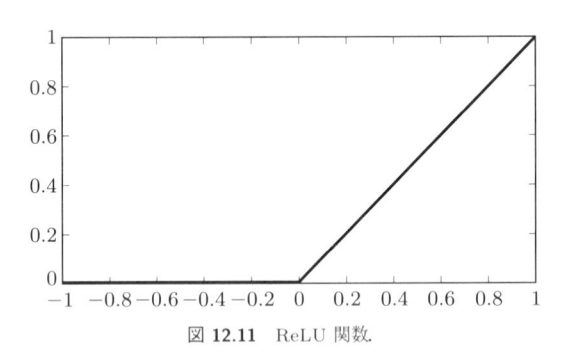

図 **12.10**　シグモイド関数.

$$s'(t) = \frac{e^{-t}}{(e^{-t} + 1)^2} = s(t)(1 - s(t))$$

より $s(t)$ の微分が，結果としては微分を計算しなくても $s(t)$ の積の計算に帰着されていることも計算上都合がよい.

ReLU 関数（ReLU = rectified linear unit）は次のように定義される. 一般に実数値関数 $f(x)$ に対して，$f_+(x) = \max\{0, f(x)\}$，$f_-(x) = \max\{0, -f(x)\}$ と定義し，数学ではそれぞれ $f(x)$ の**正の部分**，**負の部分**という. $f(x) = f_+(x) - f_-(x)$，$|f(x)| = f_+(x) + f_-(x)$ が成り立っている. 特に $f(x) = x \ (x \in \mathbb{R})$ の正の部分 $x_+ = \max\{0, x\}$ を **ReLU 関数**という.

図 **12.11**　ReLU 関数.

x_+ は $x = 0$ 以外の点では微分可能であり，$x'_+ = 1 \ (x > 0)$，$x'_+ = 0 \ (x < 0)$ である. $x = 0$ では微分不可能であるが，右側微係数 1 と左側微係数 0 は存在する. そこで，$x = 0$ では右側微係数により $x'_+ = 1 \ (x = 0)$ と改めて定義しておく.

$\alpha > 0$ を十分小さな数として，$f(x) = x_+ - \alpha x_-$ を**リーキー ReLU 関数**という. 他にもさまざまな活性化関数が提案されている.

ReLU 関数とシグモイド関数の大きな違いは，微分係数がシグモイド関数 $s(x)$ の場合

は，x が大きくなるにつれて，次第に 0 に収束するのに対して，ReLU 関数の場合は，1 に保たれたままになっていることである．詳しくは述べられないが，この違いは勾配消失問題と呼ばれる問題に絡んでディープラーニングでは重要になる．

こういったユニットを組み合わせて，たとえば図 12.12 のようなネットワークを作ることができる（これは一例であって，実際にはもっと多くのユニットにより大きなネットワークが設定される）．最初の入力を受けるユニットのグループは「入力層」と呼ばれている．また，最後に数値を出力するユニットのグループを「出力層」という．入力層でも出力層でもないユニットのグループは中間層と呼ばれる．中間層はディープラーニング（深層学習）では多数ある．入力層を第 1 層，中間層を第 2 層，$\cdots$，第 $L-1$ 層，そして出力層を第 L 層と番号を付ける．図 12.12 の場合は $L=5$ である．

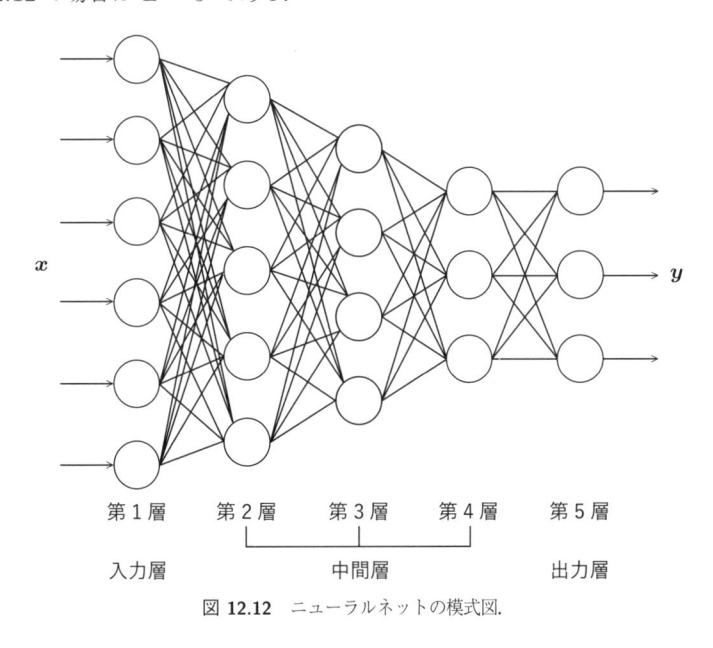

第1層　　第2層　　第3層　　第4層　　第5層

入力層　　　　　　中間層　　　　　　出力層

図 **12.12**　ニューラルネットの模式図．

第 l 層に属する各ユニットは自分の属する層の前の層から数値 $y_1^{(l-1)}, \cdots, y_{n_{l-1}}^{(l-1)}$ を受ける（ただし $l=1$ の場合，すなわち入力層の場合は入力とする）．$l \geq 2$ の場合 $y_i^{(l-1)}$ の上付きの添え字 $l-1$ は第 $l-1$ 層が出力していることを意味し，下付きの添え字 i は第 $l-1$ 層に属する i 番目のユニットからの出力であること

を意味している. n_{l-1} は第 $l-1$ 層に属するユニットの数である. 第 l 層には n_l 個のユニットがあり, 第 l 層 $(l = 2, \cdots, L)$ の j 番目のユニットの重みを $w_{j\mu}^{(l)}$, バイアスを $b_j^{(l)}$ と表し, $j = 1, \cdots, n_l$ に対して

$$u_j^{(l)} = \sum_{\mu=1}^{n_{l-1}} w_{j\mu}^{(l)} y_\mu^{(l-1)} + b_j^{(l)} \tag{12.11}$$

とする. これに活性化関数 $f_j^{(l)}$ を施した値 $y_j^{(l)} = f_j^{(l)}(u_j^{(l)})$ が出力される*6. 中間層の活性化関数として本節では共通してシグモイド関数 $f_j^{(l)} = s$ あるいは ReLU 関数 $f_j^{(l)}(x) = x_+$ を考える. ただし出力層の場合は, $f_j^{(L)}$ は恒等関数 $f(x) = x$ である場合もあり, 場合によっては多変数関数である後述のソフトマックス関数 $y_k^{(L)} = g_k(u_1^{(L)}, \cdots, u_{n_L}^{(L)})$ $(k = 1, \cdots, n_L)$ がある. 入力層 $(l = 1)$ では, 入力データ $x_1, \cdots, x_{n_1}$ に対して, $y_i^{(1)} = x_i$ $(i = 1, \cdots, n_1)$ とする. 記号の便宜上, $w_{j\mu}^{(1)} = 1$ $(j = \mu)$, $w_{j\mu}^{(1)} = 0$ $(j \neq \mu)$, $b_j^{(1)} = 0$ とする.

$l \geq 2$ とする. (12.11) は行列を用いて

$$\begin{pmatrix} u_1^{(l)} \\ \vdots \\ u_{n_l}^{(l)} \end{pmatrix} = \begin{pmatrix} w_{11}^{(l)} & \cdots & w_{1n_{l-1}}^{(l)} \\ \vdots & \ddots & \vdots \\ w_{n_l 1}^{(l)} & \cdots & w_{n_l n_{l-1}}^{(l)} \end{pmatrix} \begin{pmatrix} y_1^{(l-1)} \\ \vdots \\ y_{n_{l-1}}^{(l-1)} \end{pmatrix} + \begin{pmatrix} b_1^{(l)} \\ \vdots \\ b_{n_l}^{(l)} \end{pmatrix} \tag{12.12}$$

と表すことができる. 一般に線形変換*7に定数ベクトルを加えた変換をアフィン変換というが, (12.12) はアフィン変換である. これを次のように考え線形変換とすることもできる. 第 $l-1$ 層に常に 1 を出力するユニットを加え, これを便宜上 0 番目のユニットとし, $y_0^{(l-1)} = 1$ とおく. また重みは $w_{j0}^{(l)} = b_j^{(l)}$ と定める. これにより

$$\begin{pmatrix} u_1^{(l)} \\ \vdots \\ u_{n_l}^{(l)} \end{pmatrix} = \begin{pmatrix} w_{10}^{(l)} & w_{11}^{(l)} & \cdots & w_{1n_{l-1}}^{(l)} \\ \vdots & \vdots & \ddots & \vdots \\ w_{n_l 0}^{(l)} & w_{n_l 1}^{(l)} & \cdots & w_{n_l n_{l-1}}^{(l)} \end{pmatrix} \begin{pmatrix} y_0^{(l-1)} \\ y_1^{(l-1)} \\ \vdots \\ y_{n_{l-1}}^{(l-1)} \end{pmatrix}$$

とアフィン変換は線形変換として表せる. 記号を簡略化するため,

---

*6 ここで $f^{(l)}$ の (l) は第 l 層の活性化関数を表す添え字で l 回微分するという意味ではない.
*7 T が線形変換とは, ベクトル $\boldsymbol{x}, \boldsymbol{y} \in \mathbb{R}^n$ と $a, b \in \mathbb{R}$ に対して $T(a\boldsymbol{x} + b\boldsymbol{y}) = aT(\boldsymbol{x}) + bT(\boldsymbol{y})$ をみたす変換.

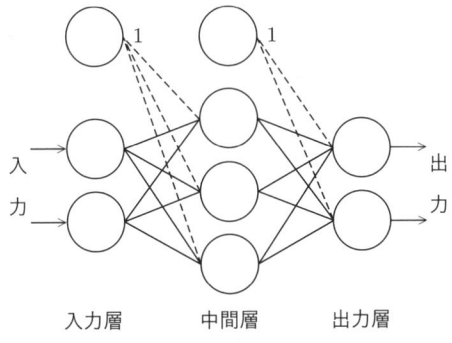

図 **12.13** バイアスも重みの行列に組み込む.

$$W^{(l)} = \left(w_{ji}^{(l)} \right)_{j=1,\cdots,n_l\,;\,i=0,1,\cdots,n_{l-1}}, \ W_0^{(l)} = \left(w_{ji}^{(l)} \right)_{j=1,\cdots,n_l\,;\,i=1,\cdots,n_{l-1}},$$
$$\boldsymbol{b}^{(l)} = \left(b_j^{(l)} \right)_{j=1,\cdots,n_l}$$

とおき,

$$\boldsymbol{W} = \left(W^{(l)} \right)_{l=2,\cdots,L} = \left(W_0^{(l)}, \boldsymbol{b}^{(l)} \right)_{l=2,\cdots,L}$$

とおく. 入力 $\boldsymbol{x} = (x_1,\cdots,x_{n_1}) \in \mathbb{R}^{n_1}$ に対して, このニューラルネットワークからは $\boldsymbol{y}^{(L)} = (y_1^{(L)},\cdots,y_{n_L}^{(L)}) \in \mathbb{R}^{n_L}$ が出力されるわけであるが, $\boldsymbol{y}^{(L)}$ は実際には各層の重み, バイアスにも依存して決まるので

$$\boldsymbol{y} = \boldsymbol{y}^{(L)} = \boldsymbol{y}^{(L)}(\boldsymbol{x}, \boldsymbol{W})$$

と表す[*8].

12.4.2　誤差関数

いま, 1 個のデータ $\boldsymbol{x} \in \mathbb{R}^{n_1}$ が与えられ, それに対する正解 $\boldsymbol{t} \in \mathbb{R}^{n_L}$ も与えられているとする. 正解とは回帰問題であれば, たとえば $n_L = 1$ として観測値あるいはあらかじめわかっている値であり, $n_L \ (\geq 2)$ 個のクラスに分ける分類問題であればどのクラスに入るかを示す数値である. たとえば $\boldsymbol{x}$ が第 k 番目のクラスに入る場合は,

---

[*8] 正確には活性化関数にも依存するが, 活性化関数は固定して考え, 重みとバイアスはいろいろ変えることが多いので, $\boldsymbol{W}$ のみを明記している.

$$\boldsymbol{t} = (t_1, \cdots, t_{n_L}), \ t_n = 1 \ (n = k), \ t_n = 0 \ (n \neq k)$$

となっている.

さて，あるニューラルネットワークによる $\boldsymbol{x}$ に対する出力が $\boldsymbol{y}^{(L)} \in \mathbb{R}^{n_L}$ であるとする．回帰問題の場合は，たとえば出力層の活性化関数は恒等関数として

$$E = \frac{1}{2} \sum_{k=1}^{n_L} \left(y_k^{(L)} - t_k \right)^2$$

を誤差とする（数値の場合は $n_L = 1$）．これは平均 2 乗誤差と呼ばれている．分類問題の場合は，たとえば第 L 層の活性化関数を次の関数

$$y_k^{(L)} = g_k(u_1^{(L)}, \cdots, u_{n_L}^{(L)}) = \frac{\exp(u_k^{(L)})}{\sum\limits_{n=1}^{n_L} \exp(u_n^{(L)})} \ \ (k = 1, \cdots, n_L)$$

とし（g_k をソフトマックス関数という），

$$E = - \sum_{k=1}^{n_L} t_k \log(y_k^{(L)})$$

とする．これは交差エントロピー誤差と呼ばれている.

質問　ソフトマックス関数って何ですか？

● **Answer** ●　たとえばソフトマックス関数は入力データが第 k 番目のクラスに属する確率を計算していると考えられます．なぜそれが確率の計算に使えるのかというと，詳しく述べるには統計学上の考察が必要ですが，端的に言えば

$$g_k(u_1, \cdots, u_n) > 0 \ (k = 1, \cdots, n)$$
$$g_1(u_1, \cdots, u_n) + \cdots + g_n(u_1, \cdots, u_n) = 1$$

をみたしているので，$\sum g_j = 1$ であり，u_k の値が突出して他の u_i より大きいと，g_k の値がそれに応じて突出して大きくなるから，全体の中での比率を表していると考えられます.

誤差関数 E に対して，次のような行列（配列）を定義する.

$$\nabla^{(l)} E = \left(\frac{\partial E}{\partial w_{ji}^{(l)}} \right)$$

訓練データが複数個ある場合，たとえば N 個のデータ $\boldsymbol{x}_1, \cdots, \boldsymbol{x}_N \in \mathbb{R}^{n_1}$ が与えられ，それに対する正解 $\boldsymbol{t}_1, \cdots, \boldsymbol{t}_N \in \mathbb{R}^{n_L}$ も与えられているとする．この

とき，$\boldsymbol{x}_n, \boldsymbol{t}_n$ に対する誤差を E_n で表す．一つの訓練データのみの誤差を考える
ときは $E = E_n$ とおく．

また，各訓練データに対する誤差の総和を

$$E = \sum_{n=1}^{N} E_n$$

とることもある．あるいは小集団 $D_p = \{(\boldsymbol{x}_{n_1}, \boldsymbol{t}_{n_1}), \cdots, (\boldsymbol{x}_{n_k}, \boldsymbol{t}_{n_k})\}$ をとり

$$E = \frac{1}{k} \sum_{j=1}^{k} E_{n_j}$$

を誤差と考えることもある．どの方法を採用するかは場合に応じて決める．

12.4.3 勾配降下法

さて，ここでは誤差関数に限らず，一般の C^1 級関数 $f(\boldsymbol{x}) = f(x_1, \cdots, x_n)$
について，極小を求める問題を考えてみよう．$f(\boldsymbol{a})$ が極小値であるとする．$\Gamma_r =$
$\{\boldsymbol{x} \in \mathbb{R}^n : f(\boldsymbol{x}) = r\}$ を高さ r の等高面（$n = 2$ の場合は等高線）という．$r_0 =$
$f(\boldsymbol{a})$ とすれば，$\boldsymbol{a}$ の十分小さい近傍 $U(\boldsymbol{a})$ 内の等高面 $\Gamma_r \cap (U(\boldsymbol{a}) \setminus \{\boldsymbol{a}\})$ は
$r_0 < r$ をみたしている．等高面 Γ_r 上の点 $\boldsymbol{x}$ に対して，C^1 級の曲線 $\boldsymbol{c}(t) =$
$(c_1(t), \cdots, c_n(t))$ $(-\delta \le t \le \delta,$ ただし $\delta > 0)$ で $\boldsymbol{c}(0) = \boldsymbol{x}$ かつ $\boldsymbol{c}(t) \in \Gamma_r$
$(|t| < \delta)$ をみたすものを考える．$\boldsymbol{c}'(t) = (c_1'(t), \cdots, c_n'(t))$ はこの曲線の $\boldsymbol{c}(t)$
における接ベクトルである．$|t| < \delta$ に対して $f(\boldsymbol{c}(t)) = r$ より

$$0 = \frac{d}{dt} f(\boldsymbol{c}(t)) = \nabla f(\boldsymbol{c}(t)) \cdot \boldsymbol{c}'(t)$$

である．したがって，$\nabla f(\boldsymbol{x}) = \nabla f(\boldsymbol{c}(0))$ は接ベクトル $\boldsymbol{c}'(0)$ に直交している．
$\boldsymbol{a}$ が $\boldsymbol{x}$ に十分近い点で，$f(\boldsymbol{a})$ が極小値か，あるいは一般に

$$0 > f(\boldsymbol{a}) - f(\boldsymbol{x}) = \nabla f(\boldsymbol{x}) \cdot (\boldsymbol{a} - \boldsymbol{x}) + o(\|\boldsymbol{a} - \boldsymbol{x}\|)$$

をみたす点なら，これは $\nabla f(\boldsymbol{x})$ と $\boldsymbol{a} - \boldsymbol{x}$ のなす角 θ が $\frac{\pi}{2} < \theta < \frac{3}{2}\pi$ である
ことを示している．すなわち，$-\nabla f(\boldsymbol{x})$ の方向に関数 $Z = f(\boldsymbol{X})$ のグラフ上を
微小移動すれば，点 $(\boldsymbol{a}, f(\boldsymbol{a}))$ に近づくことがわかる．そこで，十分小さな $\eta >$
0 に対して，$\boldsymbol{x}$ の代わりに $\boldsymbol{x}' = \boldsymbol{x} - \eta \nabla f(\boldsymbol{x})$ を考えれば，$\boldsymbol{x}'$ がより低い等高面
に近づくことが期待される．そしてこの手順を繰り返せば，次第に極小を与える

点に近づいていくことが期待される，これが勾配降下法の概略である．

　ただし $\eta > 0$ を大きくとりすぎると，極小値を与える点から外れてしまう可能性がある．また極小値が最小値とは限らない可能性，あるいは近づいた臨界点が鞍点である可能性も考えられる[*9]．

12.4.4　誤差逆伝播法（バックプロパゲーション）

　訓練データ $\mathcal{D} = \{(\boldsymbol{x}_1, \boldsymbol{t}_1), \cdots, (\boldsymbol{x}_N, \boldsymbol{t}_N)\}$ が与えられているとする．本小節では第 12.4.1 節で考えたニューラルネットワークを考える．ただし重みとバイアス $\boldsymbol{W}$ は，最初は何らかの方法で与えらえたものとする．このとき，誤差関数 $E = E(\boldsymbol{W})$ は大きな値をとることがある．そこで勾配降下法を用いて $E(\boldsymbol{W})$ が小さくなるように $\boldsymbol{W}$ を修正するのであるが，その修正法の一つである誤差逆伝播法について述べる．基本的な考え方は，勾配降下法によるもので，$l \geq 2$ に対し第 l 層の重みとバイアス $W^{(l)}$ を，ある小さな正数 η により

$$W^{(l)} - \eta \nabla^{(l)} E$$

でおきかえて変更していくというものである．つまり，ある訓練データ $\boldsymbol{x}$ に対する誤差関数 E を計算し，各層の重みとバイアスを $-\eta \nabla^{(l)} E$ だけずらす．次にまた訓練データをとり，同じように $-\eta \nabla^{(l)} E$ だけずらす．この操作を複数回行って，訓練データに対する E の最小化を目指すのである．

　そこで問題となるのが $\nabla^{(l)} E$ の計算方法である．基本的には連鎖率を使うのだが，結果は複雑な合成関数の偏微分を計算せずシンプルな代数的演算になることを見ていく．

12.4.5　平均 2 乗誤差の場合

　中間層の活性化関数はシグモイド関数で，出力層の活性化関数は恒等関数 $g_k(u_1^{(L)}, \cdots, u_n^{(L)}) = u_k^{(L)}$ $(k = 1, \cdots, n)$, 誤差関数は平均 2 乗誤差であるとする．

　出力層の重みとバイアス $W^{(L)} = \left(w_{kj}^{(L)} \right)$ の変更方法から始める．ここでは一つの訓練データ $(\boldsymbol{x}_p, \boldsymbol{t}_p)$ を選んで，$E_p(W)$ をもとに W を更新し，この操作を

[*9] なおこの方法は，$f(\boldsymbol{a})$ が極大値の場合は，$\boldsymbol{a}$ から離れていく．したがって，極大を与える点から（特別な場合を除けば）離れていく．

訓練データを選びなおしては繰り返していく場合を考える．これは確率論的勾配降下法と呼ばれるものある[*10].

一つの選んだ訓練データを $(\boldsymbol{x}, \boldsymbol{t})$ と表し，$E = E(W) = E_p(W)$ と表す[*11]．それ以外は第 12.4.1 節の記号を使う．$\boldsymbol{y}^{(L)} = (y_1^{(L)}, \cdots, y_{n_L}^{(L)})$, $\boldsymbol{t} = (t_1, \cdots, t_{n_L})$ とおく（ここでは $n_L = 1$ の場合もある）．

$$E(W) = \frac{1}{2} \sum_{k=1}^{n_L} (y_k^{(L)} - t_k)^2$$

であるから，E は $\boldsymbol{y}$ の関数とみなせる．このとき

$$\delta_k^{(L)} = \frac{\partial E}{\partial y_k^{(L)}}$$

とおくと，$\delta_k^{(L)} = y_k^{(L)} - t_k$ である．また，$y_k^{(L)} = \sum_{j=0}^{n_{L-1}} w_{kj}^{(L)} y_j^{(L-1)}$ であるから，E を $w_{kj}^{(L)}$ の関数とみなせば

$$\begin{aligned}
\frac{\partial E}{\partial w_{kj}^{(L)}} &= \sum_{k'=1}^{n_L} \frac{\partial E}{\partial y_{k'}^{(L)}} \frac{\partial y_{k'}^{(L)}}{\partial w_{kj}^{(L)}} = \sum_{k'=1}^{n_L} \frac{\partial E}{\partial y_{k'}^{(L)}} \frac{\partial}{\partial w_{kj}^{(L)}} \sum_{j'=0}^{n_{L-1}} w_{k'j'}^{(L)} y_{j'}^{(L-1)} \\
&= \frac{\partial E}{\partial y_k^{(L)}} y_j^{(L-1)} = \delta_k^{(L)} y_j^{(L-1)}
\end{aligned}$$

が得られる．特に $\dfrac{\partial E}{\partial b_k^{(L)}} = \dfrac{\partial E}{\partial w_{k0}^{(L)}} = \delta_k^{(L)}$ である．

中間層である第 l 層 $(l = 2, \cdots, L-1)$ は，第 $l-1$ 層からの入力を受けて変換したデータを第 $l+1$ 層に出力する．$u_\mu^{(l)} = \sum_{\nu=0}^{n_{l-1}} w_{\mu\nu}^{(l)} y_\nu^{(l-1)}$ より

$$\begin{aligned}
\frac{\partial E}{\partial w_{ji}^{(l)}} &= \sum_{\mu=1}^{n_l} \frac{\partial E}{\partial u_\mu^{(l)}} \frac{\partial u_\mu^{(l)}}{\partial w_{ji}^{(l)}} = \sum_{\mu=1}^{n_l} \frac{\partial E}{\partial u_\mu^{(l)}} \frac{\partial}{\partial w_{ji}^{(l)}} \left(\sum_{\nu=0}^{n_{l-1}} w_{\mu\nu}^{(l)} y_\nu^{(l-1)} \right) \\
&= \frac{\partial E}{\partial u_j^{(l)}} y_i^{(l-1)}
\end{aligned}$$

である．ここで

[*10] これに対して，$E(\boldsymbol{W})$ を極小に近づけるバッチ学習，訓練データ集合 $\mathcal{D}$ の部分集合 $\mathcal{D}'$ に対する誤差関数（を正規化したもの）を極小にするミニバッチ学習などもある．

[*11] すでに定めた $E(\boldsymbol{W})$ とは異なる定義になるので，混乱しないようにしてほしい．

$$\frac{\partial E}{\partial u_j^{(l)}} = \sum_{\mu=1}^{n_{l+1}} \frac{\partial E}{\partial u_\mu^{(l+1)}} \frac{\partial u_\mu^{(l+1)}}{\partial u_j^{(l)}} \tag{12.13}$$

であることに注意する.

$$\delta_j^{(l)} = \frac{\partial E}{\partial u_j^{(l)}}$$

とおく. $u_\mu^{(l+1)} = \sum_{\nu=0}^{n_l} w_{\mu\nu}^{(l+1)} y_\nu^{(l)} = \sum_{\nu=0}^{n_l} w_{\mu\nu}^{(l+1)} s(u_\nu^{(l)})$ より

$$\frac{\partial u_\mu^{(l+1)}}{\partial u_j^{(l)}} = w_{\mu j}^{(l+1)} s'(u_j^{(l)}).$$

ゆえに（12.13）より

$$\delta_j^{(l)} = \sum_{\mu=1}^{n_{l+1}} \delta_\mu^{(l+1)} w_{\mu j}^{(l+1)} s'(u_j^{(l)}) = \sum_{\mu=1}^{n_{l+1}} \delta_\mu^{(l+1)} w_{\mu j}^{(l+1)} y_j^{(l)} \left(1 - y_j^{(l)}\right)$$

$$\frac{\partial E}{\partial w_{ji}^{(l)}} = \frac{\partial E}{\partial u_j^{(l)}} y_i^{(l-1)} = \delta_j^{(l)} y_i^{(l-1)}$$

特に $\dfrac{\partial E}{\partial b_j^{(l)}} = \dfrac{\partial E}{\partial w_{j0}^{(l)}} = \delta_j^{(l)}$ である. なお, 活性化関数が $s(u)$ でなく他の関数 $f(u)$ の場合は $\delta_j^{(l)} = \sum_{\mu=1}^{n_{l+1}} \delta_\mu^{(l+1)} w_{\mu j}^{(l+1)} f'(u_j^{(l)})$ である.

12.4.6　交差エントロピー誤差の場合

　次に出力層の活性化関数はソフトマックス関数で, 出力層の誤差関数は交差エントロピー誤差である場合を考える.

$$E = -\sum_{k=1}^{n_L} t_k \log y_k^{(L)} = -\sum_{k=1}^{n_L} t_k \log \left(\frac{\exp\left(u_k^{(L)}\right)}{\sum_{\mu=1}^{n_L} \exp\left(u_\mu^{(L)}\right)} \right)$$

とする. このとき e_{ij} を（11.5）で定めた記号として

$$\delta_j^{(L)} = \frac{\partial E}{\partial u_j^{(L)}} = -\sum_k t_k \frac{1}{y_k^{(L)}} \frac{\partial y_k^{(L)}}{\partial u_j^{(L)}} = -\sum_k t_k \frac{1}{y_k^{(L)}} \frac{\partial}{\partial u_j^{(L)}} \left(\frac{\exp\left(u_k^{(L)}\right)}{\sum_\mu \exp\left(u_\mu^{(L)}\right)} \right)$$

$$= -\sum_k t_k \frac{1}{y_k^{(L)}} \frac{\frac{\partial}{\partial u_j^{(L)}} \exp\left(u_k^{(L)}\right) \sum_\mu \exp\left(u_\mu^{(L)}\right) - \exp\left(u_k^{(L)}\right) \sum_\mu \frac{\partial}{\partial u_j^{(L)}} \exp\left(u_\mu^{(L)}\right)}{\left(\sum_\mu \exp\left(u_\mu^{(L)}\right) \right)^2}$$

$$= -\sum_k t_k \frac{1}{y_k^{(L)}} \frac{e_{jk} \exp\left(u_k^{(L)}\right) \sum_\mu \exp\left(u_\mu^{(L)}\right) - \exp\left(u_k^{(L)}\right) \exp\left(u_j^{(L)}\right)}{\left(\sum_\mu \exp\left(u_\mu^{(L)}\right) \right)^2}$$

$$= -t_j + \sum_k t_k \frac{1}{y_k^{(L)}} y_k^{(L)} y_j^{(L)}$$

$$= -t_j + \sum_k t_k y_j^{(L)} = y_j^{(L)} - t_j$$

これは平均2乗誤差の場合と同じ形になっている．以上をまとめると，平均2乗誤差の場合も交差エントロピー誤差の場合も次のことが成り立つ．

　要約　以上のことから次のことがわかる．出力層については

$$\delta_k^{(L)} = y_k^{(L)} - t_k$$
$$\frac{\partial E}{\partial w_{kj}^{(L)}} = \delta_k^{(L)} y_j^{(L-1)}$$

により計算できる．中間層（第l層）については

$$\delta_j^{(l)} = \sum_{\mu=1}^{n_{l+1}} \delta_\mu^{(l+1)} w_{\mu j}^{(l+1)} y_j^{(l)} \left(1 - y_j^{(l)}\right)$$
$$\frac{\partial E}{\partial w_{ji}^{(l)}} = \delta_j^{(l)} y_i^{(l-1)}$$

となり，$\delta_j^{(l)}$ は一つ後の層の $\delta_\mu^{(l+1)}$ とデータ $w_{\mu j}^{(l+1)}$，$y_j^{(l)}$ を用いて計算できる．

　誤差逆伝播法を用いる場合，これらの計算公式をもとに，勾配降下法などを使って機械学習が組み立てられる．

本書では触れないが，画像に関する解析には「たたみ込みニュートラルネットワーク（CNN）」が使われる．これは脳内の視覚細胞から示唆されて作られたものである．

機械学習は現在，非常に研究が盛んな分野である．本節では機械学習の基礎には偏微分法があることを見た．機械学習に興味のある読者はさらに巻末の参考文献などを手掛かりに本格的に学習をするとよいだろう．

第III部

積分法詳論

第13章

1変数関数の不定積分

本章では不定積分（定義 9.3 参照）の具体的な計算方法について学ぶ.

13.1 不定積分の公式

すでに積分の線形性，置換積分法，部分積分法について記したが，これを用いれば容易に次のような同様の公式が不定積分でも成り立つことがわかる（あるいは数 II，III で学んだ方法でもよい）.

$$\int [\alpha f(x) + \beta g(x)]\, dx = \alpha \int f(x)dx + \beta \int g(x)dx$$

$$\int f'(x)g(x)dx = f(x)g(x) - \int f(x)g'(x)dx$$

$$\int f(x)dx = \int f(\varphi(t))\varphi'(t)dt$$

本節では，$C, C_1, C_2, \cdots$ などで任意定数を表す. ただし一つの記号（たとえば C）でも，任意定数の場合は，一つの式内でも別の任意定数を表すこともある.

13.2 有理関数の不定積分

ここでは次の基本的な有理関数の積分方法を解説する.

$$\frac{A}{(x-a)^m}$$

$$\frac{Ax+B}{((x-a)^2+b^2)^n}$$

（ただし m, n は正の整数）. 後の章で示すが，じつはすべての有理関数の積分は，多項式の積分と上記の有理関数の積分に帰着される.

13.2.1 $\dfrac{A}{(x-a)^m}$ の積分

$m = 1$ の場合は

$$\int \frac{A}{x-a}dx = A\log|x-a| + C$$

である. なぜならば $x - a > 0$ の場合は

$$\frac{d}{dx}A\log|x-a| = \frac{d}{dx}A\log(x-a) = \frac{A}{x-a}$$

であり, $x - a < 0$ の場合は

$$\frac{d}{dx}A\log|x-a| = \frac{d}{dx}A\log(a-x) = \frac{-A}{a-x} = \frac{A}{x-a}$$

である.

$m > 1$ を整数とする. このときは

$$\int \frac{A}{(x-a)^m}dx = \frac{A}{1-m}\frac{1}{(x-a)^{m-1}} + C$$

である. 実際

$$\frac{d}{dx}\frac{A}{1-m}\frac{1}{(x-a)^{m-1}} = \frac{A}{(x-a)^m}$$

となっている.

13.2.2 $\dfrac{Ax+B}{((x-a)^2+b^2)^n}$ の積分

$b \neq 0$ の場合を示す.

$$\begin{aligned}
\int \frac{Ax+B}{((x-a)^2+b^2)^n}dx &= \int \frac{\dfrac{A}{2}2(x-a) + Aa + B}{((x-a)^2+b^2)^n}dx \\
&= \frac{A}{2}\int \frac{2(x-a)}{((x-a)^2+b^2)^n}dx \tag{13.1} \\
&\quad + (Aa+B)\int \frac{1}{((x-a)^2+b^2)^n}dx \tag{13.2}
\end{aligned}$$

まず (13.1) の積分から行う. 置換積分を $y = (x-a)^2 + b^2$ に対して行うと $dy = 2(x-a)dx$ より

$$\int \frac{2(x-a)}{((x-a)^2+b^2)^n}dx = \int \frac{1}{y^n}dy$$

$$= \begin{cases} \dfrac{1}{1-n}y^{1-n}+C, \ n>1 \\[2mm] \log|y|+C, \qquad n=1 \end{cases}$$

$$= \begin{cases} \dfrac{1}{1-n}\left((x-a)^2+b^2\right)^{1-n}+C, \ n>1 \\[2mm] \log\left((x-a)^2+b^2\right)+C, \qquad n=1 \end{cases}.$$

次に（13.2）の積分を行う．こちらは次のような漸化式を作って求める．$x-a=bt$ とおくと，$dx=bdt$ であり，$(x-a)^2+b^2=b^2(t^2+1)$ より

$$\int \frac{1}{((x-a)^2+b^2)^n}dx = b^{-2n+1}\int \frac{1}{(t^2+1)^n}dt.$$

ここで

$$I_n(t) = \int \frac{1}{(t^2+1)^n}dt$$

とおく．部分積分を用いて

$$\begin{aligned}
I_n(t) &= \int t' \frac{1}{(t^2+1)^n}dt = \frac{t}{(t^2+1)^n} - \int t\frac{d}{dt}\frac{1}{(t^2+1)^n}dt \\
&= \frac{t}{(t^2+1)^n} + 2n\int \frac{t^2}{(t^2+1)^{n+1}}dt \\
&= \frac{t}{(t^2+1)^n} + 2n\int \frac{t^2+1-1}{(t^2+1)^{n+1}}dt \\
&= \frac{t}{(t^2+1)^n} + 2n\int \frac{1}{(t^2+1)^n}dt - 2n\int \frac{1}{(t^2+1)^{n+1}}dt \\
&= \frac{t}{(t^2+1)^n} + 2nI_n(t) - 2nI_{n+1}(t)
\end{aligned}$$

これより

$$2nI_{n+1}(t) = \frac{t}{(t^2+1)^n} + (2n-1)\,I_n(t)$$

が得られる．ゆえに $I_n(t)$ は次の漸化式をみたす．

$$I_{n+1}(t) = \frac{1}{2n}\frac{t}{(t^2+1)^n} + \frac{2n-1}{2n}I_n(t)$$

まず $I_1(t)$ であるが，$\dfrac{d}{dt}\arctan t = \dfrac{1}{t^2+1}$ より

$$I_1(t) = \arctan t + C$$

である．したがって

$$I_2(t) = \frac{1}{2}\frac{t}{t^2+1} + \frac{1}{2}\arctan t + C$$

が得られる．以下，計算を続ければ所要の $I_n(t)$ が得られる．

以上より

$$
\begin{aligned}
&\int \frac{Ax+B}{((x-a)^2+b^2)^n}dx \\
&= \frac{A}{2}\int \frac{2(x-a)}{((x-a)^2+b^2)^n}dx + (Aa+B)b^{-2n+1}\int \frac{1}{(t^2+1)^n}dt \\
&= \begin{cases}
\dfrac{1}{1-n}\dfrac{A}{2}\left((x-a)^2+b^2\right)^{1-n} + (Aa+B)b^{-2n+1}I_n\left(\dfrac{x-a}{b}\right), & n>1 \\[3mm]
\dfrac{A}{2}\log\left((x-a)^2+b^2\right) + (Aa+B)b^{-1}\arctan\left(\dfrac{x-a}{b}\right), & n=1
\end{cases}
\end{aligned}
$$

$$\tag{13.3}$$

が得られる．

練習 13.1 $\displaystyle\int \frac{Ax+B}{((x-a)^2+b^2)^2}dx$ を求めよ．

解答例 （13.3）より

$$
\begin{aligned}
\int \frac{Ax+B}{((x-a)^2+b^2)^2}dx &= -\frac{A}{2}\left((x-a)^2+b^2\right)^{-1} + (Aa+B)b^{-3}I_2\left(\frac{x-a}{b}\right) \\
&= -\frac{A}{2}\left((x-a)^2+b^2\right)^{-1} \\
&\quad + \frac{(Aa+B)b^{-3}}{2}\left(\frac{\dfrac{x-a}{b}}{\left(\dfrac{x-a}{b}\right)^2+1} + \arctan\left(\frac{x-a}{b}\right)\right) + C \\
&= -\frac{A}{2}\frac{1}{(x-a)^2+b^2} + \frac{(Aa+B)}{2b^3}\left(\frac{b(x-a)}{(x-a)^2+b^2} + \arctan\left(\frac{x-a}{b}\right)\right) + C
\end{aligned}
$$

13.2.3 有理関数の不定積分

2 つの実係数多項式 $P(x), Q(x)$ に対して，

$$\frac{P(x)}{Q(x)},\ x \in \mathbb{R}$$

を有理関数という．有理関数は $Q(x) = 0$ の実解以外の点 $x \in \mathbb{R}$ で定義され，連続である．本小節では有理関数の不定積分

$$\int \frac{P(x)}{Q(x)} dx$$

を計算する．その準備として，$\dfrac{P(x)}{Q(x)}$ を単純な次の形の関数に分解（これを**部分分数展開**という）する．

- 多項式
- $\dfrac{A}{(x-a)^m}$
- $\dfrac{Ax+B}{((x-a)^2+b^2)^n}$

次にこれらの関数の不定積分を求める．

　本書では証明しないが，代数学において次のことが知られている．

　$P(x)$ と $Q(x)$ を x の実係数多項式とし，その次数 $\deg$ は $\deg P(x) < \deg Q(x)$ とする．

$$Q(x) = (x-\alpha_1)^{m_1} \cdots (x-\alpha_k)^{m_k}$$
$$\times \left(x^2+p_1 x+q_1\right)^{n_1} \cdots \left(x^2+p_l x+q_l\right)^{n_l}$$

とする（ただしここで，$\alpha_1, \cdots, \alpha_k, p_1, q_1, \cdots, p_l, q_l$ は実数で，$p_j^2 - 4q_j < 0$ $(j = 1, \cdots, l)$ をみたすものとする[*1]）．このとき

$$\frac{P(x)}{Q(x)} = \frac{A_{11}}{x-\alpha_1} + \frac{A_{12}}{(x-\alpha_1)^2} + \cdots + \frac{A_{1m_1}}{(x-\alpha_1)^{m_1}}$$
$$+ \cdots$$
$$+ \frac{A_{k1}}{x-\alpha_k} + \frac{A_{k2}}{(x-\alpha_k)^2} + \cdots + \frac{A_{km_k}}{(x-\alpha_k)^{m_k}}$$

[*1] すべての実係数多項式はこのように因数分解できることが知られている（代数学の基本定理）．$p_j^2 - 4q_j < 0$ は $x^2 + p_j x + q_j$ が複素解 $\xi, \bar{\xi}$ をもち，$(x-\xi)(x-\bar{\xi})$ と表せていることを意味する．実係数多項式は複素解 ξ をもてば必ず $\bar{\xi}$ も解になっている．

$$+ \frac{B_{11}x + C_{11}}{x^2 + p_1 x + q_1} + \frac{B_{12}x + C_{12}}{\left(x^2 + p_1 x + q_1\right)^2} + \cdots + \frac{B_{1n_1}x + C_{1n_1}}{\left(x^2 + p_1 x + q_1\right)^{n_1}}$$

$$+ \cdots$$

$$+ \frac{B_{l1}x + C_{l1}}{x^2 + p_l x + q_l} + \frac{B_{l2}x + C_{l2}}{\left(x^2 + p_l x + q_l\right)^2} + \cdots + \frac{B_{ln_l}x + C_{ln_l}}{\left(x^2 + p_l x + q_l\right)^{n_l}}$$

と一意的に表せる. あとは右辺と左辺の係数を比較して A_{ij}, B_{ij}, C_{ij} を求めれば, 部分分数展開が完了する.

本書では代数学からのこの事実を使って有理関数の不定積分の計算をする方法を示す.

練習 13.2　$\dfrac{2x^2 + x + 2}{x^3 + 1} = \dfrac{1}{x+1} + \dfrac{x+1}{x^2 - x + 1}$ を示せ.

解答例　$x^3 + 1 = (x+1)(x^2 - x + 1)$ であるから,

$$\frac{2x^2 + x + 2}{x^3 + 1} = \frac{A}{x+1} + \frac{Bx + C}{x^2 - x + 1}$$

と表せる. ここで右辺を通分すれば

$$\frac{A}{x+1} + \frac{Bx + C}{x^2 - x + 1} = \frac{(A+B)\,x^2 + (-A+B+C)\,x + (A+C)}{x^3 + 1}$$

となっている. したがって

$$2x^2 + x + 2 = (A+B)\,x^2 + (-A+B+C)\,x + (A+C)$$

でなければならない. すなわち, $A + B = 2$, $-A + B + C = 1$, $A + C = 2$ である. この連立方程式を解くと, $A = B = C = 1$ である. よって求める部分分数展開は

$$\frac{2x^2 + x + 2}{x^3 + 1} = \frac{1}{x+1} + \frac{x+1}{x^2 - x + 1}$$

である.

有理関数で分子の次数が分母の次数より大きい場合は次のようにする.

練習 13.3　$\dfrac{x^4}{x^3 - 1} = x + \dfrac{1}{3}\dfrac{1}{x-1} + \dfrac{1}{3}\dfrac{-x+1}{x^2 + x + 1}$ を示せ.

解答例　まず

$$\frac{x^4}{x^3 - 1} = \frac{x(x^3 - 1) + x}{x^3 - 1} = x + \frac{x}{x^3 - 1}.$$

ここで $x^3 - 1 = (x-1)(x^2 + x + 1)$ より

$$\frac{x}{x^3 - 1} = \frac{A}{x-1} + \frac{Bx + C}{x^2 + x + 1}$$
$$= \frac{(A+B)\,x^2 + (A-B+C)\,x + (A-C)}{x^3 - 1}$$

と部分分数に展開される．これより $A + B = 0$, $A - B + C = 1$, $A - C = 0$ である．この連立方程式を解くと $A = -B = C = \dfrac{1}{3}$ である．したがって

$$\frac{x}{x^3 - 1} = \frac{1}{3}\frac{1}{x-1} + \frac{1}{3}\frac{-x+1}{x^2 + x + 1}$$

である．

問題 13.1　$\dfrac{x}{(x-1)^2(x^2+1)^2}$ を部分分数展開せよ．

　部分分数展開を用いて，具体的な有理関数の積分計算の例を示しておく．よく使うので念のため次の式を記しておく．$a, b, c \in \mathbb{R}, a \neq 0$ に対して

$$ax^2 + bx + c = a\left(x + \frac{b}{2a}\right)^2 - \frac{b^2 - 4ac}{4a}. \tag{13.4}$$

[**例 13.1**]　部分分数展開を用いて次の計算ができる．

$$\int \frac{x^4}{x^3 - 1}dx$$
$$= \frac{x^2}{2} + \frac{1}{3}\log|x-1| - \frac{1}{6}\log(x^2 + x + 1) + \frac{\sqrt{3}}{3}\arctan\left(\frac{2x+1}{\sqrt{3}}\right) + C$$

解説　部分分数展開により（練習 13.3 参照）

$$\frac{x^4}{x^3 - 1} = x + \frac{1}{3}\frac{1}{x-1} + \frac{1}{3}\frac{-x+1}{x^2 + x + 1}$$

である．（13.4）より

$$\frac{-x+1}{x^2 + x + 1} = \frac{-x+1}{\left(x+\frac{1}{2}\right)^2 + \frac{3}{4}} = \frac{-\left(x+\frac{1}{2}\right) + \frac{3}{2}}{\left(x+\frac{1}{2}\right)^2 + \frac{3}{4}}$$

$$= -\frac{1}{2}\frac{2\left(x+\frac{1}{2}\right)}{\left(x+\frac{1}{2}\right)^2+\frac{3}{4}} + \frac{3}{2}\frac{1}{\left(x+\frac{1}{2}\right)^2+\frac{3}{4}}.$$

ゆえに $x+\dfrac{1}{2} = \dfrac{\sqrt{3}}{2}t$ とすると

$$\int \frac{-x+1}{x^2+x+1}dx = -\frac{1}{2}\log\left(\left(x+\frac{1}{2}\right)^2+\frac{3}{4}\right) + \frac{3}{2}\frac{4}{3}\frac{\sqrt{3}}{2}\int\frac{1}{t^2+1}dt$$

$$= -\frac{1}{2}\log(x^2+x+1) + \sqrt{3}\arctan t + C$$

$$= -\frac{1}{2}\log(x^2+x+1) + \sqrt{3}\arctan\left(\frac{2x+1}{\sqrt{3}}\right) + C$$

よって例が得られる.

問題 13.2 $\displaystyle\int \frac{x^2}{(x-1)(x^2+1)^2}dx$ を求めよ.

13.2.4 $\displaystyle\int R\left(x, \left(\frac{ax+b}{cx+d}\right)^{\gamma}\right)dx$ の計算

$R(x,y)$ を x と y を変数とする多項式の商, すなわち x,y を変数とする有理関数とする. たとえば $R(x,y) = \dfrac{y^2+1}{x}$ などである. また γ は正の有理数で, $a,b,c,d \in \mathbb{R}$ は $ad-bc \neq 0$ をみたすものとする. このときの不定積分

$$\int R\left(x, \left(\frac{ax+b}{cx+d}\right)^{\gamma}\right)dx$$

の計算方法を述べる. $\gamma = \dfrac{n}{m}$ (既約分数, ただし $m \geq 1$) と表す. このとき

$$\frac{ax+b}{cx+d} = t^m$$

とおく. $x = -\dfrac{t^m d - b}{t^m c - a}$ であるから,

$$\frac{dx}{dt} = (ad-bc)\frac{mt^{m-1}}{(a-ct^m)^2}$$

である. ゆえに

$$\int R\left(x,\left(\frac{ax+b}{cx+d}\right)^{\gamma}\right)dx=(ad-bc)\int R\left(-\frac{t^m d-b}{t^m c-a},t^n\right)\frac{mt^{m-1}}{(a-ct^m)^2}dt$$

となり，t の有理関数の積分（すなわち第 13.2.3 節の積分）に帰着される.

（問題 13.3）　$\displaystyle\int\frac{\sqrt{x+1}}{x^2+1}dx$ を求めよ.

13.3　$\displaystyle\int x^p(ax^q+b)^r dx$ の計算

本節では，p,q,r を有理数，a,b を実数で，$q\neq 0, ab\neq 0$ を仮定する．この種の積分は，次の 3 つの場合に分けて考える．$\mathbb{Z}$ を整数全体のなす集合とし，$\mathbb{N}=\{n\in\mathbb{Z}:n\geq 1\}$ とする.

$$(1)\ r\in\mathbb{N},\ \ (2)\ \frac{p+1}{q}\in\mathbb{Z},\ \ (3)\ \frac{p+1}{q}+r\in\mathbb{Z}$$

（1）の場合は，$(ax^q+b)^r$ を 2 項展開すれば，有理関数の積分に帰着できる.

（2）の場合は，$x=t^{1/q}$ とおく．$dx=\dfrac{1}{q}t^{\frac{1}{q}-1}dt$ であるから

$$\int x^p(ax^q+b)^r dx=\frac{1}{q}\int t^{\frac{p+1}{q}-1}(at+b)^r dt \tag{13.5}$$

である．$\dfrac{p+1}{q}\in\mathbb{Z}$ より，（13.5）は第 13.2.4 節の積分に帰着される．実際，$R(t,s)=\dfrac{1}{q}t^{\frac{p+1}{q}-1}s$ として，

$$\int x^p(ax^q+b)^r dx=\int R\left(t,(at+b)^r\right)dt$$

である.

（3）の場合は，（2）の場合と同様，$x=t^{1/q}$ として

$$\int x^p(ax^q+b)^r dx=\frac{1}{q}\int t^{\frac{p+1}{q}-1}(at+b)^r dt=\frac{1}{q}\int t^{\frac{p+1}{q}+r-1}\left(\frac{at+b}{t}\right)^r dt.$$

$\dfrac{p+1}{q}+r\in\mathbb{Z}$ より第 13.2.4 節の積分に帰着される.

具体的な例を見ておこう.

練習 13.4 $\int x^2(x^2+1)^{-1/2}dx$ を本節で示した公式を用いて求めよ.

解答例 $\dfrac{p+1}{q}+r = \dfrac{3}{2}-\dfrac{1}{2} = 1 \in \mathbb{Z}$ であるから (3) の場合に当たる. $(-x)^2 = x^2$ より $x > 0$ の場合を考えればよい. $x = t^{1/2}$ とおく.

$$\int x^2(x^2+1)^{-1/2}dx = \frac{1}{2}\int \left(\frac{t+1}{t}\right)^{-\frac{1}{2}}dt$$

である. そこで $\dfrac{t+1}{t} = s^2$ とおく. $t = \dfrac{1}{s^2-1}$ より $dt = -2\dfrac{s}{(s^2-1)^2}ds$ より

$$\frac{1}{2}\int \left(\frac{t+1}{t}\right)^{-\frac{1}{2}}dt = -\int \frac{1}{(s^2-1)^2}ds = -\int \frac{1}{(s-1)^2(s+1)^2}ds$$

である. 部分分数展開すると,

$$\frac{1}{(s-1)^2(s+1)^2} = \frac{1}{4(s+1)} - \frac{1}{4(s-1)} + \frac{1}{4(s-1)^2} + \frac{1}{4(s+1)^2}$$

であるから

$$
\begin{aligned}
&-\int \frac{1}{(s-1)^2(s+1)^2}ds \\
&= -\frac{1}{4}\left(\int \frac{1}{s+1}ds - \int \frac{1}{s-1}ds + \int \frac{1}{(s-1)^2}ds + \int \frac{1}{(s+1)^2}ds\right) \\
&= -\frac{1}{4}\left(\log\left|\frac{s+1}{s-1}\right| - \frac{1}{s-1} - \frac{1}{s+1}\right) + C \\
&= -\frac{1}{4}\left(\log\left|\frac{s+1}{s-1}\right| - \frac{2s}{s^2-1}\right) + C
\end{aligned}
$$

いま $s = \sqrt{\dfrac{x^2+1}{x^2}} = \dfrac{\sqrt{x^2+1}}{x}$ より

$$\int x^2(x^2+1)^{-1/2}dx = -\frac{1}{4}\left(\log\left(\frac{\sqrt{x^2+1}+x}{\sqrt{x^2+1}-x}\right) - 2x\sqrt{x^2+1}\right) + C.$$

13.4　その他の場合の不定積分の計算法

13.4.1　2 次関数の無理関数を含む場合の $\displaystyle\int R\left(x,\sqrt{ax^2+bx+c}\right)dx$

$R(x,y)$ を有理関数とし, $a,b,c \in \mathbb{R}$ かつ $b^2-4ac \neq 0$ を仮定する.

まず $a>0$ の場合について考える. この場合は,

$$\sqrt{ax^2+bx+c}=t-\sqrt{a}x$$

と変数変換する (これをオイラーの第 1 変換という). すると, $ax^2+bx+c = t^2 - 2\sqrt{a}xt + ax^2$ であるから, $x=\dfrac{t^2-c}{2\sqrt{a}t+b}$ である. ゆえに

$$\sqrt{ax^2+bx+c}=\frac{\sqrt{a}t^2+bt+\sqrt{a}c}{2\sqrt{a}t+b}$$

$$\frac{dx}{dt}=\frac{2\left(\sqrt{a}t^2+bt+\sqrt{a}c\right)}{\left(2\sqrt{a}t+b\right)^2}$$

したがって,

$$\int R\left(x,\sqrt{ax^2+bx+c}\right)dx$$
$$=2\int R\left(\frac{t^2-c}{2\sqrt{a}t+b},\frac{\sqrt{a}t^2+bt+\sqrt{a}c}{2\sqrt{a}t+b}\right)\frac{\left(\sqrt{a}t^2+bt+\sqrt{a}c\right)}{\left(2\sqrt{a}t+b\right)^2}dt$$

となり t の有理関数の不定積分に帰着される.

$a<0$ の場合, $ax^2+bx+c=0$ が相異なる実解 $\alpha<\beta$ をもち, $\alpha<x<\beta$ の場合を考える (すなわち $ax^2+bx+c>0$ の場合). このときは,

$$\sqrt{\frac{x-\alpha}{\beta-x}}=t$$

とおく. このとき $\dfrac{x-\alpha}{\beta-x}=t^2$ であるから, $x=\dfrac{\beta t^2+\alpha}{t^2+1}$ である. したがって

$$\sqrt{ax^2+bx+c}=\sqrt{a\left(x-\alpha\right)\left(x-\beta\right)}=\sqrt{-a}(\beta-\alpha)\frac{t}{t^2+1}$$

である. これより求めたい積分は, t の有理関数の積分に帰着できる. $\sqrt{\dfrac{\beta-x}{x-\alpha}}=$

t と変換しても同様である．これをオイラーの第 3 変換[*2]という．

> **質問**　$ax^2 + bx + c = 0$ が相異なる実解をもたない場合はどうなるのですか．

● **Answer** ●　重解の場合は，考えている積分は x の有理関数の積分になりますし，複素解を持つ場合は，$a < 0$ を仮定しているので，$ax^2 + bx + c < 0$ となり，根号の中が負になってしまいます．

13.4.2　$F(X, Y)$ が X, Y の有理関数の場合の $\displaystyle\int F(\sin x, \cos x)dx$

$\tan\dfrac{x}{2} = t$ とおくと[*3]，

$$\sin x = \frac{2t}{t^2 + 1}, \ \cos x = \frac{1 - t^2}{1 + t^2}$$

また $x = 2\arctan t$ より

$$dx = \frac{2}{1 + t^2}dt$$

ゆえに

$$\int F(\sin x, \cos x)dx = \int F\left(\frac{2t}{t^2 + 1}, \frac{1 - t^2}{1 + t^2}\right)\frac{2}{1 + t^2}dt$$

[*2] $c > 0$ のときに $\sqrt{ax^2 + bx + c} = tx + \sqrt{c}$ と変換することをオイラーの第 2 変換という．この変換により問題の不定積分が t の有理関数の不定積分になることが容易に確認できる．

[*3] 三角関数の微分計算メモ

$1 + \tan^2\dfrac{x}{2} = \dfrac{1}{\cos^2\dfrac{x}{2}}$ である．$\cos 2x = \cos^2 x - \sin^2 x = 2\cos^2 x - 1$ より $\cos^2 x =$

$\dfrac{1 + \cos 2x}{2}$．$\cos^2\dfrac{x}{2} = \dfrac{1 + \cos x}{2}$ となり，$1 + \tan^2\dfrac{x}{2} = \dfrac{1}{\cos^2\dfrac{x}{2}} = \dfrac{2}{1 + \cos x}$ である．ゆえ

に $\cos x = \dfrac{2}{1 + t^2} - 1 = \dfrac{1 - t^2}{1 + t^2}$．また $\sin 2x = 2\sin x \cos x$ より $\sin x = 2\sin\dfrac{x}{2}\cos\dfrac{x}{2} =$

$2\tan\dfrac{x}{2}\cos^2\dfrac{x}{2} = 2t\dfrac{1}{1 + t^2} = \dfrac{2t}{t^2 + 1}$．

13.4.3　$F(X)$ が X の有理関数の場合の計算

$$\int F(\sin^2 x)dx, \qquad \int F(\cos^2 x)dx, \qquad \int F(\tan x)dx$$

の計算では，$\tan x = t$ とおくと，

$$\sin^2 x = \frac{t^2}{1+t^2}, \qquad \cos^2 x = \frac{1}{1+t^2}, \qquad dx = \frac{1}{1+t^2}dt$$

であるから，t の有理関数に帰着される．

第14章

1階常微分方程式

第13章で学んだ積分の計算をいくつかの基本的な常微分方程式の解法に応用する。これにより微積分の醍醐味の一つを味わうことができるであろう。

常微分方程式とは，一般的な形を記せば次のようなものである。関数 $y = y(x)$ に対して，$y^{(k)} = \dfrac{d^k y}{dx^k}$ （k 階導関数）とする。$y' = y^{(1)}$ と表す場合もある。方程式

$$F(x, y, y^{(1)}, \cdots, y^{(n)}) = 0 \tag{14.1}$$

あるいは

$$y^{(n)} = f(x, y, y^{(1)}, \cdots, y^{(n-1)}) \tag{14.2}$$

を**常微分方程式**という。この常微分方程式をみたす関数 $y = y(x)$ を方程式の解といい，解を見つけることを常微分方程式を解くという。

（14.1）を**非正規形**，（14.2）を**正規形**という。

常微分方程式のほか，多変数関数の偏導関数を含む方程式を**偏微分方程式**という。本書では偏微分方程式は扱わないので，以下では，常微分方程式を単に微分方程式という。

微分方程式は物理現象，社会現象などさまざまな現象の解析に用いられる。具体的な微分方程式を学んでいくことにより，微分と積分の醍醐味を味わえるであろう。

14.1　原始関数

最も単純な微分方程式は

$$\frac{dy}{dx} = f(x)$$

であろう．この微分方程式の解は，f が連続である場合，f の不定積分

$$y(x) = \int f(x)dx + C$$

で与えられる．ここで C は任意定数である．

14.2　変数分離形

もう少し複雑な場合に**変数分離形**がある．それは次のようなものである．f, g を連続関数として，

$$\frac{dy}{dx} = f(x)g(y).$$

この微分方程式の解法を記す．

　【解法】　次のように変形する．

$$\frac{1}{g(y)}\frac{dy}{dx} = f(x)$$

このようにした場合，当然 $g(y) = 0$ の場合が問題になるが，以下では，上記のように書いた場合，暗黙のうちに $g(y) \neq 0$ は仮定しているものとする．両辺 x について積分すると

$$\int \frac{1}{g(y)}\frac{dy}{dx}dx = \int f(x)dx + C \text{（C は任意定数）}$$

したがって

$$\int \frac{1}{g(y)}dy = \int f(x)dx + C \text{（C は任意定数）} \tag{14.3}$$

が成り立つ．具体例は次の小節以降であげていくが，このあとの作業としては（14.3）より $y = y(x)$ の関数を見つければよい．

　一般に微分方程式において，任意定数を式の中に含んだ形の解を**一般解**という（ただし，必ずしも $y = y(x)$ の形に直せない場合があるが，そのときは（14.3）を**一般解**ということもある）．以下，本章では，$C, C_1, C_2, \cdots$ などにより任意定数を表すものとする．

　特に C として特定の値を指定した場合，**特殊解**という．一般解で表せない解も存在することがあり，それを**特異解**という（14.5 節参照）．

14.2.1 マルサスの法則とロジスティック方程式

変数分離形の微分方程式の例として，重要なロジスティック方程式をあげる．まずロジスティック方程式が必要になる背景を記しておく．

人口あるいはある種の生物の個体数について考える．人あるいはある種の生物の集団が外界とは孤立して，個体の流入・流出がないとする．人口あるいは個体数は時間 t と共に変化するので，それを $y(t)$ で表す．正確には人口も個体数も整数値であるが，ここでは便宜上実数値も許し，さらに微分可能であることも仮定する．

人口の増殖率に関して，最も単純なモデルとして次のものがある：

マルサスの法則　単位時間当たりの人口あるいは個体の増殖率は，総個体数に比例する．すなわち

$$\frac{dy}{dt} = ky(t) \quad (\text{k は正の比例定数})\tag{14.4}$$

がみたされる．

(14.4) は変数分離形である．まずはこの方程式を解くことにしよう．

$$\frac{1}{y}\frac{dy}{dt} = k$$

であるから，両辺積分すれば

$$\int \frac{1}{y}\frac{dy}{dt}dt = \int \frac{1}{y}dy = \log |y|$$
$$\int k\,dt = kt$$

より

$$\log |y| = kt + C_1 \quad (\text{C_1 は任意定数})$$

が得られる．したがって

$$|y(t)| = e^{kt+C_1} = e^{C_1}e^{kt}$$

が成り立つ．ここで，$y(t)$ の符号に応じて $C = \pm e^{C_1}$ を任意定数と考えることにより

$$y(t) = Ce^{kt}$$

が一般解である．

たとえば，時刻 $t = t_0$ での個体数が $y(t_0) = y_0 > 0$ であるとすると，時刻 t_0 での個体数は

$$y_0 = y(t_0) = Ce^{kt_0}$$

より $C = y_0 e^{-kt_0}$ である．ゆえに $y(t_0) = y_0$ をみたす微分方程式（14.4）の解は

$$y(t) = y_0 e^{k(t-t_0)}$$

となる．

特定の時刻 t_0 のとき，与えられた値をもつ微分方程式の解を求める問題を初期値問題という．

さて，以上の考察が正しいとすると，個体数は指数関数的に増加していて，

$$\lim_{t \to \infty} y(t) = +\infty$$

となる．しかし，人や生物についていえば，さまざまな生存の環境などの条件を考えれば $+\infty$ に発散するというのは正しくない．

そこで環境・資源等の抑制の条件を考慮して考案された微分方程式が次の**ロジスティック方程式**[*1]である．

$k > 0, m > 0$ とする．

$$\frac{dy}{dt} = ky - my^2$$

ここで $-my^2$ は個体増加を制御する項であるが，y^2 にすることにより，個体数が増加すればするほど抑制の度合いが増えるようになっている．k は個体の増加率で，m は抑制を表す係数である．一般には m は小さな値になることが知られている．ロジスティック方程式を最初に考えたのは数理生物学者ヴェルハルストである．

それではロジスティック方程式を解いてみよう．

【**解法**】　変数分離形なので

[*1] logistics = さまざまな経営資源を適切に配置して企業全体としての効率性を高めること．本来は軍事用語の兵站（へいたん）を意味し，作業計画に従って兵器や兵員，多くの補給物資を確保・管理・補充．輸送することをいった．（ブリタニカ国際百科事典より）

$$\frac{1}{y(k-my)}\frac{dy}{dt} = 1$$

と考える．部分分数展開をすると

$$\frac{1}{y(k-my)} = \frac{1}{k}\frac{1}{y} - \frac{m}{k}\frac{1}{my-k} = \frac{1}{k}\left(\frac{1}{y} - \frac{1}{y-\dfrac{k}{m}}\right)$$

以上のことより

$$t + C_1 = \int dt = \frac{1}{k}\int\left(\frac{1}{y} - \frac{1}{y-\dfrac{k}{m}}\right)\frac{dy}{dt}dt = \frac{1}{k}\int\left(\frac{1}{y} - \frac{1}{y-\dfrac{k}{m}}\right)dy$$

$$= \frac{1}{k}\log\frac{|y|}{\left|y-\dfrac{k}{m}\right|}.$$

すなわち

$$\log\frac{|y|}{\left|y-\dfrac{k}{m}\right|} = kt + C_2$$

である．ゆえに

$$\left|\frac{y}{y-\dfrac{k}{m}}\right| = e^{C_2}e^{kt}$$

が得られる．したがって，$C = \pm e^{C'}$ を考えることにより

$$\frac{y}{y-\dfrac{k}{m}} = Ce^{kt}$$

である．これを y について解けば

$$y(t) = \frac{k}{m}\frac{C}{C-e^{-kt}}$$

が一般解である．

　いま，時刻 s での値が $y(s) = w$ であるとする．このとき $\dfrac{k}{m}\dfrac{C}{C-e^{-ks}} =$

$y(s) = w$ より $C = -mw\dfrac{e^{-ks}}{k - mw}$ となっている．したがって解は

$$y(t) = \frac{k}{m}\frac{-mw\dfrac{e^{-ks}}{k - mw}}{-mw\dfrac{e^{-ks}}{k - mw} - e^{-kt}} = \frac{k}{m}\frac{1}{\left(\dfrac{k}{mw} - 1\right)e^{-k(t-s)} + 1}$$

となっている．

ゆえに $t \to \infty$ の場合は発散せず，$y(t) \to \dfrac{k}{m}$ のように収束する．

【解を表す曲線のグラフ】　微分方程式の解である関数のグラフを描くことにより，その微分方程式が表している現象の様子，傾向を見やすくできることがある．ロジスティック方程式の初期値問題の解のグラフを調べる．そのために，まず解の微分を求める．

$$\frac{d}{dt}y(t) = k^2 we^{-k(t-s)}\frac{\dfrac{k}{m} - w}{m\left(\left(\dfrac{k}{m} - w\right)e^{-k(t-s)} + w\right)^2}$$

である．したがって，$0 < w < \dfrac{k}{m}$ とすると，$y(t)$ は増加関数になる．また，

$$\frac{d^2}{dt^2}y(t) = \frac{d}{dt}\left(ky - my^2\right) = ky' - 2myy'$$
$$= 2my'\left(\frac{k}{2m} - y\right)$$

である．このことは，$\dfrac{d}{dt}y(t) > 0$ より，$0 < y < \dfrac{k}{2m}$ ならば個体数の増加率は上がり，一方，$\dfrac{k}{2m} < y$ となると個体数の増加率は下がっていくことを示している．

具体的なグラフを見るために，$s = 0$，$k = m = 1$，$w = \dfrac{1}{2}$ の場合を考える．このときは，$y(t) = \dfrac{1}{e^{-t} + 1}$ である．じつはこの関数はすでに第 12.4.1 節に現れたシグモイド関数と同じものである．グラフは図 12.10（218 ページ）を参照してほしい．

(問題 14.1) $k > 0, m > 0$ とする. $0 < w < \dfrac{k}{m}$ とする.

$$\frac{d}{dt}y(t) = my^2 - ky$$
$$y(0) = w$$

の解 $y(t)$ と $\displaystyle\lim_{t \to \infty} y(t)$ を求めよ.

14.2.2 解曲線と曲線族のみたす微分方程式

一般的な 1 階常微分方程式は

$$F(x, y, y') = 0$$

と表せる. 特にこれが正規形に書き換えられるならば

$$y'(x) = f(x, y)$$

と記すことができる. いまこの微分方程式が解けて, その一般解が $y = y(x, C)$ であるとする (C は任意定数). C を固定すると $y = y(x, C)$ を x の関数であるが, この関数のグラフを曲線とみなしたとき, $y = y(x, C)$ を解曲線という. あるいはより一般に解 $\Phi(x, y, C) = 0$ を解曲線という. また, C を動かすごとに $\Phi(x, y, C)$ が決まるから, $\Phi(x, y, C) = 0$ が曲線の集まりを表すものとみなし, 曲線族ということもある.

C を固定して, $y = y(x) = y(x, C)$ としたとき, 解曲線の点 $(x, y(x))$ での接線の方程式は

$$Y - y = y'(x)(X - x)$$

であり, $y'(x) = f(x, y)$ であるから, 解曲線は解曲線上の点 (x, y) での傾きが $f(x, y)$ である.

[例 14.1] 次の微分方程式

$$\frac{dy}{dx} = \pm \frac{\sqrt{1 - y^2}}{y}$$

の解曲線は, C を任意定数として, $(x + C)^2 + y^2 = 1$, すなわち中心が $(-C, 0)$ で半径が 1 の円周である.

◆**証明**◆　この微分方程式を解く.

$$\pm \int \frac{y}{\sqrt{1-y^2}} dy = \pm \int \frac{y}{\sqrt{1-y^2}} \frac{dy}{dx} dx = \int dx + C = x + C$$

である. $t = 1 - y^2$ とおくと, $-\dfrac{1}{2} dt = y dy$, $\displaystyle\int t^{-1/2} dt = 2\sqrt{t} + C$ より*2

$$\pm \int \frac{y}{\sqrt{1-y^2}} dy = \mp \frac{1}{2} \int \frac{1}{\sqrt{t}} dt = \mp \frac{1}{2} 2\sqrt{t} + C = \mp \sqrt{1 - y^2} + C$$

ゆえに

$$\mp \sqrt{1 - y^2} = x + C$$

したがって両辺を 2 乗すれば

$$1 - y^2 = (x + C)^2$$

すなわち

$$(x + C)^2 + y^2 = 1 \ (C \text{ は任意定数})$$

が一般解である. ゆえに解曲線は中心が $(-C, 0)$ で半径が 1 の円周である. $y = \pm 1$ も解であるが, これは一般解に含まれていないので, 特異解である*3. ∎

　逆に曲線族 $\Phi(x, y, C) = 0$ から, この曲線族がみたす微分方程式をもとめてみよう. $y = y(x)$ が $\Phi(x, y(x), C) = 0$ をみたしているものとする. このとき

$$0 = \frac{d}{dx} \Phi(x, y, C) = \frac{\partial \Phi}{\partial x}(x, y, C) + \frac{\partial \Phi}{\partial y}(x, y, C) \frac{dy}{dx}$$

である. そこで, C を 2 つの方程式

$$\begin{cases} \Phi(x, y, C) = 0 \\ \dfrac{\partial \Phi}{\partial x}(x, y, C) + \dfrac{\partial \Phi}{\partial y}(x, y, C) y'(x) = 0 \end{cases}$$

から消去して得た x, y, y' の方程式 $F(x, y, y') = 0$ が, 曲線族 $\Phi(x, y, C) = 0$ のみたす方程式である. 具体例で考えてみよう.

練習 14.1　曲線族 $(x + C)^2 + y^2 = 1$ （C は任意定数）がみたす微分方程式を求めよ.

---

*2 すでに注意したように一つの記号 C によりさまざまな任意定数を表している.

*3 これは一般解を表す曲線の包絡線と呼ばれている曲線である.

解答例　$\Phi(x, y, C) = (x + C)^2 + y^2 - 1$ とする．このとき

$$0 = \frac{\partial \Phi}{\partial x}(x, y, C) + \frac{\partial \Phi}{\partial y}(x, y, C)y'(x) = 2(x + C) + (2y)\, y'.$$

ゆえに

$$C = -x - yy'$$

である．ゆえに

$$\begin{aligned}0 = \Phi(x, y, -x - yy') &= (-yy')^2 + y^2 - 1 \\ &= y^2(y')^2 + y^2 - 1\end{aligned}$$

よって

$$y' = \pm \frac{\sqrt{1 - y^2}}{y}$$

である．これは例 14.1 で見た微分方程式である．

　曲線族のみたす微分方程式をもとめることは，たとえばその曲線族と直交，あるいは斜交する曲線族を求めるときなどに使われる．これについては次節以降に学ぶ．

14.2.3　直交曲線族と等角切線

　2 つの曲線 $f(x, y) = 0$ と $g(x, y) = 0$ を考える．これらの曲線が特異点をもたず*4，点 (a, b) で交わっているとする．すでに示したように（(12.6) 参照）$f(x, y) = 0$, $g(x, y) = 0$ の (a, b) における接線の方程式はそれぞれ

$$\begin{aligned}l &: f_x(a, b)(x - a) + f_y(a, b)(y - b) = 0 \\ l' &: g_x(a, b)(x - a) + g_y(a, b)(y - b) = 0\end{aligned}$$

である．直線 l と l' のなす角（詳しくは下記の Answer 参照）を，曲線 $f(x, y) = 0$ と曲線 $g(x, y) = 0$ が (a, b) でなす角ということにする．

質問　2 つの直線のなす角はどのように求めればよかったのでしょうか．

---

*4 曲線 $f(x, y) = 0$ が特異点を持たないとは，$\nabla f(x, y) \neq (0, 0)$ となっていることである．

● **Answer** ●　2 直線 $l : ax + by + c = 0$ と $l' : a'x + b'y + c' = 0$ のなす角 θ とは, l と l' の交点を原点とみなして, l を反時計回りに θ 回転させて l' と初めて重なった角度とします. ただし $\pi < \theta \leq 2\pi$ のときは $\theta - \pi$ を l と l' のなす角とみなすこともあります. $aa' + bb' \neq 0$ の場合は

$$\tan\theta = \frac{ab' - a'b}{aa' + bb'}$$

です. 特に $y = mx + c$ と $y = m'x + c'$ のなす角 θ は $1 + mm' \neq 0$ のとき

$$\tan\theta = \frac{m' - m}{1 + mm'}$$

となっています.

　微分可能な曲線の族 $\Phi(x, y, C) = 0$ が与えられたとする. 曲線の族 $\Psi(x, y, c) = 0$ を考える. 曲線 $\Phi(x, y, C) = 0$ 上の点 (x, y) の接線と (x, y) を通る曲線 $\Psi(x, y, c) = 0$ の接線のなす角が一定値 α であるとする. このとき曲線族 $\Psi(x, y, c) = 0$ を曲線族 $\Phi(x, y, C) = 0$ の**角度 α の等角切線**あるいは**等偏角切線**という. 特に $\alpha = \pm\dfrac{\pi}{2}$ であるとき, **直交曲線族**あるいは**直交切線**というという.

14.2.4　ポテンシャル関数と直交曲線族

直交曲線族は物理学に見られることがある.

　例として次のようなものがある. 平面上を流れているある流体を考える. 平面の各点 (x, y) には流体の流れる向きと速さを表す平面ベクトル $\boldsymbol{v}(x, y, t)$ があてがわれているとする. ここで t は時刻を表している. これを時刻 t の (x, y) における速度ベクトルという. 一般に流体は時間と共に速度ベクトルが変化する.

　いま速度ベクトルが時間によらず一定の場合を考える. すなわち $\boldsymbol{v}(x, y, t) = \boldsymbol{v}(x, y, s)$ $(t \neq s)$ となっている場合である. このような流体を定常的であるといい, 時間変数を省いて $\boldsymbol{v}(x, y, t) = \boldsymbol{v}(x, y)$ と表す. 平面曲線 γ 上の各点における接ベクトルがその点における流体の速度ベクトル $\boldsymbol{v}(x, y)$ と一致しているとき, すなわち流体上のある粒子が流れに沿って移動する軌跡になっているとき, この曲線を**流線**という.

　この状況は数学的に次のように一般化することができる. 一般に平面内の集合 Ω の各点に, ある 2 次元ベクトル $X(x, y)$ があてがわれているとき X を Ω 上の（2 次元）**ベクトル場**という. 言い換えればベクトル場とは Ω から $\mathbb{R}^2$ への写

像のことである。この写像が連続であるとき，連続なベクトル場という。また Ω 内の曲線 $\gamma(t)$（t はパラメータ）で

$$\gamma'(t) = X(\gamma(t))$$

をみたしているものを X の**積分曲線**という。既述の流体の場合でいう流線である。

さて，ベクトル場 $X(x,y) = (X_1(x,y), X_2(x,y))$ が連続で，次をみたす C^1 級関数 $\varphi(x,y)$ が存在するとする。

$$\nabla\varphi = X$$

このとき，ベクトル場 X は**保存的**といい，関数 $\varphi(x,y)$ をベクトル場 X の**ポテンシャル関数**という。ポテンシャル関数により定義される曲線

$$\varphi(x,y) = C \ （C \text{ は任意定数}）$$

を**等ポテンシャル曲線**という。

◆**定理 14.1**◆ ベクトル場が保存的であり，至るところ零ベクトルではないとき，積分曲線は等ポテンシャル曲線の直交曲線族である。

◆**証明**◆ ベクトル $X(x,y)$ の方向余弦を $(\cos\theta_1, \cos\theta_2)$ とすると $\cos\theta_2 = \sin\theta_1$ であるから

$$(\varphi_x, \varphi_y) = (X_1, X_2) = (|X|\cos\theta_1, |X|\sin\theta_1)$$

である。したがって積分曲線の (x,y) での接線の傾きは

$$\tan\theta_1 = \frac{\sin\theta_1}{\cos\theta_1} = \frac{\varphi_y}{\varphi_x}$$

である。一方等ポテンシャル曲線を局所的に $y = y(x)$ と表せたとき[*5]

$$\varphi_x + \varphi_y y' = 0$$

をみたすから，

$$y' = -\frac{\varphi_x}{\varphi_y}$$

である。このことから積分曲線と等ポテンシャル曲線 $y = y(x)$ は直交していることがわかる。∎

（**問題 14.2**） $b, B \neq 0$ とする。直線 $l : y = -\dfrac{a}{b}x - \dfrac{c}{b}$, $l' : y = -\dfrac{A}{B}x - \dfrac{C}{B}$

[*5] 必要なら適当に座標を回転させれば，陰関数定理からこのように表せる。

を考える. θ を l と l' のなす角とする. l, l' の傾きのベクトルはそれぞれ $\boldsymbol{m} = \left(1, -\dfrac{a}{b}\right), \boldsymbol{m}' = \left(1, -\dfrac{A}{B}\right)$ である. このとき内積の良く知られた公式から

$$\boldsymbol{m} \cdot \boldsymbol{m}' = \|\boldsymbol{m}\| \|\boldsymbol{m}'\| \cos \theta$$

が成り立つ. この関係式から

$$|\tan \theta| = \left| \frac{Ab - Ba}{Aa + Bb} \right|$$

を導け.

14.2.5 等角切線と直交切線の求め方

曲線族 $\Phi(x, y, C) = 0$ の角度 α の等角切線 $\Psi(x, y, c) = 0$ の求め方を記しておく.

曲線 $\Phi(x, y, C) = 0$ と曲線 $\Psi(x, y, c) = 0$ が (a, b) で交わっているとする. $\Phi(x, y, C) = 0$ が (a, b) で x 軸と平行な直線となす角を φ とし, $\Psi(x, y, c) = 0$ が (a, b) で x 軸と平行な直線となす角を ψ とする. このとき, $\alpha = \psi - \varphi$ である. 議論を簡単にするために $\Phi(x, y, C) = 0$ と $\Psi(x, y, c) = 0$ の交点 (a, b) の近傍で $\Phi(x, y, C) = 0$ が $y = y(x)$ で表せ, $\Psi(x, y, c) = 0$ が $y = Y(x)$ で表せているとする. このとき

$$y'(a) = \tan \varphi, \qquad Y'(a) = \tan \psi$$

である. $m = \tan \alpha$ とおくと

$$m = \tan(\psi - \varphi) = \frac{\tan \psi - \tan \varphi}{1 + \tan \psi \tan \varphi}$$

である. したがって

$$\tan \varphi = \frac{\tan \psi - m}{1 + m \tan \psi}$$

が得られる. ゆえに

$$y'(a) = \frac{Y'(a) - m}{1 + m Y'(a)}$$

いま議論を見やすくするため $\Phi(x, y, C) = 0$ のみたす微分方程式は $F(x, y, y') = y' - f(x, y) = 0$ であるとする. $y'(a) = f(a, y(a))$ より,

$\dfrac{Y'(a) - m}{1 + mY'(a)} = f(a, y(a)) = f(a, Y(a))$ である. ゆえに

$$F\left(x, Y, \frac{Y'(a) - m}{1 + mY'(a)}\right) = \frac{Y'(a) - m}{1 + mY'(a)} - f(a, Y(a)) = 0$$

をみたす. 以上のことから記号をかえて $\Psi(x, y, c) = 0$ は微分方程式

$$F\left(x, y, \frac{y' - m}{1 + my'}\right) = 0$$

をみたす.

　$\alpha = \dfrac{\pi}{2}$ のときは, $Y'(a) = -\dfrac{1}{y'(a)}$ （ただし $y'(a) \neq 0$ とする）であるから,

(a, b) のある近傍で $\Psi(x, y, c) = 0$ のみたす微分方程式は $F\left(x, y, -\dfrac{1}{y'}\right) = 0$

である.

[**例 14.2**] 　微分方程式

$$y' = \frac{y - \sqrt{3}x}{\sqrt{3}y - x} \tag{14.5}$$

のどの解曲線とも $\dfrac{2\pi}{3}$ で交わる曲線の族は微分方程式

$$\left(\sqrt{3}y - 2x\right)y' + y = 0 \tag{14.6}$$

をみたす.

解説　$m = \tan\left(\dfrac{2\pi}{3}\right)$ とおく. $m = -\sqrt{3}$ である. $F(x, y, y') = \left(\sqrt{3}y - x\right)y'$ $-(y - \sqrt{3}x)$ とおくと, 求める微分方程式は

$$0 = F\left(x, y, \frac{y' - m}{1 + my'}\right) = F\left(x, y, \frac{y' + \sqrt{3}}{1 - \sqrt{3}y'}\right)$$
$$= -\frac{2}{\sqrt{3}}\frac{y + \sqrt{3}yy' - 2xy'}{y' - \frac{1}{3}\sqrt{3}}$$

である. これより, $\left(\sqrt{3}y - 2x\right)y' + y = 0$ が得られる.

質問　例 14.2 の微分方程式を解こうと思ったのですが，変数分離され てません．こういうのは解くことができるのでしょうか．

● **Answer** ●　変数変換をすることにより変数分離形に持ち込むことができます．詳 しくは次節で学びます．

練習 14.2　曲線族 $y = cx^2$（c は実数）の直交曲線族を求めよ．

解答例　元の曲線族は $F(x, y, y') = y' - \dfrac{2y}{x}$ をみたすから，$y' = -\dfrac{x}{2y}$ を解け ばよい．この微分方程式を解くと

$$-y^2 = -2 \int y dy + C = \int x dx + C = \frac{1}{2}x^2 + C.$$

ゆえに求める曲線族は

$$x^2 + 2y^2 = C \, (\, C \text{ は任意定数})$$

である（図 14.1 参照）．

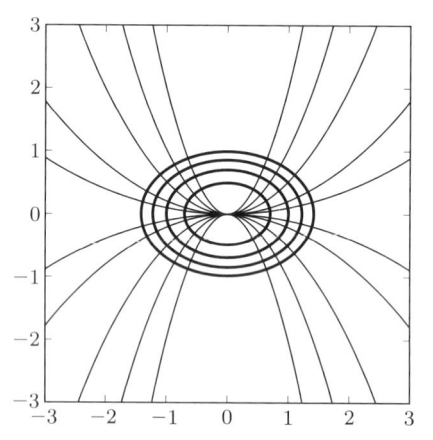

図 14.1　曲線群 $y = cx^2$ とその直交曲線群 $x^2 + 2y^2 = C$.

14.3　同次形

微分方程式には見かけ上変数分離形ではないが，変数変換すると変数分離形に 帰着されるものがある．その一つが同次形の微分方程式である．

$$\frac{dy}{dx} = f\left(\frac{y}{x}\right)$$

の形の微分方程式のことを同次形という．たとえば例 14.2 に現れた微分方程式

$$y' = \frac{y - \sqrt{3}x}{\sqrt{3}y - x}$$

は変数分離形ではないが，右辺の分母と分子をそれぞれ x で割って

$$\frac{dy}{dx} = \frac{\dfrac{y}{x} - \sqrt{3}}{\sqrt{3}\dfrac{y}{x} - 1}$$

とすれば，同次形になっている．

　一般に同次形の方程式は次のようにして変数分離形に帰着できる．$u = \dfrac{y}{x}$ とすると，$y' = xu' + u$ であるから，

$$xu' + u = f(u)$$

したがって

$$\frac{1}{f(u) - u}u' = \frac{1}{x}$$

として，変数分離形になる．

練習 14.3　次の微分方程式の一般解を求めよ．

$$y' = \frac{y - \sqrt{3}x}{\sqrt{3}y - x}$$

解答例　$y' = \dfrac{\dfrac{y}{x} - \sqrt{3}}{\sqrt{3}\dfrac{y}{x} - 1}$ より問題の微分方程式は同次形である．$u = \dfrac{y}{x}$ とすると，問題の微分方程式は $xu' = f(u) - u$ より

$$xu' = \frac{u - \sqrt{3}}{\sqrt{3}u - 1} - u = -\frac{u^2 - \dfrac{2}{3}\sqrt{3}u + 1}{u - \dfrac{1}{3}\sqrt{3}}$$

となる．ゆえに

$$-\int \frac{u - \dfrac{1}{3}\sqrt{3}}{u^2 - \dfrac{2}{3}\sqrt{3}u + 1}du = \int \frac{1}{x}dx + C$$

が成り立つ. ゆえに

$$-\log\left|u^2 - \frac{2}{3}\sqrt{3}u + 1\right| = \log x^2 + C$$

すなわち

$$u^2 - \frac{2}{3}\sqrt{3}u + 1 = C\frac{1}{x^2}$$

したがって

$$3x^2 - 2\sqrt{3}xy + 3y^2 = C$$

が求める一般解である.

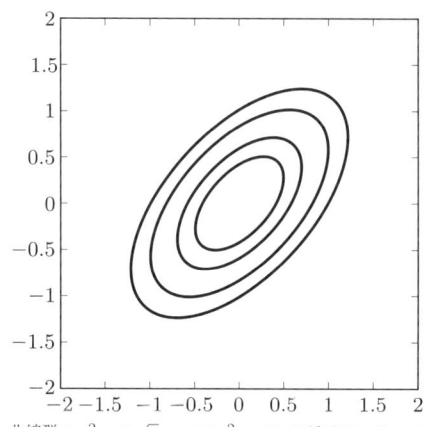

図 **14.2**　曲線群 $3x^2 - 2\sqrt{3}xy + 3y^2 = C$ のグラフ. $C = 1/2, 1, 2, 3$ (内側から外に向かって).

練習 14.4　微分方程式

$$y' = \frac{y - \sqrt{3}x}{\sqrt{3}y - x} \tag{14.7}$$

のどの解曲線とも $\dfrac{2\pi}{3}$ で交わる曲線の族は微分方程式

$$\left(\sqrt{3}y - 2x\right)y' + y = 0 \tag{14.8}$$

をみたす. (例 14.2). この曲線族を求めよ.

解答例 $y' = \dfrac{-y}{\sqrt{3}y - 2x} = \dfrac{-\dfrac{y}{x}}{\sqrt{3}\dfrac{y}{x} - 2}$ よりこの方程式は同次形である. $u = \dfrac{y}{x}$

とおくと,微分方程式は

$$\frac{1}{\dfrac{-u}{\sqrt{3}u - 2} - u} u' = \frac{1}{x}$$

となる. ここで $\dfrac{1}{\dfrac{-u}{\sqrt{3}u - 2} - u} = -\dfrac{u - \dfrac{2}{3}\sqrt{3}}{u\left(u - \dfrac{1}{3}\sqrt{3}\right)}$ であり,

$$-\int \frac{u - \dfrac{2}{3}\sqrt{3}}{u\left(u - \dfrac{1}{3}\sqrt{3}\right)} du = \log \frac{\left|\sqrt{3}u - 1\right|}{\sqrt{3}u^2}$$

であるから,

$$\frac{\sqrt{3}u - 1}{\sqrt{3}u^2} = Cx$$

が一般解である.

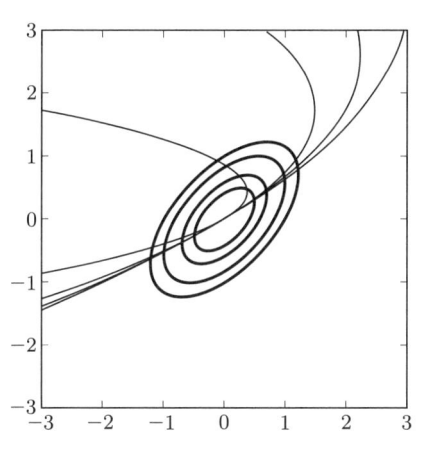

図 **14.3** $3x^2 - 2\sqrt{3}xy + 3y^2 = C$ に $2\pi/3$ の角度で斜交する等角切線

$$\frac{\sqrt{3}\dfrac{y}{x} - 1}{\sqrt{3}\left(\dfrac{y}{x}\right)^2} - Cx = -\frac{1}{\sqrt{3}}\frac{x}{y^2}\left(\sqrt{3}Cy^2 - \sqrt{3}y + x\right)$$

であるから，求める曲線族は C を任意定数として

$$y^2 = C\left(\sqrt{3}y - x\right)$$

である．

（問題 14.3）　次の微分方程式を解け．

$$\frac{dy}{dt} = \frac{xy}{x^2 + y^2}$$

　次の形の微分方程式は同次形ではないが，同次形に変形することができる．

［例 14.3］　$ab' - a'b \neq 0$ とする．

$$\frac{dy}{dx} = \frac{ax + by + c}{a'x + b'y + c'}$$

の形の微分方程式を考える．まず

$$\begin{cases} ax + by + c = 0 \\ a'x + b'y + c' = 0 \end{cases}$$

の解 $x = x_0, y = y_0$ を求める．$X = x - x_0$，$Y = y - y_0$ と変数変換すると

$$\frac{dy}{dx} = \frac{dY}{dX}$$

さらに

$$\frac{ax + by + c}{a'x + b'y + c'} = \frac{a(X + x_0) + b(Y + y_0) + c}{a'(X + x_0) + b'(Y + y_0) + c'} = \frac{aX + bY}{a'X + b'Y}$$

$$= \frac{a + b\dfrac{Y}{X}}{a' + b'\dfrac{Y}{X}}$$

より

$$\frac{dY}{dX} = \frac{a + b\dfrac{Y}{X}}{a' + b'\dfrac{Y}{X}}$$

と同次形になる.

問題 14.4　次の微分方程式の一般解を求めよ.

$$y' = \frac{x + 2y - 3}{3x + 2y - 1}$$

14.4　1 階線形微分方程式

次の形の微分方程式

$$\frac{dy}{dx} + P(x)y = Q(x)$$

を 1 階線形微分方程式という. この種の微分方程式は物理学, 工学で現れる.

14.4.1　電気回路

はじめに電気回路の理論に現れる 1 階線形微分方程式について述べる. そのためいくつかの用語解説をする.

抵抗に流れる電流 I [A] と電位差 E_R [V] の関係として

（オームの法則）　$E_R = -RI$

が成り立つ. ここで R [Ω] は抵抗の大きさを表す正定数である.

コイルは鉄芯などに導線が巻き付いたもので, 電流が時間と共に変化すると, その変化とは反対に起電力が生ずる（電磁誘導）. その大きさはについては

$$E_L = -L\frac{dI}{dt}$$

が成り立つ. ただしここで L は比例定数で, **インダクタンス**と呼ばれる.

最後にキルヒホフの法則を述べておく.

> **キルヒホフの法則**　閉回路において, 一周して戻ってきたときの電位
> 差は 0 である.

次のような問題を考えてみよう.

練習 14.5　図 14.4 のような電気回路を考える. ここで, $R > 0$ は抵抗, $L > 0$ はインダクタンス, $E(t)$ を起電力とすると, キルヒホフの法則から

$$E(t) - L\frac{dI}{dt} - RI = 0$$

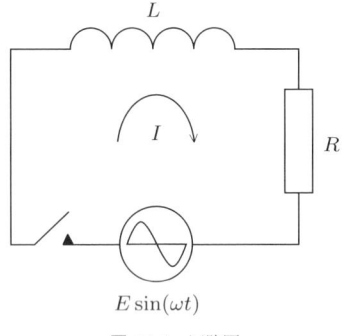

図 14.4　回路図

いま，$E(t) = E \sin \omega t$（$E \geq 0, \omega > 0$）の場合を考える．時刻 $t = 0$ での電流は $I(0) = 0$ とする．このとき，$I(t)$ を求めよ．すなわち，

$$\frac{dI}{dt} + \frac{R}{L}I = \frac{E}{L} \sin \omega t \tag{14.9}$$

$$I(0) = 0 \tag{14.10}$$

を解け．

　微分方程式（14.9）は 1 階線形微分方程式である．この方程式の解法を述べる．以下に述べる方法は定数変化法と呼ばれている．

解答例（定数変化法）　まず $\dfrac{E}{L} \sin \omega t = 0$ の場合の方程式

$$\frac{dI}{dt} + \frac{R}{L}I = 0$$

の一般解を求める．これは変数分離形である．

$$\frac{1}{I}\frac{dI}{dt} = -\frac{R}{L}$$

であるから

$$\log |I| = -\frac{R}{L}t + C_1$$

すなわち任意定数を c として

$$I(t) = ce^{-\frac{R}{L}t}$$

である．

いま，任意定数 c の代わりに t の関数 $c(t)$ を考え，改めて

$$I(t) = c(t)e^{-\frac{R}{L}t}$$

とおく．このとき

$$\frac{dI}{dt} = c'(t)e^{-\frac{R}{L}t} - \frac{R}{L}c(t)e^{-\frac{R}{L}t}$$

であるから，もしも

$$I(t) = c(t)e^{-\frac{R}{L}t}$$

が（14.9）をみたしているならば

$$\frac{E}{L}\sin\omega t = \frac{dI}{dt} + \frac{R}{L}I = c'(t)e^{-\frac{R}{L}t} - \frac{R}{L}c(t)e^{-\frac{R}{L}t} + \frac{R}{L}c(t)e^{-\frac{R}{L}t}$$

$$= c'(t)e^{-\frac{R}{L}t}$$

が成り立つ．したがって，$c(t)$ は

$$c'(t)e^{-\frac{R}{L}t} = \frac{E}{L}\sin\omega t$$

すなわち

$$c'(t) = \frac{E}{L}e^{\frac{R}{L}t}\sin\omega t$$

をみたしていればよい．いま

$$c(t) = \frac{E}{L}\int e^{\frac{R}{L}t}\sin\omega t\,dt + C$$

であるが，一般に $a > 0, \omega > 0$ に対して $(a^{-1}e^{at})' = e^{at}$ を用いて部分積分すると

$$\int e^{at}\sin(\omega t)dt = \frac{e^{at}}{a^2 + \omega^2}\left(a\sin\omega t - \omega\cos\omega t\right)$$

であるから，

$$c(t) = \frac{E}{L}\frac{e^{\frac{R}{L}t}}{\left(\dfrac{R}{L}\right)^2 + \omega^2}\left(\frac{R}{L}\sin\omega t - \omega\cos\omega t\right) + C$$

$$= \frac{Ee^{\frac{R}{L}t}}{R^2 + L^2\omega^2}\left(R\sin\omega t - L\omega\cos\omega t\right)$$

となっている．ゆえに求める一般解は

$$I(t) = c(t)e^{-\frac{R}{L}t} = \frac{E}{R^2 + L^2\omega^2}\left(R\sin\omega t - L\omega\cos\omega t\right) + Ce^{-\frac{R}{L}t}$$

である．ここで $0 = I(0) = \dfrac{E}{R^2 + L^2\omega^2}\left(-L\omega\right) + C$ より，$C = \dfrac{EL\omega}{R^2 + L^2\omega^2}$ である．

よって求める解は

$$I(t) = \frac{E}{R^2 + L^2\omega^2}\left(R\sin\omega t - L\omega\cos\omega t\right) + \frac{EL\omega}{L^2\omega^2 + R^2}e^{-\frac{R}{L}t}$$

である．

問題 14.5　図 14.4 の回路を考える．ただし起電力は $E(t)$ が $E(t) = e^{-t}$ （つまり電圧が急速に下がっている）であるとする．$I(0) = I_0 > 0$ とする．このとき $I(t)$ $(t > 0)$ を求め，$\displaystyle\lim_{t\to\infty} I(t)$ を求めよ．

14.4.2　力学に現れる 1 階線形微分方程式

次のような力学の問題を考えてみよう．

練習 14.6　時刻 $t = 0$ で静止している質量 m の質点が自由落下するとき，時刻 t での速度を v，加速度を a とすると，$ma = -mg$ （g は重力定数 $9.8\,\mathrm{m/s^2}$）．抵抗力 bv （$b > 0$ は定数）が作用する場合は $ma = -mg - bv$．ゆえに

$$\frac{d}{dt}v(t) = -\frac{b}{m}v(t) - g$$

をみたす．$v(0) = 0$ として，$v(t)$ を求めよ．

解答例　これも定数変化法を用いて解ける．まず $\dfrac{dv}{dt} + \dfrac{b}{m}v = 0$ の一般解を求める．$\dfrac{1}{v}\dfrac{dv}{dt} = -\dfrac{b}{m}$ より $\log|v| = -\dfrac{b}{m}t + C_1$ であるから，

$$v(t) = Ce^{-\frac{b}{m}t}$$

である（C_1, C は任意定数）．$v(t) = c(t)e^{-\frac{b}{m}t}$ と改めておく．これが所要の微分方程式をみたすためには

$$-\frac{b}{m}c(t)e^{-\frac{b}{m}t} - g = v'(t) = c'(t)e^{-\frac{b}{m}t} - c(t)\frac{b}{m}e^{-\frac{b}{m}t}$$

であるから

$$c'(t)e^{-\frac{b}{m}t} = -g$$

である．ゆえに

$$c(t) = -g\int e^{\frac{b}{m}t}dt + C = -g\frac{1}{b}me^{\frac{b}{m}t} + C$$

である．ゆえに

$$v(t) = \left(-g\frac{1}{b}me^{\frac{b}{m}t} + C\right)e^{-\frac{b}{m}t} = -\frac{mg}{b} + Ce^{-\frac{b}{m}t}$$

ここで $0 = v(0) = -g\frac{m}{b} + C$ より $C = g\frac{m}{b}$ である．よって求める解は

$$v(t) = -\frac{mg}{b} + \frac{mg}{b}e^{-\frac{b}{m}t} = \frac{mg}{b}\left(e^{-\frac{b}{m}t} - 1\right)$$

である．

14.4.3　一般の 1 階線形微分方程式

一般の次の微分方程式

$$\frac{dy}{dx} + P(x)y = Q(x)$$

も同様の定数変化法で解ける．まず $\frac{dy}{dx} + P(x)y = 0$ を解く．

$$\frac{1}{y}\frac{dy}{dx} = -P(x)$$

より $\log|y| = -\int P(x)dx + C_1$ であるから，

$$y(x) = C\exp\left(-\int P(x)dx\right)$$

が一般解である．改めて

$$y(x) = c(x)\exp\left(-\int P(x)dx\right)$$

とおく．このとき

$$\frac{dy}{dx} = c'(x) \exp\left(-\int P(x)dx\right) - c(x)P(x)\exp\left(-\int P(x)dx\right)$$

である．したがって

$$
\begin{aligned}
Q(x) &= \frac{dy}{dx} + P(x)y \\
&= c'(x)\exp\left(-\int P(x)dx\right) - c(x)P(x)\exp\left(-\int P(x)dx\right) \\
&\quad + P(x)c(x)\exp\left(-\int P(x)dx\right) \\
&= c'(x)\exp\left(-\int P(x)dx\right)
\end{aligned}
$$

である．ゆえに

$$c'(x) = Q(x)\exp\left(\int P(x)dx\right)$$

ゆえに

$$c(x) = \int Q(x)\exp\left(\int P(x)dx\right)dx + C \quad (C \text{ は任意定数})$$

よって求める一般解は

$$y(x) = \exp\left(-\int P(x)dx\right)\left(\int Q(x)\exp\left(\int P(x)dx\right)dx + C\right).$$

14.5　クレローの微分方程式

　線形でない微分方程式を非線形であるという．非線形の微分方程式のうち，こ
こではクレロー（**Clairaut**）の微分方程式

$$y = xy' + \varphi(y') \tag{14.11}$$

をとりあげる．ただしここで φ は微分可能とする．この微分方程式は，曲線の接
線の幾何的な情報から曲線のグラフを求めるのに使われることがある（練習 14.8
参照）．

　$y' = p$ とおくと（14.11）は

$$y = xp + \varphi(p) \tag{14.12}$$

となる．(14.12) の両辺を x で微分すると

$$y' = p + (x + \varphi'(p))\, p'$$

が得られるが，$y' = p$ であるから

$$(x + \varphi'(p))\, p' = 0$$

となっている．$p' = 0$ の場合は $p = C$（定数）であるから，

$$y = Cx + \varphi(C)$$

が求める一般解である．

$x + \varphi'(p) = 0$ の場合を考える．このときは

$$y = xp + \varphi(p)$$
$$x + \varphi'(p) = 0$$

から p を消去することにより (14.11) の一つの特異解が得られる．具体例を見てみよう．

練習 14.7 $y = xy' + \sqrt{1 + (y')^2}$ の解を求めよ．

解答例 一般解は $y = Cx + \sqrt{1 + C^2}$（C は任意定数）である．特異解を求める．そのため方程式

$$\begin{cases} y = xp + \sqrt{1 + p^2} \\ x + \dfrac{p}{\sqrt{1 + p^2}} = 0 \end{cases}$$

から p を消去すると，$x^2 = \dfrac{p^2}{1 + p^2}$，$y^2 = \left(xp + \sqrt{1 + p^2}\right)^2 = \dfrac{1}{p^2 + 1}$ であるから，特異解 $x^2 + y^2 = 1$ が得られる（次ページの図 14.5 参照）．特異解はどの一般解とも接している包絡線と呼ばれる曲線である．

練習 14.8 ある曲線の任意の接線のうち，縦軸と横軸に 1 点で交わるものが，縦軸と交わる点と横軸と交わる点の間の長さが一定の値 1 をもつものとする．この曲線の方程式を求めよ．

解答例 曲線が $y = y(x)$ で与えられているとする．この曲線の接線の方程式は

$$Y - y = y'(x)(X - x)$$

である．これと縦軸との交点は $(0, y - xy')$ であり，横軸との交点は $\left(\dfrac{-y + xy'}{y'}, 0\right)$

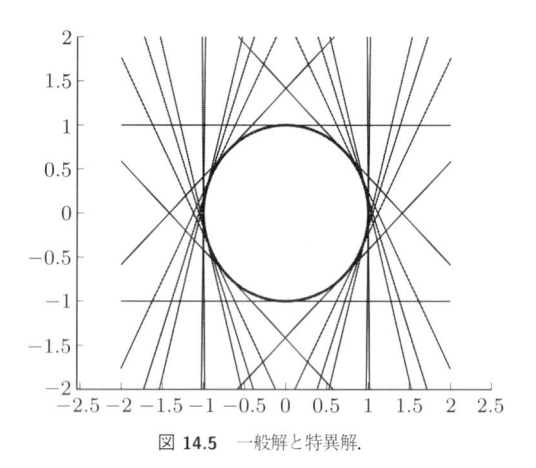

図 **14.5**　一般解と特異解.

である．仮定より

$$1 = (y - xy')^2 + \frac{(y - xy')^2}{(y')^2} = (y - xy')^2 \left(\frac{1 + (y')^2}{(y')^2} \right)$$

をみたす．ゆえに

$$y = xy' \pm \frac{y'}{\sqrt{1 + (y')^2}}$$

を得る．これはクレローの微分方程式である．この方程式の一般解は $y = Cx \pm \dfrac{C}{\sqrt{1 + C^2}}$ である．特異解は

$$y = xp \pm \frac{p}{\sqrt{1 + p^2}}$$
$$x \pm \frac{1}{(p^2 + 1)^{\frac{3}{2}}} = 0$$

から p を消去したものである．$p = \tan\theta$ とおくと $1 + p^2 = \dfrac{1}{\cos^2\theta}$ であるから，$x = \mp\cos^3\theta$ である．また

$$y = \left(\mp\cos^3\theta \right) \tan\theta \pm \cos\theta\tan\theta = \pm\sin^3\theta$$

であるから

$$x^{\frac{2}{3}} + y^{\frac{2}{3}} = 1$$

が特異解である（図 14.6 参照）．この曲線はアステロイドと呼ばれるものである．

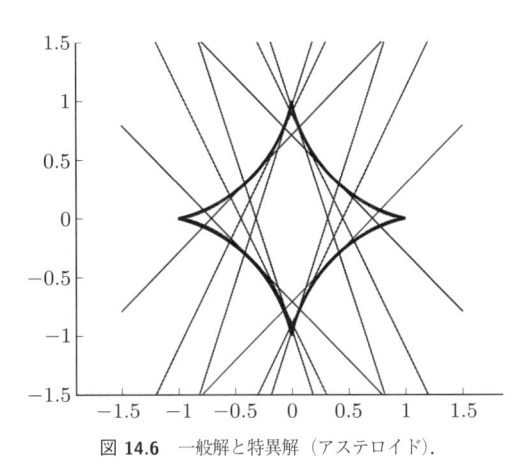

図 **14.6** 一般解と特異解（アステロイド）．

x と y を入れ替えて考えても同様の結果が得られる．求める曲線はアステロイドと $y = Cx \pm \dfrac{C}{\sqrt{1+C^2}}$（ただし $C \neq 0$）である．

　本章ではいくつかの 1 階常微分方程式について学んだが，さらに高階の場合，連立常微分方程式，境界値問題等々数多くの話題がある．興味のある読者は，常微分方程式の教科書で学んでほしい．

第15章
広義積分

これまでは有界閉区間 $[a, b]$ 上の有界関数に関する積分を考えてきた. $(0, 1]$ 上の非有界関数の積分や, 無限区間 $[0, \infty)$, $(-\infty, \infty)$ 上の関数の積分も考える必要がある. それが以下に説明する広義積分である.

> 広義積分はさまざまな分野で多様な場面に現れる積分である. これから大学で高度な解析学を学んでいく際に, 広義積分を上手く扱えるようにしておくとよい. なお理論的な面ではルベーグ積分などが有用である.

15.1 有界区間上の広義積分

$f(x) = x^{-1/4}$ $(x \in (0, 1])$ とする. $\displaystyle\lim_{x \to 0} f(x) = +\infty$ であるから $f(x)$ は有界関数ではない. しかし, 任意の $0 < \varepsilon < 1$ に対して, $f(x)$ は $[\varepsilon, 1]$ 上の連続関数なのでリーマン積分可能である, 実際

$$\int_\varepsilon^1 f(x)dx = \left[\frac{1}{-\frac{1}{4} + 1} x^{-\frac{1}{4}+1} \right]_\varepsilon^1 = \left[\frac{4}{3} x^{\frac{3}{4}} \right]_\varepsilon^1 = \frac{4}{3} + \frac{4}{3} \varepsilon^{\frac{3}{4}}$$

である. そこで $\varepsilon \searrow 0$ として[*1]

$$\lim_{\varepsilon \to 0+} \int_\varepsilon^1 f(x)dx = \frac{4}{3}$$

が得られる. そこでこれを $f(x)$ の $(0, 1]$ 上での積分と考えて

[*1] $\varepsilon \searrow 0$ とは $\varepsilon > 0$ かつ $\varepsilon \to 0$ とすることである.

$$\int_0^1 x^{-1/4}\,dx = \frac{4}{3}$$

とする.

一般には次のように定義する. $f(x)$ が $(a,b]$ 上で連続であり,極限

$$\lim_{\varepsilon \to 0+} \int_{a+\varepsilon}^b f(x)dx \tag{15.1}$$

が存在するとき,$f(x)$ の $(a,b]$ 上での積分は収束あるいは存在する,または $f(x)$ は $(a,b]$ 上で**広義積分可能**であるといい

$$\int_a^b f(x)dx = \lim_{\varepsilon \to 0+} \int_{a+\varepsilon}^b f(x)dx$$

と定義する. もし極限 (15.1) が収束しないとき,$f(x)$ の $(a,b]$ 上での積分は発散する,あるいは $[a,b)$ 上で**広義積分可能でない**という.

同様にして,$[a,b)$ 上の連続関数 $f(x)$ の広義積分を

$$\int_a^b f(x)dx = \lim_{\varepsilon \to 0+} \int_a^{b-\varepsilon} f(x)dx$$

により定義する.

また (a,b) 上の連続関数の広義積分は

$$\int_a^b f(x)dx = \lim_{\substack{\varepsilon \to 0+ \\ \varepsilon' \to 0+}} \int_{a+\varepsilon}^{b-\varepsilon'} f(x)dx$$

により定義する (ここで $\varepsilon, \varepsilon'$ は互いに無関係に 0 に限りなく近づけたときの極限値である).

$[a,c)\cup(c,b]$ 上の連続関数に対しては

$$\int_a^b f(x)dx = \lim_{\substack{\varepsilon \to 0+ \\ \varepsilon' \to 0+}} \left(\int_a^{c-\varepsilon} f(x)dx + \int_{c+\varepsilon'}^b f(x)dx \right)$$

により広義積分を定義する (ここでも $\varepsilon, \varepsilon'$ は互いに無関係に 0 に限りなく近づけたときの極限値である).

[**例 15.1**] α を実数とし,

$$f(x) = \begin{cases} x^{-\alpha}, & x \in (0,1] \\ -|x|^{-\alpha} & x \in [-1,0) \end{cases}$$

とする. $\alpha < 1$ の場合は, $f(x)$ の $[-1,1]$ での広義積分は存在し,

$$\int_{-1}^{1} f(x)dx = 0$$

である.

解説 この主張は次の計算により示せる.

$$\begin{aligned} \int_{-1}^{-\varepsilon} f(x)dx + \int_{\varepsilon'}^{1} f(x)dx &= -\int_{-1}^{-\varepsilon} |x|^{-\alpha}\,dx + \int_{\varepsilon'}^{1} x^{-\alpha}dx \\ &= -\int_{\varepsilon}^{1} x^{-\alpha}dx + \int_{\varepsilon'}^{1} x^{-\alpha}dx \\ &= -\left[\frac{1}{1-\alpha}x^{1-\alpha}\right]_{\varepsilon}^{1} + \left[\frac{1}{1-\alpha}x^{1-\alpha}\right]_{\varepsilon'}^{1} \\ &= \frac{1}{1-\alpha}\left(-1 + \varepsilon^{1-\alpha} + 1 - \varepsilon'^{1-\alpha}\right) \\ &\to 0 \ (\varepsilon, \varepsilon' \to 0+). \end{aligned}$$

[例 15.2] 例 15.1 において $\alpha = 1$ の場合, すなわち

$$f(x) = \frac{1}{x} \ (x \in [-1,0) \cup (0,1])$$

の $[-1,1]$ での積分は発散する.

解説 $\displaystyle\int_{-1}^{-\varepsilon} \frac{1}{x}dx = -\int_{\varepsilon}^{1} \frac{1}{x}dx = -[\log x]_{\varepsilon}^{1} = \log\varepsilon,$ $\displaystyle\int_{\varepsilon'}^{1} \frac{1}{x}dx = [\log x]_{\varepsilon'}^{1} = -\log\varepsilon'.$ ゆえに

$$\int_{-1}^{-\varepsilon} \frac{1}{x}dx + \int_{\varepsilon'}^{1} \frac{1}{x}dx = \log\frac{\varepsilon}{\varepsilon'}$$

であり, $\log\dfrac{\varepsilon}{\varepsilon'}$ は収束しない. たとえば $\varepsilon' = \varepsilon \to 0$ であれば, $\log\dfrac{\varepsilon}{\varepsilon'} = 0$ であるが, $\varepsilon' = \varepsilon/2 \to 0$ の場合は $\log\dfrac{\varepsilon}{\varepsilon'} = \log 2$ である. つまり, $\varepsilon, \varepsilon'$ を互いに無関係に 0 に近づけても一定の極限値をもたない.

15.2　コーシーの主値積分

$$\lim_{\substack{\varepsilon \to 0+ \\ \varepsilon' \to 0+}} \left(\int_{-1}^{-\varepsilon} \frac{1}{x}dx + \int_{\varepsilon'}^{1} \frac{1}{x}dx \right)$$

は存在しないが，$\varepsilon = \varepsilon' \to 0+$ とする場合は

$$\lim_{\varepsilon \to 0+} \left(\int_{-1}^{-\varepsilon} \frac{1}{x}dx + \int_{\varepsilon}^{1} \frac{1}{x}dx \right) = \log 1 = 0 \qquad (15.2)$$

で存在する．一般に

$$\lim_{\varepsilon \to 0+} \left(\int_{a}^{c-\varepsilon} f(x)dx + \int_{c+\varepsilon}^{b} f(x)dx \right)$$

が存在するとき，これをコーシーの主値あるいはコーシーの主値積分といい，

$$\mathrm{p.v.} \int_{a}^{b} f(x)dx$$

と表す．コーシーの主値積分は特異積分と呼ばれる積分の一つで，解析学ではしばしば重要な役割を果たす．

コーシーの主値積分は，数学の諸分野，たとえば偏微分方程式，複素解析，調和解析などにしばしば登場する．また信号処理などの情報分野にも顔を出す．代表例はヒルベルト変換

$$Hf(x) = \mathrm{p.v.} \int_{-\infty}^{\infty} \frac{1}{y}f(x-y)dy = \lim_{\substack{\varepsilon \searrow 0 \\ R \nearrow \infty}} \int_{R>|y|>\varepsilon} \frac{f(x-y)}{y}dy$$

である（ここで右辺の積分は $(-R, -\varepsilon) \cup (\varepsilon, R)$ の範囲での積分を意味する）．ヒルベルト変換については本書では立ち入らないが，コーシーの主値積分も重要な積分として認知しておいてほしい．

（問題 15.1）　$f(x)$ を $\mathbb{R}$ 上の C^1 級関数で，$\{x \in \mathbb{R} : f(x) \neq 0\}$ が $\mathbb{R}$ の有界集合であるとする．このとき，任意の $x \in \mathbb{R}$ に対して $Hf(x)$ が存在することを示せ．

15.3　無限区間の広義積分

無限区間上の広義積分は応用上きわめて有用である．たとえば数学や工学で使われるラプラス変換，フーリエ変換などは無限区間上の広義積分で定義されている．有限区間の場合と同様に慣れておきたいものである．

$f(x)$ を $[a, \infty)$ 上の連続関数とする．もしも極限

$$\lim_{b \to \infty} \int_a^b f(x)dx$$

が存在するとき，$f(x)$ は $[a, \infty)$ で積分が存在する（収束する）あるいは広義積分可能といい，

$$\int_a^\infty f(x)dx = \lim_{b \to \infty} \int_a^b f(x)dx$$

で表す．

$f(x)$ を $(-\infty, b]$ で連続とする．もしも極限

$$\lim_{a \to -\infty} \int_a^b f(x)dx$$

が存在するとき，$f(x)$ は $(-\infty, b]$ で積分が存在する（収束する）あるいは広義積分可能といい，

$$\int_{-\infty}^b f(x)dx = \lim_{a \to -\infty} \int_a^b f(x)dx$$

で表す．

$f(x)$ を $(-\infty, \infty)$ 上の連続関数とする．極限

$$\int_{-\infty}^\infty f(x)dx = \lim_{\substack{a \to -\infty \\ b \to \infty}} \int_a^b f(x)dx$$

が存在するとき，$f(x)$ は $(-\infty, \infty)$ 上で積分が存在する（収束する）あるいは広義積分可能であるという．

[**例 15.3**]　$a > 0$ とする．

$$\int_0^\infty e^{-ax}dx = \lim_{b \to \infty} \int_0^b e^{-ax}dx = \lim_{b \to \infty} \left[-\frac{1}{a}e^{-ax} \right]_0^b = \frac{1}{a} \lim_{b \to \infty} \left(-e^{-ab} + 1 \right)$$
$$= \frac{1}{a}$$

練習 15.1　$a > 0$ とする．次の広義積分を求めよ．

$$\int_{-\infty}^\infty \frac{1}{x^2 + a^2}dx.$$

解答例　$y = \dfrac{x}{a}$ とすると，$dy = \dfrac{1}{a}dx$ より

$$\int_A^B \frac{1}{x^2 + a^2}dx = \frac{1}{a}\int_{A/a}^{B/a} \frac{1}{y^2 + 1}dy = \frac{1}{a}\left[\arctan y\right]_{y=A/a}^{B/a}$$
$$= \frac{1}{a}\left(\arctan\frac{B}{a} - \arctan\frac{A}{a}\right)$$

である．$\displaystyle\lim_{x \to \infty}\arctan x = \frac{1}{2}\pi$，$\displaystyle\lim_{x \to -\infty}\arctan x = -\frac{1}{2}\pi$ より

$$\int_{-\infty}^{\infty} \frac{1}{x^2 + a^2}dx = \frac{\pi}{a}$$

である．

15.4　広義積分が存在するための条件

本節では広義積分が存在するための条件を学ぶ．

◆**定理 15.1**◆　(1)　$f(x)$ を $[a, b)$ 上で連続とする．広義積分

$$\int_a^b f(x)dx = \lim_{\varepsilon \to 0+}\int_a^{b-\varepsilon} f(x)dx$$

が存在するための必要十分条件は，

$$\lim_{\substack{a < x_1 < x_2 < b \\ x_1, x_2 \to b}}\int_{x_1}^{x_2} f(x)dx = 0$$

すなわち

$$\forall\varepsilon > 0, \exists\delta > 0 : b - \delta < x_1 < x_2 < b \Rightarrow \left|\int_{x_1}^{x_2} f(x)dx\right| < \varepsilon.$$

(2)　(1) の $f(x)$ を $(a, b]$ 上で連続とする．広義積分

$$\int_a^b f(x)dx = \lim_{\varepsilon \to 0+}\int_{a+\varepsilon}^b f(x)dx$$

が存在する（収束する）ための必要十分条件は，

$$\lim_{\substack{a < x_1 < x_2 < b \\ x_1, x_2 \to a}}\int_{x_1}^{x_2} f(x)dx = 0$$

すなわち

$$\forall \varepsilon > 0, \exists \delta > 0 : a < x_1 < x_2 < a + \delta \Rightarrow \left| \int_{x_1}^{x_2} f(x)dx \right| < \varepsilon.$$

(3) $f(x)$ を $[a, \infty)$ 上で連続とする．広義積分

$$\int_a^\infty f(x)dx = \lim_{M \to \infty} \int_a^M f(x)dx$$

が存在する（収束する）ための必要十分条件は，

$$\lim_{x_1 < x_2, x_1, x_2 \to \infty} \int_{x_1}^{x_2} f(x)dx = 0$$

すなわち

$$\forall \varepsilon > 0, \exists x_0 > a : x_0 < x_1 < x_2 \Rightarrow \left| \int_{x_1}^{x_2} f(x)dx \right| < \varepsilon.$$

(4) $f(x)$ を $(-\infty, b]$ 上で連続とする．広義積分

$$\int_{-\infty}^b f(x)dx = \lim_{M \to \infty} \int_{-M}^b f(x)dx$$

が存在する（収束する）ための必要十分条件は，

$$\lim_{x_1 < x_2, x_1, x_2 \to -\infty} \int_{x_1}^{x_2} f(x)dx = 0$$

すなわち

$$\forall \varepsilon > 0, \exists x_0 < b : x_1 < x_2 < x_0 \Rightarrow \left| \int_{x_1}^{x_2} f(x)dx \right| < \varepsilon.$$

◆証明◆ (1) $F(x) = \int_a^x f(t)dt$ とおく．数列が収束列であることとコーシー列であることは同値であった．このことと定理 8.10 の証明方法を用いて $\lim_{x \to b-} F(x)$ が存在するための必要十分条件は

$$\forall \varepsilon > 0, \exists \delta > 0 : b - \delta < x_1 < x_2 < b$$
$$\Rightarrow |F(x_2) - F(x_1)| < \varepsilon.$$

であることが示せる．$F(x_2) - F(x_1) = \int_{x_1}^{x_2} f(t)dt$ であるから (1) が証明された．(2) も同様に証明できる．(3) (1) と同様に $\lim_{x \to \infty} F(x)$ が存在するための必要十分条件は

$$\forall \varepsilon > 0, \exists x_0 > a : x_0 < x_1 < x_2$$
$$\Rightarrow |F(x_2) - F(x_1)| < \varepsilon.$$

である. これより (3) が導かれる. (4) も同様である. ∎

次に広義積分が収束することと, あるいは収束しないこと (発散するともいう) を判定する有用な十分条件を記す.

◆**定理 15.2**◆　$f(x)$ が $[a, b)$ 上で連続であるとする.

(1) ある定数 $A > 0, \alpha < 1$ に対して

$$|f(x)| \le \frac{A}{(b - x)^\alpha} \quad (x \in [a, b))$$

をみたすならば, $\displaystyle\int_a^b f(x)dx$ が収束する.

(2) ある定数 $A > 0, \alpha \ge 1$ に対して

$$f(x) \ge \frac{A}{(b - x)^\alpha} \quad (x \in [a, b))$$

をみたすならば, $\displaystyle\int_a^b f(x)dx$ は発散する.

◆**証明**◆　(1) $1 - \alpha > 0$ より

$$\left| \int_{x_1}^{x_2} f(x)dx \right| \le \int_{x_1}^{x_2} |f(x)|\, dx \le A \int_{x_1}^{x_2} \frac{1}{(b - x)^\alpha} dx$$
$$= \frac{A}{1 - \alpha} \left[-(b - x)^{1-\alpha} \right]_{x_1}^{x_2} = \frac{A}{1 - \alpha} \left[-(b - x_2)^{1-\alpha} + (b - x_1)^{1-\alpha} \right]$$
$$< \frac{A}{1 - \alpha} (b - x_1)^{1-\alpha} \to 0 \ (a < x_1 < x_2 < b,\ x_1, x_2 \to b)$$

である. ゆえに定理 15.1 より主張が証明された.

(2) $1 - \alpha < 0$ の場合,

$$\int_a^x f(t)dt \ge A \int_a^x \frac{1}{(b - t)^\alpha} dt = \frac{-A}{1 - \alpha} \left[(b - x)^{1-\alpha} - (b - a)^{1-\alpha} \right]$$
$$\ge \frac{-A}{1 - \alpha} (b - x)^{1-\alpha} \to \infty \ (x \to b-).$$

$1 - \alpha = 0$ の場合, $\displaystyle\int \frac{1}{b - t} dt = -\log(t - b)$ より

$$\int_a^x f(t)dt \ge A \int_a^x \frac{1}{b - t} dt = A \left[-\log(b - t) \right]_{t=a}^x$$

$$= A[-\log(b-x) + \log(b-a)] = A \log \frac{b-a}{b-x} \to \infty \ (x \to b-) . \quad \blacksquare$$

定理 15.3 $f(x)$ は $[a, \infty)$ で連続であるとする.

(1) ある定数 $A > 0$, $\alpha > 1$, 正数 $R > a$ が存在し, $x \geq R$ に対して

$$|f(x)| \leq \frac{A}{x^\alpha}$$

が成り立っているならば $\displaystyle\int_a^\infty f(x)dx$ は収束する.

(2) ある定数 $A > 0$, $\alpha \leq 1$, 正数 $R > a$ が存在し, $x \geq R$ に対して

$$f(x) \geq \frac{A}{x^\alpha}$$

が成り立っているならば $\displaystyle\int_a^\infty f(x)dx$ が発散する.

◆証明◆ (1) $\alpha > 1$ の場合. $a < x_1 < x_2$ とする.

$$\left| \int_{x_1}^{x_2} f(x)dx \right| \leq \int_{x_1}^{x_2} |f(x)|\, dx \leq A \int_{x_1}^{x_2} \frac{1}{x^\alpha}dx = \frac{A}{1-\alpha} \left[x_2^{1-\alpha} - x_1^{1-\alpha} \right]$$
$$\leq \frac{A}{\alpha - 1} x_1^{1-\alpha} \to 0 \ (x_1, x_2 \to \infty).$$

(2) $\alpha < 1$ の場合.

$$\int_a^{x_1} f(x)dx \geq A \int_a^{x_1} \frac{1}{x^\alpha}dx = \frac{A}{1-\alpha} \left[x_1^{1-\alpha} - a^{1-\alpha} \right] \to \infty \ (x_1 \to \infty).$$

$\alpha = 1$ の場合は, 15.2 (2) の証明と同様に示せる. $\quad \blacksquare$

問題 15.2 $f(x)$ を $(a, b]$ 上の連続関数とする.

$$\lim_{x \to a+} (x-a)^\alpha f(x) = A$$

が存在するとする. 次のことを証明せよ

(1) $\alpha < 1$ ならば $\displaystyle\int_a^b f(x)dx$ が存在する.

(2) $\alpha \geq 1, A \neq 0$ ならば $\displaystyle\int_a^b f(x)dx$ は発散する.

問題 15.3 $f(x)$ を $[a, \infty)$ 上の連続関数とする.

$$\lim_{x \to \infty} x^\alpha f(x) = A$$

が存在するとする．次のことを証明せよ．

(1) $\alpha > 1$ ならば $\displaystyle\int_a^\infty f(x)dx$ は収束する．

(2) $\alpha \leq 1, A \neq 0$ ならば $\displaystyle\int_a^\infty f(x)dx$ は発散する．

（ 問題 15.4 ）　α を実数とし，

$$I_\alpha = \int_0^2 \frac{1 + \log x}{(2x - x^2)^\alpha} dx$$

とおく．広義積分が存在する（収束する）ような α をすべて求めよ．

（ 問題 15.5 ）　(1) $\displaystyle\int_0^{\pi/2} \log \sin x\, dx$ を求めよ．

(2) 問題 15.4 の $I_{\frac{1}{2}}$ を求めよ．

第16章
多重積分

　ここでは 2 変数関数，あるいはより一般に d 変数関数の積分について学ぶ．まず 2 変数関数の積分から始める．

　多変数関数の偏微分が諸科学で重要であるのと同様に，多変数関数の積分も応用上は欠かすことができない．多変数関数の積分の計算をできるようにしてほしい．

16.1　長方形上の積分の定義

　多変数関数の積分も，基本的には 1 変数の積分の定義と同じ考え方である．ここではダルブー可積分の考え方による定義をする．

　区間 $[a,b]$ と $[c,d]$ に対して

$$[a,b] \times [c,d] = \{(x,y) : x \in [a,b],\ y \in [c,d]\}$$

と定義する．$Q = [a,b] \times [c,d]$ とおく．

$$\Delta : \begin{array}{l} a = s_0 < s_1 < \cdots < s_m = b \\ c = t_0 < t_1 < \cdots < t_n = d \end{array}$$

を Q の分割といい，s_i, t_j $(i = 0, 1, \cdots, m,\ j = 0, 1, \cdots, n)$ をこの分割の分点という．

$$Q_{i,j} = [s_{i-1}, s_i] \times [t_{j-1}, t_j]$$

を分割の小区間という．$\mu(Q_{i,j}) = (s_i - s_{i-1})(t_j - t_{j-1})$ とおく．

$$|\Delta| = \max_{i,j} \{s_i - s_{i-1}, t_j - t_{j-1}\} \tag{16.1}$$

と表す．

$f(x, y)$ を Q 上の有界関数とする.

$$M_{i,j} = \sup_{(x,y)\in Q_{i,j}} f(x, y), \qquad m_{i,j} = \inf_{(x,y)\in Q_{i,j}} f(x, y)$$

とおき,

$$S_\Delta = \sum_{i=1}^{m}\sum_{j=1}^{n} M_{i,j}\mu(Q_{i,j}), \qquad s_\Delta = \sum_{i=1}^{m}\sum_{j=1}^{n} m_{i,j}\mu(Q_{i,j})$$

とおく.

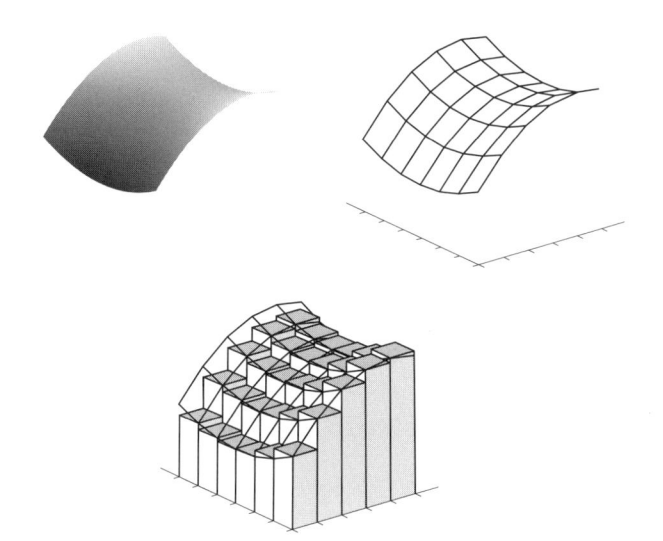

図 16.1 関数 f のグラフ（左上）と s_Δ（下）のイメージ図.

Δ' を Q の分割とする. もしも Δ' の分点の集合が, Δ の分点の集合を含むならば, Δ' は Δ の細分であるという. Δ' が Δ の細分であるとき, 1 変数の場合と同じように明らかに

$$s_\Delta \le s_{\Delta'} \le S_{\Delta'} \le S_\Delta \tag{16.2}$$

となっている. そこで

$$\overline{I} = \inf_{\Delta:\Delta \text{ は } Q \text{ の分割}} S_\Delta, \qquad \underline{I} = \sup_{\Delta:\Delta \text{ は } Q \text{ の分割}} s_\Delta$$

とおく.（16.2）より

$$\underline{I} \le \overline{I}$$

が成り立っている.

◆**定義 16.1**◆　Q 上の関数 $f(x,y)$ が Q 上有界であり,

$$\overline{I} = \underline{I}$$

をみたすとき, $f(x,y)$ は Q 上で積分可能であるといい,

$$\overline{I} \ (= \underline{I}) = \iint_Q f(x,y)dxdy$$

と表す.

1 変数の場合と同様に証明できるので証明は記さないが, 次のことが成り立つ.

> **定理 16.1**　　f を Q 上の有界関数とする. 次の (1), (2) は同値である.
> (1) f は Q 上で積分可能である.
> (2) 任意の $\varepsilon > 0$ に対して, Q のある分割 Δ で
> $$0 \leq S_\Delta - s_\Delta < \varepsilon$$
> をみたすものが存在する.

> **定理 16.2**　　f が Q 上の連続関数ならば, Q 上で積分可能である.

16.2　累次積分 (逐次積分)

多変数関数の積分を計算するのに, 直接定義に基いて計算するのは簡単ではない. しかし次のような方法での計算が可能であれば, 計算は 1 変数関数の積分に帰着できる. まず $f(x_1, x_2)$ を x_2 変数に関して積分する.

$$\int_c^d f(x_1, x_2)dx_2. \tag{16.3}$$

それから, (16.3) を x_1 変数に関して積分する.

$$\int_a^b \left(\int_d^c f(x_1, x_2)dx_2 \right) dx_1 \tag{16.4}$$

また, 同様にして

$$\int_c^d \left(\int_a^b f(x_1, x_2) dx_1 \right) dx_2 \tag{16.5}$$

も考えられる．(16.4)，(16.5) を累次積分あるいは逐次積分という．これら (16.4)，(16.5) と前節で定義した積分

$$\iint_{[a,b] \times [c,d]} f(x_1, x_2) dx_1 dx_2 \tag{16.6}$$

は一致するだろうか？　残念ながら，一般には一致するとは限らない．しかし，これらが一致するわかりやすい十分条件が知られている．

◆ **定理 16.3** ◆ （シュトルツの定理）　関数 $f(x_1, x_2)$ が $Q = [a, b] \times [c, d]$ で積分可能であるとする．さらに $x_1 \in [a, b]$ を任意に取って固定し，$f(x_1, x_2)$ を x_2 の関数とみなしたとき，これが $[c, d]$ で積分可能であるとする．このとき，関数

$$x_1 \mapsto \int_c^d f(x_1, x_2) dx_2$$

は $[a, b]$ 上で積分可能であり，しかも

$$\int_a^b \left(\int_c^d f(x_1, x_2) dx_2 \right) dx_1 = \iint_Q f(x_1, x_2) dx_1 dx_2$$

が成り立つ．
また $x_2 \in [c, d]$ を任意に取って固定し，$f(x_1, x_2)$ を x_1 の関数とみなした関数が $[a, b]$ で積分可能であるとすると

$$x_2 \mapsto \int_a^b f(x_1, x_2) dx_1$$

は $[c, d]$ 上で積分可能であり，しかも

$$\int_c^d \left(\int_b^a f(x_1, x_2) dx_1 \right) dx_2 = \iint_Q f(x_1, x_2) dx_1 dx_2$$

も成り立つ．

　定理の証明の前に，この定理が重積分の計算上で有効な定理であることを示しておく．

練習 16.1　$Q = [a, b] \times [c, d]$ とする．次の積分を計算しなさい．

$$\iint_Q x^2 dx dy.$$

解答例　定理 16.3 より

$$\begin{aligned}
\iint_Q x^2 dx dy &= \int_c^d \left(\int_a^b x^2 dx \right) dy \\
&= \int_c^d \left(\frac{1}{3}(b^3 - a^3) \right) dy \\
&= \frac{1}{3}(b^3 - a^3)(d - c).
\end{aligned}$$

◆**定理 16.3 の証明**◆　前半の主張を示す．任意に $\varepsilon > 0$ を取る．$f(x_1, x_2)$ が Q で積分可能であることにより，Q のある分割

$$\begin{aligned}
a = t_0 &< t_1 < \cdots < t_{n-1} < t_n = b \\
c = s_0 &< s_1 < \cdots < s_{m-1} < s_m = d
\end{aligned}$$

と任意の $(y_i, z_j) \in [s_i, s_{i-1}] \times [t_j, t_{j-1}]$ に対して

$$\left| \sum_{i=1}^n \sum_{j=1}^m f(y_i, z_j)(t_i - t_{i-1})(s_j - s_{j-1}) - \iint_Q f(x_1, x_2) dx_1 dx_2 \right| < \frac{\varepsilon}{2}$$

が成り立つことが示せる．いま $y_i \in [s_i, s_{i-1}]$ を任意に取り固定しておく．さて，$f(x_1, x_2)$ が x_2 に関して積分可能であることより，各 y_i に対して，$[c, d]$ の十分細かい任意の分割

$$c = u_0^i < u_1^i < \cdots < u_{m(i)-1}^i < u_{m(i)}^i = d \tag{16.7}$$

と任意の点 $v_k \in [u_k^i, u_{k-1}^i]$ に対して

$$\left| \sum_{k=1}^{m(i)} f(y_i, v_k)(u_k^i - u_{k-1}^i) - \int_d^c f(y_i, x_2) dx_2 \right| < \frac{\varepsilon}{2(b-a)}$$

が成り立つ．ここで，すべての $\{u_j^i : 1 \le i \le n, 1 \le j \le m(i)\}$ を小さい順に並べ替えた数を $s_0', \cdots, s_l'$ とおく．必要なら分割 (16.7) に新たな分点を加えることにより，$\{s_i'\}$ が $\{s_i\}$ の細分であるとして良い．すると，分割

$$\begin{aligned}
a = t_0 &< t_1 < \cdots < t_{n-1} < t_n = b \\
c = s_0' &< s_1' < \cdots < s_{l-1}' < s_l' = d
\end{aligned}$$

に対しても，任意の $z_j \in [s_j', s_{j-1}']$ について

$$\left| \sum_{i=1}^n \sum_{j=1}^l f(y_i, z_j)(t_i - t_{i-1})(s_j' - s_{j-1}') - \iint_Q f(x_1, x_2) dx_1 dx_2 \right| < \frac{\varepsilon}{2}$$

が成り立つ. ゆえに

$$\left| \sum_{i=1}^{n} \left(\int_c^d f(y_i, x_2) dx_2 \right)(t_i - t_{i-1}) - \iint_Q f(x_1, x_2) dx_1 dx_2 \right|$$

$$\leq \left| \sum_{i=1}^{n} \left(\int_c^d f(y_i, x_2) dx_2 \right)(t_i - t_{i-1}) - \sum_{i=1}^{n} \sum_{j=1}^{l} f(y_i, z_j)(t_i - t_{i-1})(s_j' - s_{j-1}') \right|$$

$$+ \left| \sum_{i=1}^{n} \sum_{j=1}^{l} f(y_i, z_j)(t_i - t_{i-1})(s_j' - s_{j-1}') - \iint_Q f(x_1, x_2) dx_1 dx_2 \right|$$

$$\leq \sum_{i=1}^{n} \left| \int_c^d f(y_i, x_2) dx_2 - \sum_{j=1}^{l} f(y_i, z_j)(s_j' - s_{j-1}') \right|(t_i - t_{i-1}) + \varepsilon/2$$

$$\leq \frac{\varepsilon}{2(b-a)} \sum_{i=1}^{n} (t_i - t_{i-1}) + \frac{\varepsilon}{2} = \varepsilon.$$

16.3　長方形以外の集合上の積分

長方形以外の集合上の積分について解説しておく. $E \subset \mathbb{R}^2$ を空でない有界な閉集合であるとする. $f: E \to \mathbb{R}$ とする. $E \subset [a, b] \times [c, d]$ なる長方形 $Q = [a, b] \times [c, d]$ をとる.

$$\widetilde{f}(x, y) = \begin{cases} f(x, y), & (x, y) \in E \\ 0, & (x, y) \in Q \setminus E \end{cases}$$

とする. $\widetilde{f}$ を f の Q へのゼロ・パディングによる**拡張**という. $\widetilde{f}: Q \to \mathbb{R}$ で

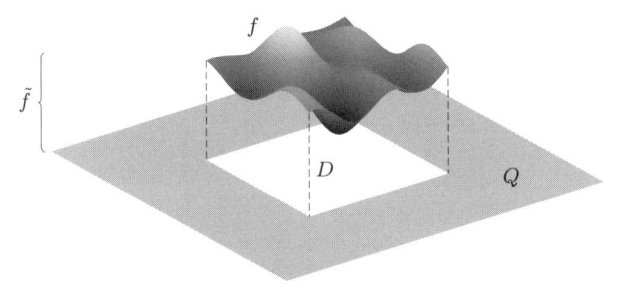

図 **16.2**　$\widetilde{f}$ のグラフ.

ある. $\widetilde{f}$ が Q 上で積分可能であるとき, f は E 上で積分可能であるといい,

$$\iint_Q \widetilde{f}(x, y) dx dy = \iint_E f(x, y) dx dy$$

と表す. ここで注意しておきたいことは, Q での $\tilde{f}$ の積分可能性と,
$\displaystyle\iint_Q \tilde{f}(x,y)dxdy$ の値が Q の取り方によらず一定であることである. たとえば $E \subset Q \subset Q' = [a',b'] \times [c',d']$ をみたす Q' をとる. このとき Q' に対しても同様にゼロ・パディングをした関数が定義される. これを $\tilde{f}_{Q'}$ とおく. $\tilde{f}_{Q'}(x,y) = 0 \ ((x,y) \in Q' \setminus Q)$ より, Q の外側での積分の値は 0 である. 一般に $E \subset [a,b] \times [c,d]$ をみたす長方形 $[a,b] \times [c,d]$ の取り方に積分可能性と積分の値が依らないことが証明できる (ここでは詳細は記さないが, 興味ある読者は証明してみてほしい).

さて次なる問題は,

$$f \text{ が } E \text{ 上の連続関数ならば } f \text{ は } E \text{ 上で積分可能か}$$

ということである.

結論を言えば, すべての集合 E に対してこの問題が肯定的であるというわけではない. その理由は, f を $E \subset Q$ なる長方形 Q にゼロ・パディングで拡張したとき, $\tilde{f}$ が E の境界のところで 0 以外の値から 0 に不連続的に変化しているかもしれないからである.

この問題に対する答えはルベーグによって与えられた. これについて述べておく. $R = (a_1, b_1) \times (a_2, b_2)$ の形の集合を**基本開長方形**という.

$$|R| = (b_1 - a_1)(b_2 - a_2)$$

と表す (分割に対する記法 (16.1) と混同しないよう注意). 特に正方形の場合は基本開正方形という. 便宜上 $\varnothing$ も基本開長方形といい, $|\varnothing| = 0$ とする.

◆定義 16.2◆ $W \subset \mathbb{R}^2$ が**零集合** (あるいは**面積零集合, 測度零集合**) であるとは, 任意の $\varepsilon > 0$ に対して, ある有限個の基本開長方形 $R_1, R_2, \cdots, R_n$ を

$$W \subset \bigcup_{j=1}^{n} R_j \text{ かつ } \sum_{j=1}^{n} |R_j| < \varepsilon$$

となるようにとれることである.

次の定理は関数の積分可能性を保証する条件である.

◆ **定理 16.4** ◆ $Q = [a,b] \times [c,d]$ とし，$f : Q \to \mathbb{R}$ とする．f を Q 上
の有界関数とする．
$$D_f = \{(x,y) \in Q : (x,y) \text{ で } f \text{ は連続でない}\}$$
とする．D_f が零集合ならば f が Q 上で積分可能である．

◆**証明**◆ 任意に $\varepsilon > 0$ をとる．$D_f \subset \bigcup_{j=1}^{n} R_j$，$\sum_{j=1}^{n} |R_j| < \varepsilon$ なる基本開長方形 R_j

が存在する．$Q' = Q \setminus \left(\bigcup_{j=1}^{n} R_j \right)$ とおく．Q' は有界閉集合で，f は Q' 上で連続であ

るから，一様連続であり，したがってある $\delta > 0$ が存在し，$\|\boldsymbol{x} - \boldsymbol{x}'\| < \delta$ かつ $\boldsymbol{x}, \boldsymbol{x}' \in$
Q' ならば $|f(\boldsymbol{x}) - f(\boldsymbol{x}')| < \varepsilon$ をみたす．Q の分割 Δ_0 で，$|\Delta_0| < \delta/2$ をみたすよう
にとる（記号は（16.1）参照）．Δ_0 に R_j の各辺を含む直線による分割も加えたものを
Δ とおく．第 16.1 節の最初に定めた記法を用いると
$$S_\Delta - s_\Delta = \sum_{i,j} (M_{ij} - m_{ij}) |Q_{ij}|$$

である．$I = \left\{ (i,j) : Q_{ij} \subset \bigcup_{k=1}^{n} R_k \right\}$，$I^c$ を残りの番号の組全体の集合とする．$M =$

$\sup_{\boldsymbol{x} \in Q} |f(\boldsymbol{x})|$ とおく．このとき

$$\begin{aligned}
S_\Delta - s_\Delta &= \sum_{(i,j) \in I} (M_{ij} - m_{ij}) |Q_{ij}| + \sum_{(i,j) \in I^c} (M_{ij} - m_{ij}) |Q_{ij}| \\
&\leq 2M \sum_{(i,j) \in I} |Q_{ij}| + \varepsilon \sum_{(i,j) \in I^c} |Q_{ij}| \\
&\leq 2M \sum_{j=1}^{n} |R_j| + \varepsilon |Q| < (2M + |Q|)\, \varepsilon
\end{aligned}$$

である．ここで ε は任意の正数であったから定理が証明された． ∎

E 上の連続関数のゼロパディング $\widetilde{f}$ が連続でない点は E の境界上にあるか
ら，定理 16.4 よりもし E の境界が零集合ならば $\widetilde{f}$ が積分可能，したがって f
が E 上で積分可能であることが保証される．実用上はたいていの集合 E の境界
は零集合であるといえよう．たとえば次のような一般的な例がある．

$[\alpha, \beta]$ 上の関数 $\varphi(t)$ が $[a,b]$ 上で C^1 級ならば，(α, β) 上で C^1 級であり，
$\varphi'(\alpha)$ を φ の α での右側微係数，$\varphi'(\beta)$ を φ の β で左側微係数として定めたと
き，$\varphi'(t)$ が $[\alpha, \beta]$ 上の連続関数になる．平面内の連続曲線 $\boldsymbol{c}(t) = (c_1(t), c_2(t))$
$(t \in [\alpha, \beta])$ が C^1 **級曲線**であるとは，$c_1(t), c_2(t)$ が $[\alpha, \beta]$ 上で C^1 級になっ

ていることである．また連続曲線 $(c_1(t), c_2(t))$ $(t \in [\alpha, \beta])$ が区分的に C^1 級であるとは，高々有限個の点 $\alpha = t_0 < t_1 < \cdots < t_{k-1} < t_k = \beta$ が存在し，$i = 1, 2$ に対して $c_i(t)$ が各区間 $[t_n, t_{n-1}]$ $(n = 1, \cdots, k)$ 上で C^1 級になっていることである．連続曲線 $\boldsymbol{c}(t)$ $(t \in [\alpha, \beta])$ がジョルダン閉曲線であるとは

$$\boldsymbol{c}(\beta) = \boldsymbol{c}(\alpha) \text{ かつ } \boldsymbol{c}(t) \neq \boldsymbol{c}(s) \ (\alpha \leq t < s < \beta)$$

が成り立つことである（つまり自分自身と端点以外に交わらない曲線）．

次のことが成り立つ．

> **◆ 定理 16.5**　$\boldsymbol{c}(t) = (c_1(t), c_2(t))$ $(t \in [\alpha, \beta])$ を区分的に C^1 級曲線であり，かつジョルダン閉曲線であるとする．この曲線が $\mathbb{R}^2$ の有界な部分集合を囲んでいるとし，それを E° により表す[*1]．
>
> $$E = E^\circ \cup \{\boldsymbol{c}(t) : t \in [\alpha, \beta]\}$$
>
> とする[*2]．E 上の連続関数は E 上で積分可能である．

◆証明◆　$Q = [a, b] \times [c, d]$ で $E \subset (a, b) \times (c, d)$ なるものをとる．f の Q へのゼロ・パディングを考える．定理 16.4 より $\{\boldsymbol{c}(t) : t \in [\alpha, \beta]\}$ が零集合であることを示せばよい．区分的に C^1 級曲線は有限個の C^1 級曲線をつなぎ合わせたものであるから，C^1 曲線が零集合であることを示せばよい．$\boldsymbol{\varphi}(t)$ $(t \in [\alpha, \beta])$ を平面内の C^1 級曲線であるとする．平均値の定理から，ある正定数 C が存在し，

$$\|\boldsymbol{\varphi}(t) - \boldsymbol{\varphi}(t')\| \leq C |t - t'| \ (t, t' \in [\alpha, \beta])$$

が成り立つ．任意に $\varepsilon > 0$ をとる．n を $4C^2 \dfrac{(\beta - \alpha)^2}{n} < \varepsilon$ をみたす自然数とする．$[\alpha, \beta]$ の分点 $\alpha = t_0 < t_1 < \cdots < t_n = \beta$ を，$t_j = \alpha + \dfrac{j}{n}(\beta - \alpha)$ により定める．中心 $\boldsymbol{\varphi}(t_j)$ で一辺の長さが $2C\dfrac{\beta - \alpha}{n}$ の基本開正方形を R_j とおく．$t_j \leq t \leq t_{j+1}$ ならば $\|\boldsymbol{\varphi}(t) - \boldsymbol{\varphi}(t_j)\| \leq C |t - t_j| \leq C (\beta - \alpha) \dfrac{1}{n}$ であるから，$\{\boldsymbol{\varphi}(t) : t \in [\alpha, \beta]\} \subset \bigcup\limits_{j=0}^{n} R_j$ である．$|R_j| = 4C^2 \dfrac{(\beta - \alpha)^2}{n^2}$ であり，$\sum\limits_{j=0}^{n} |R_j| < 2\varepsilon$ である．ゆえに $\{\boldsymbol{\varphi}(t) : t \in [c, d]\}$ は零集合である．∎

[*1] じつはどのようなジョルダン閉曲線も有界な集合を囲むことが知られている（ジョルダンの閉曲線定理）．

[*2] E を区分的に C^1 級のジョルダン閉曲線で囲まれる有界閉集合という．

次の定義をしておく.

◆**定義 16.3**◆　$E \subset \mathbb{R}^2$ を空でない有界な閉集合とする. E が**面積確定**である, あるいは**面積をもつ**とは, E 上の定数関数 1 が E 上で積分可能なことである. このとき

$$\mu(E) = \iint_E dxdy$$

を E の面積という.

本書では証明しないが面積確定な有界閉集合 E 上の連続関数は E 上で積分可能であることが知られている.

累次積分は次のように一般化される.

◆　**定理 16.6**　　(1) $\varphi_1(x), \varphi_2(x)$ を $[a,b]$ 上の C^1 級関数で, $\varphi_1(x) < \varphi_2(x)$ $(x \in (a,b))$ であるとする.

$$E = \{(x,y) : x \in [a,b],\ \varphi_1(x) \leq y \leq \varphi_2(x)\}$$

とする. $f(x,y)$ が E 上で連続ならば

$$\iint_E f(x,y)dxdy = \int_a^b \left(\int_{\varphi_1(x)}^{\varphi_2(x)} f(x,y)dy \right) dx.$$

(2) $\psi_1(y), \psi_2(y)$ を $[c,d]$ 上の C^1 級関数で, $\psi_1(y) < \psi_2(y)$ $(y \in (c,d))$ であるとする.

$$E = \{(x,y) : y \in [c,d],\ \psi_1(y) \leq x \leq \psi_2(y)\}$$

とする. $f(x,y)$ が E 上で連続ならば

$$\iint_E f(x,y)dxdy = \int_c^d \left(\int_{\psi_1(y)}^{\psi_2(y)} f(x,y)dx \right) dy.$$

◆**証明**◆　　(1) $Q = [a,b] \times [A,B]$ を $E \subset Q$ となるようにとり, f の Q へのゼロパディングを $\widetilde{f}$ とおく. $x \in [a,b]$ に対して

$$\int_A^B \widetilde{f}(x,y)dy = \int_{\varphi_1(x)}^{\varphi_2(x)} f(x,y)dy$$

である. 定理 16.5 と定理 16.3 より

$$\iint_E f(x,y)dxdy = \iint_Q \widetilde{f}(x,y)dxdy = \int_a^b \left(\int_A^B \widetilde{f}(x,y)dy \right) dx$$
$$= \int_a^b \left(\int_{\varphi_1(x)}^{\varphi_2(x)} f(x,y)dy \right) dx$$

であるから，定理が証明された．(2) も同様である． ∎

16.4 変数変換

$\Omega, D \subset \mathbb{R}^2$ を開集合とする．写像

$$\Phi : \Omega \to D$$

を考える．$\Phi(u_1, u_2) = (\varphi(u_1, u_2), \psi(u_1, u_2))$ と表す．φ, ψ は Ω 上の実数値関数である．特に φ, ψ が Ω 上で C^1 級関数になっているとき，Φ を Ω から D への C^1 写像という．また，このとき

$$J_\Phi(u_1, u_2) = \det \begin{pmatrix} \dfrac{\partial \varphi}{\partial u_1}(u_1, u_2) & \dfrac{\partial \varphi}{\partial u_2}(u_1, u_2) \\ \dfrac{\partial \psi}{\partial u_1}(u_1, u_2) & \dfrac{\partial \psi}{\partial u_2}(u_1, u_2) \end{pmatrix}$$

を Φ のヤコビアンあるいはヤコビの行列式という．

定理 16.7 $\Omega, D \subset \mathbb{R}^2$ を開集合とする．Φ を Ω から D の上への 1 対 1 写像であり，かつ C^1 写像であるとし，さらに

$$J_\Phi(u_1, u_2) \neq 0 \ ((u_1, u_2) \in \Omega)$$

をみたしているとする．

(1) $E \subset \Omega$ を面積確定な有界閉集合であるとする．このとき $\Phi(E)$ も面積確定であり，

$$\mu\left(\Phi(E)\right) = \iint_E |J_\Phi(u_1, u_2)| \, du_1 du_2$$

である．

(2) $f(x,y)$ が $\Phi(E)$ 上の連続関数であれば，$f(\Phi(u_1, u_2))$ は E 上で連続であり，

$$\iint_{\Phi(E)} f(x,y)dxdy = \iint_E f(\Phi(u_1,u_2))\,|J_\Phi(u_1,u_2)|\,du_1 du_2$$

が成り立つ.

定理 16.7 の証明を厳密に記述することはそれほど簡単ではない. 複雑で長い工程が必要である. 初学者は証明よりむしろこの公式を使ってさらに発展的事項を学ぶ方がよいだろう. このような理由から, 本書では厳密な証明に紙数を割く代わりに, 証明のエッセンスを解説し, 変数変換になぜヤコビアンが現れるのかを見ることにしたい. 定理の厳密な証明は, リーマン積分よりはルベーグ積分に対して学ぶ方がよいだろう (たとえば[9]で学ぶことができる). ルベーグ積分論を用いれば, より一般的な定理が得られる. リーマン積分の範囲での証明は[8]の第 2 巻に 3 種類の証明が記されている.

さて, 公式にヤコビアンの出てくる背景は次の結果にある.

◆ **補題 16.8** ◆ $\boldsymbol{u}=(a,b), \boldsymbol{v}=(c,d)$ とする. このとき $\boldsymbol{u}$ と $\boldsymbol{v}$ で生成される平行四辺形 E の面積を $\mu(E)$ とおくと

$$\mu(E) = \left| \det \begin{pmatrix} a & c \\ b & d \end{pmatrix} \right| = |ad-bc|$$

である.

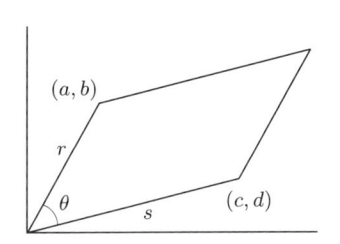

図 16.3 平行四辺形 (証明の参考図).

◆**証明**◆ $r=(a^2+b^2)^{1/2}$, $s=(c^2+d^2)^{1/2}$ とし, $\boldsymbol{u}$ と $\boldsymbol{v}$ のなす角を θ とする. このとき求める面積は $rs\sin\theta$ である. いま

$$ac+bd = \boldsymbol{u} \cdot \boldsymbol{v} = rs\cos\theta$$

であるから

$$r^2 s^2 \sin^2 \theta = r^2 s^2 (1 - \cos^2 \theta) = r^2 s^2 \left(1 - \frac{(ac + bd)^2}{r^2 s^2} \right)$$
$$= (ad - bc)^2$$

である．よって補題が証明された．∎

この簡単な結果をもとに定理 16.7 の証明が組み立てられていく．

解説　以下では細部よりも大枠（考え方）を理解してほしい．記述を見やすくするため，$\mathbb{R}^2$ の点は縦ベクトルで表すことにする．（1）$\boldsymbol{u} = \begin{pmatrix} u_1 \\ u_2 \end{pmatrix}, \boldsymbol{h} = \begin{pmatrix} h_1 \\ h_2 \end{pmatrix}$ とし，$\boldsymbol{u}' = \boldsymbol{u} + \boldsymbol{h} \in \Omega$ とする．テイラーの定理より

$$\Phi(\boldsymbol{u} + \boldsymbol{h}) - \Phi(\boldsymbol{u}) = \begin{pmatrix} \varphi_{u_1}(u_1, u_2)h_1 + \varphi_{u_2}(u_1, u_2)h_2 + \tau_1(h_1, h_2) \\ \psi_{u_1}(u_1, u_2)h_1 + \psi_{u_2}(u_1, u_2)h_2 + \tau_2(h_1, h_2) \end{pmatrix}$$

ただし

$$\lim_{h_1, h_2 \to 0} \frac{\tau_i(h_1, h_2)}{\sqrt{h_1^2 + h_2^2}} = 0 \ (i = 1, 2)$$

をみたす．$\boldsymbol{u}_1 = \begin{pmatrix} u_1 + h_1 \\ u_2 \end{pmatrix}$, $\boldsymbol{u}_2 = \begin{pmatrix} u_1 \\ u_2 + h_2 \end{pmatrix}$, $\boldsymbol{v} = \Phi(\boldsymbol{u})$ とおく．

$$\boldsymbol{a}_1 = \begin{pmatrix} \varphi_{u_1}(u_1, u_2) \\ \psi_{u_1}(u_1, u_2) \end{pmatrix}, \qquad \boldsymbol{a}_2 = \begin{pmatrix} \varphi_{u_2}(u_1, u_2) \\ \psi_{u_2}(u_1, u_2) \end{pmatrix}$$

とし，

$$\boldsymbol{v}_1 = \boldsymbol{v} + h_1 \boldsymbol{a}_1, \ \boldsymbol{v}_2 = \boldsymbol{v} + h_2 \boldsymbol{a}_2, \ \boldsymbol{v}' = \boldsymbol{v} + h_1 \boldsymbol{a}_1 + h_2 \boldsymbol{a}_2$$

とおく．このとき長方形 $R = \boldsymbol{u}\boldsymbol{u}_1\boldsymbol{u}'\boldsymbol{u}_2$ に対して，$\mu(R) = |h_1| |h_2|$ である．また平行四辺形 $\widetilde{R} = \boldsymbol{v}\boldsymbol{v}_1\boldsymbol{v}'\boldsymbol{v}_2$ に対して，h_1, h_2 を十分小さくとれば，$\tau_i(h_1, h_2)$ は $\sqrt{h_1^2 + h_2^2}$ よりも速く 0 に収束するから，

$$\mu(\widetilde{R}) \fallingdotseq \mu(\Phi(R))$$

と考える．また $\widetilde{R}$ は $h_1 \boldsymbol{a}_1, h_2 \boldsymbol{a}_2$ により生成される平行四辺形であるから

$$\mu(\widetilde{R}) = |\det (h_1 \boldsymbol{a}_1, h_2 \boldsymbol{a}_2)| = \left| \det \begin{pmatrix} h_1 \varphi_{u_1} & h_2 \varphi_{u_2} \\ h_1 \psi_{u_1} & h_2 \psi_{u_2} \end{pmatrix} \right|$$
$$= |h_1 h_2 (\varphi_{u_1} \psi_{u_2} - \varphi_{u_2} \psi_{u_1})| = |h_1| |h_2| |J_\Phi(u, v)|$$
$$= |J_\Phi(u, v)| \mu(R)$$

となっている．ゆえに，$\Phi(E)$ を辺以外は交わらない十分小さな長方形 $R_1, \cdots, R_N$

で覆うことにより近似すれば，R_i 内の任意の点 ξ_i をとって

$$\mu(\Phi(E)) \fallingdotseq \sum_{i=1}^{N} \mu(\Phi(R_i)) \fallingdotseq \sum_{i=1}^{N} \mu(\widetilde{R_i}) = \sum_{i=1}^{N} |J_\Phi(\xi_i)| \, \mu(R_i)$$

が得られる．ここで長方形 $R_1, R_2, \cdots$ をさらに細かくとっていけば，積分の定義から

$$\sum_{i=1}^{N} |J_\Phi(\xi_i)| \, \mu(R) \to \iint_E |J_\Phi(u_1, u_2)| \, du_1 du_2$$

が得られる．以上より次のことがわかる．

$$\mu(\Phi(E)) = \iint_E |J_\Phi(u_1, u_2)| \, du_1 du_2.$$

（2）上の証明で，$\eta_i = \Phi(\xi_i)$ とおくと，長方形 $R_1, R_2, \cdots$ を細かくとっていけば

$$\sum f(\eta_i) \mu(\Phi(R_i)) \to \iint_{\Phi(E)} f(x, y) dx dy$$

であり，一方

$$\begin{aligned} \sum f(\eta_i) \mu(\Phi(R_i)) &\fallingdotseq \sum f(\Phi(\xi_i)) \, |J_\Phi(\xi_i)| \, \mu(R) \\ &\to \iint_E f(\Phi(u_1, u_2)) \, |J_\Phi(u_1, u_2)| \, du_1 du_2 \end{aligned}$$

が成り立つ．よって（2）が導かれる． ∎

具体的な場合の積分の変数変換の計算をしておく．

[**例 16.1**] $\Pi = [0, \infty) \times [0, 2\pi]$ とし，$(r, \theta) \in \Pi$ に対して

$$x(r, \theta) = r \cos \theta$$
$$y(r, \theta) = r \sin \theta$$

とおき，

$$\Phi(r, \theta) = (x(r, \theta), y(r, \theta))$$

と定義する．$\Phi : \Pi \to \mathbb{R}^2$ である．Φ を**極座標変換**という．$\Pi^o = (0, \infty) \times [0, 2\pi)$ とおくと，$\Phi : \Pi^o \to \mathbb{R}^2 \setminus \{(0,0)\}$ であり，上への 1 対 1 写像であり，かつ C^1 級である．さらに

$$J_\Phi(r, \theta) = r > 0$$

である．$\Omega, \Omega' \subset \mathbb{R}^2$ を有界閉集合とし，$\Omega' = \Phi(\Omega)$ とする．$f(x, y)$ を Ω' 上の連続関数であるとする．このとき $J_\Phi(r, \theta) = r$ と定理 16.7 より

$$\iint_{\Omega'} f(x, y)dxdy = \iint_{\Omega} f(r\cos\theta, r\sin\theta)rdrd\theta$$

である．

練習 16.2　$a > 0$ とし，$\alpha < 2$ とする．$\varepsilon > 0$ に対して $D_\varepsilon = \{(x, y) : \varepsilon^2 \le x^2 + y^2 \le a^2\}$ とおく．

$$\lim_{\varepsilon \searrow 0} \iint_{D_\varepsilon} \frac{1}{(x^2 + y^2)^\alpha} dxdy$$

を求めよ．

解答例　$\Pi_\varepsilon = \{(r, \theta) : \varepsilon \le r \le a, 0 \le \theta < 2\pi\}$ とおく．極座標変換により
$$x^2 + y^2 = r^2\cos^2\theta + r^2\sin^2\theta = r^2$$
であるから

$$\iint_{D_\varepsilon} \frac{1}{(x^2 + y^2)^{\alpha/2}}dxdy = \iint_{\Pi_\varepsilon} \frac{1}{r^\alpha}rdrd\theta = \int_0^{2\pi} d\theta \int_\varepsilon^a r^{1-\alpha}dr$$
$$= 2\pi\frac{1}{2 - \alpha}\left(a^{2-\alpha} - \varepsilon^{2-\alpha}\right)$$
$$\underset{\varepsilon \to 0+}{\longrightarrow} \frac{2\pi}{2 - \alpha}a^{2-\alpha}.$$

問題 16.1　次の積分
$$\iint_{1 \le x^2 + y^2 \le 2} \log(x^2 + y^2)dxdy$$
を求めよ．

16.5　多変数関数の広義積分

　多変数の広義積分について述べる．1 変数の場合は，$[a, \infty)$ 上の広義積分は，$[a, L]$ 上の積分を計算して，$L \to \infty$ とすることにより広義積分が計算された．これに対して，2 変数以上になると積分範囲の拡大の仕方にはさまざまなものが現れる．たとえば

$$[-L, L] \times [-L, L] \to \mathbb{R}^2 \ (L \to \infty)$$

というように正方形を大きくして $\mathbb{R}^2$ に広げていく方法もあれば

$$\{(x_1, x_2) \in \mathbb{R}^2 : x_1^2 + x_2^2 \leq L^2\} \to \mathbb{R}^2 \ (L \to \infty)$$

のように円の半径を大きくして $\mathbb{R}^2$ に広げていく方法もある.

　こういった積分範囲の拡大の仕方によらず一定の値に収束するときに広義積分可能という. 正確な定義をする.

◆定義 16.4◆　$D \subset \mathbb{R}^2$ を開集合とする. $\mathbb{R}^2$ の有界閉集合の列 $\{E_n\}_{n=1}^{\infty}$ が D の近似増加列であるとは, 各 E_n がある区分的に C^1 級のジョルダン閉曲線で囲まれる有界閉集合であり,

$$E_1 \subset E_2 \subset \cdots \subset D$$

であり, D 内に含まれる任意の有界閉集合 K に対して $K \subset E_n$ をみたす E_n が存在することである.

　上にあげた例は 2 つとも $\mathbb{R}^2$ の近似増加列である.

◆定義 16.5◆　$\mathbb{R}^2 \supset D$ を近似増加列をもつ開集合とする. f を D 上の連続関数とする. f が D 上で広義積分可能であるとは, D の任意の近似増加列 $\{E_n\}_{n=1}^{\infty}$ に対して, 有限な極限

$$\lim_{n \to \infty} \iint_{E_n} f(x, y) dx dy$$

が存在し, その極限値が近似増加列の取り方に依らないことである. このとき, その極限値を D 上の広義積分といい,

$$\iint_D f(x, y) dx dy$$

で表す.

　広義積分について次の定理は有用である.

◆定理 16.9◆　$D \subset \mathbb{R}^2$ を近似増加列をもつ開集合とする. f を D 上の連続関数で, $f(x, y) \geq 0 \ ((x, y) \in D)$ をみたしているとする. もしも D のある近似増加列 $\{D_n\}_{n=1}^{\infty}$ に対して極限 $I = \lim_{n \to \infty} \iint_{D_n} f(x, y) dx dy$ が存在するならば, f は D 上で広義積分可能である.

◆証明◆　$\{F_n\}_{n=1}^{\infty}$ を D の任意の増加近似列とする．このとき任意の F_m に対して $F_m \subset D_n$ なる D_n が存在するから

$$\iint_{F_m} f(x,y)dxdy \leq \iint_{D_n} f(x,y)dxdy \leq I < \infty.$$

上に有界な単調増加数列は極限をもつから，$I' = \lim_{n \to \infty} \iint_{F_m} f(x,y)dxdy$ が存在し，$I' \leq I$ が成り立つ．任意の D_n に対して $D_n \subset F_m$ なる F_m が存在するから

$$\iint_{D_n} f(x,y)dxdy \leq \iint_{F_m} f(x,y)dxdy \leq I'$$

より $I \leq I'$ であり，したがって $I = I'$ である．よって定理が証明された．∎

D 上の連続関数 f で，値が非負の値も負の値も取る場合を考える．このときは

$$f_+(x,y) = \max\{f(x,y),0\}, \qquad f_-(x,y) = \max\{-f(x,y),0\}$$

とおく．$f_+(x,y) \geq 0$，$f_-(x,y) \geq 0$ であり，ともに連続関数である．また

$$f(x,y) = f_+(x,y) - f_-(x,y)$$
$$|f(x,y)| = f_+(x,y) + f_-(x,y)$$

となっている．f_+ と f_- について定理 16.9 を利用することにより次のことが証明される．

> **定理 16.10**　　$D \subset \mathbb{R}^2$ を近似増加列をもつ開集合とする．f を D 上の連続関数で，$|f(x,y)|$ が D 上で広義積分可能であるとする．このとき $f(x,y)$ も D 上で広義積分可能である．

本書では複雑な集合上の積分あるいは広義積分は扱わないため，16.2 節，16.3 節ではやや限定した形で諸定理を述べている．より一般的な形での積分論を学ぶのであれば，ルベーグ積分論に入っていった方が良いだろう．

数学が出てくる映画　ギフテッド（映画，2017）という映画に本書の内容に関連する場面がある．この映画はメアリーという数学の天才少女の物語である．その一場面，メアリーが教授に試されるところで，教授が助手に次の問題を板書させる．

Show that

$$\int_{-\infty}^{\infty} e^{x^2/2\sigma^2} dx = \sqrt{2\pi}\,|\sigma|$$

Hint: First show that

$$\int_{-\infty}^{\infty} \int_{-\infty}^{\infty} e^{(x^2+y^2)/2\sigma^2} dxdy = 2\pi\sigma^2$$

しかしメアリーはすぐにこの問題の不備を見つける. さて, その不備とは何か? じつは教授はメアリーがその不備を見つけられるかどうかも試そうと, あえて誤った問題を出したのである.

この問題は正しくは

$$\int_{-\infty}^{\infty} e^{-x^2/2\sigma^2} dx = \sqrt{2\pi}\,|\sigma|$$

とされるべきものである. これを教授の出したヒントを使って解いてみよう. まず極座標変換 $x = r\cos\theta, y = r\sin\theta$ を考える. ヤコビアンは r である. $E_n = \{(x,y) : x^2 + y^2 \leq n^2\}$ とおくと, $\{E_n\}_{n=1}^{\infty}$ は $\mathbb{R}^2$ の近似増加列である.

$$I_n = \iint_{E_n} e^{-(x^2+y^2)/2\sigma^2} dxdy = \int_0^{2\pi} \int_0^n e^{-r^2/2\sigma^2} rdrd\theta$$
$$= 2\pi \int_0^n e^{-r^2/2\sigma^2} rdr$$

ここで $s = r^2/(2\sigma^2)$ として置換積分をする. $ds = \dfrac{2r}{2\sigma^2}dr = \dfrac{r}{\sigma^2}dr$ であるから

$$\int_0^n e^{-r^2/2\sigma^2} rdr = \sigma^2 \int_0^{n^2/(2\sigma^2)} e^{-s} ds = \sigma^2 \left(1 - e^{-n^2/(2\sigma^2)}\right)$$
$$\to \sigma^2 \ (n \to \infty)$$

である. したがって

$$I = \lim I_n = 2\pi\sigma^2$$

である. $F_n = [-n, n] \times [-n, n]$ とすると, $\{F_n\}_{n=1}^{\infty}$ も $\mathbb{R}^2$ の近似増加列である. ここでシュトルツの定理より

$$J_n = \iint_{F_n} e^{-(x^2+y^2)/2\sigma^2} dxdy = \int_{-n}^n \left(\int_{-n}^n e^{-x^2/2\sigma^2} e^{-y^2/2\sigma^2} dx \right) dy$$
$$= \left(\int_{-n}^n e^{-y^2/2\sigma^2} dy \right) \left(\int_{-n}^n e^{-x^2/2\sigma^2} dx \right)$$
$$\to \left(\int_{-\infty}^{\infty} e^{-x^2/2\sigma^2} dx \right)^2 \ (n \to \infty)$$

いま定理 16.9 より $\lim_{n\to\infty} I_n = \lim_{n\to\infty} J_n$ であるから,

$$\int_{-\infty}^{\infty} e^{-x^2/2\sigma^2} dx = \sqrt{2\pi}\,|\sigma|.$$

が導かれる. この公式はフーリエ解析, 確率論などさまざまな場面で使われる非常に重要なものである.

16.6 ガンマ関数とベータ関数

ガンマ関数はさまざまな場面に現れる有用な関数である. 本節ではガンマ関数と, それに関連してベータ関数について述べる.

$s > 0$ に対して

$$\Gamma(s) = \int_0^\infty e^{-x} x^{s-1} dx$$

とし*3, これを**ガンマ関数**という. ガンマ関数は階乗を一般化した関数であるといえる.

> **定理 16.11**　　非負の整数 n に対して, $\Gamma(n+1) = n!$ である.

◆**証明**◆　$\Gamma(1) = \int_0^\infty e^{-x} dx = 1$ である. 正の実数 k に対して

$$\Gamma(k) = \lim_{N\to\infty} \int_0^N e^{-x} x^{k-1} dx$$

であるが, 部分積分をした後に $N \to \infty$ として

$$\begin{aligned}
\int_0^N e^{-x} x^{k-1} dx &= \int_0^N e^{-x} \left(\frac{1}{k} x^k\right)' dx \\
&= \frac{1}{k} e^{-N} N^k + \frac{1}{k} \int_0^N e^{-x} x^k dx \\
&\to \frac{1}{k} \int_0^\infty e^{-x} x^k dx = \frac{1}{k} \Gamma(k+1)
\end{aligned}$$

を得る. ゆえに $\Gamma(k) = \dfrac{1}{k} \Gamma(k+1)$ である. したがって

$$\Gamma(n+1) = n\Gamma(n) = n(n-1)\Gamma(n-1) = \cdots = n!\Gamma(1) = n!$$

である.　■

---

*3 $s > 0$ のとき $\lim_{x\to\infty} e^{-x} x^{s-1} x^2 = 0$, $\lim_{x\to 0} e^{-x} x^{s-1} x^{1-s} = 1$ および問題 15.3, 15.2 より右辺の積分は収束する.

$p > 0, q > 0$ に対して

$$B(p,q) = \int_0^1 x^{p-1}(1-x)^{q-1}dx$$

とし（問題 15.2 より右辺の積分は収束する），これを**ベータ関数**という．

$x = t^2$ とおくと，$dx = 2tdt$ より（計算後，t を改めて x として）

$$\Gamma(s) = 2\int_0^\infty e^{-t^2}t^{2s-2}tdt = 2\int_0^\infty e^{-x^2}x^{2s-1}dx \tag{16.8}$$

と表せる．$x = \cos^2\theta$ とおくと，$dx = -2\cos\theta\sin\theta d\theta$ より

$$B(p,q) = -2\int_{\pi/2}^0 \cos^{2p-2}\theta\sin^{2q-2}\theta\cos\theta\sin\theta d\theta$$
$$= 2\int_0^{\pi/2}\cos^{2p-1}\theta\sin^{2q-1}\theta d\theta$$

と表せる．次の関係式が成り立つ．

◆ **定理 16.12** ◆ $p > 0, q > 0$ に対して

$$B(p,q) = \frac{\Gamma(p)\,\Gamma(q)}{\Gamma(p+q)}$$

◆**証明**◆ $D_n = [0,n]\times[0,n]$ とする．(16.8) より

$$\iint_{D_n} e^{-(x^2+y^2)}x^{2p-1}y^{2q-1}dxdy = \int_0^n e^{-x^2}x^{2p-1}dx\int_0^n e^{-y^2}y^{2q-1}dy$$
$$\rightarrow \frac{1}{4}\Gamma(p)\Gamma(q) \ (n\rightarrow\infty)$$

である．$D_n' = \{(x,y): x,y \geq 0, x^2+y^2 \leq n^2\}$ とおく．このとき定理 16.9 より

$$\lim_{n\rightarrow\infty}\iint_{D_n} e^{-(x^2+y^2)}x^{2p-1}y^{2q-1}dxdy = \lim_{n\rightarrow\infty}\iint_{D_n'} e^{-(x^2+y^2)}x^{2p-1}y^{2q-1}dxdy$$

である．ここで，極座標変換 $x = r\cos\theta$，$y = r\sin\theta$ をすると，ヤコビアンは r であるから

$$\iint_{D_n'} e^{-(x^2+y^2)}x^{2p-1}y^{2q-1}dxdy$$
$$= \int_0^{\pi/2}\int_0^n e^{-r^2}r^{2p-1}\cos^{2p-1}\theta\, r^{2q-1}\sin^{2q-1}\theta\, rd\theta dr$$
$$= \int_0^{\pi/2}\cos^{2p-1}\theta\,\sin^{2q-1}\theta d\theta\int_0^n e^{-r^2}r^{2p+2q-1}dr$$

$$= \frac{1}{2}B(p,q)\int_0^n e^{-r^2}r^{2(p+q)-1}dr \to \frac{1}{4}B(p,q)\Gamma(p+q) \quad (n \to \infty).$$

よって定理が証明された. ∎

定理 16.13

$$\Gamma\left(\frac{1}{2}\right) = \sqrt{\pi}$$

◆証明◆　(16.8) より $\Gamma\left(\frac{1}{2}\right) = 2\int_0^\infty e^{-x^2}dx = \int_{-\infty}^\infty e^{-x^2}dx = \sqrt{\pi}$ がわかる

が, 定理 16.12 を用いて次のようにも示せる.

$$B\left(\frac{1}{2},\frac{1}{2}\right) = \frac{\Gamma\left(\frac{1}{2}\right)\Gamma\left(\frac{1}{2}\right)}{\Gamma(1)} = \Gamma\left(\frac{1}{2}\right)^2.$$

一方,

$$B\left(\frac{1}{2},\frac{1}{2}\right) = \int_0^1 \frac{1}{\sqrt{x(1-x)}}dx$$

であるが, $-1+x^{-1}=t^2$ とおくと, $x = \frac{1}{1+t^2}$ より $dx = -\frac{2t}{(1+t^2)^2}dt$. また

$x(1-x) = \frac{1}{1+t^2}\left(1 - \frac{1}{1+t^2}\right) = \frac{t^2}{(1+t^2)^2}$. ゆえに

$$\int_0^1 \frac{1}{\sqrt{x(1-x)}}dx = \int_\infty^0 \frac{1+t^2}{t}\frac{-2t}{(1+t^2)^2}dt = 2\int_0^\infty \frac{1}{1+t^2}dt$$
$$= 2\left[\arctan t\right]_{t=0}^\infty = \pi$$

以上より定理が得られる. ∎

問題 16.2　$\Gamma(m+1+\frac{1}{2}) = \left(m+\frac{1}{2}\right)\left(m-1+\frac{1}{2}\right)\cdots\frac{1}{2}\sqrt{\pi}$ を示せ.

　結果を具体的な関数で表せなくとも, ガンマ関数, ベータ関数など特殊関数と呼ばれる関数を用いると表せることがある. 以下ではガンマ関数によって表せるいくつかの計算例を紹介しておく.

　次の積分を考える. $0 < \alpha+1 < \beta$ として

$$\int_0^\infty \frac{x^\alpha}{1+x^\beta}dx = \int_0^\infty x^\alpha(x^\beta+1)^{-1}dx.$$

これは $0 < \dfrac{\alpha+1}{\beta} < 1$, $-1 < \dfrac{\alpha+1}{\beta} - 1 < 0$ であるから第 13.3 節で学んだ公式は使えない. 次の公式が成り立つ.

◆ **定理 16.14** ◆ $0 < \alpha + 1 < \beta$ のとき
$$\int_0^\infty \frac{x^\alpha}{1+x^\beta}dx = \frac{1}{\beta}\Gamma\left(\frac{\alpha+1}{\beta}\right)\Gamma\left(1 - \frac{\alpha+1}{\beta}\right).$$

◆証明◆ $x = t^{1/\beta}$ とおくと $dx = \dfrac{1}{\beta}t^{\frac{1}{\beta}-1}dt$ より

$$\int_0^\infty \frac{x^\alpha}{1+x^\beta}dx = \frac{1}{\beta}\int_0^\infty \frac{t^{\frac{\alpha}{\beta}}}{1+t}t^{\frac{1}{\beta}-1}dt = \frac{1}{\beta}\int_0^\infty t^{\frac{\alpha+1}{\beta}-1}(t+1)^{-1}dt =: (I)$$

であるから, $\dfrac{t}{1+t} = u$ とおくと, $t = \dfrac{u}{1-u}$ であり, $t+1 = \dfrac{u+1-u}{1-u} = \dfrac{1}{1-u}$, $dt = \dfrac{1}{(1-u)^2}du$ より

$$\begin{aligned}
(I) &= \frac{1}{\beta}\int_0^1 u^{\frac{\alpha+1}{\beta}-1}(1-u)^{-\frac{\alpha+1}{\beta}+1}(1-u)\frac{1}{(1-u)^2}du \\
&= \frac{1}{\beta}\int_0^1 u^{\frac{\alpha+1}{\beta}-1}(1-u)^{1-\frac{\alpha+1}{\beta}-1}du \\
&= \frac{1}{\beta}B\left(\frac{\alpha+1}{\beta}, 1 - \frac{\alpha+1}{\beta}\right) \\
&= \frac{1}{\beta}\Gamma\left(\frac{\alpha+1}{\beta}\right)\Gamma\left(1 - \frac{\alpha+1}{\beta}\right).
\end{aligned}$$
∎

この形のガンマ関数については次の公式が知られている[*4].

オイラーの相補公式 $0 < p < 1$ に対して
$$\Gamma(p)\,\Gamma(1-p) = \frac{\pi}{\sin p\pi}.$$

これを用いると, $0 < \dfrac{\alpha+1}{\beta} < 1$ であるから

[*4] 本書ではこの公式を証明しないが, たとえば後に学ぶであろう複素関数論を用いた証明もある（[4]参照）.

$$\int_0^\infty \frac{x^\alpha}{1+x^\beta}dx = \frac{1}{\beta}\frac{\pi}{\sin\left(\left(\dfrac{\alpha+1}{\beta}\right)\pi\right)} \tag{16.9}$$

が得られる．たとえば次の計算ができる．

[例 16.2]　いずれの場合も有理関数の不定積分が計算できるが，（16.9）を用いても容易に計算できる．

$$\int_0^\infty \frac{1}{1+x^3}dx = \frac{1}{3}\frac{\pi}{\sin\left(\dfrac{1}{3}\pi\right)} = \frac{2}{3\sqrt{3}}\pi$$

$$\int_0^\infty \frac{1}{1+x^4}dx = \frac{1}{4}\frac{\pi}{\sin\left(\dfrac{1}{4}\pi\right)} = \frac{\sqrt{2}}{4}\pi$$

三角関数の積に関する積分もガンマ関数を用いて求められる．

定理 16.15　　$p, q > -1$ のとき

$$\int_0^{\pi/2}\sin^p\theta\cos^q\theta d\theta = \frac{1}{2}\frac{\Gamma\left(\dfrac{p+1}{2}\right)\Gamma\left(\dfrac{q+1}{2}\right)}{\Gamma\left(\dfrac{p+q+2}{2}\right)}$$

◆証明◆　$\sin\theta = \sqrt{x}$ とおく．$dx = 2\sin\theta\cos\theta d\theta$ より

$$\begin{aligned}
(\text{右辺}) &= \int_0^1 x^{\frac{p}{2}}(1-x)^{\frac{q}{2}}\frac{1}{2x^{\frac{1}{2}}(1-x)^{\frac{1}{2}}}dx = \frac{1}{2}\int_0^1 x^{\frac{p-1}{2}}(1-x)^{\frac{q-1}{2}}dx \\
&= \frac{1}{2}\int_0^1 x^{\frac{p+1}{2}-1}(1-x)^{\frac{q+1}{2}-1}dx = \frac{1}{2}B\left(\frac{p+1}{2}, \frac{q+1}{2}\right) \\
&= \frac{1}{2}\frac{\Gamma\left(\dfrac{p+1}{2}\right)\Gamma\left(\dfrac{q+1}{2}\right)}{\Gamma\left(\dfrac{p+q+2}{2}\right)}.
\end{aligned}$$

16.7　d 重積分

2 重積分の考え方はそのまま d 変数関数に対しても一般化できる．

$I = [a_1, b_1] \times [a_2, b_2] \times \cdots \times [a_d, b_d]$ とする．I の分割

$$\Delta : a_i = x_{i,0} < x_{i,1} < \cdots < x_{i,k(i)} = b_i$$

とし,

$$I_{j_1,\cdots,j_d} = [x_{1,j_1-1}, x_{1,j_1}] \times \cdots \times [x_{d,j_d-1}, x_{d,j_d}]$$

とする. $\mu(I_{j_1,\cdots,j_d}) = (x_{1,j_1} - x_{1,j_1-1}) \cdots (x_{d,j_d} - x_{d,j_d-1})$ とする. $f(x_1, \cdots, x_d)$ を I 上の有界関数とする.

$$M_{j_1,\cdots,j_d} = \sup_{(x_1,\cdots,x_d)\in I_{j_1,\cdots,j_d}} f(x_1, \cdots, x_d)$$
$$m_{j_1,\cdots,j_d} = \inf_{(x_1,\cdots,x_d)\in I_{j_1,\cdots,j_d}} f(x_1, \cdots, x_d)$$

とする.

$$S_\Delta = \sum M_{j_1,\cdots,j_d}\mu(I_{j_1,\cdots,j_d})$$
$$s_\Delta = \sum m_{j_1,\cdots,j_d}\mu(I_{j_1,\cdots,j_d})$$

とし,

$$\overline{I} = \inf S_\Delta, \qquad \underline{I} = \sup s_\Delta$$

とする. f が I 上積分可能であるとは

$$\overline{I} = \underline{I}$$

となることである.

このときこの共通の値を

$$\int \cdots \int_I f(x_1, \cdots, x_d)dx_1 \cdots dx_d$$

と表す.

累次積分が成り立つ.

$$\int \cdots \int_I f(x_1, \cdots, x_d)dx_1 \cdots dx_d$$
$$= \int_{a_d}^{b_d} dx_d \int_{a_{d-1}}^{b_{d-1}} dx_{d-1} \cdots \int_{a_1}^{b_1} dx_1 f(x_1, \cdots, x_d).$$

$d = 2$ の場合と同様の定理が, $\mathbb{R}^d$ の場合にも成り立つ. 証明は $d = 2$ の場合と同様である.

◆ **定理 16.16** ◆　$I = [a_1, b_1] \times [a_2, b_2] \times \cdots \times [a_d, b_d]$ とする. f が I 上の連続関数ならば, f は I 上で積分可能である.

> **定理 16.17**　$I = [a_1, b_1] \times [a_2, b_2] \times \cdots \times [a_d, b_d]$ とする. f を I 上の連続関数とする. $1, \cdots, d$ を任意に並び換えたものを $i_1, \cdots, i_d$ とする. このとき次のことが成り立つ.
>
> $$\int \cdots \int_I f(x_1, \cdots, x_d) dx_1 \cdots dx_d$$
> $$= \int_{a_d}^{b_d} dx_d \int_{a_{d-1}}^{b_{d-1}} dx_{d-1} \cdots \int_{a_1}^{b_1} dx_1 f(x_1, \cdots, x_d)$$
> $$= \int_{a_{i_d}}^{b_{i_d}} dx_{i_d} \int_{a_{i_{d-1}}}^{b_{i_{d-1}}} dx_{i_{d-1}} \cdots \int_{a_{i_1}}^{b_{i_1}} dx_{i_1} f(x_1, \cdots, x_d).$$

$R = [a_1, b_1] \times [a_2, b_2] \times \cdots \times [a_d, b_d]$ の形の集合を d **次元基本直方体**という.

$$|R| = (b_1 - a_1) \cdots (b_d - a_d)$$

と表す. 便宜上 $\varnothing$ も d 次元基本長方形といい, $|\varnothing| = 0$ とする. d 次元の零集合を次のように定義する.

◆**定義 16.6**◆　$W \subset \mathbb{R}^d$ が**零集合**（あるいは**測度零集合**）であるとは, 任意の $\varepsilon > 0$ に対して, ある d 次元基本長方形 $R_1, R_2, \cdots$ を

$$W \subset \bigcup_{j=1}^{\infty} R_j \ \text{かつ} \ \sum_{j=1}^{\infty} |R_j| < \varepsilon$$

となるようにとれることである.

このとき次の定理が成り立つ.

> **定理 16.18**　（ルベーグの定理）　$I = [a_1, b_1] \times [a_2, b_2] \times \cdots \times [a_d, b_d]$ とし, $f : I \to \mathbb{R}$ とする. f を I 上の有界関数とする.
>
> $$D_f = \{\boldsymbol{x} \in I : \boldsymbol{x} \ \text{で} \ f \ \text{は連続でない}\}$$
>
> とする. f が I 上で積分可能であるための必要十分条件は D_f が零集合になっていることである.

証明に興味のある読者は, たとえば, Folland[9] を参照してほしい.

2 変数関数の場合と同様に，有界集合上の *d* 変数関数の積分可能性は次のように定義される．

◆**定義 16.7**◆　$E \subset \mathbb{R}^d$ を有界集合とし，R を *d* 次元基本直方体で，$E \subset R$ をみたすものとする．E 上の関数 f に対して

$$\widetilde{f}_R(\boldsymbol{x}) = \begin{cases} f(\boldsymbol{x}), & x \in E \\ 0, & x \in R \setminus E \end{cases}$$

と定める．$\widetilde{f}_R$ が R 上で積分可能であるとき，f は E 上で積分可能であるといい

$$\int \cdots \int_E f(x_1, \cdots, x_d) dx_1 \cdots dx_d = \int \cdots \int_R \widetilde{f}_R(x_1, \cdots, x_d) dx_1 \cdots dx_d$$

とおく*5．特に E 上の定数関数 1 が E 上で積分可能であるとき，E は体積確定あるいは体積をもつといい，

$$\mu(E) = \int \cdots \int_E 1 dx_1 \cdots dx_d$$

と定め，これを E の（*d* 次元）体積という．

定理 16.18 より次のことが成り立つ．

◆**定理 16.19**◆　$E \subset \mathbb{R}^d$ を有界閉集合で，E の境界が零集合とする．このとき E 上の連続関数は E 上で積分可能である．

d 変数関数の積分に対しても定理 16.7 に相当する変数変換の公式が成り立つ（第 19 章参照）．また *d* 変数関数の広義積分について，16.5 節と同様のことが成り立つ（このことは容易に確認できる）．

---

*5 これは $R \supset E$ の取り方によらないことは $d = 2$ の場合と同様である．

第IV部

発展的話題

第**17**章

関数列の収束と積分・微分

区間 $[a, b]$ 上の積分可能な関数の列 $f_1(x), f_2(x), \cdots$ と関数 $f(x)$ があって，$\lim_{n \to \infty} f_n(x) = f(x)$ が成り立っているとする．どのような条件があれば

$$\lim_{n \to \infty} \int_a^b f_n(x)dx = \int_a^b \lim_{n \to \infty} f_n(x)dx$$

が成り立つだろうか．また f_n が微分可能であるとき

$$\lim_{n \to \infty} \frac{d}{dx} f_n(x) = \frac{d}{dx} f(x)$$

が成り立つだろうか．このような関数列の積分と微分は，解析学においては今後頻繁に出くわす状況である．本章では関数列の収束と積分，次に微分について述べる．

関数列には各点収束と一様収束がある．まずはその定義から始める．

17.1 各点収束と一様収束

$A \subset \mathbb{R}^d$ とする．A 上の実数値関数 $f_n(x) \ (n = 1, 2, \cdots)$ からなる関数の列を $\{f_n\}_{n=1}^{\infty}$ と表し，A 上の関数列という．

◆**定義 17.1**◆ $\{f_n\}_{n=1}^{\infty}$ を A 上の関数列とする．$A_0 \subset A$ とする．各 $x \in A_0$ に対して極限

$$\lim_{n \to \infty} f_n(x)$$

が存在するとき，この極限値を $f(x)$ とおく．すると関数 $f : A_0 \ni x \longmapsto f(x) \in \mathbb{R}$ が定義できる．f を $\{f_n\}_{n=1}^{\infty}$ の A_0 上の極限といい，

$$\lim_{n \to \infty} f_n = f \ (\ A_0 \ \text{で各点})$$
$$f_n \to f \ (\ A_0 \ \text{で各点})$$

と表し，$\{f_n\}_{n=1}^{\infty}$ は f に A_0 上で各点収束するという．

さて $\displaystyle\lim_{n \to \infty} f_n = f \ (A_0 \ \text{で各点})$ は ε-N 論法を使って書けば次のように表せる．

任意の $\varepsilon > 0$ と任意の $x \in A_0$ に対して，ある番号 N が存在し，$n \geq N$ ならば $|f_n(x) - f(x)| < \varepsilon$

ここで注意すべき点は N が ε と x と f に依存して決まることである．

これに対して関数列の収束には次に定義する一様収束の概念がある．

◆**定義 17.2**◆ $\{f_n\}_{n=1}^{\infty}$ を A 上の関数列とし，f を $A_0 \ (\subset A)$ 上の関数とする．$\{f_n\}_{n=1}^{\infty}$ が A_0 上で f に**一様収束**するとは，任意の $\varepsilon > 0$ に対して，ある番号 N が存在し，$n \geq N$ ならば，任意の $x \in A_0$ に対して，

$$|f_n(x) - f(x)| < \varepsilon$$

が成り立つ．言い換えれば

$$\forall \varepsilon > 0, \exists N \in \mathbb{N} : \sup_{x \in A_0} |f(x) - f_n(x)| \leq \varepsilon$$

が成り立つことである．このとき，f を $\{f_n\}_{n=1}^{\infty}$ の**一様極限**といい，

$$\lim_{n \to \infty} f_n = f_0 \ (\ A_0 \text{で一様})$$
$$f_n \to f \ (\ A_0 \text{で一様})$$

と表す．

各点収束と一様収束の違いは近年になるまで認識されていなかった．各点収束と一様収束を区別したのはアーベルである．彼はコーシーの『微分積分学要論』に書かれていた関数列からなる級数において，各項が連続ならばその極限関数も連続であるという主張に疑いをもった[*1]．ワイエルシュトラスが一様収束の概念の定式化を行った．一様収束の概念は現代の解析学では非常に重要な考え方である．

[*1] この辺のことについては小堀[17]を参照．それによれば，アーベル自身は「一様収束」という用語は使っていなかった．

一様収束は，関数解析という分野で有用な役割を果たす．ここでは関数解析で用いる上限ノルムを用いて，一様収束に関するいくつかの基本的な定理の証明を記述する．

以下 $A_0 \subset A \subset \mathbb{R}^d$ とし，$f : A_0 \to \mathbb{R}$ に対して f が A_0 上有界のとき

$$\|f\|_{A_0} = \sup_{x \in A_0} |f(x)|$$

と定める（この量は f の A_0 に対する上限ノルムと呼ばれる）．f が A_0 上有界でないとき，$\|f\|_{A_0} = \infty$ と定める．

明らかに任意の $x \in A_0$ に対して

$$|f(x)| \le \|f\|_{A_0}$$

である．

A 上の関数列 $\{f_n\}_{n=1}^\infty$ が $f : A_0 \to \mathbb{R}$ に A_0 で一様収束することは，定義より

$$\lim_{n \to \infty} \|f_n - f\|_{A_0} = 0$$

が成り立つことにほかならない．

次の不等式は基本的である．

> **定理 17.1** f, g を A_0 上の有界関数とする．$a \in \mathbb{R}$ とする．次のことが成り立つ．(1) $\|af\|_{A_0} = |a| \|f\|_{A_0}$
> (2) $\|f + g\|_{A_0} \le \|f\|_{A_0} + \|g\|_{A_0}$

◆証明◆ $|af(x)| = |a| |f(x)|$ より (1) は明らかである．また $|f(x) + g(x)| \le |f(x)| + |g(x)|$ であるから，明らかに任意の $x \in A_0$ に対して

$$|f(x) + g(x)| \le \|f\|_{A_0} + \|g\|_{A_0}$$

である．ここで x について上限をとれば $\|f + g\|_{A_0} \le \|f\|_{A_0} + \|g\|_{A_0}$ を得る． ∎

明らかに，$f_n \to f$（A_0 で一様）であれば $f_n \to f$（A_0 で各点）である．しかしこの逆は成り立たない．

[**例 17.1**] $A = A_0 = [0,1]$ とする．

$$f_n(x) = x^n \ (x \in [0,1])$$

とする. また

$$f(x) = \begin{cases} 0, & x \in [0,1) \\ 1, & x = 1 \end{cases}$$

とする. このとき, $f_n \to f$ (A_0 で各点) であるが, $f_n \to f$ (A_0 で一様) ではない.

◆証明◆ $f_n \to f$ (A_0 で各点) は明らか. もしも $f_n \to f$ (A_0 で一様) であるとして矛盾を導く. 特に $\varepsilon = \dfrac{1}{2}$ とすると定義よりある $N \in \mathbb{N}$ が存在し,

$$n \geq N \text{ ならば } \sup_{x \in [0,1]} |x^n - f(x)| \leq \frac{1}{2}$$

である. したがって $0 \leq x < 1$ に対して $x^N = |x^N - 0| \leq \dfrac{1}{2}$ である. $\dfrac{1}{N}\log\dfrac{2}{3} < 0$ より $0 < \exp\left(\dfrac{1}{N}\log\dfrac{2}{3}\right) < 1$ であるから, $\exp\left(\dfrac{1}{N}\log\dfrac{2}{3}\right) < x < 1$ をみたす $x \in (0,1)$ がとれる. このとき $\dfrac{2}{3} < x^N$ であるから矛盾. ∎

　一般に連続関数列の一様収束については次のことが成り立つ.

◆ **定理 17.2** ◆ $A \subset \mathbb{R}^d$ とし, f_n を A 上の連続関数とする ($n = 1, 2, \cdots$). $\{f_n\}_{n=1}^{\infty}$ が A 上の関数 f に一様収束すれば f は A 上の連続関数である.

◆証明◆ $c \in A$ を任意にとる. f が c で連続であること, すなわち,

$$\forall \varepsilon > 0, \exists \delta > 0 : x \in A \text{ かつ } |x - c| < \delta \text{ ならば } |f(x) - f(c)| < \varepsilon$$

を示せばよい. 任意に $\varepsilon > 0$ をとる. 一様収束性より, ある $N \in \mathbb{N}$ を $\|f_N - f\|_A < \dfrac{\varepsilon}{3}$ となるようにとれる. f_N の連続性から, ある $\delta > 0$ を

$$x \in A \text{ かつ } |x - c| < \delta \text{ ならば } |f_N(x) - f_N(c)| < \frac{\varepsilon}{3}$$

となるようにとれる. したがって $x \in A$ かつ $|x - c| < \delta$ ならば

$$\begin{aligned}
|f(x) - f(c)| &\leq |f(x) - f_N(x)| + |f_N(x) - f_N(c)| + |f_N(c) - f(c)| \\
&< \|f_N - f\|_A + \frac{\varepsilon}{3} + \|f_N - f\|_A \\
&< \frac{\varepsilon}{3} + \frac{\varepsilon}{3} + \frac{\varepsilon}{3} = \varepsilon
\end{aligned}$$

が得られる. よって f は c で連続である. ∎

17.2　極限と積分の順序交換

$\{f_n\}_{n=1}^{\infty}$ を $[a,b]$ 上の連続関数列で，$f = \lim_{n \to \infty} f_n$ （$[a,b]$ で各点) であるとする．このとき

$$\lim_{n \to \infty} \int_a^b f_n(x)dx = \int_a^b \lim_{n \to \infty} f_n(x)dx$$

が成り立つか？

答えは NO である．

[**例 17.2**]　$n \in \mathbb{N}$ に対して $f_n(x) = n^2 x(1-x)^n$ $(x \in [0,1])$ とする．このとき $x \in [0,1]$ に対して $\lim_{n \to \infty} f_n(x) = 0$ である．したがって

$$\int_0^1 \lim_{n \to \infty} f_n(x)dx = 0$$

である．しかし

$$\begin{aligned}
\int_0^1 f_n(x)dx &= n^2 \int_0^1 x(1-x)^n dx = n^2 \int_0^1 (1-y)y^n dy \\
&= n^2 \left(\left[\frac{1}{n+1} y^{n+1} \right]_0^1 - \left[\frac{1}{n+2} y^{n+2} \right]_0^1 \right) \\
&= \frac{n^2}{(n+1)(n+2)} \to 1 \ (n \to \infty)
\end{aligned}$$

である．ゆえに

$$\lim_{n \to \infty} \int_a^b f_n(x)dx = 1 \neq 0 = \int_a^b \lim_{n \to \infty} f_n(x)dx.$$

しかし次のことが成り立つ．

定理 17.3　$\{f_n\}_{n=1}^{\infty}$ を $[a,b]$ 上の連続関数列で，$f = \lim_{n \to \infty} f_n$ （$[a,b]$ で一様) とする．このとき

$$\lim_{n \to \infty} \int_a^b f_n(x)dx = \int_a^b \lim_{n \to \infty} f_n(x)dx = \int_a^b f(x)dx.$$

◆証明◆　任意に $\varepsilon > 0$ をとる．仮定より $\exists N \in \mathbb{N} : n \geq N$ ならば $\|f_N - f\|_{[a,b]} <$

$\dfrac{\varepsilon}{b-a}$ が成り立つ. したがって $n \geq N$ に対して

$$\left| \int_a^b f_n(x)dx - \int_a^b f(x)dx \right| \leq \int_a^b |f_n(x) - f(x)|\, dx \leq \|f_N - f\|_{[a,b]} \int_a^b dx$$
$$= \frac{\varepsilon}{b-a}(b-a) = \varepsilon.$$
∎

それでは $\{f_n\}_{n=1}^{\infty}$ が $[a,b]$ 上の C^1 級の関数列であり, $f_n \to f$ ($[a,b]$ で一様) であり, f が $[a,b]$ 上で C^1 級ならば

$$\lim_{n\to\infty} \frac{d}{dx}f_n(x) = \frac{d}{dx}f(x) \quad \text{であろうか?}$$

■**注意 17.1** $[a,b]$ 上の関数 f が $[a,b]$ 上で微分可能であるとは, (a,b) 上で微分可能であり, さらに $x = a$ では極限

$$f'(a) = \lim_{h>0,h\to 0} \frac{f(a+h) - f(a)}{h}$$

が存在し, $x = b$ では極限

$$f'(b) = \lim_{h>0,h\to 0} \frac{f(b-h) - f(b)}{h}$$

が存在することである. これらはそれぞれ f の a での右側微係数, b での左側微係数である. f が $[a,b]$ 上で C^1 級とは, f が $[a,b]$ 上で微分可能で, f' が $[a,b]$ 上で連続なことである.

次のような例が知られている.

[**例 17.3**] $f_n(x) = \dfrac{x^{n+1}}{n+1}$ ($x \in [0,1]$) とし, $f(x) = 0$ ($x \in [0,1]$) とする. このとき, f_n は $[0,1]$ 上で C^1 級である. さらに

$$|f_n(x) - f(x)| = \frac{x^{n+1}}{n+1} \leq \frac{1}{n+1}$$

より

$$\|f_n - f\|_{[0,1]} \leq \frac{1}{n+1} \to 0 \ (n \to \infty)$$

である. ゆえに $f_n \to f$ ($[0,1]$ で一様) である. しかし

$$\frac{d}{dx}f_n(1) = 1 \neq 0 = \frac{d}{dx}f(1).$$

次の定理が成り立つ.

> **定理 17.4**　$\{f_n\}_{n=1}^{\infty}$ が $[a,b]$ 上の C^1 級の関数列であり，$[a,b]$ 上のある関数 f と g で
> $$\lim_{n\to\infty} f_n = f \ ([a,b] \text{ 上で各点})$$
> $$\lim_{n\to\infty} f_n' = g \ ([a,b] \text{ 上で一様})$$
> ならば，f は $[a,b]$ 上で微分可能で，$f'(x) = g(x) \ (x \in [a,b])$ である．したがって
> $$\lim_{n\to\infty} \frac{d}{dx} f_n(x) = \frac{d}{dx} f(x)$$

◆**証明**◆　$x \in [a,b]$ を任意にとる．このとき f_n' は g に $[a,x]$ 上で一様収束しているから
$$\lim_{n\to\infty} \int_a^x f_n'(t)dt = \int_a^x g(t)dt$$
である．一方
$$\int_a^x f_n'(t)dt = f_n(x) - f_n(a) \to f(x) - f(a) \ (n \to \infty)$$
である．ゆえに
$$f(x) - f(a) = \int_a^x g(t)dt$$
である．g は連続関数であるから f は微分可能で
$$f'(x) = g(x)$$
が得られる．よって定理が証明された．∎

微分については次の定理は非常に有用である.

> **定理 17.5**　$f(x,t)$ を $[a,b] \times [\alpha,\beta]$ 上の連続関数であり，各 $x \in [a,b]$ に対して
> $$f(x,\cdot) : [\alpha,\beta] \ni t \longmapsto f(x,t)$$
> が t に関して偏微分可能であり，$\dfrac{\partial f}{\partial t}$ が $[a,b] \times [\alpha,\beta]$ 上で連続であるとする．このとき t の関数

$$\int_a^b f(x,t)dx$$

は $[\alpha, \beta]$ 上で微分可能であり,

$$\frac{d}{dt}\int_a^b f(x,t)dx = \int_a^b \frac{\partial f}{\partial t}(x,t)dx$$

が成り立つ.

この定理の証明のために次の補題を証明する.

◆ **補題 17.6** ◆　$\varphi(x,t)$ を $[a,b] \times [\alpha, \beta]$ 上の連続関数とする. このとき $t \in [\alpha, \beta]$ の関数

$$\int_a^b \varphi(x,t)dx$$

は $[\alpha, \beta]$ 上で連続である.

◆**証明**◆　$\Phi(t) = \int_a^b \varphi(x,t)dx$ とおく. $\varphi(x,t)$ は $[a,b] \times [\alpha, \beta]$ 上で一様連続であるから,

$$\forall \varepsilon > 0, \exists \delta > 0 : \sqrt{|x-x'|^2 + |t-t'|^2} < \delta \Rightarrow |\varphi(x,t) - \varphi(x',t')| < \frac{\varepsilon}{b-a}$$

が成り立つ. したがって, $|t-t'| < \delta$ ならば $\sqrt{|x-x|^2 + |t-t'|^2} < \delta$ であるから,

$$|\Phi(t) - \Phi(t')| \leq \int_a^b |\varphi(x,t) - \varphi(x,t')| \, dx \leq \varepsilon$$

となる. よって Φ は連続である. ∎

◆**定理 17.5 の証明**◆　$\frac{\partial f}{\partial t}(x,t)$ は $[a,b] \times [\alpha, \beta]$ 上で連続である. $G(t) = \int_a^b \frac{\partial f}{\partial t}(x,t)dx \, (t \in [\alpha, \beta])$ とおくと補題より $G(t)$ は連続である. $F(t) = \int_a^b f(x,t)dx$ も同様にして t の関数として $[a,b]$ 上で連続である. シュトルツの定理より

$$\int_\alpha^s G(t)dt = \int_\alpha^s \left(\int_a^b \frac{\partial f}{\partial t}(x,t)dx \right) dt = \int_a^b \left(\int_\alpha^s \frac{\partial f}{\partial t}(x,t)dt \right) dx$$
$$= \int_a^b \{f(x,s) - f(x,\alpha)\} \, dx$$
$$= F(s) - F(\alpha)$$

である. ゆえに F は $[\alpha, \beta]$ で微分可能で,

$$\frac{d}{dt}\int_a^b f(x,t)dx = F'(t) = G(t) = \int_a^b \frac{\partial f}{\partial t}(x,t)dx.$$

■

　項別積分, 項別微分については, より良い定理がルベーグ積分論で知られている. 詳しくはルベーグ積分の本 (たとえば[5]など) を参照してほしい. より発展的な解析学を学ぶ場合は, 本節で述べた定理では不十分であり, ルベーグ積分論に基づく項別積分定理 (ルベーグの収束定理), 項別微分等の定理が不可欠であるし, 使うのも便利である. ルベーグ積分の学習は面倒がられることも多いが, 本書を読んだ後にぜひ勉強してほしい.

17.3　関数項級数と M 判定法

　本節では関数からなる級数について学ぶ. 関数からなる級数の代表的な例はべき級数, フーリエ級数などであり, これらは複素関数論, フーリエ解析などの分野で詳しく学ぶことになる. ここでは一般の関数項級数が一様収束するための十分条件の一つであるワイエルシュトラスの M 判定法を学ぶ.

　$A \subset \mathbb{R}^d$ を空でない集合とし, A 上の有界関数の列 $\{f_n\}_{n=1}^\infty$ を考える.

$$F_N(x) = \sum_{n=1}^N f_n(x) \ (x \in A)$$

とする. もしも極限 $\lim_{N\to\infty} F_N(x) = F(x)$ が収束するとき, 関数項級数 $\{F_N\}_{N=1}^\infty$ は x で収束するといい,

$$F(x) = \sum_{n=1}^\infty f_n(x)$$

と表す. 特に $\{F_N\}_{N=1}^\infty$ が A で一様収束するとき, 関数項級数は A で一様収束するという. 関数項級数が一様収束するための一つの有用な十分条件は次のものである.

> **定理 17.7**　$M_n \ (n = 1, 2, \cdots)$ を非負の実数であり, $\sum_{n=1}^\infty M_n < \infty$ であるとする. もしも $\|f_n\|_A \le M_n \ (n = 1, 2, \cdots)$ であれば, 関数項級数 $\left\{\sum_{n=1}^N f_n\right\}_{n=1}^\infty$ は A 上のある有界関数 F に A 上で一様収束する. もし $f_n \ (n = 1, 2, \cdots)$ が A 上で連続ならば F は A 上で連続である.

◆証明◆　$x \in A$ とする. $F_N(x) = \sum_{n=1}^{N} f_n(x)$ とおく. $\sum_{n=1}^{\infty} M_n < \infty$ より, $N' > N$ に対して

$$|F_{N'}(x) - F_N(x)| \leq \sum_{n=N+1}^{N'} |f_n(x)| \leq \sum_{n=N+1}^{N'} M_n \leq \sum_{n=N+1}^{\infty} M_n \qquad (17.1)$$
$$\to 0 \ (N \to \infty)$$

である. したがって実数の完備性から

$$F(x) = \lim_{N \to \infty} F_N(x)$$

が存在する. このことと (17.1) より

$$|F(x) - F_N(x)| = \lim_{N' \to \infty} |F_{N'}(x) - F_N(x)| \leq \sum_{n=N+1}^{\infty} M_n$$

が任意の $x \in A$ に対して成り立っている. ゆえに

$$\|F - F_N\| \leq \sum_{n=N+1}^{\infty} M_n \to 0 \ (N \to \infty)$$

となっている. このことから, ある N_0 が存在し,

$$\|F\| = \|F - F_{N_0} + F_{N_0}\| \leq \|F - F_{N_0}\| + \|F_{N_0}\|$$
$$< 1 + \|F_{N_0}\| < \infty$$

である. ゆえに定理の前半の主張が証明された.

後半の主張を示す. 仮定より F_N は A 上で連続である. F_N は F に A で一様収束しているから, F は A 上で連続である. ∎

練習 17.1　次の関数が $\mathbb{R}$ 上の連続関数であることを示せ.

(1) $R(x) = \sum_{n=1}^{\infty} \dfrac{1}{n^2} \sin n^2 \pi x$　（リーマン関数）

(2) $W(x) = \sum_{n=0}^{\infty} b^n \cos(a^n \pi x)$　（ただし $0 < b < 1$, $a > 0$）　（ワイエルシュトラス関数）

解答例　(1) $\left| \dfrac{\sin(n^2 \pi x)}{n^2} \right| \leq \dfrac{1}{n^2}$ であり, $\sum_{n=1}^{\infty} \dfrac{1}{n^2} < \infty$ であるから, 定理 17.7 より関数項級数 $\sum_{n=1}^{\infty} \dfrac{\sin(n^2 x)}{n^2}$ は $\mathbb{R}$ 上で一様収束している. ゆえに $R(x)$ は $\mathbb{R}$ 上の連続関数である. (2) $|b^n \cos(a^n \pi x)| \leq b^n$ であり, $\sum_{n=1}^{\infty} b^n < \infty$ であるから, 定理 17.7 より関数項級数 $\sum_{n=1}^{\infty} b^n \cos(a^n \pi x)$ は $\mathbb{R}$ 上で一様収束している.

ゆえに $W(x)$ は $\mathbb{R}$ 上の連続関数である.

リーマン関数とワイエルシュトラス関数

練習 17.1 にあげた関数 $R(x), W(x)$ は微積分の歴史上たいへん重要な関数である. これらの関数を考案したのはリーマンとワイエルシュトラスである. この二人の名前はこれまでも出てきたが, リーマン[*2]は 1826 年に生まれ, 1866 年に没したドイツの数学者である. またワイエルシュトラスもほぼ同年代のドイツの数学者で 1815 年に生まれ, 1897 年に逝去している.

$W(x)$ は 1872 年にワイエルシュトラスの論文[*3]により発表されたもので, この論文において特に a が $ab > 1 + 3\pi/2$ をみたす奇数の場合に, $W(x)$ が連続であるにもかかわらずすべての点において微分不可能になることが証明された. じつはワイエルシュトラスの論文によると 19 世紀の中ごろまで, 数学者たちは連続関数の微分不可能性はせいぜい孤立した点のみで起こるだけであると信じていた. しかしこの常識を疑っている数学者がいた. それがリーマンであった. リーマンは微分不可能な点が孤立していないような連続関数の例として $R(x)$ が考えられることを 1861 年かあるいはそれ以前の講義で講じていたらしい.

さて, リーマンの関数はその講義の聴講者を介してワイエルシュトラスの目に留まることになった. ワイエルシュトラスは, リーマンが $R(x)$ を考えるに当たっては, 至るところ微分不可能な連続関数を念頭に置いていたに違いないと推測した. ただ $R(x)$ が

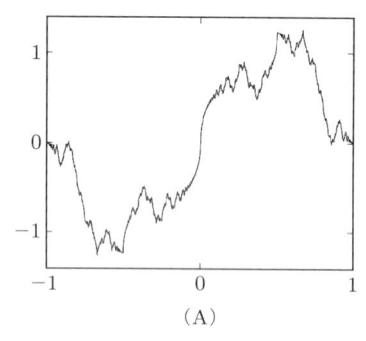
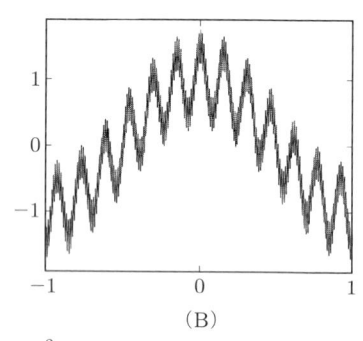

(A)	(B)

図 17.1 　(A) リーマン関数の $\sum_{n=1}^{5000} \dfrac{\sin(n^2\pi x)}{n^2}$ のグラフの一部. (B) ワイエルシュトラス関数の $b = 1/2, a = 13$ のときの第 3 項までの和のグラフ.

[*2] Georg Friedrich Bernhard Riemann.

[*3] K. Weierstrass, Über continuirlische Funktionen eines reellen Arguments, die für keinen Werth des Letzteren einen bestimmten Differentialquotienten besitzen, Karl Weierstrass Mathematische Werke, 2, 71–74, Akademische Verlagsgellschaft, Frankfurt.

　そのような性質を持っていると証明することはワイエルシュトラスをもってしても困難であった．そこでワイエルシュトラスはリーマンの定義に独自の工夫を加え，$W(x)$ を定義し，a が $ab > 1 + 3\pi/2$ をみたす奇数の場合に $W(x)$ が至るところ微分不可能な連続関数であることを証明した．ここに多くの人が正しい証明をすることなく抱いていた信条は覆されることとなった．

　なお後日談だが，1916 年になってようやく $R(x)$ が無理点とある種の有理点で微分不可能であることがハーディ（Hardy）により証明された．さらに，1970 年になってジャーバー（Gerber）は $R(x)$ が微分不可能な点だけでなく，微分可能な点も持っていることを発見した．

　$R(x)$ と $W(x)$ の概形はコンピュータにより容易に描画できる（図 17.1）．

　これらの結果は微積分を直観的な理解で済ませずに，厳密に論じたからこそ得られた結果といえるだろう．ε-δ 論法をはじめとする厳密な数学理論の勝利である．

これまでは $\mathbb{R}^d$ の部分集合から $\mathbb{R}$ への写像の偏微分について扱ってきた．これに対して本章では $\mathbb{R}^d$ の部分集合から $\mathbb{R}^p$ への写像の微分について学ぶ．

本章に限り線形代数の結果を使いやすくするために $\mathbb{R}^k$ の点は縦ベクトルで表されるものとする．すなわち

$$\boldsymbol{x} = \begin{pmatrix} x_1 \\ \vdots \\ x_k \end{pmatrix} \in \mathbb{R}^k$$

とみなす．これを $\boldsymbol{x} = (x_i)_{i=1}^k$ または (x_i) と略記する．これまでの章では $\mathbb{R}^k$ の点は横ベクトルとして扱ってきたので混乱がないように注意してほしい．これまでと同様

$$\|\boldsymbol{x}\| = (x_1^2 + \cdots + x_k^2)^{1/2}$$

とする（10.1 節末参照）．また内積も $\boldsymbol{x} = (x_i)_{i=1}^k,\ \boldsymbol{y} = (y_i)_{i=1}^k \in \mathbb{R}^k$ に対して

$$\boldsymbol{x} \cdot \boldsymbol{y} = \sum_{i=1}^k x_i y_i$$

とする．

質問

今まで横ベクトルにしていたのに，なぜ縦ベクトルに変えるのですか？もし縦ベクトルの方が扱いやすいのであれば，最初から縦ベクトルにすればよいのではないですか．

● **Answer** ● 確かにその通りです. ただ, 空間内の点を横ベクトルで表すというのはこれまで高校でも馴染んできましたし, また解析関係の多くの本では横ベクトルで表しています. そこで多変数関数の場合は横ベクトルの記述をして, 本格的に写像の微分など行列とベクトルの積が表舞台に出てきたところで, 縦ベクトルの記述にしました. どちらの表記にも慣れてもらいたいという気持ちもあります.

$D \subset \mathbb{R}^d$ とし, F を D から $\mathbb{R}^p$ への写像, すなわち

$$F : D \to \mathbb{R}^p$$

とする. このとき $\boldsymbol{x} \in D$ に対して $F(\boldsymbol{x}) \in \mathbb{R}^p$ であるから, $F(\boldsymbol{x})$ の各座標は, ある p 個の関数 $f_1 : D \to \mathbb{R}, \cdots, f_p : D \to \mathbb{R}$ により

$$F(\boldsymbol{x}) = \begin{pmatrix} f_1(\boldsymbol{x}) \\ \vdots \\ f_p(\boldsymbol{x}) \end{pmatrix} \in \mathbb{R}^p$$

と表せる. 紙面の節約のため, これを転置の記号を用いて

$$F(\boldsymbol{x}) = (f_1(\boldsymbol{x}), \cdots, f_p(\boldsymbol{x}))^T$$

と表すこともある. またさらに記号の簡略化のため, $F = (f_i)$ あるいは $F = (f_i)_{i=1}^p$ と表す. f_i を F の**第 i 成分**と呼ぶ.

$f_1, \cdots, f_p$ が D 上で連続であるとき, F を D から $\mathbb{R}^p$ への**連続写像**という. また, $f_1, \cdots, f_p$ が D 上で C^k 級であるとき, F を D から $\mathbb{R}^p$ への C^k **級写像**, あるいは $F : D \to \mathbb{R}^p$ は C^k 級という.

なお記述を見やすくするため, $f(\boldsymbol{x}) = f(x_1, \cdots, x_d)$ のように記すこともある.

$D \subset \mathbb{R}^d$ から $\mathbb{R}^p$ への写像の例として曲線と曲面がある.

[**例 18.1**] $\mathbb{R}$ の区間 I から $\mathbb{R}^p$ への連続写像

$$F(t) = (f_1(t), \cdots, f_p(t))^T$$

を t をパラメータとする $\mathbb{R}^p$ 内の連続曲線という. $p = 2$ の場合は平面曲線, $p = 3$ の場合は空間曲線という. たとえば

$$F(t) = (\cos t, \sin t)^T \ (t \in [0, 2\pi])$$

は平面内の円周を表している. また

$$F(t) = (\cos t, \sin t, t)^T \ (t \in (-\infty, \infty))$$

は $\mathbb{R}^3$ 内のらせんを表している（図 18.1（1）参照）．

[**例 18.2**]　区間 I と J の直積 $D = I \times J$ を考える．D から $\mathbb{R}^3$ への連続写像

$$F(x, y) = (f_1(x, y), f_2(x, y), f_3(x, y))^T$$

を (x, y) をパラメータとする $\mathbb{R}^3$ 内の曲面という．たとえば

$$F(x, y) = (\cos x, \sin x, y), \ ((x, y) \in [0, 2\pi] \times (-\infty, \infty))$$

は円柱を表している（図 18.1（2）参照）．

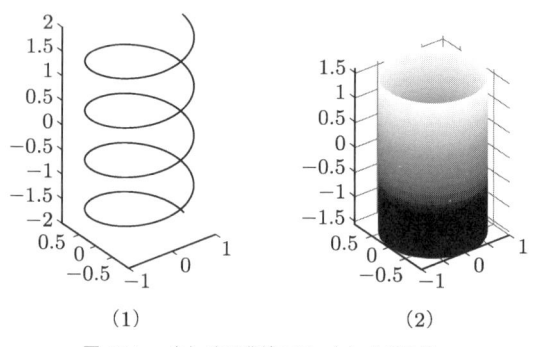

（1）　　　　　　　　　（2）

図 **18.1**　（1）空間曲線の例．（2）曲面の例．

　関数列の一様収束について学んだが，写像の列に対しても一様収束が定義される．

◆**定義 18.1**◆　（写像の一様収束）　$E_1 \subset \mathbb{R}^n$ とする．$F : E_1 \to \mathbb{R}^m$, $F_k : E_1 \to \mathbb{R}^m$ $(k = 1, 2, \cdots)$ とする．このとき，写像の列 $\{F_k\}_{k=1}^{\infty}$ が F に E_1 上で一様収束するとは

$$\lim_{k \to \infty} \sup_{\boldsymbol{x} \in E_1} \|F_k(\boldsymbol{x}) - F(\boldsymbol{x})\| = 0$$

が成り立つことである．

　次の問題は関数の場合と同様の考え方で示せる．

（**問題 18.1**）　$E_1 \subset \mathbb{R}^n, E_2 \subset \mathbb{R}^m$ とし，E_2 を閉集合とする．$F : E_1 \to \mathbb{R}^m$ と $F_k : E_1 \to E_2$, を連続写像とする $(k = 1, 2, \cdots)$．もしも $\{F_k\}_{k=1}^{\infty}$ が F に E_1 上で一様収束するならば，F は E_1 から E_2 への連続写像であることを示せ．

$\boxed{\text{問題 18.2}}$　$E_1 \subset \mathbb{R}^n$ とする. $F_k : E_1 \to \mathbb{R}^m$ を連続写像とする $(k = 1, 2, \cdots)$. $F_k(\boldsymbol{x}) = (f_{1,k}(\boldsymbol{x}), \cdots, f_{m,k}(\boldsymbol{x}))^T$ とする. M_k を正数で, $\sum_{k=1}^{\infty} M_k < \infty$ をみたし, かつ

$$\sup_{\boldsymbol{x} \in E_1} \|F_k(\boldsymbol{x})\| \leq M_k \ (k = 1, 2, \cdots)$$

が成り立っているとする. このとき, 連続写像 $F : E_1 \to \mathbb{R}^m$ が存在し

$$\sup_{\boldsymbol{x} \in E_1} \left\| F(\boldsymbol{x}) - \sum_{k=1}^{N} F_k(\boldsymbol{x}) \right\| \to 0 \ (k \to \infty)$$

が成り立つことを示せ.

$\boxed{\text{問題 18.3}}$　(縮小写像の原理)　$E \subset \mathbb{R}^k$ を閉集合とする. $G : E \to E$ が縮小写像, すなわちある正定数 $0 < c < 1$ が存在し

$$\|G(\boldsymbol{x}) - G(\boldsymbol{x}')\| \leq c \|\boldsymbol{x} - \boldsymbol{x}'\|$$

をみたしているとする. このとき, $G(\boldsymbol{\gamma}) = \boldsymbol{\gamma}$ をみたす $\boldsymbol{\gamma} \in E$ がただ一つ存在する. $\boldsymbol{\gamma} \in E$ を G の不動点という.

18.1 写像の微分

$D \subset \mathbb{R}^d$ とし, $F = (f_1, \cdots, f_p)^T$ を D から $\mathbb{R}^p$ への写像で, 各 f_j が $\boldsymbol{x} \in D$ で偏微分可能であるとする. このとき

$$DF(\boldsymbol{x}) = \begin{pmatrix} \dfrac{\partial f_1}{\partial x_1}(\boldsymbol{x}) & \cdots & \dfrac{\partial f_1}{\partial x_d}(\boldsymbol{x}) \\ \vdots & \ddots & \vdots \\ \dfrac{\partial f_p}{\partial x_1}(\boldsymbol{x}) & \cdots & \dfrac{\partial f_p}{\partial x_d}(\boldsymbol{x}) \end{pmatrix}$$

と定義し, これを写像 F の $\boldsymbol{x}$ での**微分**という.

特に $f : D \to \mathbb{R}$ の場合は, $f = f_1$ と考え,

$$Df(x) = \begin{pmatrix} \dfrac{\partial f}{\partial x_1}(\boldsymbol{x}) & \cdots & \dfrac{\partial f}{\partial x_d}(\boldsymbol{x}) \end{pmatrix}$$

とみなす. 本章では d 次元ベクトルは縦ベクトルで表しているので, $\nabla f(\boldsymbol{x})$ も 11.6 節の (11.4) で定義したものを縦ベクトルにしたものとして考えて $Df(x) = \nabla f(\boldsymbol{x})^T$ である.

DF を $\boldsymbol{x}$ に $DF(\boldsymbol{x})$ に対応させる写像と考える．$M(p,d)$ を p 行 d 列の実行列全体のなす集合とすると，$DF : D \to M(p,d)$ である．行列 $A \in M(p,d)$ の i 行 j 列の成分を a_{ij} とするとき，$A = (a_{ij})$ と略記する．このとき

$$\|A\| = \left(\sum_{i=1}^{p} \sum_{j=1}^{d} |a_{ij}|^2 \right)^{\frac{1}{2}}$$

と定める．これを A のヒルベルト・シュミットノルムまたはフロベニウスノルムという[*1]．コーシー–シュバルツの不等式から，容易に $\boldsymbol{x} \in \mathbb{R}^d$ で対して，

$$\|A\boldsymbol{x}\|^2 = \sum_{i=1}^{p} \left| \sum_{j=1}^{d} a_{ij} x_j \right|^2 \leq \sum_{i=1}^{p} \left(\sum_{j=1}^{d} |a_{ij}|^2 \right) \left(\sum_{j=1}^{d} |x_j|^2 \right)$$
$$= \|A\|^2 \|\boldsymbol{x}\|^2$$

がわかる．すなわち，$\|A\boldsymbol{x}\| \leq \|A\| \|\boldsymbol{x}\|$ である．今後のこの不等式は頻繁に用いることになる．

いま，$G : D \to M(p \times d)$ なる写像を $G(\boldsymbol{x}) = (g_{ij}(\boldsymbol{x}))$ と表したとき，G が D 上で連続であるとは，各 g_{ij} が D 上で連続となることである．F が D 上の C^1 級写像ならば，DF は D 上で連続である．また G が D 上で連続ならばヒルベルト・シュミットノルムの定義から，$\boldsymbol{x}_0 \in D$ に対して

$$\lim_{\boldsymbol{x} \in D, \|\boldsymbol{x} - \boldsymbol{x}_0\| \to 0} \|G(\boldsymbol{x}) - G(\boldsymbol{x}_0)\| = 0$$

が成り立つ．

行列 $A = (a_{ij}) \in M(q,p)$，$B = (b_{jk}) \in M(p,d)$ に対して，コーシー–シュバルツの不等式より

$$\|AB\|^2 = \sum_{i=1}^{q} \sum_{k=1}^{d} \left| \sum_{j=1}^{p} a_{ij} b_{jk} \right|^2 \leq \sum_{i=1}^{q} \sum_{k=1}^{d} \sum_{j=1}^{p} |a_{ij}|^2 \sum_{j=1}^{p} |b_{jk}|^2$$
$$= \sum_{i=1}^{q} \sum_{j=1}^{p} |a_{ij}|^2 \sum_{k=1}^{d} \sum_{j=1}^{p} |b_{jk}|^2 = \|A\|^2 \|B\|^2$$

すなわち，$\|AB\| \leq \|A\| \|B\|$ が成り立つ．この不等式もしばしば写像の解析では用いる．

[*1] 本来なら，p, q も明記して $\|A\|_{p,q}$ などと記すべきだが，記号の簡略化のためすべて同じ記号 $\|\cdot\|$ で表すことにする．

次のことが成り立つ.

> **◆定理 18.1◆**　$D \subset \mathbb{R}^d$ とし，$F = (f_1, \cdots, f_p)^T$ を D から $\mathbb{R}^p$ への写像とする．$\boldsymbol{x} \in D$ とする．もしもある $T_{\boldsymbol{x}} \in M(p, d)$ が存在し，
> $$\lim_{\boldsymbol{x}+\boldsymbol{h}\in D, \|\boldsymbol{h}\|\to 0} \frac{\|F(\boldsymbol{x}+\boldsymbol{h}) - F(\boldsymbol{x}) - T_{\boldsymbol{x}}\boldsymbol{h}\|}{\|\boldsymbol{h}\|} = 0 \tag{18.1}$$
> をみたすならば，各 f_j は $\boldsymbol{x}$ で偏微分可能であり，$T_{\boldsymbol{x}} = DF(\boldsymbol{x})$ である．

◆証明◆　$T_{\boldsymbol{x}} = (t_{ij})$ とおく．$\boldsymbol{h}_j = h\boldsymbol{e}_j$ $(h \in \mathbb{R}, j = 1, \cdots, d)$ とすると（$\boldsymbol{e}_j$ の定義は (11.6) 参照），$F(\boldsymbol{x}+\boldsymbol{h}_j) - F(\boldsymbol{x}) - T_{\boldsymbol{x}}\boldsymbol{h}_j$ の第 i 成分は

$$f_i(\boldsymbol{x}+h\boldsymbol{e}_j) - f_i(\boldsymbol{x}) - t_{ij}h$$

であるから，(18.1) より

$$\lim_{h\to 0} \left| \frac{f_i(\boldsymbol{x}+h\boldsymbol{e}_j) - f_i(\boldsymbol{x})}{h} - t_{ij} \right| = 0$$

が得られる．よって $t_{ij} = \dfrac{\partial f_i}{\partial x_j}(x)$ となり，定理が得られる. ∎

◆定義 18.2◆　定理 18.1 の条件がなりたつことを，F は $\boldsymbol{x}$ で**微分可能**（あるいは**フレッシェ微分可能**）であるという．D の各点 $\boldsymbol{x}$ で微分可能であることを D 上で微分可能であるという．

定理 18.1 より F が D で微分可能であり，$T : D \ni \boldsymbol{x} \longmapsto T_{\boldsymbol{x}} \in M(p, d)$ が D で連続ならば，F は C^1 級写像である．

さて多変数関数のテイラーの定理を写像の各座標成分に対して用いることにより次のことがわかる.

> **◆定理 18.2◆**　$D \subset \mathbb{R}^d$ を $\mathbb{R}^d$ の開集合とする．$F : D \to \mathbb{R}^p$ を D 上の C^1 級写像とする．$B_d(\boldsymbol{c}, r) \subset \Omega$ とする．$\boldsymbol{h} \in \mathbb{R}^d$, $\|\boldsymbol{h}\| < r$ に対して
> $$\varepsilon_1(\boldsymbol{h}) = F(\boldsymbol{c}+\boldsymbol{h}) - F(\boldsymbol{c}) - DF(\boldsymbol{c})\boldsymbol{h}$$
> とおく．このとき $\varepsilon_1 : B_d(\boldsymbol{0}, r) \ni \boldsymbol{h} \to \varepsilon_1(\boldsymbol{h}) \in \mathbb{R}^p$ は連続写像であり，
> $$F(\boldsymbol{c}+\boldsymbol{h}) = F(\boldsymbol{c}) + DF(\boldsymbol{c})\boldsymbol{h} + \varepsilon_1(\boldsymbol{h}),$$
> $$\lim_{\|\boldsymbol{h}\|\to 0} \frac{\|\varepsilon_1(\boldsymbol{h})\|}{\|\boldsymbol{h}\|} = 0$$

をみたす.

このことから, F が C^1 級ならば, 微分可能であることがわかる.

写像の各成分に平均値の定理を使えば, 次のことも容易に証明できる.

> **定理 18.3** $D \subset \mathbb{R}^d$ を $\mathbb{R}^d$ の開凸集合とする. $F : D \to \mathbb{R}^p$ を D 上の C^1 級写像で
> $$M = \sup_{\boldsymbol{x} \in D} \|DF(\boldsymbol{x})\|$$
> とおくと, $M < \infty$ をみたしているとする. このとき, $\boldsymbol{c}, \boldsymbol{c} + \boldsymbol{h} \in D$ に対して
> $$\|F(\boldsymbol{c} + \boldsymbol{h}) - F(\boldsymbol{c})\| \leq M \|\boldsymbol{h}\|.$$

C^1 級の合成写像の微分については次のことが成り立つ.

> **定理 18.4** $\Omega \subset \mathbb{R}^d$ を $\mathbb{R}^d$ の開集合, $\Omega' \subset \mathbb{R}^p$ を $\mathbb{R}^p$ の開集合とする.
> $$F : \Omega \to \Omega' \text{ を } C^1 \text{ 級写像}$$
> $$G : \Omega' \to \mathbb{R}^q \text{ を } C^1 \text{ 級写像}$$
> とする. このとき合成写像 $\Phi(\boldsymbol{x}) = G(F(\boldsymbol{x})) \ (\boldsymbol{x} \in \Omega)$ は Ω から $\mathbb{R}^q$ への C^1 級写像であり,
> $$D\Phi(\boldsymbol{x}) = DG(F(\boldsymbol{x}))DF(\boldsymbol{x})$$
> が成り立っている. ただしここで $DG(F(\boldsymbol{x}))DF(\boldsymbol{x})$ は $DG(F(\boldsymbol{x})) \in M(q \times p)$ と $DF(\boldsymbol{x}) \in M(p \times d)$ の行列の積である.

◆**証明**◆ 合成関数の偏微分の公式と行列の積の定義から容易に導くことができる. $F(\boldsymbol{x}) = (f_j(\boldsymbol{x}))_{j=1}^p$, $G(\boldsymbol{y}) = (g_i(\boldsymbol{y}))_{i=1}^q$ とする. このとき $\Phi(\boldsymbol{x}) = (\Phi_i(\boldsymbol{x}))_{i=1}^q = (g_i(F(\boldsymbol{x})))_{i=1}^q$ と表せる. したがって

$$\frac{\partial \Phi_i}{\partial x_j}(\boldsymbol{x}) = \frac{\partial g_i \circ F}{\partial x_j}(\boldsymbol{x}) = \frac{\partial}{\partial x_j} g_i(f_1(\boldsymbol{x}), \cdots, f_p(\boldsymbol{x}))$$
$$= \sum_{k=1}^p \frac{\partial g_i}{\partial y_k}(F(\boldsymbol{x})) \frac{\partial f_k}{\partial x_j}(\boldsymbol{x})$$

である. ゆえに

$$D\Phi(x) = \left(\frac{\partial \Phi_i}{\partial x_j}(\boldsymbol{x})\right) = \left(\sum_{k=1}^{p} \frac{\partial g_i}{\partial y_k}(F(\boldsymbol{x}))\frac{\partial f_k}{\partial x_j}(\boldsymbol{x})\right)$$
$$= DG(F(\boldsymbol{x}))DF(\boldsymbol{x})$$

が得られる. ∎

問題 18.4 $U, V \subset \mathbb{R}^d$ を開集合とし, $F : U \to V$ を C^1 級写像であるとする. $f : V \to \mathbb{R}$ を C^1 級であるとする.

(1) $\boldsymbol{c} \in U$ とする. $F(\boldsymbol{c})$ が f の臨界点ならば, $\boldsymbol{c}$ が $f \circ F$ の臨界点であることを示せ. $\det DF(\boldsymbol{c}) \neq 0$ ならばその逆も成り立つことを示せ.

(2) $F(\boldsymbol{c})$ が f の臨界点であるとき, ヘッセ行列に対して $H_{f \circ F}(\boldsymbol{c}) = H_f(F(\boldsymbol{c}))DF(\boldsymbol{c})$ を示せ.

18.2 陰関数定理

陰関数定理は写像の場合にも成り立つ. ここでは写像に対する陰関数定理とその証明をする. そのためにいくつか記号を準備しておく.

$W \subset \mathbb{R}^n \times \mathbb{R}^m$ を開集合とする. $F : W \to \mathbb{R}^m$ を C^1 級写像とする.

$\boldsymbol{z} = (x_1, \cdots, x_n, y_1, \cdots, y_m)^T \in \mathbb{R}^n \times \mathbb{R}^m$, $\boldsymbol{x} = (x_1, \cdots, x_n)^T \in \mathbb{R}^n$, $\boldsymbol{y} = (y_1, \cdots, y_m)^T \in \mathbb{R}^m$ に対して, 記述を見やすくするため, $\boldsymbol{z} = (\boldsymbol{x}, \boldsymbol{y})$, $F(\boldsymbol{z}) = F(\boldsymbol{x}, \boldsymbol{y})$ のように表す $\left(\text{正確には } \boldsymbol{z} = \begin{pmatrix} \boldsymbol{x} \\ \boldsymbol{y} \end{pmatrix} \text{ と記すべきであろう}\right)$.

$$F(\boldsymbol{z}) = \begin{pmatrix} f_1(\boldsymbol{z}) \\ \vdots \\ f_m(\boldsymbol{z}) \end{pmatrix}$$

とする. このとき, F の $\boldsymbol{x}, \boldsymbol{y}$ に関する微分を

$$D_{\boldsymbol{x}}F(\boldsymbol{x}, \boldsymbol{y})\ (= F_{\boldsymbol{x}}(\boldsymbol{x}, \boldsymbol{y})) = \begin{pmatrix} \dfrac{\partial f_1}{\partial x_1}(\boldsymbol{z}) & \cdots & \dfrac{\partial f_1}{\partial x_n}(\boldsymbol{z}) \\ \vdots & \ddots & \vdots \\ \dfrac{\partial f_m}{\partial x_1}(\boldsymbol{z}) & \cdots & \dfrac{\partial f_m}{\partial x_n}(\boldsymbol{z}) \end{pmatrix} \in M(m \times n)$$

$$D_{\boldsymbol{y}}F(\boldsymbol{x}, \boldsymbol{y})\ (= F_{\boldsymbol{y}}(\boldsymbol{x}, \boldsymbol{y})) = \begin{pmatrix} \dfrac{\partial f_1}{\partial y_1}(\boldsymbol{z}) & \cdots & \dfrac{\partial f_1}{\partial y_m}(\boldsymbol{z}) \\ \vdots & \ddots & \vdots \\ \dfrac{\partial f_m}{\partial y_1}(\boldsymbol{z}) & \cdots & \dfrac{\partial f_m}{\partial y_m}(\boldsymbol{z}) \end{pmatrix} \in M(m \times m)$$

により定義する.

> **定理 18.5**　（陰関数定理）　$U \subset \mathbb{R}^n$, $V \subset \mathbb{R}^m$ を開集合とし, $W = U \times V \subset \mathbb{R}^n \times \mathbb{R}^m$ とする. $F : W \to \mathbb{R}^m$ を C^1 級写像とする. $(\boldsymbol{a}, \boldsymbol{b}) \in W$, $F(\boldsymbol{a}, \boldsymbol{b}) = \boldsymbol{0}$ とする. $\det D_{\boldsymbol{y}} F(\boldsymbol{a}, \boldsymbol{b}) \neq 0$ とする. このとき, ある $\delta_1 > 0$ と $\varepsilon_1 > 0$ と連続写像 $\boldsymbol{\varphi} : B_n(\boldsymbol{a}, \delta_1)^a \to B_m(\boldsymbol{b}, \varepsilon_1)^a$ が存在し（記号は 152 ページ）, $B_n(\boldsymbol{a}, \delta_1)^a \subset U$, $B_m(\boldsymbol{b}, \varepsilon_1)^a \subset V$ かつ $\boldsymbol{\varphi}$ は $B_n(\boldsymbol{a}, \delta_1)$ 上で C^1 級であり,
>
> $$\boldsymbol{b} = \boldsymbol{\varphi}(\boldsymbol{a}) \tag{18.2}$$
> $$F(\boldsymbol{x}, \boldsymbol{\varphi}(\boldsymbol{x})) = \boldsymbol{0} \quad (\boldsymbol{x} \in B_n(\boldsymbol{a}, \delta_1)^a) \tag{18.3}$$
>
> 及び $\boldsymbol{x} \in B_n(\boldsymbol{a}, \delta_1)$ に対して
>
> $$\det D_{\boldsymbol{y}} F(\boldsymbol{x}, \boldsymbol{\varphi}(\boldsymbol{x})) \neq 0 \tag{18.4}$$
> $$D_{\boldsymbol{x}} \boldsymbol{\varphi}(\boldsymbol{x}) = -D_{\boldsymbol{y}} F(\boldsymbol{x}, \boldsymbol{\varphi}(\boldsymbol{x}))^{-1} D_{\boldsymbol{x}} F(\boldsymbol{x}, \boldsymbol{\varphi}(\boldsymbol{x})) \tag{18.5}$$
>
> が成り立つ（ここで $D_{\boldsymbol{y}} F(\boldsymbol{x}, \boldsymbol{\varphi}(\boldsymbol{x}))^{-1}$ は $D_{\boldsymbol{y}} F(\boldsymbol{x}, \boldsymbol{\varphi}(\boldsymbol{x}))$ の逆行列を表す）. さらに $(\boldsymbol{x}, \boldsymbol{y}) \in B_n(\boldsymbol{a}, \delta_1)^a \times B_m(\boldsymbol{b}, \varepsilon_1)^a$ が $F(\boldsymbol{x}, \boldsymbol{y}) = \boldsymbol{0}$ をみたすならば $\boldsymbol{y} = \boldsymbol{\varphi}(\boldsymbol{x})$ である.

◆証明◆　$B_n(\boldsymbol{a}, \delta_0) \subset U$ をみたす $\delta_0 > 0$ を任意にとる. $\boldsymbol{x} \in B_n(\boldsymbol{a}, \delta_0)$ と $\boldsymbol{y} \in V$ に対して

$$G(\boldsymbol{x}, \boldsymbol{y}) = \boldsymbol{y} - D_{\boldsymbol{y}} F(\boldsymbol{a}, \boldsymbol{b})^{-1} F(\boldsymbol{x}, \boldsymbol{y})$$

と定義する. 明らかに $G(\boldsymbol{x}, \boldsymbol{y}) = \boldsymbol{y} \Leftrightarrow F(\boldsymbol{x}, \boldsymbol{y}) = \boldsymbol{0}$ である. まず次の主張を示す.

　主張 1　十分小さな $\varepsilon_1 > 0$ と, ある $\delta_0 > \delta_1 > 0$ と $0 < c < 1$ が存在し,

$$\boldsymbol{x} \in B_n(\boldsymbol{a}, \delta_1)^a \Rightarrow G(\boldsymbol{x}, \cdot) : B_m(\boldsymbol{b}, \varepsilon_1)^a \to B_m(\boldsymbol{b}, \varepsilon_1)^a \tag{18.6}$$

であり, かつ $(\boldsymbol{x}, \boldsymbol{y}), (\boldsymbol{x}, \boldsymbol{y}') \in B_n(\boldsymbol{a}, \delta_1)^a \times B_m(\boldsymbol{b}, \varepsilon_1)^a$ ならば

$$\|G(\boldsymbol{x}, \boldsymbol{y}) - G(\boldsymbol{x}, \boldsymbol{y}')\| \leq c \|\boldsymbol{y} - \boldsymbol{y}'\| \tag{18.7}$$

が成り立つ.

　主張 1 の証明　I を $m \times m$ の単位行列とすると,

$$\begin{aligned} D_{\boldsymbol{y}} G(\boldsymbol{x}, \boldsymbol{y}) &= I - D_{\boldsymbol{y}} F(\boldsymbol{a}, \boldsymbol{b})^{-1} D_{\boldsymbol{y}} F(\boldsymbol{x}, \boldsymbol{y}) \\ &= D_{\boldsymbol{y}} F(\boldsymbol{a}, \boldsymbol{b})^{-1} [D_{\boldsymbol{y}} F(\boldsymbol{a}, \boldsymbol{b}) - D_{\boldsymbol{y}} F(\boldsymbol{x}, \boldsymbol{y})] \end{aligned}$$

である. $D_{\boldsymbol{y}} F$ は連続で, $D_{\boldsymbol{y}} G(\boldsymbol{a}, \boldsymbol{b}) = \boldsymbol{0}$ であるから, ε_1, δ_1 を十分小さくとれば, ある $0 < c < 1$ が存在し, $(\boldsymbol{x}, \boldsymbol{y}) \in B_n(\boldsymbol{a}, \delta_1)^a \times B_m(\boldsymbol{b}, \varepsilon_1)^a$ に対して $\|D_{\boldsymbol{y}} G(\boldsymbol{x}, \boldsymbol{y})\| \leq c$ となるようにできる. したがって定理 18.3 より (18.7) が成り立つ. さらに $\delta_1 > 0$ を

小さくとれば $G(\boldsymbol{x}, \boldsymbol{y}) \in B_m(\boldsymbol{b}, \varepsilon_1)^a$ とできることを示す. いま $F(\boldsymbol{a}, \boldsymbol{b}) = \boldsymbol{0}$ であるから, $\boldsymbol{x} \in B_n(\boldsymbol{a}, \delta_1)^a$ に対して

$$\|G(\boldsymbol{x}, \boldsymbol{b}) - \boldsymbol{b}\| = \left\|D_{\boldsymbol{y}}F(\boldsymbol{a}, \boldsymbol{b})^{-1}F(\boldsymbol{x}, \boldsymbol{b})\right\|$$
$$\leq \left\|D_{\boldsymbol{y}}F(\boldsymbol{a}, \boldsymbol{b})^{-1}\right\| \|F(\boldsymbol{x}, \boldsymbol{b}) - F(\boldsymbol{a}, \boldsymbol{b})\|$$

である. F の連続性から, 必要なら $\delta_1 > 0$ をさらに小さくとることにより $\|G(\boldsymbol{x}, \boldsymbol{b}) - \boldsymbol{b}\| \leq \varepsilon_1(1 - c)$ とできる. したがって, $(\boldsymbol{x}, \boldsymbol{y}) \in B_n(\boldsymbol{a}, \delta_1)^a \times B_m(\boldsymbol{b}, \varepsilon_1)^a$ ならば (18.7) より

$$\|G(\boldsymbol{x}, \boldsymbol{y}) - \boldsymbol{b}\| \leq \|G(\boldsymbol{x}, \boldsymbol{b}) - \boldsymbol{b}\| + \|G(\boldsymbol{x}, \boldsymbol{y}) - G(\boldsymbol{x}, \boldsymbol{b})\|$$
$$\leq \varepsilon_1(1 - c) + c\varepsilon_1 = \varepsilon_1$$

である. （主張 1 の証明終）

さて $\boldsymbol{\varphi}_0(\boldsymbol{x}) \equiv \boldsymbol{b}$ とおく. このとき, (18.6) より, 帰納的に $\boldsymbol{\varphi}_k(\boldsymbol{x}) = G(\boldsymbol{x}, \boldsymbol{\varphi}_{k-1}(\boldsymbol{x}))$ $(k = 1, 2, \cdots)$ として $\boldsymbol{\varphi}_k : B_n(\boldsymbol{a}, \delta_1)^a \to B_m(\boldsymbol{b}, \varepsilon_1)^a$ を定義することができる. G の連続性から $\boldsymbol{\varphi}_k$ も連続である. また帰納法により $\boldsymbol{\varphi}_k(\boldsymbol{a}) = \boldsymbol{b}$ も示せる. (18.7) より

$$\|\boldsymbol{\varphi}_{k+1}(\boldsymbol{x}) - \boldsymbol{\varphi}_k(\boldsymbol{x})\| = \|G(\boldsymbol{x}, \boldsymbol{\varphi}_k(\boldsymbol{x})) - G(\boldsymbol{x}, \boldsymbol{\varphi}_{k-1}(\boldsymbol{x}))\|$$
$$\leq c \|\boldsymbol{\varphi}_k(\boldsymbol{x}) - \boldsymbol{\varphi}_{k-1}(\boldsymbol{x})\|$$
$$\leq \cdots \leq c^k \|\boldsymbol{\varphi}_1(\boldsymbol{x}) - \boldsymbol{\varphi}_0(\boldsymbol{x})\| \leq c^k \varepsilon_1$$

である. したがって写像に対する M 判定法 (問題 18.2) から $\sum_{k=0}^{\infty}(\boldsymbol{\varphi}_{k+1}(\boldsymbol{x}) - \boldsymbol{\varphi}_k(\boldsymbol{x})) + \boldsymbol{\varphi}_0(\boldsymbol{x})$ は $B_n(\boldsymbol{a}, \delta_1)$ 上で一様収束している. その極限を $\boldsymbol{\varphi}(\boldsymbol{x})$ とおくと, $\lim_{k \to \infty} \sup_{\boldsymbol{x} \in B_n(\boldsymbol{a}, \delta_1)^a} \|\boldsymbol{\varphi}(\boldsymbol{x}) - \boldsymbol{\varphi}_k(\boldsymbol{x})\| = 0$ が得られる. したがって $\boldsymbol{\varphi}_k : B_n(\boldsymbol{a}, \delta_1)^a \to B_m(\boldsymbol{b}, \varepsilon_1)^a$ が連続であることより, $\boldsymbol{\varphi} : B_n(\boldsymbol{a}, \delta_1)^a \to B_m(\boldsymbol{b}, \varepsilon_1)^a$ であり, かつ $\boldsymbol{\varphi}$ は連続である. $\boldsymbol{\varphi}_{k+1}(\boldsymbol{x}) = G(\boldsymbol{x}, \boldsymbol{\varphi}_k(\boldsymbol{x}))$ であるから, $k \to \infty$ として, $\boldsymbol{\varphi}(\boldsymbol{x}) = G(\boldsymbol{x}, \boldsymbol{\varphi}(\boldsymbol{x}))$ が得られ, ゆえに $F(\boldsymbol{x}, \boldsymbol{\varphi}(\boldsymbol{x})) = 0$ である. また $\boldsymbol{\varphi}(\boldsymbol{a}) = \boldsymbol{b}$ である.

いま $(\boldsymbol{x}, \boldsymbol{y}) \in B_n(\boldsymbol{a}, \delta_1)^a \times B_m(\boldsymbol{b}, \delta_1)^a$ が $F(\boldsymbol{x}, \boldsymbol{y}) = 0$ をみたすならば, $\boldsymbol{y} = G(\boldsymbol{x}, \boldsymbol{y})$ であるから

$$\|\boldsymbol{y} - \boldsymbol{\varphi}(\boldsymbol{x})\| = \|G(\boldsymbol{x}, \boldsymbol{y}) - G(\boldsymbol{x}, \boldsymbol{\varphi}(\boldsymbol{x}))\| \leq c \|\boldsymbol{y} - \boldsymbol{\varphi}(\boldsymbol{x})\|$$

より $\boldsymbol{y} = \boldsymbol{\varphi}(\boldsymbol{x})$ である.

次に, 必要なら $\delta_1 > 0$ をさらに小さくとることにより $D_{\boldsymbol{x}}\boldsymbol{\varphi}$ が $B_n(\boldsymbol{a}, \delta_1)$ 上で存在し, (18.5) をみたすことを示す. $\det D_{\boldsymbol{y}}F(\boldsymbol{a}, \boldsymbol{b}) \neq 0$ より, 必要ならば $\delta_1 > 0$ をさらに小さくとって $\boldsymbol{x} \in B_n(\boldsymbol{a}, \delta_1)$ に対して $\det D_{\boldsymbol{y}}F(\boldsymbol{x}, \boldsymbol{\varphi}(\boldsymbol{x})) \neq 0$ をみたすようにしておく. $\boldsymbol{x}, \boldsymbol{x} + \boldsymbol{h} \in B_n(\boldsymbol{a}, \delta_1)$ を任意にとる. $\Delta_{\boldsymbol{h}}\boldsymbol{\varphi} = \boldsymbol{\varphi}(\boldsymbol{x} + \boldsymbol{h}) - \boldsymbol{\varphi}(\boldsymbol{x})$ とおき, $A = -D_{\boldsymbol{y}}F(\boldsymbol{x}, \boldsymbol{\varphi}(\boldsymbol{x}))^{-1}D_{\boldsymbol{x}}F(\boldsymbol{x}, \boldsymbol{\varphi}(\boldsymbol{x}))$ とおく. このとき

$$\lim_{\|\boldsymbol{h}\| \to 0} \frac{\|\Delta_{\boldsymbol{h}}\boldsymbol{\varphi} - A\boldsymbol{h}\|}{\|\boldsymbol{h}\|} = 0$$

を示せれば, 定理 18.1 より $D_{\boldsymbol{x}}\boldsymbol{\varphi}$ の存在と (18.5) が証明される.

$$\|\Delta_{\boldsymbol{h}}\boldsymbol{\varphi} - A\boldsymbol{h}\|$$

$$= \left\| D_y F(\boldsymbol{x}, \boldsymbol{\varphi}(\boldsymbol{x}))^{-1} D_y F(\boldsymbol{x}, \boldsymbol{\varphi}(\boldsymbol{x})) \Delta_h \varphi + D_y F(\boldsymbol{x}, \boldsymbol{\varphi}(\boldsymbol{x}))^{-1} D_x F(\boldsymbol{x}, \boldsymbol{\varphi}(\boldsymbol{x})) \boldsymbol{h} \right\|$$
$$\leq \left\| D_y F(\boldsymbol{x}, \boldsymbol{\varphi}(\boldsymbol{x}))^{-1} \right\| \left\| D_y F(\boldsymbol{x}, \boldsymbol{\varphi}(\boldsymbol{x})) \Delta_h \varphi + D_x F(\boldsymbol{x}, \boldsymbol{\varphi}(\boldsymbol{x})) \boldsymbol{h} \right\|$$

である．任意に $\varepsilon > 0$ をとる．F が C^1 級であることと，$F(\boldsymbol{w}, \boldsymbol{\varphi}(\boldsymbol{w})) = \boldsymbol{0}$ ($\boldsymbol{w} \in B_n(\boldsymbol{a}, \delta_1)$) を用いれば，十分小さな $\delta > 0$ に対して $0 < \|\boldsymbol{h}\| < \delta$ ならば

$$\|D_y F(\boldsymbol{x}, \boldsymbol{\varphi}(\boldsymbol{x})) \Delta_h \varphi + D_x F(\boldsymbol{x}, \boldsymbol{\varphi}(x)) \boldsymbol{h}\|$$
$$= \|F(\boldsymbol{x} + \boldsymbol{h}, \boldsymbol{\varphi}(\boldsymbol{x} + \boldsymbol{h})) - F(\boldsymbol{x} + \boldsymbol{h}, \boldsymbol{\varphi}(\boldsymbol{x})) - D_y F(\boldsymbol{x} + \boldsymbol{h}, \boldsymbol{\varphi}(\boldsymbol{x})) \Delta_h \boldsymbol{\varphi}\|$$
$$+ \|F(\boldsymbol{x} + \boldsymbol{h}, \boldsymbol{\varphi}(\boldsymbol{x})) - F(\boldsymbol{x}, \boldsymbol{\varphi}(\boldsymbol{x})) - D_x F(\boldsymbol{x}, \boldsymbol{\varphi}(\boldsymbol{x})) \boldsymbol{h}\|$$
$$+ \|D_y F(\boldsymbol{x} + \boldsymbol{h}, \boldsymbol{\varphi}(\boldsymbol{x})) \Delta_h \boldsymbol{\varphi} - D_y F(\boldsymbol{x}, \boldsymbol{\varphi}(x)) \Delta_h \boldsymbol{\varphi}\|$$
$$\leq \varepsilon (\|\Delta_h \boldsymbol{\varphi}\| + \|\boldsymbol{h}\|)$$

が得られる．また

$$\left\| D_y F(\boldsymbol{x}, \boldsymbol{\varphi}(\boldsymbol{x}))^{-1} \right\|$$
$$\leq \left\| D_y F(\boldsymbol{x}, \boldsymbol{\varphi}(\boldsymbol{x}))^{-1} - D_y F(\boldsymbol{a}, \boldsymbol{b})^{-1} \right\| + \left\| D_y F(\boldsymbol{a}, \boldsymbol{b})^{-1} \right\|$$

である．ここで $D_y F(\boldsymbol{x}, \boldsymbol{\varphi}(\boldsymbol{x}))$ は連続であるから，逆行列 $D_y F(\boldsymbol{x}, \boldsymbol{\varphi}(\boldsymbol{x}))^{-1}$ も連続であり，必要ならば $\delta_1 > 0$ をさらに小さくとることにより，$\boldsymbol{x} \in B_n(\boldsymbol{a}, \delta_1)^a$ ならば

$$\left\| D_y F(\boldsymbol{x}, \boldsymbol{\varphi}(\boldsymbol{x}))^{-1} - D_y F(\boldsymbol{a}, \boldsymbol{b})^{-1} \right\| \leq \left\| D_y F(\boldsymbol{a}, \boldsymbol{b})^{-1} \right\|$$

となるようにできる．ゆえに $0 < \|\boldsymbol{h}\| < \delta$ ならば

$$\|\Delta_h \boldsymbol{\varphi} - A\boldsymbol{h}\| \leq 2\varepsilon \left\| D_y F(\boldsymbol{a}, \boldsymbol{b})^{-1} \right\| (\|\boldsymbol{h}\| + \|\Delta_h \boldsymbol{\varphi}\|)$$
$$\leq 2\varepsilon \left\| D_y F(\boldsymbol{a}, \boldsymbol{b})^{-1} \right\| (\|\boldsymbol{h}\| + \|\Delta_h \boldsymbol{\varphi} - A\boldsymbol{h}\| + \|A\boldsymbol{h}\|)$$

が得られる．したがって $\varepsilon > 0$ を $2\varepsilon \left\| D_y F(\boldsymbol{a}, \boldsymbol{b})^{-1} \right\| < \dfrac{1}{2}$ をみたすように小さくとれば

$$\|\Delta_h \varphi - A\boldsymbol{h}\| \leq 4\varepsilon \left\| D_y F(\boldsymbol{a}, \boldsymbol{b})^{-1} \right\| (\|\boldsymbol{h}\| + \|A\boldsymbol{h}\|)$$

が成り立つ．$D_x F$ の連続性より $M = \sup\limits_{\boldsymbol{x} \in B_n(\boldsymbol{0}, \delta)^a} |D_x F(\boldsymbol{x}, \boldsymbol{\varphi}(\boldsymbol{x}))| < \infty$ であるから

$$\|A\boldsymbol{h}\| \leq M \left\| D_y F(\boldsymbol{x}, \boldsymbol{\varphi}(\boldsymbol{x}))^{-1} \right\| \|\boldsymbol{h}\| \leq 2M \left\| D_y F(\boldsymbol{a}, \boldsymbol{b})^{-1} \right\| \|\boldsymbol{h}\|$$

である．ゆえに $0 < \|\boldsymbol{h}\| < \delta$ ならば次が得られる．

$$\|\Delta_h \varphi - A\boldsymbol{h}\| \leq 4\varepsilon \left\| D_y F(\boldsymbol{a}, \boldsymbol{b})^{-1} \right\| \left(1 + 2M \left\| D_y F(\boldsymbol{a}, \boldsymbol{b})^{-1} \right\|\right) \|\boldsymbol{h}\| .$$

したがって，$D_x \boldsymbol{\varphi}(\boldsymbol{x})$ が存在し，$D_x \boldsymbol{\varphi}(\boldsymbol{x}) = A = -D_y F(\boldsymbol{x}, \boldsymbol{\varphi}(\boldsymbol{x}))_x^{-1} F(\boldsymbol{x}, \boldsymbol{\varphi}(\boldsymbol{x}))$ が示せた．なおこの等式より $D_x \boldsymbol{\varphi}$ の連続性も得られる． ∎

　　陰関数定理は微積分における深い定理の一つであるといえる．その証明方法はいくつか知られていて，多くの微積分の教科書に載っているのは，まず逆関数定理（18.4 節）を証明し，それを用いて陰関数定理を証明する方法である．ここに記したのは，本質的に縮小写像の原理に基づくもので，この方法はバナッハ空間という無限次元空間上の陰関数定理の証明に使われているものである（コルモゴロフ・フォミーン[18]，増田[21]参照）．陰関数定理の応用は 12.3 節にあるが，さらに多様体論，微分方程式などに応用されている．

練習 18.1　$f : \mathbb{R}^1 \times \mathbb{R}^2 \to \mathbb{R}^2$ を

$$f_1(x, y_2, y_2) = 2x^2 + y_1^2 + y_2^2 - 1$$
$$f_2(x, y_1, y_2) = -lx + my_1 + ny_2 - 1 \quad (\text{ここで } l, m, n \in \mathbb{R} \text{ とする})$$

このとき $\dfrac{dy_1}{dx}, \dfrac{dy_2}{dx}$ を求めよ.

解答例　$\boldsymbol{y} = (y_1, y_2)$ とする.

$$D_x f(x, \boldsymbol{y}) = \begin{pmatrix} \dfrac{\partial f_1}{\partial x} \\ \dfrac{\partial f_2}{\partial x} \end{pmatrix} = \begin{pmatrix} 4x \\ -l \end{pmatrix}$$

$$D_{\boldsymbol{y}} f(x, \boldsymbol{y}) = \begin{pmatrix} \dfrac{\partial f_1}{\partial y_1} & \dfrac{\partial f_1}{\partial y_2} \\ \dfrac{\partial f_2}{\partial y_1} & \dfrac{\partial f_2}{\partial y_2} \end{pmatrix} = \begin{pmatrix} 2y_1 & 2y_2 \\ m & n \end{pmatrix}$$

であり, $\det D_{\boldsymbol{y}} f(x, \boldsymbol{y}) = \det \begin{pmatrix} 2y_1 & 2y_2 \\ m & n \end{pmatrix} = 2(ny_1 - my_2)$. したがって

$ny_1 \neq my_2$ の場合には, 陰関数定理における $\boldsymbol{y} = \begin{pmatrix} y_1 \\ y_2 \end{pmatrix} = \varphi(x) = \begin{pmatrix} \varphi_1(x) \\ \varphi_2(x) \end{pmatrix}$

なる写像 φ が存在する.

$$\frac{dy_1}{dx} = \varphi_1'(x), \qquad \frac{dy_2}{dx} = \varphi_2'(x)$$

である. ここで $D_{\boldsymbol{y}} f(x, \boldsymbol{y})^{-1} = \begin{pmatrix} 2y_1 & 2y_2 \\ m & n \end{pmatrix}^{-1} = \dfrac{1}{ny_1 - my_2} \begin{pmatrix} \dfrac{n}{2} & -y_2 \\ -\dfrac{m}{2} & y_1 \end{pmatrix}$,

$D_x f(x, \boldsymbol{y}) = \begin{pmatrix} 4x \\ -l \end{pmatrix}$ であるから

$$D_x \varphi(x) = \begin{pmatrix} \varphi_1'(x) \\ \varphi_2'(x) \end{pmatrix} = -D_{\boldsymbol{y}} f(x, \boldsymbol{y})^{-1} D_x f(x, \boldsymbol{y})$$
$$= -\frac{1}{ny_1 - my_2} \begin{pmatrix} \dfrac{n}{2} & -y_2 \\ -\dfrac{m}{2} & y_1 \end{pmatrix} \begin{pmatrix} 4x \\ -l \end{pmatrix}$$
$$= \frac{1}{my_2 - ny_1} \begin{pmatrix} 2nx + ly_2 \\ -2mx - ly_1 \end{pmatrix}$$

を得る. ゆえに

$$\frac{dy_1}{dx} = \frac{2nx + ly_2}{my_2 - ny_1}, \qquad \frac{dy_2}{dx} = \frac{-2mx - ly_1}{my_2 - ny_1}$$

である.

（問題 18.5）　$x^2 + y^2 + z^2 = 1$, $x^2 + y^2 = xy$ から $\dfrac{dy}{dx}$, $\dfrac{dz}{dx}$ を求めよ.

18.3　複数の拘束条件のもとでの極値問題

　これまでは拘束条件が 1 つの場合について述べてきたが，本節では拘束条件が複数の場合のラグランジュの未定乗数法を記しておく．この場合は拘束条件は関数ではなく，次のような写像として記述される.

　$U \subset \mathbb{R}^d$ を開集合とする．k を d より小さい自然数とし，$g^j : U \to \mathbb{R}$ $(j = 1, \cdots, k)$ を C^1 級とする．$g(x) = (g^1(\boldsymbol{x}), \cdots, g^k(\boldsymbol{x}))$ とする．$V = \{\boldsymbol{x} \in U : g(x) = \boldsymbol{0}\}$ とする．$f : U \to \mathbb{R}$ を C^1 級であるとする．f が拘束条件 $g = \boldsymbol{0}$ のもとで $\boldsymbol{x}_0$ で極大値（あるいは極小値）をとるとは，$\boldsymbol{x}_0 \in V$ かつ $\boldsymbol{x}_0 \in U' \subset U$ をみたす開集合 U' が存在し，$f(\boldsymbol{x}) < f(\boldsymbol{x}_0)$ $(\boldsymbol{x} \in V \cap U' \setminus \{\boldsymbol{x}_0\})$ （あるいは $f(\boldsymbol{x}) > f(\boldsymbol{x}_0)$ $(\boldsymbol{x} \in V \cap U' \setminus \{\boldsymbol{x}_0\})$）をみたすことである．このような極大値と極小値を総称して，$g = 0$ の拘束条件のもとでの極値という.

$$L : U \times \mathbb{R}^k \ni (\boldsymbol{x}, \boldsymbol{\lambda}) \longmapsto f(\boldsymbol{x}) - \boldsymbol{\lambda} \cdot g(\boldsymbol{x})$$

と定義する．これを f と g に関する**ラグランジュ関数**という.

$$Dg(\boldsymbol{x}) = \begin{pmatrix} \partial_{x_1} g^1(\boldsymbol{x}) & \cdots & \partial_{x_d} g^1(\boldsymbol{x}) \\ \vdots & \ddots & \vdots \\ \partial_{x_1} g^k(\boldsymbol{x}) & \cdots & \partial_{x_d} g^k(\boldsymbol{x}) \end{pmatrix}$$

と定める．陰関数定理から定理 12.14 の証明と同様にして次のラグランジュの未定乗数法が導かれる.

> **定理 18.6**　U, f, g は上に定めたものとする．f が $\boldsymbol{x}_0$ で拘束条件 $g = 0$ のもとで極値をとり，$Dg(\boldsymbol{x}_0)$ の行列としての階数が k ならば，ある $\boldsymbol{\lambda}_0 \in \mathbb{R}^k$ で
>
> $$D_{\boldsymbol{x}} L(\boldsymbol{x}_0, \boldsymbol{\lambda}_0) = \boldsymbol{0}$$
>
> をみたすものが存在する．すなわち

$$Df(\boldsymbol{x}_0) = \boldsymbol{\lambda}_0^T Dg(\boldsymbol{x}_0) \text{ かつ } g(\boldsymbol{x}_0) = \boldsymbol{0}$$

が成り立っている.

18.4 逆写像定理

陰関数定理を用いて逆関数定理あるいは逆写像定理と呼ばれる定理を証明する.

$V, U \subset \mathbb{R}^d$ を開集合とし, $F : V \to U$ を C^1 級写像とする. F が V から U への C^1 **微分同相写像**とは, $F : V \to U$ が全単射(定義は 5.1 節参照)であって, F^{-1} も C^1 級写像になっていることである. このとき V と U は C^1 微分同相という.

$F : V \to U$ が C^1 微分同相写像であれば, $F^{-1}(F(\boldsymbol{x})) = \boldsymbol{x}$ であるから

$$D\left(F^{-1} \circ F\right)(\boldsymbol{x}) = I \quad (d \times d \text{ 単位行列})$$

である. 合成写像の微分定理より $D\left(F^{-1} \circ F\right)(\boldsymbol{x}) = DF^{-1}(F(\boldsymbol{x}))DF(\boldsymbol{x})$ であるから

$$1 = \det D\left(F^{-1} \circ F\right)(\boldsymbol{x}) = \det DF^{-1}(F(\boldsymbol{x})) \det DF(\boldsymbol{x})$$

より $\det DF(\boldsymbol{x}) \neq 0$ である.

この逆が局所的に成り立つ. それが次の逆写像定理である.

◆ **定理 18.7** ◇ (**逆写像定理**) $V, U \subset \mathbb{R}^d$ を開集合とし, $F : V \to U$ を C^1 級写像とする. $\boldsymbol{a} \in V$, $\boldsymbol{b} = F(\boldsymbol{a})$ とし, $\det DF(\boldsymbol{a}) \neq 0$ とする. このとき, ある開集合 $\boldsymbol{a} \in V_{\boldsymbol{a}} \subset V$ と, ある開集合 $\boldsymbol{b} \in U_{\boldsymbol{b}} \subset U$ が存在し,

$$F : V_{\boldsymbol{a}} \to U_{\boldsymbol{b}}$$

は C^1 微分同相である. さらに $\boldsymbol{u} \in U_{\boldsymbol{b}}$ に対して, $\boldsymbol{v} = F^{-1}(\boldsymbol{u})$ とすると

$$DF^{-1}(\boldsymbol{u}) = DF(\boldsymbol{v})^{-1}$$

である.

◆**証明**◆ $W = U \times V \subset \mathbb{R}^d \times \mathbb{R}^d$ とし, $\Phi(\boldsymbol{x}, \boldsymbol{y}) = -\boldsymbol{x} + F(\boldsymbol{y})$ $((\boldsymbol{x}, \boldsymbol{y}) \in U \times V)$ とする(後の都合で F の変数を $\boldsymbol{y}$ で表している). $\Phi : W \to \mathbb{R}^d$ は C^1 級写像である. $(\boldsymbol{b}, \boldsymbol{a}) \in W$ であり, $\Phi(\boldsymbol{b}, \boldsymbol{a}) = -\boldsymbol{b} + F(\boldsymbol{a}) = \boldsymbol{0}$ である. $\det D_{\boldsymbol{y}}\Phi(\boldsymbol{b}, \boldsymbol{a}) = \det DF(\boldsymbol{a}) \neq 0$ である. ゆえに陰関数定理を適用すると, $\boldsymbol{b} \in \Omega_{\boldsymbol{b}} \subset U$ と $\boldsymbol{a} \in$

$\Omega_a \subset V$ なる開集合 Ω_b, Ω_a と C^1 級写像 $\boldsymbol{\varphi} : \Omega_b \to \Omega_a$ で, $\boldsymbol{\varphi}(\boldsymbol{b}) = \boldsymbol{a}$ かつ $\boldsymbol{0} = \Phi(\boldsymbol{x}, \boldsymbol{\varphi}(\boldsymbol{x})) = -\boldsymbol{x} + F(\boldsymbol{\varphi}(\boldsymbol{x}))$ $(\boldsymbol{x} \in \Omega_b)$ をみたすものが存在する. すなわち,

$$F(\boldsymbol{\varphi}(\boldsymbol{x})) = \boldsymbol{x} \ (\boldsymbol{x} \in \Omega_b)$$

である. さらに $D\boldsymbol{\varphi}(\boldsymbol{x}) = -D_y\Phi(\boldsymbol{x}, \boldsymbol{\varphi}(\boldsymbol{x}))^{-1}D_x\Phi(\boldsymbol{x}, \boldsymbol{\varphi}(\boldsymbol{x})) = DF(\boldsymbol{\varphi}(\boldsymbol{x}))^{-1}$ $(\boldsymbol{x} \in \Omega_b)$ が成り立っている. また, $\boldsymbol{x} = F(\boldsymbol{y})$, $\boldsymbol{x} \in \Omega_b$, $\boldsymbol{y} \in \Omega_a$ ならば $\Phi(\boldsymbol{x}, \boldsymbol{y}) = \boldsymbol{0}$ であるから, $\boldsymbol{y} = \boldsymbol{\varphi}(\boldsymbol{x})$ をみたしている.

$V_a = \{\boldsymbol{\varphi}(\boldsymbol{x}) : \boldsymbol{x} \in \Omega_b\}$ とおく. $\boldsymbol{a} \in V_a \subset \Omega_a$ である. 以下 V_a が開集合であることを示す. $\boldsymbol{c} \in V_a$ を任意にとる. $\boldsymbol{c} = \boldsymbol{\varphi}(\boldsymbol{c}')$ をみたす $\boldsymbol{c}' \in \Omega_b$ が存在する. $F(\boldsymbol{c}) = F(\boldsymbol{\varphi}(\boldsymbol{c}')) = \boldsymbol{c}' \in \Omega_b$ である. F の連続性から, $\boldsymbol{c} \in O \subset \Omega_a$ なる開集合 O が存在し, $\{F(\boldsymbol{y}) : \boldsymbol{y} \in O\} \subset \Omega_b$ とできる. 任意に $\boldsymbol{y} \in O$ をとる. $F(\boldsymbol{y}) \in \Omega_b$ である. $\boldsymbol{x} = F(\boldsymbol{y})$ とおくと, $\boldsymbol{\varphi}(\boldsymbol{x}) \in V_a$ である. $\boldsymbol{x} = F(\boldsymbol{y})$ のとき $\boldsymbol{y} = \boldsymbol{\varphi}(\boldsymbol{x})$ であるから, $\boldsymbol{y} \in V_a$ である. ゆえに $O \subset V_a$ が得られ, V_a が開集合であることが示された.

$U_b = \Omega_b$ とおく. $\boldsymbol{y} \in V_a$ とすると, $\boldsymbol{\varphi}(\boldsymbol{x}) = \boldsymbol{y}$ をみたす $\boldsymbol{x} \in U_b$ が存在する. $F(\boldsymbol{y}) = F(\boldsymbol{\varphi}(\boldsymbol{x})) = \boldsymbol{x}$ より $F(\boldsymbol{y}) \in U_b$ である. ゆえに $F : V_a \to U_b$ であるが, これが全単射であることを示す. $\boldsymbol{x} \in U_b$ に対して $\boldsymbol{y} = \boldsymbol{\varphi}(\boldsymbol{x})$ とおく. $\boldsymbol{y} \in V_a$ であり, $F(\boldsymbol{y}) = F(\boldsymbol{\varphi}(\boldsymbol{x})) = \boldsymbol{x}$ より F は全射である. $\boldsymbol{y}, \boldsymbol{y}' \in V_a$ で, $F(\boldsymbol{y}) = F(\boldsymbol{y}')$ とする. $\boldsymbol{y} = \boldsymbol{\varphi}(\boldsymbol{x})$, $\boldsymbol{y}' = \boldsymbol{\varphi}(\boldsymbol{x}')$ をみたす $\boldsymbol{x}, \boldsymbol{x}' \in U_b$ が存在する. ゆえに

$$\boldsymbol{x} = F(\boldsymbol{\varphi}(\boldsymbol{x})) = F(\boldsymbol{y}) = F(\boldsymbol{y}') = F(\boldsymbol{\varphi}(\boldsymbol{x}')) = \boldsymbol{x}'$$

である. ゆえに $\boldsymbol{y} = \boldsymbol{y}'$ であり, 単射である.

$\boldsymbol{x} \in U_b$ に対して, $\boldsymbol{y} = F^{-1}(\boldsymbol{x})$, $\boldsymbol{y}' = \boldsymbol{\varphi}(\boldsymbol{x})$ とおく. $F(\boldsymbol{y}') = F(\boldsymbol{\varphi}(\boldsymbol{x})) = \boldsymbol{x} = F(\boldsymbol{y})$ である. ゆえに $\boldsymbol{y} = \boldsymbol{y}'$, すなわち $F^{-1} = \boldsymbol{\varphi}$ である. よって F^{-1} も C^1 級である. ∎

系 18.8　（大域的逆写像定理）　$U \subset \mathbb{R}^d$ を開集合とする. $F : U \to \mathbb{R}^d$ が C^1 級写像であり, 単射であり, 任意の $\boldsymbol{a} \in U$ に対して $\det DF(\boldsymbol{a}) \neq 0$ であるとする. このとき $V = \{F(\boldsymbol{x}) : \boldsymbol{x} \in U\}$ とすると, V は開集合であり, $F : U \to V$ は C^1 微分同相写像である.

◆証明◆　明らかに $F : U \to V$ は全単射である. 任意に $\boldsymbol{c} \in V$ をとる. $F(\boldsymbol{c}') = \boldsymbol{c}$ をみたす $\boldsymbol{c}' \in U$ がただ一つ存在する. 逆写像定理より, ある開集合 $\boldsymbol{c}' \in \Omega_{c'} \subset U$ とある開集合 $\boldsymbol{c} \in \Omega_c \subset \mathbb{R}^d$ が存在し, F は $\Omega_{c'}$ から Ω_c への C^1 微分同相写像になっている. $\boldsymbol{c} \in \Omega_c = \{F(\boldsymbol{x}) : \boldsymbol{x} \in \Omega_{c'}\} \subset V$ である. ゆえに V は開集合である. また逆写像定理より, F, F^{-1} が C^1 級であることがわかる. ∎

問題 18.6　問題 11.5 の記号を用いる． $(r, \theta, \varphi) = \Phi^{-1}(x)$ とするとき次を示せ．

$$\frac{\partial f \circ \Phi^{-1}}{\partial x_1} = \frac{\partial f}{\partial r} \sin \theta \cos \varphi + \frac{\partial f}{\partial \theta} \frac{1}{r} \cos \theta \cos \varphi - \frac{\partial f}{\partial \varphi} \frac{\sin \varphi}{r \sin \theta}$$

$$\frac{\partial f \circ \Phi^{-1}}{\partial x_2} = \frac{\partial f}{\partial r} \sin \theta \sin \varphi + \frac{\partial f}{\partial \theta} \frac{1}{r} \cos \theta \sin \varphi + \frac{\partial f}{\partial \varphi} \frac{\cos \varphi}{r \sin \theta}$$

$$\frac{\partial f \circ \Phi^{-1}}{\partial x_3} = \frac{\partial f}{\partial r} \cos \theta - \frac{\partial f}{\partial \theta} \frac{1}{r} \sin \theta$$

第 **19** 章

d 重積分と変数変換

$\Omega, D \subset \mathbb{R}^d$ を開集合とする．C^1 級写像

$$\Phi : \Omega \to D$$

を考える．$\Phi(u_1, \cdots, u_d) = (\varphi_1(u_1, \cdots, u_d), \cdots, \varphi_d(u_1, \cdots, u_d))$ と表す．このとき

$$J_{\Phi}(\boldsymbol{u}) = \det D\Phi(\boldsymbol{u}) = \det \begin{pmatrix} \dfrac{\partial \varphi_1}{\partial u_1}(\boldsymbol{u}) & \cdots & \dfrac{\partial \varphi_1}{\partial u_d}(\boldsymbol{u}) \\ \vdots & \ddots & \vdots \\ \dfrac{\partial \varphi_d}{\partial u_1}(\boldsymbol{u}) & \cdots & \dfrac{\partial \varphi_d}{\partial u_d}(\boldsymbol{u}) \end{pmatrix}$$

を Φ のヤコビアンあるいはヤコビの行列式という．2 変数の積分の変数変換では 2 次元の場合のヤコビアンが重要であったが，後で述べるように d 変数の場合もヤコビアンが重要になる．

19.1　d 次元空間における極座標

本節では変数変換のうち，特に有用な極座標変換について学ぶ．2 次元のヤコビアンはすでに計算したので（例 16.1），3 次元のヤコビアンの計算から始める．

19.1.1　3 次元空間における極座標変換のヤコビアン

3 次元空間における極座標変換は

$$\begin{aligned} \Phi(r, \theta, \varphi) &= (x_1(r, \theta, \varphi), x_2(r, \theta, \varphi), x_3(r, \theta, \varphi)) \\ &= (r \sin \theta \cos \varphi, r \sin \theta \sin \varphi, r \cos \theta) \end{aligned}$$

であるから（11.5 節），そのヤコビアンは次のように計算される．

$$
\begin{aligned}
J_\Phi(r, \theta, \varphi) &= \det \begin{pmatrix} \sin\theta\cos\varphi & r\cos\theta\cos\varphi & -r\sin\theta\sin\varphi \\ \sin\theta\sin\varphi & r\cos\theta\sin\varphi & r\sin\theta\cos\varphi \\ \cos\theta & -r\sin\theta & 0 \end{pmatrix} \\
&= r^2 \det \begin{pmatrix} \sin\theta\cos\varphi & \cos\theta\cos\varphi & -\sin\theta\sin\varphi \\ \sin\theta\sin\varphi & \cos\theta\sin\varphi & \sin\theta\cos\varphi \\ \cos\theta & -\sin\theta & 0 \end{pmatrix} \\
&= r^2 f_0(\theta, \varphi)
\end{aligned}
$$

とおく．このとき

$$
\begin{aligned}
f_0(\theta, \varphi) &= \cos\theta \det \begin{pmatrix} \cos\theta\cos\varphi & -\sin\theta\sin\varphi \\ \cos\theta\sin\varphi & \sin\theta\cos\varphi \end{pmatrix} \\
&\quad + \sin\theta \det \begin{pmatrix} \sin\theta\cos\varphi & -\sin\theta\sin\varphi \\ \sin\theta\sin\varphi & \sin\theta\cos\varphi \end{pmatrix} \\
&= \cos^2\theta \sin\theta \det \begin{pmatrix} \cos\varphi & -\sin\varphi \\ \sin\varphi & \cos\varphi \end{pmatrix} \\
&\quad + \sin^3\theta \det \begin{pmatrix} \cos\varphi & -\sin\varphi \\ \sin\varphi & \cos\varphi \end{pmatrix} \\
&= \sin\theta\, f_1(\varphi) \quad (\text{行列式の部分を } f_1(\varphi) \text{ とおく}).
\end{aligned}
$$

ここで $f_1(\varphi) = 1$ であるから，

$$
J_\Phi(r, \theta, \varphi) = r^2 \sin\theta
$$

である．

19.1.2　d 次元空間における極座標変換

　本小節では d 次元空間における極座標変換を導入し，そのヤコビアンを計算する．

　考え方は 3 次元の場合と同様である．なお 3 次元では z 軸から考察を始めたが，ここでは x_1 軸から考察を始める（逆に x_d 軸から考察を始めてもよい）．

　x_1 軸と $x_2 \cdots x_d$ 空間で考える．r を $(x_1, \cdots, x_d)$ の長さとすると

$$
x_1 = r\cos\theta_1 \ (\theta_1 \in [0, \pi])
$$

である．$(x_1, \cdots, x_d)$ が $x_2 \cdots x_d$ 空間に写る影（射影）の長さは $r\sin\theta_1$ である．ゆえにこの射影の x_2 座標は x_2 軸と $x_3 \cdots x_d$ 空間で考えれば

$$
x_2 = r\sin\theta_1 \cos\theta_2 \ (\theta_2 \in [0, \pi])
$$

であり，さらに $x_3 \cdots x_n$ 空間に写る影（射影）の長さは $r \sin \theta_1 \sin \theta_2$ である．ゆえにこの射影の x_3 座標は

$$x_3 = r \sin \theta_1 \sin \theta_2 \cos \theta_3 \ (\theta_3 \in [0, \pi])$$

である．以下，この考察を続けると

$$x_{d-1} = r \sin \theta_1 \cdots \sin \theta_{d-2} \cos \theta_{d-1}$$

となり，最後は

$$x_d = r \sin \theta_1 \cdots \sin \theta_{d-2} \sin \theta_{d-1}$$

であるが，ここで最後の角度は平面を一回転するので $\theta_{d-1} \in [0, 2\pi]$ である．すなわち，

$$(r, \theta_1, \cdots, \theta_{d-2}, \theta_{d-1}) \in [0, \infty) \times [0, \pi] \times \cdots \times [0, \pi] \times [0, 2\pi]$$

である．

ヤコビアンの計算は次のようにする．

$$J_{\Phi}(r, \theta_1, \cdots, \theta_{d-1}) = r^{d-1} f_0(\theta_1, \cdots, \theta_{d-1})$$

と表せる．さらに

$$\begin{aligned}
f_0(\theta_1, \cdots, \theta_{d-1}) &= \cos^2 \theta_1 \sin^{d-2} \theta_1 f_1(\theta_2, \cdots, \theta_{d-1}) \\
&\quad + \sin^d \theta_1 f_1(\theta_2, \cdots, \theta_{d-1}) \\
&= \sin^{d-2} \theta_1 f_1(\theta_2, \cdots, \theta_{d-1})
\end{aligned}$$

と表せる．以下この表し方を続ければ

$$\begin{aligned}
f_1(\theta_2, \cdots, \theta_{d-1}) &= \cos^2 \theta_2 \sin^{d-3} \theta_1 f_2(\theta_3, \cdots, \theta_{d-1}) \\
&\quad + \sin^{d-1} \theta_1 f_2(\theta_3, \cdots, \theta_{d-1}) \\
&= \sin^{d-3} \theta_1 f_2(\theta_3, \cdots, \theta_{d-1})
\end{aligned}$$

$$\vdots$$

$$\begin{aligned}
f_{d-3}(\theta_{d-2}, \theta_{d-1}) &= \cos^2 \theta_{d-2} \sin \theta_{d-2} f_{d-2}(\theta_{d-1}) + \sin \theta_{d-2} f_{d-2}(\theta_{d-1}) \\
&= \sin \theta_{d-2}.
\end{aligned}$$

以上より

$$J_{\Phi}(r, \theta_1, \cdots, \theta_{d-1}) = r^{d-1} \sin^{d-2} \theta_1 \sin^{d-3} \theta_2 \cdots \sin \theta_{d-2}$$

が得られる．

19.2　d 変数関数の積分の変数変換の公式

2 変数の場合の一般化として，d 変数関数の積分の変数変換の公式として次のことが知られている．

◆ **定理 19.1** ◆　$\Omega, D \subset \mathbb{R}^d$ を開集合で，Φ を Ω から D の上への 1 対 1 写像であり，かつ C^1 写像であるとし，さらに

$$J_\Phi(\boldsymbol{u}) \neq 0 \ (\boldsymbol{u} \in \Omega)$$

をみたしているとする．

（1）$E \subset \Omega$ を有界閉集合で体積確定であるとする．このとき $\Phi(E)$ も体積確定であり，

$$\mu(\Phi(E)) = \int \cdots \int_E |J_\Phi(\boldsymbol{u})| \, du_1 \cdots du_d$$

である．

（2）E を（1）で定めたものとする．$f(\boldsymbol{x})$ が $\Phi(E)$ 上の連続関数であれば，$f(\Phi(\boldsymbol{u}))$ は E 上で連続であり，

$$\int \cdots \int_{\Phi(E)} f(\boldsymbol{x}) dx_1 \cdots dx_d = \int \cdots \int_E f(\Phi(\boldsymbol{u})) |J_\Phi(\boldsymbol{u})| \, du_1 \cdots du_d$$

が成り立つ．

この定理の証明は複雑で，本書の範囲を超えているため証明は省略する．この公式の証明を学ぶことは重要であるが，使えるようになることも有用である（定理 16.7 の後の解説の後半参照）．ここでは定理 19.1 の計算例を示す．

練習 19.1　$D = \{(x, y, z) : x^2 + y^2 + z^2 \leq 2z\}$ とする．

$$\iiint_D dx dy dz = \frac{4\pi}{3}$$

解答例　D を 3 次元極座標で表せば

$$D' = \left\{ (r, \theta, \varphi) : r^2 \leq 2r \cos\theta, \ \theta \in \left[0, \frac{\pi}{2}\right], \ \varphi \in [0, 2\pi) \right\}$$
$$= \left\{ (r, \theta, \varphi) : r \leq 2\cos\theta, \ \theta \in \left[0, \frac{\pi}{2}\right], \ \varphi \in [0, 2\pi) \right\}$$

として $D = \Phi(D')$ である．ゆえに

$$\iiint_D dxdydz = \iiint_{D'} r^2 \sin\theta dr d\theta d\varphi$$

$$= 2\pi \int_0^{\pi/2} \sin\theta d\theta \int_0^{2\cos\theta} r^2 dr$$

$$= 2\pi \int_0^{\pi/2} \sin\theta \left[\frac{1}{3}r^3\right]_0^{2\cos\theta} d\theta$$

$$= \frac{16\pi}{3} \int_0^{\pi/2} \cos^3\theta \sin\theta d\theta$$

ここで

$$\int \cos^3\theta \sin\theta d\theta = \int \cos^3\theta \left(-\cos\theta\right)' d\theta$$

$$= -\cos^4\theta + \int \left(3\cos^2\theta\right)\left(-\sin\theta\right)\cos\theta d\theta$$

$$= -\cos^4\theta - 3\int \cos^3\theta \sin\theta d\theta$$

ゆえに

$$\int \cos^3\theta \sin\theta d\theta = -\frac{1}{4}\cos^4\theta$$

ゆえに

$$\int_0^{\pi/2} \cos^3\theta \sin\theta d\theta = \frac{1}{4}.$$

以上の計算結果をまとめれば求める結果が得られる.

問題 19.1　　d 変数関数の極座標変換による変数変換を行って次の問題を解け.
(1) 次の広義積分が存在するような実数 α を求めよ.

$$\int \cdots \int_{\mathbb{R}^d} \frac{1}{\left(1 + \|x\|^2\right)^{\frac{\alpha}{2}}} dx_1 \cdots dx_d$$

(2) 次の広義積分が存在するような実数 α を求めよ.

$$\int \cdots \int_{B_d(\mathbf{0},1)} \frac{1}{\|x\|^\alpha} dx_1 \cdots dx_d$$

最後に面白い計算例を紹介しておこう.

> **◆ 定理 19.2 ◆**　$a > 0$ とし，$B_d(a) = \{(x_1, \cdots, x_d) : x_1^2 + \cdots + x_d^2 \leq a^2\}$（$d$ 次元閉球）の d 次元体積 $V_d(a)$ は
>
> $$V_d(a) = \frac{(\sqrt{\pi} a)^d}{\Gamma\left(\dfrac{d}{2} + 1\right)}$$
>
> である．

◆証明◆　$x_j = a y_j \ (j = 1, \cdots, d)$ とするとこの変数変換のヤコビアンは $J = a^d$ であるから

$$
\begin{aligned}
V_d(a) &= \int \cdots \int_{B_d(a)} dx_1 \cdots dx_d = a^d \int \cdots \int_{B_d(1)} dy_1 \cdots dy_d \\
&= a^d V_d(1)
\end{aligned}
$$

である．$y_1^2 + \cdots + y_d^2 \leq 1 \Leftrightarrow y_1^2 + \cdots + y_{d-1}^2 \leq 1 - y_d^2$ であるから

$$
\begin{aligned}
V_d(1) &= \int_{-1}^{1} dy_d \int \cdots \int_{B_{d-1}\left(\sqrt{1 - y_d^2}\right)} dy_1 \cdots dy_{d-1} \\
&= \int_{-1}^{1} V_{d-1}\left(\sqrt{1 - y_d^2}\right) dy_d \\
&= \int_{-1}^{1} \left(\sqrt{1 - y_d^2}\right)^{d-1} V_{d-1}(1)\, dy_d = V_{d-1}(1) \int_{-1}^{1} \left(1 - y_d^2\right)^{\frac{d-1}{2}} dy_d \\
&= 2 V_{d-1}(1) \int_{0}^{1} \left(1 - y_d^2\right)^{\frac{d-1}{2}} dy_d .
\end{aligned}
$$

ここで $y_d = \sin\theta$ とすると，$dy_d = \cos\theta\, d\theta$ より

$$
\begin{aligned}
\int_{0}^{1} \left(1 - y_d^2\right)^{\frac{d-1}{2}} dy_d &= \int_{0}^{\pi/2} \cos^{d-1}\theta \cos\theta\, d\theta = \int_{0}^{\pi/2} \cos^d \theta\, d\theta \\
&= \frac{1}{2} \frac{\Gamma\left(\dfrac{1}{2}\right) \Gamma\left(\dfrac{d+1}{2}\right)}{\Gamma\left(\dfrac{d+2}{2}\right)} = \frac{\sqrt{\pi}\, \Gamma\left(\dfrac{d+1}{2}\right)}{d\, \Gamma\left(\dfrac{d}{2}\right)}
\end{aligned}
$$

ゆえに

$$
V_d(1) = \frac{2\sqrt{\pi}\, \Gamma\left(\dfrac{d+1}{2}\right)}{d\, \Gamma\left(\dfrac{d}{2}\right)} V_{d-1}(1)
$$

である．d が偶数 $2m$ の場合と奇数 $2m+1$ の場合に分けて考える．

$$V_{2m}(1) = \frac{2\sqrt{\pi}\,\Gamma\left(\dfrac{2m+1}{2}\right)}{2m\,\Gamma\left(\dfrac{2m}{2}\right)} V_{2m-1}(1) = \frac{\sqrt{\pi}\,\Gamma\left(m+\dfrac{1}{2}\right)}{m\,\Gamma(m)} V_{2m-1}(1)$$

$$V_{2m+1}(1) = \frac{2\sqrt{\pi}\,\Gamma\left(\dfrac{2m+2}{2}\right)}{(2m+1)\,\Gamma\left(\dfrac{2m+1}{2}\right)} V_{2m}(1) = \frac{2\sqrt{\pi}\,\Gamma(m+1)}{(2m+1)\,\Gamma\left(m+\dfrac{1}{2}\right)} V_{2m}(1)$$

まず偶数の場合を考える.

$$V_{2m}(1) = \frac{\sqrt{\pi}\,\Gamma\left(m+\dfrac{1}{2}\right)}{m\,\Gamma(m)} \frac{2\sqrt{\pi}\,\Gamma(m)}{(2m-1)\,\Gamma\left(m-\dfrac{1}{2}\right)} V_{2m-2}(1)$$

$$= \frac{\pi(2m-1)\,\Gamma\left(m-\dfrac{1}{2}\right)}{m} \frac{1}{(2m-1)\,\Gamma\left(m-\dfrac{1}{2}\right)} V_{2m-2}(1) = \frac{\pi}{m} V_{2(m-1)}(1)$$

である. ゆえに $d = 2m$ として

$$V_{2m}(1) = \frac{\pi^{m-1}}{m!} V_2(1) = \frac{\pi^m}{m!} = \frac{\pi^{\frac{d}{2}}}{\Gamma\left(\dfrac{d}{2}+1\right)}$$

が得られる. 次に奇数の場合を考える.

$$V_{2m+1}(1) = \frac{2\sqrt{\pi}\,\Gamma(m+1)}{(2m+1)\,\Gamma\left(m+\dfrac{1}{2}\right)} V_{2m}(1)$$

$$= \frac{2\sqrt{\pi}\,\Gamma(m+1)}{(2m+1)\,\Gamma\left(m+\dfrac{1}{2}\right)} \frac{\sqrt{\pi}\,\Gamma\left(m+\dfrac{1}{2}\right)}{m\,\Gamma(m)} V_{2m-1}(1)$$

$$= \frac{2\pi}{2m+1} V_{2m-1}(1) = \frac{2\pi}{2m+1} V_{2(m-1)+1}(1).$$

ここで, この式を使ってさらに議論を進めれば

$$V_{2m+1}(1) = \frac{2\pi}{2m+1} \frac{2\pi}{2(m-1)+1} V_{2(m-2)+1}(1) = \cdots$$

$$= \frac{2\pi}{2m+1} \frac{2\pi}{2(m-1)+1} \cdots \frac{2\pi}{2(m-(m-1))+1} V_{2(m-m)+1}(1)$$

$$= \frac{2^m \pi^m}{(2m+1)(2(m-1)+1)\cdots 3\cdot 1} V_1(1) = \frac{2^{m+1}\pi^m}{(2m+1)(2(m-1)+1)\cdots 3\cdot 1}$$

$$= \frac{\pi^m \sqrt{\pi}}{\left(m+\dfrac{1}{2}\right)\left(m-1+\dfrac{1}{2}\right)\cdots\dfrac{3}{2}\cdot\dfrac{1}{2}\sqrt{\pi}} = \frac{\pi^{\frac{d}{2}}}{\varGamma\left(\dfrac{d}{2}+1\right)}$$

（最後の式では $d = 2m+1$ としている）. ▮

さらに発展的な学習へのガイダンス

1 年生で微積分を学んだあと，さらに発展的な数学はどのような内容をどのような順序で学べばよいか．ここでは，解析系分野とその周辺諸領域について一つのガイダンスを記す．アウトラインは図 A.1 に記したが，この図は必ずしも上段の科目を学ぶのに下段にある科目をすべて学ばなければならないというわけではない．しかし数学科・数理科学科の学生としては四角で囲った科目については，ある程度の知識を持っていた方がよいであろう．数学科目の周辺には関連諸分野がいくつか記してある（もちろんすべてを網羅しているわけではない）．各数学科

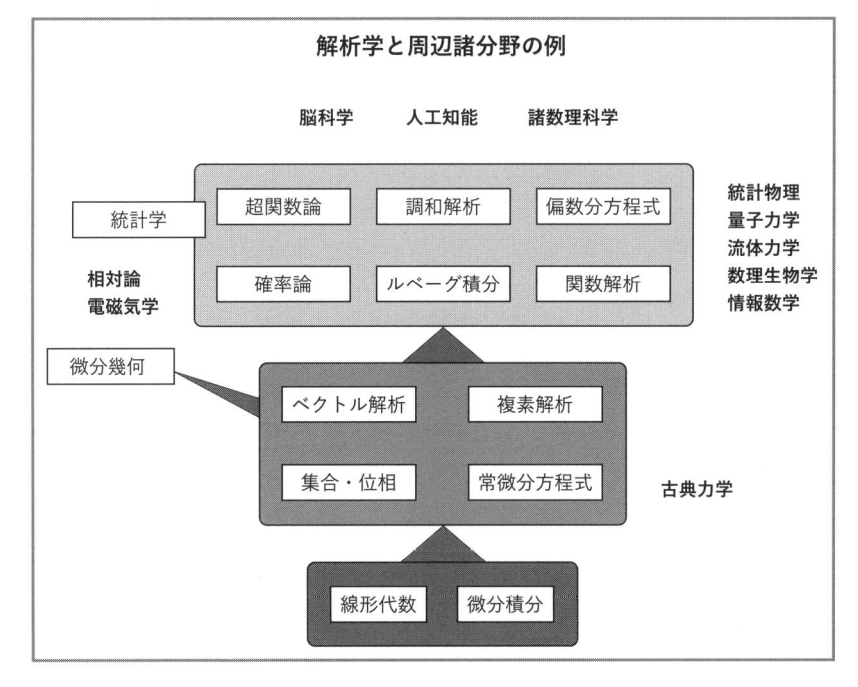

図 **A.1** 解析系分野と周辺諸領域の例.

目に比較的近い分野を近い位置に配置したいとは考えたが．近さは見方によって変わるうえに，単純に図式化できるわけはなく，決して実際を反映しているものではないことをあらかじめご了承いただきたい．

　線形代数と微積分を学んだあとは，集合・位相，常微分方程式，ベクトル解析，複素解析，ルベーグ積分を学ぶことは必須である．ルベーグ積分については不要論もないわけではないが，関数解析，確率論，現代的な偏微分方程式論などを学ぶためには有用であり，学べる分野も広がり，深く理解する基礎ともなるであろう．なお調和解析はフーリエ解析を主要部に含むもので，応用上はウェーブレット解析を入れても良いだろう．

　それでは，解析学の幅広く深い世界に旅立ってほしい．

問題の解答

問題 1.1 $I \cup J = (0,3)$, $I \cap J = (1,2)$, $I \setminus J = (0,1]$.

問題 1.2 $h = |B - A|$ とおく. $h > 0$ である. $\varepsilon = \dfrac{h}{2}$ とおく. 仮定よりある $\delta_1 > 0$ が存在し, $0 < |x - c| < \delta_1$, $x \in (a,b)$ ならば $|F(x) - A| < \varepsilon$ が成り立つ. もしも $\lim_{x \to c} F(x) = B$ が成り立つならば, ある $\delta_2 > 0$ が存在し, $0 < |x - c| < \delta_2$, $x \in (a,b)$ ならば $|F(x) - B| < \varepsilon$ が成り立つ. したがって $0 < |x - c| < \min\{\delta_1, \delta_2\}$ かつ $x \in (a,b)$ とすると,

$$h = |B - A| = |F(x) - B - (F(x) - A)|$$
$$\leq |F(x) - B| + |F(x) - A| < 2\varepsilon = h$$

で矛盾. よって $\lim_{x \to c} F(x) = B$ は成り立たない.

問題 2.1 n が偶数の場合は $f(x) = x^n$ であるから明らかである. n が奇数 $2m+1$ $(m \geq 1)$ の場合を示す. $\dfrac{|h|^{2m+1}}{h} = \dfrac{h^2 |h|^{2m-1}}{h} = h |h|^{2m-1} \to 0$ $(h \to 0)$.

問題 2.2 三角関数の和積公式より $\cos A - \cos B = -2 \sin \dfrac{A+B}{2} \sin \dfrac{A-B}{2}$ であるから

$$\frac{\cos(x+h) - \cos x}{h} = \frac{-2 \sin\left(x + \dfrac{h}{2}\right) \sin \dfrac{h}{2}}{h} \to -\sin x \ (h \to 0).$$

問題 2.3 $x < 0$ の場合は $f(x) = -x^3$ であるから, $f'(x) = -3x^2$ である. また $x > 0$ の場合は $f(x) = x^3$ であるから, $f'(x) = 3x^2$ である. $x = 0$ の場合は $\dfrac{f(h)}{h} = \dfrac{h^2 |h|}{h} = h|h| \to 0$ $(h \to 0)$ であるから, $f'(0) = 0$ である. $x < 0$ の場合は, $f''(x) = -6x$ であり, $x > 0$ の場合は $f''(x) = 6x$ である. また, $\dfrac{f'(h)}{h} = \dfrac{-3h^2}{h} \to 0$ $(h < 0, h \to 0)$, $\dfrac{f'(h)}{h} = \dfrac{3h^2}{h} \to 0$ $(h > 0, h \to 0)$ より $f''(0) = 0$ である. しかし, $\dfrac{f''(h)}{h} = \dfrac{-6h}{h} = -6$ $(h < 0, h \to 0)$, $\dfrac{f''(h)}{h} = \dfrac{6h}{h} = 6$ $(h > 0, h \to 0)$ であるから, f'' の 0 での右側微係数と左側微係数は一致しない. ゆえに 0 で 3 回微分可能でない.

問題 3.2 $\gamma'(t) = (1 - \cos t, \sin t)$ より $|\gamma'(t)| = \sqrt{(1 - \cos t)^2 + (\sin t)^2} = \sqrt{2}\sqrt{1 - \cos t}$ である. $a(t) = \dfrac{1 - \cos t}{\sqrt{2}\sqrt{1 - \cos t}}$, $b(t) = \dfrac{\sin t}{\sqrt{2}\sqrt{1 - \cos t}}$ とおく. $x(s,t) = s - \sin s + a(s)(t - s)$, $y(s,t) = 1 - \cos s + b(s)(t - s)$ とすると, 求める接線の方程式は,

$(x(\pi/2,t),y(\pi/2,t)) = \left(\dfrac{1}{2}\sqrt{2}t + \dfrac{1}{2}\left(1-\dfrac{1}{2}\sqrt{2}\right)\pi - 1,\ \dfrac{1}{2}\sqrt{2}t - \dfrac{1}{4}\sqrt{2}\pi + 1\right)$ である.

問題 4.3　$\dfrac{1}{1-\cos x} - \dfrac{2}{x^2} = \dfrac{2-2\cos x - x^2}{x^2(\cos x - 1)}$. ロピタルの定理を 4 回適用する. $\dfrac{d^4}{dx^4}(2-$

$2\cos x - x^2) = -2\cos x \to -2\ (x \to 0)$, $\dfrac{d^4}{dx^4}(x^2(\cos x - 1)) = x^2\cos x - 12\cos x +$

$8x\sin x \to -12\ (x \to 0)$ であるから, 求める答えは $\dfrac{1}{6}$.

問題 5.3　(1) $f(x) = \log x,\ g(x) = x^{-\alpha}$ として $\dfrac{f(x)}{g(x)}$ にロピタルの定理を用いる.

$f'(x) = \dfrac{1}{x},\ g'(x) = -\alpha x^{-\alpha-1}$ より $\dfrac{f'(x)}{g'(x)} = \dfrac{1}{x}\dfrac{x^{\alpha+1}}{-\alpha} \to 0\ (x \to 0+)$ である. ゆえに

$\lim_{x\to 0+} x^\alpha \log x = 0$ である. (2) $\alpha < n$ なる自然数をとる, $0 < x^\alpha r^x < x^n r^x\ (x > 1)$ であ

る. 以下では $\lim_{x\to\infty} x^n r^x = 0$ を示す. これが示せれば $\lim_{x\to\infty} x^\alpha r^x = 0$ が得られる. $f(x) =$

$x^n,\ g(x) = r^{-x}$ とおき, $\dfrac{f(x)}{g(x)}$ にロピタルの定理を用いる. $f^{(n)}(x) = n!$ であり, $\dfrac{d^n}{dx^n} r^{-x} =$

$\dfrac{1}{r^x}(-\log r)^n$ である. ゆえに $\dfrac{f^{(n)}(x)}{g^{(n)}(x)} = \dfrac{n!}{(-\log r)^n} r^x \to 0\ (n \to \infty)$ である. したがって

ロピタルの定理を繰り返し用いて, $\lim_{x\to\infty} x^n r^x = \lim_{x\to\infty} \dfrac{f(x)}{g(x)} = 0$ を得る.

問題 6.1　f の 0 での右側微係数は $x = \dfrac{1}{h^2}$ とすると

$$f'_+(0) = \lim_{h>0,h\to 0} \frac{e^{-1/h^2}}{h} = \lim_{x\to\infty} x^{1/2}e^{-x} = 0$$

(すでに示したように $a > 0$ に対して $\lim_{x\to\infty} x^a e^{-x} = 0$ である). 同様にして $f'_-(0) = 0$ が示

せる. これより f は 0 で微分可能. $f'(x) = \dfrac{2}{x^3}e^{-\frac{1}{x^2}}\ (x \neq 0)$ であり, したがって

$$f'(x) = \begin{cases} \dfrac{2}{x^3}e^{-\frac{1}{x^2}}, & x \neq 0 \\ 0, & x = 0 \end{cases}$$

である. f' は連続である. 以下同様の議論を繰り返せば f が C^∞ 級であることが示せ,

$f^{(n)}(0) = 0$ である. もしも f が 0 でテイラー展開可能ならば, ある $\delta > 0$ が存在して, $|x| <$

δ ならば

$$f(x) = \sum_{n=0}^{\infty} \frac{f^{(n)}(0)}{n!} x^n = \sum_{n=0}^{\infty} \frac{0}{n!} x^n = 0$$

となり矛盾である.

問題 6.2　$\dfrac{d^{2n+1}}{dx^{2n+1}}\sin x = \sin\left(x + \dfrac{2n+1}{2}\pi\right) = \sin\left(x + n\pi + \dfrac{1}{2}\pi\right) = \cos x\cos\pi n -$

$\sin x \sin \pi n = (-1)^n \cos x$. $\dfrac{d^{2n}}{dx^{2n}} \sin x = \sin(x + n\pi) = \cos x \sin \pi n + \sin x \cos \pi n = (-1)^n \sin x$. $a_{2n} = (-1)^n \sin c$, $a_{2n+1} = (-1)^n \cos c$ $(n = 0, 1, 2, \cdots)$ として，$\sin x = \displaystyle\sum_{n=0}^{\infty} \dfrac{a_n}{n!}(x - c)^n$ が成り立つ．実際，補題 6.5 より $\displaystyle\lim_{n \to \infty} \left| \dfrac{a_n}{n!}(x - c)^n \right| = 0$ である．$\cos x$ についても同様である．

問題 8.3 $|\varepsilon \sin x - \varepsilon \sin x'| = \varepsilon |\cos(\theta)| |x - x'| \leq \varepsilon |x - x'|$ より前半は明らか．$f'(x) = -2xe^{-x^2}$ である．$g(x) = -2xe^{-x^2}$ の最大値，最小値を求める．$g'(x) = 2e^{-x^2}(2x^2 - 1)$ より $x = \dfrac{1}{\sqrt{2}}$ で極小値 $g\left(\dfrac{1}{\sqrt{2}}\right) = -\sqrt{2}e^{-\frac{1}{2}}$ をとり，$x = -\dfrac{1}{\sqrt{2}}$ で極大値 $g\left(-\dfrac{1}{\sqrt{2}}\right) = \sqrt{2}e^{-\frac{1}{2}}$ をとる．ロピタルの定理から $\displaystyle\lim_{x \to \pm\infty} g(x) = 0$ であるから，これらの極小値，極大値はそれぞれ最小値，最大値である．ゆえに $|f(x) - f(x')| \leq \sqrt{2}e^{-\frac{1}{2}} |x - x'|$ であり，$\sqrt{2}e^{-\frac{1}{2}} < 1$ である．

問題 8.6 $g(x) = x^3 - 5$ とおく．$g(1) < 0$, $g(2) > 0$ と $g''(x) = 6x > 0$ $(x \in [1, 2])$ より，$g(c) = 0$ をみたす $c \in (1, 2)$ がただ一つ存在する．$g'(x) = 3x^2 > 0$ より g は狭義単調増加であるから，$g(x)$ のただ一つの実解をもつ．$c = \sqrt[3]{5}$ である．ニュートン法により c の近似値を求めることができる．

問題 8.7 $f(x) = x - \cos x$ とおく．$f(0) = -1 < 0$, $f(\pi/3) > 0$ であり，$f''(x) = \cos x > 0$ $\left(x \in \left[0, \dfrac{\pi}{3}\right]\right)$ である．したがってニュートン法により近似解を求めることができる．

問題 9.2 $g(x) \geq 0$ の場合を示す．$\displaystyle\int_a^b g(x)dx = 0$ ならば，有限個の点を除いて $g(x) = 0$ であることがわかる．有限個の点を除いて 0 をとる関数の積分は 0 であることが容易に示せる．ゆえに $\displaystyle\int_a^b g(x)dx > 0$ の場合を示せば十分である．$M = \max f(x)$, $m = \min f(x)$ とすると，$m \leq \left(\displaystyle\int_a^b g(x)dx\right)^{-1} \displaystyle\int_a^b f(x)g(x)dx \leq M$ であるから，中間値の定理から，$f(\xi) = \left(\displaystyle\int_a^b g(x)dx\right)^{-1} \displaystyle\int_a^b f(x)g(x)dx$ をみたす $\xi \in [a, b]$ が存在する．

問題 10.3 近傍でない．任意の $r > 0$ に対して $B_d(\boldsymbol{a}, r) \nsubseteq V$ である．

問題 10.6 $E \subset \displaystyle\bigcup_{\boldsymbol{x} \in E} B_d(\boldsymbol{x}, 1)$ であるから，ある $\boldsymbol{x}_1, \cdots, \boldsymbol{x}_N \in E$ が存在し，$E \subset \displaystyle\bigcup_{n=1}^{N} B_d(\boldsymbol{x}_n, 1)$ である．ゆえに $M = \displaystyle\max_{n \in \{1, \cdots, N\}} \|\boldsymbol{x}_n\| + 1$ とおくと，$E \subset B_d(\boldsymbol{0}, M)$ である．ゆえに E は有界集合である．問題 10.5 より E^c が開集合を示せばよい．E は有界集合だから $E^c \neq \varnothing$ である．$\boldsymbol{x} \in E^c$ とする．$B_n = \{\boldsymbol{y} \in \mathbb{R}^d : \|\boldsymbol{y} - \boldsymbol{x}\| \leq n^{-1}\}$ とおくと，$\{\boldsymbol{x}\} = \displaystyle\bigcap_{n=1}^{\infty} B_n$ である．ゆえに $E \subset \{\boldsymbol{x}\}^c = \left(\displaystyle\bigcap_{n=1}^{\infty} B_n\right)^c = \displaystyle\bigcup_{n=1}^{\infty} B_n^c$ （最後の等式は集合論で知られたド・モルガンの法則）が成り立っている．コンパクト性よりある $n_1 < \cdots < n_N$ なる自然数が

存在し $E \subset \bigcup_{k=1}^{N} B_{n_k}^c$ をみたす．ゆえに $E^c \supset \left(\bigcup_{k=1}^{N} B_{n_k}^c \right)^c = \bigcap_{k=1}^{N} B_{n_k} \supset B_{n_N}$ （等号はド・モルガンの法則）．よって E^c は開集合である．

問題 11.4 $\dfrac{\partial f \circ \Phi}{\partial r} = f_{x_1} \dfrac{\partial \varphi_1}{\partial r} + f_{x_2} \dfrac{\partial \varphi_2}{\partial r} = f_{x_1} \cos \theta + f_{x_2} \sin \theta$．ゆえに $\dfrac{\partial^2 f \circ \Phi}{\partial r^2} = \dfrac{\partial f_{x_1}}{\partial r} \cos \theta + \dfrac{\partial f_{x_2}}{\partial r} \sin \theta = (f_{x_1 x_1} \cos \theta + f_{x_1 x_2} \sin \theta) \cos \theta + (f_{x_2 x_1} \cos \theta + f_{x_2 x_2} \sin \theta) \sin \theta = f_{x_1 x_1} \cos^2 \theta + 2 f_{x_1 x_2} \cos \theta \sin \theta + f_{x_2 x_2} \sin^2 \theta$．$\dfrac{\partial f \circ \Phi}{\partial \theta} = f_{x_1} \dfrac{\partial \varphi_1}{\partial \theta} + f_{x_2} \dfrac{\partial \varphi_2}{\partial \theta} = -r f_{x_1} \sin \theta + r f_{x_2} \cos \theta$．ゆえに $\dfrac{\partial^2 f \circ \Phi}{\partial \theta^2} = -r \dfrac{\partial f_{x_1}}{\partial \theta} \sin \theta - r f_{x_1} \cos \theta + r \dfrac{\partial f_{x_2}}{\partial \theta} \cos \theta - r f_{x_2} \sin \theta = -r (-r f_{x_1 x_1} \sin \theta + r f_{x_1 x_2} \cos \theta) \sin \theta - r f_{x_1} \cos \theta + r (-r f_{x_2 x_1} \sin \theta + r f_{x_2 x_2} \cos \theta) \cos \theta - r f_{x_2} \sin \theta = r^2 f_{x_1 x_1} \sin^2 \theta - r^2 f_{x_1 x_2} \cos \theta \sin \theta - r f_{x_1} \cos \theta - r^2 f_{x_2 x_1} \sin \theta \cos \theta + r^2 f_{x_2 x_2} \cos^2 \theta - r f_{x_2} \sin \theta$．ゆえに $\dfrac{\partial^2 f \circ \Phi}{\partial r^2} + \dfrac{1}{r} \dfrac{\partial f \circ \Phi}{\partial r} + \dfrac{1}{r^2} \dfrac{\partial^2 f \circ \Phi}{\partial \theta^2} = f_{x_1 x_1} \cos^2 \theta + 2 f_{x_1 x_2} \cos \theta \sin \theta + f_{x_2 x_2} \sin^2 \theta + \dfrac{1}{r} f_{x_1} \cos \theta + \dfrac{1}{r} f_{x_2} \sin \theta + f_{x_1 x_1} \sin^2 \theta - f_{x_1 x_2} \cos \theta \sin \theta - \dfrac{1}{r} f_{x_1} \cos \theta - f_{x_2 x_1} \sin \theta \cos \theta + f_{x_2 x_2} \cos^2 \theta - \dfrac{1}{r} f_{x_2} \sin \theta = f_{x_1 x_1} (\cos^2 \theta + \sin^2 \theta) + f_{x_2 x_2} (\sin^2 \theta + \cos^2 \theta) = f_{x_1 x_1} + f_{x_2 x_2}$．

問題 11.5 $\dfrac{\partial f}{\partial r} = \dfrac{\partial f}{\partial x_1} \dfrac{\partial x_1}{\partial r} + \dfrac{\partial f}{\partial x_2} \dfrac{\partial x_2}{\partial r} + \dfrac{\partial f}{\partial x_3} \dfrac{\partial x_3}{\partial r} = \dfrac{\partial f}{\partial x_1} \sin \theta \cos \varphi + \dfrac{\partial f}{\partial x_2} \sin \theta \sin \varphi + \dfrac{\partial f}{\partial x_3} \cos \theta$．$\dfrac{\partial f}{\partial \theta} = \dfrac{\partial f}{\partial x_1} \dfrac{\partial x_1}{\partial \theta} + \dfrac{\partial f}{\partial x_2} \dfrac{\partial x_2}{\partial \theta} + \dfrac{\partial f}{\partial x_3} \dfrac{\partial x_3}{\partial \theta} = \dfrac{\partial f}{\partial x_1} r \cos \theta \cos \varphi + \dfrac{\partial f}{\partial x_2} r \cos \theta \sin \varphi - \dfrac{\partial f}{\partial x_3} r \sin \theta$

$\dfrac{\partial f}{\partial \varphi} = \dfrac{\partial f}{\partial x_1} \dfrac{\partial x_1}{\partial \varphi} + \dfrac{\partial f}{\partial x_2} \dfrac{\partial x_2}{\partial \varphi} + \dfrac{\partial f}{\partial x_3} \dfrac{\partial x_3}{\partial \varphi} = \dfrac{\partial f}{\partial x_1} r \sin \theta \sin \varphi + \dfrac{\partial f}{\partial x_2} r \sin \theta \cos \varphi$

問題 11.7 $f \circ \Phi(r, \theta, \varphi) = \dfrac{c}{r^n}$ である．ゆえに $\Delta \dfrac{c}{\|x\|} = c \left(\dfrac{\partial^2}{\partial r^2} \dfrac{1}{r^n} + \dfrac{2}{r} \dfrac{\partial}{\partial r} \dfrac{1}{r^n} \right) = \dfrac{cn(n-1)}{r^{n+2}}$ である．ゆえに $n = 1$．

問題 12.1 f が B 上で定数でない場合を考えればよい．f が $c \in E$ で最大値をとるとする．このとき $c \neq c'$．これより c か c' の少なくとも一方は B 内にある．

問題 12.2 $f(x, y) = \dfrac{x^3 - 3x}{x^2 + y^2 + 1}$ とする．臨界点は $\left(\sqrt{2\sqrt{3} - 3}, 0 \right)$，$\left(-\sqrt{2\sqrt{3} - 3}, 0 \right)$ である．$\left(\sqrt{2\sqrt{3} - 3}, 0 \right)$ で極小値 $f(\sqrt{2\sqrt{3} - 3}, 0) = -\sqrt{3} \sqrt{2\sqrt{3} - 3}$ をとる．$\left(-\sqrt{2\sqrt{3} - 3}, 0 \right)$ で極大値 $f(-\sqrt{2\sqrt{3} - 3}, 0) = \sqrt{3} \sqrt{2\sqrt{3} - 3}$ をとる．

問題 12.3 外接円の半径を r，中心角を x, y とする．三角形の面積は $f(x, y) =$

$\dfrac{1}{2}r^2\sin x + \dfrac{1}{2}r^2\sin y + \dfrac{1}{2}r^2\sin(2\pi - x - y) = \dfrac{1}{2}r^2\sin x + \dfrac{1}{2}r^2\sin y - \dfrac{1}{2}r^2\sin(x+y)$

である．ここで $0 \le x \le 2\pi$, $0 \le y \le 2\pi$, かつ $0 \le x + y \le 2\pi$ である．$D = \{(x,y) \in [0,2\pi] \times [0,2\pi] : 0 \le x + y \le 2\pi\}$ とし，$D^\circ = \{(x,y) \in (0,2\pi) \times (0,2\pi) : 0 < x + y < 2\pi\}$ とおく．$\dfrac{\partial}{\partial x}f(x,y) = \dfrac{1}{2}r^2(\cos x - \cos(x+y))$, $\dfrac{\partial}{\partial y}f(x,y) = \dfrac{1}{2}r^2(\cos y - \cos(x+y))$ である．$\cos x = \cos(x+y)$ をみたすのは $\pi - x = x + y - \pi$ をみたす点であるから，$2x + y = 2\pi$．また $\cos y = \cos(x+y)$ をみたすのは $\pi - y = x + y - \pi$ の点であるから $x + 2y = 2\pi$ である．ゆえに臨界点は $(x_0, y_0) = \left(\dfrac{2}{3}\pi, \dfrac{2}{3}\pi\right)$ である．$H_f\left(\dfrac{2}{3}\pi, \dfrac{2}{3}\pi\right) =$

$\begin{pmatrix} -\dfrac{1}{2}\sqrt{3}r^2 & -\dfrac{1}{4}\sqrt{3}r^2 \\ -\dfrac{1}{4}\sqrt{3}r^2 & -\dfrac{1}{2}\sqrt{3}r^2 \end{pmatrix}$ であり，$\det H_f\left(\dfrac{2}{3}\pi, \dfrac{2}{3}\pi\right) = \dfrac{9}{16}r^4 > 0$ より f は $\left(\dfrac{2}{3}\pi, \dfrac{2}{3}\pi\right)$

で極大値をとる．D の境界 $D \setminus D^\circ$ では $f(x,y) = 0$ である．f は有界閉集合 D で連続であるから，D 上で最大値をとり，それは境界上ではとらない．ゆえに $\left(\dfrac{2}{3}\pi, \dfrac{2}{3}\pi\right)$ で最大値をとる．このときの三角形は正三角形である．

問題 12.4 $\left(-\dfrac{1}{2}, \dfrac{1}{2}, 0\right)$ で極小値 $f\left(-\dfrac{1}{2}, \dfrac{1}{2}, 0\right) = \dfrac{1}{2}$ をとる．

問題 12.6 まず $E(m,c)$ の臨界点，すなわち $\nabla E(m,c) = (0,0)$ となる点を求める．

$$0 = \frac{\partial}{\partial m}E(m,c) = m\sum_{j=1}^{N}x_j^2 + c\sum_{j=1}^{N}x_j - \sum_{j=1}^{N}x_j y_j$$

$$0 = \frac{\partial}{\partial c}E(m,c) = m\sum_{j=1}^{N}x_j + Nc - \sum_{j=1}^{N}y_j$$

である．これを m,c に関する連立 1 次方程式とみなして解く．この連立方程式を解くと，$A = \sum_{j=1}^{N}x_j^2$, $B = \sum_{j=1}^{N}x_j$, $C = \sum_{j=1}^{N}y_j$, $D = \sum_{j=1}^{N}x_j y_j$ として解は（次ページ脚注参照）

$$m_0 = \frac{ND - BC}{NA - B^2}, \qquad c_0 = -\frac{BD - AC}{NA - B^2} = \frac{C}{N} - m_0\frac{B}{N}$$

である．したがって $y = m_0 x + c_0$ は，データの平均を $\overline{x} = \dfrac{1}{N}\sum_{j=1}^{N}x_j \left(= \dfrac{B}{N}\right)$, $\overline{y} = \dfrac{1}{N}\sum_{j=1}^{N}y_j \left(= \dfrac{C}{N}\right)$ とすると，

$$y - \overline{y} = m_0\left(x - \overline{x}\right)$$

である．これが回帰直線の候補であり，以下に示すように，実際に回帰直線になっている．$E(m,c)$ のヘシアンを計算すると

$$H_E(m,c) = \begin{pmatrix} A & B \\ B & N \end{pmatrix}$$

である. ここで $A = \sum\limits_{j=1}^{N} x_j^2 > 0$ かつ

$$\det H_E(m,c) = AN - B^2 = N \sum_{j=1}^{N} x_j^2 - \left(\sum_{j=1}^{N} x_j\right)^2 > 0$$

である*1. ゆえに $H_E(m,c)$ は正定値である. $\boldsymbol{x} = (m_0, c_0)$ とし, $\boldsymbol{y} \in \mathbb{R}^2$, $\boldsymbol{y} \neq \boldsymbol{x}$ とする. $\boldsymbol{h} = \boldsymbol{x} - \boldsymbol{y}$ とおくと, テイラーの定理から, ある $\theta \in (0,1)$ が存在し,

$$E(\boldsymbol{y}) = E(\boldsymbol{x}) + \nabla E f(\boldsymbol{x}) \cdot \boldsymbol{h} + \boldsymbol{h} H_E(\boldsymbol{x} + \theta \boldsymbol{h}) \boldsymbol{h}^T > E(\boldsymbol{x}). \tag{1}$$

をみたす. よって $\boldsymbol{x} = (m_0, c_0)$ は E の最小値を与える. また (1) より, (m_0, c_0) が最小値を与える点であることもわかる.

問題 12.7 $g(x) = a + bx$ とおく. $f(a,b) = (3 - g(1))^2 + (6 - g(2))^2 + (12 - g(3))^2 + (12 - g(4))^2 + (16 - g(5))^2 = 5a^2 + 30ab + 55b^2 - 98a - 358b + 589.$ とおく. $\nabla f(a,b) = (10a + 30b - 98, 30a + 110b - 358)$ であるから, 臨界点は $(a_0, b_0) = \left(\dfrac{1}{5}, \dfrac{16}{5}\right)$ である.

$H_f(a,b) = \begin{pmatrix} 10 & 30 \\ 30 & 110 \end{pmatrix}$ でこれは正定値である. ゆえに臨界点で最小値をとる. ゆえに求める直線は $\dfrac{1}{5} + \dfrac{16}{5}x$ である.

問題 12.8 いま (a,b) が Γ_f の正則点であり, $f_y(a,b) \neq 0$ であるとする. このとき陰関数 $y = \varphi(x)$ の点 a における接線の方程式は

$$y - b = \varphi'(a)(x - a) = -\frac{f_x(a,b)}{f_y(a,b)}(x - a)$$

である. したがって (12.6) が成り立つ. $f_x(a,b) \neq 0$ の場合も, 陰関数 $x = \psi(y)$ の接線の方程式が (12.6) をみたすことがわかる.

問題 12.9 集合 $\{(x,y,z) : x \geq 0, y \geq 0, z \geq 0, x + y + z = a\}$ は有界閉集合であるから, $x^2 y^3 z^4$ はここで最小値と最大値をとる. 0 が最小値, $\left(\dfrac{2a}{9}\right)^2 \left(\dfrac{a}{3}\right)^3 \left(\dfrac{4a}{9}\right)^4 = \dfrac{2^2 4^4}{9^2 3^3 9^4} a^9$ が最大値である.

問題 12.10 $x\dfrac{\partial}{\partial x} f(x,y) + y\dfrac{\partial}{\partial y} f(x,y)$

$$= x \sum_{n_1, n_2 \in \mathbb{N}_0, n_1 + n_2 = n} n_1 a_{n_1 n_2} x^{n_1 - 1} y^{n_2} + y \sum_{n_1, n_2 \in \mathbb{N}_0, n_1 + n_2 = n} n_2 a_{n_1 n_2} x^{n_1} y^{n_2 - 1}$$

$$= \sum_{n_1, n_2 \in \mathbb{N}_0, n_1 + n_2 = n} n_1 a_{n_1 n_2} x^{n_1} y^{n_2} + \sum_{n_1, n_2 \in \mathbb{N}_0, n_1 + n_2 = n} n_2 a_{n_1 n_2} x^{n_1} y^{n_2}$$

---

*1 $\boldsymbol{x} = (x_1, \cdots, x_N), \boldsymbol{1} = (1, \cdots, 1)$ にコーシー–シュバルツの不等式 (定理 10.1) を適用すれば

$$\left(\sum x_j\right)^2 = |\boldsymbol{x} \cdot \boldsymbol{1}|^2 < \|\boldsymbol{x}\|^2 \|\boldsymbol{1}\|^2 = \left(\sum x_j^2\right)\left(\sum 1\right) = N\left(\sum x_j^2\right)$$

である. 仮定より $\boldsymbol{x}$ と $\boldsymbol{1}$ は線形従属でないから等号条件はみたしていない.

$$= \sum_{n_1, n_2 \in \mathbb{N}_0, n_1+n_2=n} (n_1+n_2) a_{n_1 n_2} x^{n_1} y^{n_2} = n \sum_{n_1, n_2 \in \mathbb{N}_0, n_1+n_2=n} a_{n_1 n_2} x^{n_1} y^{n_2}$$
$$= nf(x,y).$$

問題 12.11 最大値は $\dfrac{1}{2}(a+b) + \dfrac{1}{2}\sqrt{(a-b)^2+4c^2}$,

最小値は $\dfrac{1}{2}(a+b) - \dfrac{1}{2}\sqrt{(a-b)^2+4c^2}$ である.

問題 12.12 最小値 $\dfrac{1}{3}$ を $(x,y,z) = \left(\dfrac{1}{3}, \dfrac{1}{3}, \dfrac{1}{3}\right)$ のときにとる.

問題 12.13 $\nabla f(x,y) = (2x, 4y)$ より $(x,y) = (0,0)$ が臨界点である. $H_f(x,y) = \begin{pmatrix} 2 & 0 \\ 0 & 4 \end{pmatrix}$ であるから, $\det \begin{pmatrix} 2 & 0 \\ 0 & 4 \end{pmatrix} = 8$ より $(0,0)$ はただ一つの極小値である. $f(x,y)$ は $x^2+y^2 \leq 1$ で必ず最小値をとるので, $f(0,0) = 1$ が最小値である. 次に $x^2+y^2 = t$ $(0 < t \leq 1)$ における $f(x,y)$ の極値を求める. $g(x,y) = x^2+y^2-t^2$ とすると, $\nabla g(x,y) = (2x, 2y)$ である.

$$\begin{pmatrix} 2x \\ 4y \end{pmatrix} - \lambda \begin{pmatrix} 2x \\ 2y \end{pmatrix} = \begin{pmatrix} -2x(\lambda-1) \\ -2y(\lambda-2) \end{pmatrix}.$$ $x = 0$ のとき, $y = \pm t$ で $f(0, \pm t) = 2t^2+1$, $\lambda = 2$. $y = 0$ のとき, $x = \pm t$ で $f(\pm t, 0) = t^2+1, \lambda = 1$.

$$(g_y \ -g_x) \begin{pmatrix} f_{xx}-\lambda g_{xx} & f_{xy}-\lambda g_{xy} \\ f_{xy}-\lambda g_{xy} & f_{yy}-\lambda g_{yy} \end{pmatrix} \begin{pmatrix} g_y \\ -g_x \end{pmatrix} = (2y \ -2x) \begin{pmatrix} 2-2\lambda & 0 \\ 0 & 4-2\lambda \end{pmatrix} \begin{pmatrix} 2y \\ -2x \end{pmatrix}$$
$$= 16x^2 - 8y^2\lambda - 8x^2\lambda + 8y^2. \ h(x,y,\lambda) = 16x^2 - 8y^2\lambda - 8x^2\lambda + 8y^2 \ とおく. \ h(0, \pm t, 2) = -8t^2 < 0$$ より $(0, \pm t)$ で極大値 $f(0, \pm t) = 2t^2+1$ をとりうる. $h(\pm t, 0, 1) = 8t^2 > 0$ より $(\pm t, 0)$ で極小値 $f(\pm t, 0) = t^2+1$ をとりうる. このことから $x^2+y^2 = 1$ のとき, $f(0,1) = 3$ が最大値である.

問題 13.1 $\dfrac{x}{(x-1)^2(x^2+1)^2} = \dfrac{-1}{4}\dfrac{1}{x-1} + \dfrac{1}{4}\dfrac{1}{(x-1)^2} + \dfrac{1}{4}\dfrac{x}{x^2+1} - \dfrac{1}{2}\dfrac{1}{(x^2+1)^2}.$

問題 13.2 $\dfrac{x^2}{(x-1)(x^2+1)^2} = \dfrac{1}{2}\dfrac{x+1}{(x^2+1)^2} - \dfrac{1}{4}\dfrac{x+1}{x^2+1} + \dfrac{1}{4(x-1)}.$

$$\int \frac{x^2 dx}{(x-1)(x^2+1)^2} = \frac{1}{4}\left(\frac{x-1}{x^2+1} - \frac{1}{2}\log(x^2+1) + \log|x-1|\right) + C.$$

問題 13.3 $p = \dfrac{(1+\sqrt{2})^{1/2}}{\sqrt{2}}, q = \left(\dfrac{\sqrt{2}-1}{2}\right)^{1/2}$ とおくと

$$\int \frac{\sqrt{x+1}}{x^2+1} dx = \frac{1}{4p}\log\left(\frac{(\sqrt{x+1}-p)^2+q^2}{(\sqrt{x+1}+p)^2+q^2}\right) + \frac{1}{2q}\arctan\left(\frac{\sqrt{x+1}-p}{q}\right)$$
$$+ \frac{1}{2q}\arctan\left(\frac{\sqrt{x+1}+p}{q}\right) + C.$$

問題 14.1 解は $y(t) = \dfrac{w}{\left(1-\dfrac{m}{k}w\right)e^{kt} + \dfrac{m}{k}w}$ である. ゆえに $\lim_{t\to\infty} y(t) = 0$.

問題 14.2 $\left(1+\dfrac{a^2}{b^2}\right)^{1/2}\left(1+\dfrac{A^2}{B^2}\right)^{1/2}\cos\theta = 1 + \dfrac{aA}{bB}$ であるから,

$$\cos\theta = \dfrac{1+\dfrac{aA}{bB}}{\left(1+\dfrac{a^2}{b^2}\right)^{1/2}\left(1+\dfrac{A^2}{B^2}\right)^{1/2}} = \dfrac{1}{\dfrac{B}{|B|}\dfrac{b}{|b|}\sqrt{A^2+B^2}\sqrt{a^2+b^2}}\,(Aa+Bb)$$

$1 + \tan^2\theta = \dfrac{1}{\cos^2\theta}$ より,

$$\tan^2\theta = \dfrac{1}{\cos^2\theta} - 1 = \dfrac{(A^2+B^2)(a^2+b^2)}{(Aa+Bb)^2} - 1 = \dfrac{(Ab-Ba)^2}{(Aa+Bb)^2}.$$

よって問題が示せた.

問題 14.3 一般解は $y^2 = Ce^{x^2/y^2}$.

問題 14.4 一般解は $(x-2y+5)^4 = C(x+y-1)$.

問題 14.5 $R \neq L$ の場合, 一般解は $y(t) = \dfrac{e^{-t}}{R-L} + Ce^{-\frac{R}{L}t}$ である. いま $I(0) = I_0$ より

$$I(t) = \dfrac{e^{-t}}{R-L} + \left(I_0 - \dfrac{1}{R-L}\right)e^{-\frac{R}{L}t}$$

が求める解である. 明らかに $\lim_{t\to\infty} I(t) = 0$ である. $R = L$ の場合は $y(t) = \left(\dfrac{t}{L}+C\right)e^{-\frac{R}{L}t}$ が一般解である. $I_0 = I(0) = C$ であるから, 求める解は $I(t) = \left(\dfrac{t}{L}+I_0\right)e^{-t}$ である. このときも明らかに $\lim_{t\to\infty} I(t) = 0$ である.

問題 15.1 $\{x \in \mathbb{R} : f(x) \neq 0\} \subset \{x \in \mathbb{R} : |x| \leq m\}$ をみたす $m > 0$ が存在する. $x \in \mathbb{R}$ を固定する. $M = m + |x|$ とおく. $\varphi(y) = f(x-y)$ とおく. 定理 9.17 と (15.2) を用いて

$$\lim_{\substack{R\to\infty\\ \varepsilon>0,\varepsilon\to 0}} \int_{R>|y|>\varepsilon} \dfrac{\varphi(y)}{y}dy = \int_{M\geq|y|}\left(\int_0^1 \varphi'(sy)ds\right)dy$$

が示せる.

問題 15.4 答えは $\alpha < 1$ である.

問題 15.5 (1) $I = -\dfrac{\pi}{2}\log 2$. (2) $I_{1/2} = \pi(1-\log 2)$.

問題 16.1 $\displaystyle\iint_{1\leq x^2+y^2\leq 2}\log(x^2+y^2)dxdy = 2\pi\left(4\log 2 - \dfrac{3}{2}\right)$

問題 16.2 $\Gamma\left(m+1+\dfrac{1}{2}\right) = \left(m+\dfrac{1}{2}\right)\Gamma\left(m+\dfrac{1}{2}\right) = \left(m+\dfrac{1}{2}\right)\Gamma\left(m-1+\dfrac{1}{2}+1\right)$

$= \left(m+\dfrac{1}{2}\right)\left(m-1+\dfrac{1}{2}\right)\Gamma\left(m-1+\dfrac{1}{2}\right)$

$$= \cdots = \left(m + \frac{1}{2} \right) \left(m - 1 + \frac{1}{2} \right) \cdots \left(m - m + \frac{1}{2} \right) \Gamma \left(m - m + \frac{1}{2} \right)$$

$$= \left(m + \frac{1}{2} \right) \left(m - 1 + \frac{1}{2} \right) \cdots \frac{1}{2} \Gamma \left(\frac{1}{2} \right) = \left(m + \frac{1}{2} \right) \left(m - 1 + \frac{1}{2} \right) \cdots \frac{1}{2} \sqrt{\pi}$$

問題 18.4　(1) $Df \circ F(\boldsymbol{c}) = Df(F(\boldsymbol{c}))DF(\boldsymbol{c}) = \nabla f(F(\boldsymbol{c}))^T DF(\boldsymbol{c}) = \boldsymbol{0}$. 後半につい

ては $\nabla f(F(\boldsymbol{c}))^T = Df \circ F(\boldsymbol{c})DF(\boldsymbol{c})^{-1} = \boldsymbol{0}$. (2) $F = (f_i)$ として，$\dfrac{\partial^2}{\partial x_i \partial x_j} f \circ F(x) =$

$\dfrac{\partial}{\partial x_i} \displaystyle\sum_{k=1}^{d} \dfrac{\partial f}{\partial y_k} \dfrac{\partial f_k}{\partial x_j} = \sum_{k=1}^{d} \dfrac{\partial^2 f}{\partial x_i \partial y_k} \dfrac{\partial f_k}{\partial x_j} + \sum_{k=1}^{d} \dfrac{\partial f}{\partial y_k} \dfrac{\partial^2 f_k}{\partial x_i \partial x_j} = \sum_{k=1}^{d} \dfrac{\partial^2 f}{\partial x_i \partial y_k} \dfrac{\partial f_k}{\partial x_j}$.

問題 18.5　$f_1(x,y,z) = x^2 + y^2 + z^2 - 1$, $f_2(x,y,z) = x^2 + y^2 - xy$ とおく．$\boldsymbol{x} = x$,
$\boldsymbol{y} = (y, z)$ とし，

$$f(\boldsymbol{x}, \boldsymbol{y}) = \begin{pmatrix} x^2 + y^2 + z^2 - 1 \\ x^2 + y^2 - xy \end{pmatrix}$$

と考える．

$$\det D_y f(\boldsymbol{x}, \boldsymbol{y}) = \det \begin{pmatrix} 2y & 2z \\ 2y - x & 0 \end{pmatrix} = -2z(2y - x) \neq 0$$

の場合を考える．この場合は陰関数定理より局所的に $\boldsymbol{y} = \varphi(x)$ で $f(x, \varphi(x)) = 0$ が存在する．
さらに

$$\begin{pmatrix} dy/dx \\ dz/dx \end{pmatrix} = D_x \varphi(x) = -D_y f(x,y)^{-1} D_x f(x,y) = \frac{-1}{x - 2y} \begin{pmatrix} y - 2x \\ \frac{1}{z}(x^2 - y^2) \end{pmatrix}.$$

問題 18.6
$$\begin{pmatrix} \sin\theta\cos\varphi & \sin\theta\sin\varphi & \cos\theta \\ r\cos\theta\cos\varphi & r\cos\theta\sin\varphi & -r\sin\theta \\ -r\sin\theta\sin\varphi & r\sin\theta\cos\varphi & 0 \end{pmatrix}^{-1}$$

$$= \begin{pmatrix} \cos\varphi\sin\theta & \dfrac{1}{r}\cos\theta\cos\varphi & -\dfrac{1}{r\sin\theta}\sin\varphi \\ \sin\theta\sin\varphi & \dfrac{1}{r}\cos\theta\sin\varphi & \dfrac{1}{r}\dfrac{\cos\varphi}{\sin\theta} \\ \cos\theta & -\dfrac{1}{r}\sin\theta & 0 \end{pmatrix}$$

これが答えの $\partial f/\partial r, \partial f/\partial \theta, \partial f/\partial \varphi$ の係数と一致することが容易に確認できる．

参考文献

[1] 新井仁之, 微積分の基礎概念の視覚的理解, 数理科学, 2010 年 2 月号, pp. 7–12.

[2] 新井仁之, 微分積分の世界, 日本評論社, 2006.

[3] 新井仁之. 線形代数, 基礎と応用, 日本評論社, 2006.

[4] 新井仁之, 有理型関数, 共立出版, 2018.

[5] 新井仁之, ルベーグ積分講義——ルベーグ積分と面積 0 の不思議な図形たち, 日本評論社, 2003.

[6] 我妻幸長, はじめてのディープラーニング, SB クリエイティブ, 2018.

[7] S. Dineen, Multivariate Calculus and Geometry, 3rd ed., Springer, 2014. (同著者による 2 変数版の本, S. ディニーン, 2 変数の関数, 学術図書出版社, 1997)

[8] J.J. Duistermaat and J.A.C. Kolk, Multidimensional Real Analysis, vol. I, vol.II, Cambridge Univ. Press, 2004.

[9] G. Folland, Real Analysis, Wiley, 2nd. ed. 1999.

[10] 福田安蔵・鈴木七緒・安岡善則・黒崎千代子, 詳解微分方程式演習, 共立出版, 1961.

[11] A. J. ハーン, 解析入門, アルキメデスからニュートンへ, Part 1, 丸善, 2012.

[12] E. ハイラー・G. ヴァンナー, 解析教程 (下), 丸善, 2012.

[13] 半揚稔雄, 惑星探査機の軌道計算入門, 宇宙飛翔力学への誘い, 日本評論社, 2017.

[14] 入江昭二・垣田高夫・杉山昌平・宮寺功, 微分積分 (上, 下), 内田老鶴圃, 1975.

[15] 木村俊房, 常微分方程式の解法, 培風館, 1958.

[16] 小中英嗣, 現象を解き明かす微分方程式の定式化と解法, 森北出版, 2016.

[17] 小堀憲, 大数学者, 新潮選書, 1968.

[18] コルモゴルフ, フォミーン, 函数解析の基礎 (下), 岩波書店, 1979.

358

[19] 熊ノ郷準, 偏微分方程式, 共立出版, 1978.

[20] 前原昭二, 記号論理入門（新装版）, 日本評論社, 2005.

[21] 増田久弥, 非線型数学, 朝倉書店, 1985.

[22] 守谷両時, Maple で数学を, 微積分編 I, II, 海文堂, 1997.

[23] 岡谷貴之, 深層学習, 講談社, 2015.

[24] 佐武一郎, 線型代数, 裳華房, 1974.

[25] スミルノフ, 高等数学教程（全 12 巻）, 共立出版, 1958–1962.

[26] 浦川肇, 微積分の基礎, 朝倉書店, 2006.

[27] 杉浦光夫, 解析入門 I, II, 東京大学出版会, I 1980, II 1985.

[28] 赤攝也, 実数論講義, 日本評論社, 2014.

[29] 瀧雅人, これならわかる深層学習入門, 講談社, 2017.

[30] H. Weber, Leopold Kronecker, Jahresbericht der Deutschen Mathematiker-Vereinigung, Zweiter Band, 1891–92, 5–31.

[31] 柳田英二・栄伸一郎, 常微分方程式論, 朝倉書店, 2002.

以上は本書を執筆するにあたって引用・参考にした文献である.

索引

新井仁之（あらい・ひとし）
1959年 横浜生まれ
1982年 早稲田大学教育学部理学科数学専修卒業
1984年 早稲田大学大学院理工学研究科修士課程修了
1987年 理学博士（早稲田大学）
1996年 東北大学大学院理学研究科教授
1999年 東京大学大学院数理科学研究科教授
2018年 早稲田大学教育・総合科学学術院教授
現在に至る.

専門
解析学, 応用解析学, 数理視覚科学.

主な著書
『ルベーグ積分講義』（日本評論社）
『線形代数——基礎と応用』（日本評論社）
『ウェーブレット』（共立出版）

これからの微分積分

発行日　2019年11月25日　第1版第1刷発行

著　者　新井仁之

発行所　株式会社 **日本評論社**
　　　　〒170-8474 東京都豊島区南大塚 3-12-4
　　　　電話 03-3987-8621［販売］　03-3987-8599［編集］
印　刷　三美印刷株式会社
製　本　株式会社難波製本
装　幀　妹尾浩也